6
46
23
66
48
61
65
50
12
42
54
37
68
26
28
59
38
62
2
72
36
67
4
39
43
53
9
11
60
57
64
56
7
10
45
63
41
47

44
70
31
47
14
69
18
22
30
35
27
17
21
8
51

Mekkas der Moderne
Pilgerstätten der
Wissensgesellschaft

Mekkas der Moderne

Pilgerstätten der Wissensgesellschaft

Herausgegeben von
Hilmar Schmundt, Miloš Vec und Hildegard Westphal

Böhlau Verlag Köln · Weimar · Wien 2010

AUTOREN

Ein Projekt der Arbeitsgruppe »Manieren!«
der Jungen Akademie
an der Berlin-Brandenburgischen Akademie der Wissenschaften
und der Deutschen Akademie der Naturforscher Leopoldina

Die Junge Akademie

Gefördert vom Bundesministerium für Bildung und Forschung
und der VolkswagenStiftung

INHALT

ABREISE

Angefangen hat alles mit einem Salonspiel zwischen Forschern, Schriftstellern und Journalisten: Was sind die Pilgerstätten der Wissenschaft?

Welche Orte laden ein zum **Entdecken und Verharren, zum Schauen, Staunen und Begreifen?** Gibt es so etwas wie Mekkas der Moderne? Wir diskutierten per E-Mail, Skype und über ein Online-Forum. Als wollten wir die Frage nach realen Orten des Wissens von Anfang an ad absurdum führen.

Doch dann geschah etwas Überraschendes. Je mehr Argumente wir gegen reale Pilgerorte der Moderne auflisteten, **desto mehr Erlebnisse fielen uns ein, die nicht durch Datenleitungen passen:** das erwartungsvolle Strahlen von Schulkindern, die mit Schlafsäcken unterm Arm durch das British Museum eilen, um bei den Mumien zu übernachten; das seltsame Gefühl, gemeinsam mit Geologen aus aller Welt am Strand von Stevns Klint genau die fingerdicke Tonschicht zu berühren, die entstand, als die Dinosaurier ausstarben; die Lust, in Bologna, der vielleicht ältesten Universitätsstadt Europas, ein fettes Fleischragout zu löffeln; das Frösteln, das sich an Palmenstränden des Bikiniatolls einstellt, wenn man an die Bombenversuche denkt.

Ziel dieses Buches ist es nicht, den einen kanonischen Ort zu finden oder zu erfinden. **Die Mekkas der Moderne – falls sie existieren – kann es nur im Plural geben.** Aber das geht anderen Weltanschauungen ähnlich und den großen Religionen sowieso: Das Christentum bietet seinen Anhängern nicht nur Rom zur Pilgerreise an, sondern auch Wittenberg, die Wartburg oder den Jakobsweg. Selbst Mekka ist nicht das einzige Zentrum des Islam, denn da waren immer auch Medina und der Felsendom in Jerusalem.

Vermutlich sehen die Pilgerorte der Wissensgesellschaft für jedes Fach anders aus, je nachdem, ob es eher von Darwin, Freud oder Newton geprägt ist. Gemeinsam wäre diesen Orten, dass sie eine besondere Autorität ausstrahlen, manche Besucher betreten sie gar mit Ehrfurcht: das Teilchenforschungszentrum Cern bei Genf vielleicht, wo, glaubt man der Boulevardpresse, nach dem Gottesteilchen gefahndet wird. Auch der Anblick der Saturn V-Mondrakete ist ebenso beeindruckend wie die Berührung jahrhundertealter Bücher im vatikanischen Archiv. Und der erste Mensch, der seinen Fuß auf den Mars setzen wird, diesen noch uneingelösten Wechsel der Raumfahrtfantasien, wird die Symbolkraft spüren.

So ist eine Art Reiseführer entstanden, eine **kleine Heimatkunde der globalen Wissenslandschaft,** eine Essaysammlung im ursprünglichen Wortsinn: ein Experiment mit offenen Ausgängen. Wie könnte eine moderne Form der Bildungsreise aussehen, die nicht auf den Spuren antiker Künstler oder vergangener Dynastien und Schlösser wandelt, die sich weder auf das Genre der Museen noch auf bestimmte Länder oder Disziplinen beschränkt, sondern offen für viele Perspektiven ist, nach Gegenwart und Zukunft forscht? Eine Fährte zum Beispiel führt uns nach Afrika, zu den Wurzeln des Blues in Mali. Eine andere nach Schanghai, zum ungebremsten Fortschrittshunger einer delirierenden Bauwut. Traumziele wie die Galápagos-Inseln werden angesteuert, wo Darwin den Grundstein für seine Evolutionslehre legte. Ein Autor reist nach Samoa, wo romantische Wissenschaftler ein Paradies der sexuellen Befreiung erblickten, bis dieser Wunschtraum widerlegt wurde. Mekkas bis zum Widerruf, das alles haben diese Orte gemein bei all ihrer geografischen und fachlichen Verschiedenheit. Schließlich sind sie alle modern, und das bedeutet: widerlegbar.

Die Neuzeit entdeckte das Neue, das Unerwartete als Prinzip. Auch wir wurden immer wieder überrascht von den Ortsbegehungen, und wir laden die Leser auf diverse Entdeckungsreisen quer durchs Buch ein, je nach Vorliebe, je nach Lesegewohnheit. Es gibt verschiedene Lesepfade: Der eine führt geradeaus, Seite für Seite, von Cape Canaveral in Florida über Goethes Haus in Weimar bis zum Pol der Unerreichbarkeit im Pazifik.

Ein weiterer Kompass kann **die Weltkarte auf dem Vorsatzpapier** sein, die das direkte Springen an den jeweiligen geografischen Ort erlaubt.

Außerdem gibt es philosophische Hintertreppen, die wir durch **Querverweise im Text** markiert haben. Einer von ihnen führt von der Universität der Vereinten Nationen in Tokio zu einem ihrer Vordenker im Panthéon in Paris. Dort schwingt ein Foucaultsches Pendel, das die Drehung der Erde sichtbar macht. Symbolisch verweist es auf die Pole, wo viele Forscher nicht nur das Klima erforschen, sondern auch ihr eigenes Unterbewusstes. Was wiederum zu Freuds Arbeitszimmer in Wien führt.

Schließlich haben wir **neben einer globalen Grand Tour auch Schleichwege** markiert am Ende des Buches. Die »Spur der Steine« zum Beispiel führt zu Orten der Geologie. »Frühstart« folgt Spuren der Protomoderne: Vorläufern der Neuzeit im Altertum, wie etwa die Bibliothek von Alexandria. Die »postkolonialen Aufbrüche« laden ein zum Flanieren durch Schwellenländer, die jeweils eigenen Fortschrittsvorstellungen folgen. Vielleicht sollte man nicht nur die Mekkas, sondern auch **die Modernen im Plural verwenden: chinesische, arabische, brasilianische – antike.** Ein Monopol auf die Aufklärung jedenfalls haben westliche Industrienationen nicht.

Einige Orte stehen sogar in offenem Widerspruch zueinander. Das älteste Gestein des Planeten, über vier Milliarden Jahre alt, wurde mal auf Grönland vermutet, mal in Australien. Wir dagegen suchen es in Kanada, im Wissen um die Vorläufigkeit dieser Ortswahl. Unsere Route mag nicht nur zum Mitreisen einladen, im Lesesessel oder zu Fuß, sondern auch zu **Zweifel und Einspruch.** Eine solche Lesehaltung scheint einem Buch angemessen, das die Pilgerstätten der Moderne und ihrer Aufklärung würdigt. Wir laden die Leser daher dazu ein, im Internet darüber zu diskutieren, dort **(www.mekkasdermoderne.de)**, wo dieses Salonspiel seinen Anfang nahm.

Ein Ende dieser Expedition ist nicht erkennbar. Aber ein Ziel: Gute Reise!

Die Herausgeber

AUTOR Peter Glaser

1

ORT Florida

BÜHNE Cape Canaveral

SZENE Technik

Cape Canaveral, Florida

Das Kap der hohen Hoffnung

Aus dem Weltall sieht das Stück an der Atlantikküste aus wie ein griechisches Profil. Auf Höhe der Nasenwurzel sind zwei Flecken erkennbar. Beim Näherkommen, während man im Sturzflug auf die Ostküste Floridas niederfährt, die sogenannte »Space Coast«, erscheinen sie wie zwei riesige Seerosenblätter – die Ränder, das Aderwerk, das Grün. Wenn man nahe genug über dem Boden ist, sieht man dann in der Mitte der vermeintlichen Blätter, deren Adern sich bereits in Straßen aufgelöst haben, jeweils eine gewaltige Stahlkonstruktion aufragen. Es sind die Startplattformen der Space Shuttles. Das ist Launch Complex 39.

Von den beiden Starttürmen führt eine lange, breite Straße auf eine wie ein Straßendorf hingestreckte Ansammlung von Gebäuden zu. Alles dort überragt ein imposanter Hallenwürfel, das Vehicle Assembly Building (VAB). Beim Aufmalen der 2144 Quadratmeter großen amerikanischen Flagge und des Nasa-Emblems auf eine der Seitenwände wurden mehr als 22.000 Liter Farbe verbraucht. Das VAB ist mit 3,6 Millionen Kubikmetern das am Volumen gemessen drittgrößte Bauwerk der Welt. Zum Vergleich: Die Cheops-Pyramide umfasst 2,5 Millionen Kubikmeter. Im Zeitungsinnenteil der Micky Maus-Hefte wurde einmal berichtet, dass sich bedingt durch die gewaltige Größe der Raketenhalle manchmal eine eigene Wetterlage in dem Gebäude bildete. Eine eigene Wetterlage!

Das Nasenrückenküstenstück ist gesäumt von weiteren Raketenstartrampen, die meisten davon betreibt die US Air Force. Wo von der Nase ausgehend ein Augenlid sein müsste, erstreckt sich eine weitere, sehr lange Piste. Es ist die Landebahn für die Space Shuttles, sie wird selten benutzt. Der geografische Name des Areals ist Merritt Island. Der mythische Name ist John F. Kennedy Space Center.

Ursprünglich für das Apollo-Programm erbaut, wurde es später zum Startpunkt für die seit April 1981 durchgeführten Space Shuttle-Missionen umgebaut. In den fünfziger Jahren hatte der Himmel sich in ein technisches Problem verwandelt. Die Frage stand im Raum, wer ihn als erster befahren würde. Der Himmel hieß nun Weltraum und hatte sich aus der duftigen Sphäre der Religion zu einem handfesten politischen Interesse verdichtet. Im Oktober 1957 setzten die Russen »Sputnik I« aus, den ersten künstlichen Himmelskörper [→ Baikonur 31].

Die Eroberung des Firmaments durch die Raketenwissenschaft begleitete mein Heranwachsen wie eine natürliche Leidenschaft. Als kleiner Junge in den sechziger Jahren fühlte man sich ganz selbstverständlich aufgerufen, mit an der Eroberung des Raums teilzunehmen.

Cape Canaveral wurde der zentrale Ort dieser Erstürmung. Angeblich benutzte Wernher von Braun eine Geschichte des Science Fiction-Autors Arthur C. Clarke, um Präsident Kennedy von der Notwendigkeit der bemannten Raumfahrt und von Flügen zum Mond zu überzeugen. Die Illustratoren populärer Magazine wie »Colliers« oder »Popular Mechanics« und Wunderwelten-Profis wie Walt Disney entwarfen grandiose Bilder von Raumstationen und Reisen durchs All, welche die Phantasien einer zukunftshungrigen Generation entzündeten. In den monumentalen Bauwerken auf Cape Canaveral kristallisierten die luftigen Gedanken.

Bald nachdem im deutschen Fernsehen Commander Cliff McLane mit dem schnellen Raumkreuzer Orion zur ersten Raumpatrouille gestartet war, hatte das US-Raumfahrtprogramm mit Griffen in den Götterhimmel der alten Griechen – Mercury, Gemini, Apollo – das der Sowjets überflügelt. Eine zeitgemäße Dunkelheit verhüllte Orte weit jenseits des Eisernen Vorhangs, das Sternenstädtchen und Baikonur; machtpolitischer Nebel nahm die Sicht auf Peenemünde und die Anfänge der Raketentechnologie im Deutschland des Zweiten Weltkriegs. Am Vormittag des 24. Juli 1950 wurde der Weltraumbahnhof auf Cape Canaveral mit dem Start der ersten mehrstufigen Rakete überhaupt, einer ausgebauten V2-Rakete namens »Bumper 8« von Rampe 3 des Long Range Proving Ground, eingeweiht.

Wir Jungs bauten unterdessen aus Draht und Isolierband die Strahlenwaffen der Orion-Crew nach und laserten einander damit draußen auf der Straße im Vorbeifahren von den Juniorfahrrädern.

Wenn die Raumpatrouille flog oder ein Lift-off von Cape Kennedy anlag (das später wieder in Cape Canaveral rückbenannt wurde, da die Einwohner auf der 400 Jahre alten Namensgebung bestanden), galt eine Ausnahmeregelung entgegen der sonst strikt dosierten Fernseherlaubnis.

So waren die Raketenstarts von Cape Kennedy zugleich auch die Einflugschneise hinauf ins Erwachsenwerden [→ Summerhill 66]: Fernsehen nicht mehr nur bis zum Sandmännchen, sondern mit Open End, manchmal den ganzen Tag lang, während eine mächtige »Saturn V«-Rakete im Startturm wartete, Kältewolken von den Tankwänden wehten und Professor Heinz Haber physikalische, technische und astronomische Hintergründe erläuterte. Passend zu Countdowns lautet die Telefonvorwahl für Cape Canaveral übrigens 321.

Dem unausgesprochenen allgemeinen Aufruf zur Weltraumfahrt folgend, entwickelte ich in dem chemischen Laboratorium, das aus einem Chemiekasten im Keller des Elternhauses hervorgegangen war, Festtreibstoffe nach dem Grundrezept einer Schwarzpulvermischung. Die Mischung, etwa ein Pfund, füllte ich in einen Rundkolben aus Jenaer Glas und versuchte, das Geschoss im Garten aus einem gusseisernen Christbaumfuß zu starten. Das Glas schmolz, in der Wiese blieb ein verkohlter Fleck und ich zog mir den Zorn der Nachbarinnen zu, deren Wäsche mit Schwefelschwaden imprägniert wurde. Der Wissenschaft waren Opfer zu bringen [→ Bikini-Atoll 17].

Die erste Mondlandung sah ich in der Sommerfrische mit den Bauern in einem Landgasthaus. In dieser langen Nacht trank ich vor Aufregung zwei Liter Cola mit der Folge, dass ich Colageschmack bis heute nicht mehr vertrage.

Der Überdruss am Raumfahren stellte sich also bald ein. Die nachfolgenden Mondlandemissionen, mit denen die siebziger Jahre begannen, waren unbedeutend, langweilig, kalt und grau wie der Mond. Erinnert sich jemand an die zweite Mondlandung? Oder an die letzte? Der eine, entscheidende, himmlische Moment war längst verglüht, Cape Canaveral ein Riesenhaufen Zement und Stahl. Als die Ära der Space Shuttles begann, war der gewaltige Zauber verflogen, mit dem sich die Saturn-Raketen und die kleinen Apollo-Kapseln obenauf aus der Erdschwere erhoben hatten. Shuttle-Starts im Fernsehen waren banal, als würde man die Abfahrt eines Schnellzugs übertragen.

Das eigentliche Produkt der Mondlandemission war längst eingefahren. Es war nie um Forschung gegangen, sondern immer nur darum, Wolkenkratzer zu bauen, die fliegen können. Als der deutsche Raketenpionier Eugen Sänger 1958 sein Buch »Raumfahrt – technische Überwindung des Krieges« veröffentlichte, genügte zur Begründung der Raumfahrt ein Zitat des Papstes. Es war einzig darum gegangen, mit den riesigen Raketen den Stahlhochbau zu derselben Vollendung zu bringen, zu der die alten Ägypter mit dem Pyramidenbau die Steinbearbeitung geführt hatten. Als modernes Zentrum der Himmelfahrt war Cape Canaveral weit mehr als ein technologischer Brennpunkt.

Pyramidenbau und Raumfahrt gleichen sich in vielem. Die Ähnlichkeiten zwischen einem Astronauten in seinem weißen Schutzanzug und einer Mumie sind unübersehbar. Beide Großbauten, Pyramide und Rakete, dienen der Reise in die Unendlichkeit [→ Phoenix 71]. Es ist Religion in der Maske von Maschinen – sofern Religion bedeutet, jenes besondere Gemeinschaftsgefühl hervorzurufen, jenes Gefühl, eine Menschheit zu sein, mit der wir uns dem unendlichen Schweigen der Natur entgegenstellen.

Die technische Himmelsbewältigung stagniert. Die Erde hat sich in einen Schleier aus Satelliten gehüllt, aber die phantastischen Verheißungen des Himmels vagabundieren nun wieder über die Erdoberfläche. Nach der Challenger-Katastrophe trat die Hoffnungslosigkeit der bemannten Raumfahrt unübersehbar zu Tage. Der Versuch, den exzessiv lebensfeindlichen Weltraum mit menschlichem Eroberungsdrang zu beleben, war nach dem milliardenteuren Einflug mehrerer Kilo Mondgestein längst in der Kälte des Kosmos verweht.

Im September 2004 wurden Teile des Kennedy Space Center von Hurrikan Frances schwer beschädigt. Ein Teil der Gebäudeverkleidung des VAB wurde weggerissen und der Bereich, in dem die Hitzekacheln des Space Shuttle montiert werden, schwer beschädigt.

Heute sehen wir in Cape Canaveral im Rocket Garden das paradoxe Gegenteil dessen, wozu die Anlage ursprünglich gebaut worden ist: liegende Raketen, die auch noch am Boden festgeschraubt sind. Längst wenden wir Himmel und All auf technologischem Weg nach Innen. Das Internet ist die Demokratisierung der Raumfahrt – nun kann jeder mitfliegen [→ Google 15].

■

2

AUTOREN Harald Lesch, Hilmar Schmundt

Das Goethehaus in Weimar

Odyssee am Frauenplan

Das Haus am Frauenplan 1. Von außen wirkt es wie eine süßliche Idylle, die sonnige Fassade Platz beherrschend hingefläzt hinter einem sprudelnden Brünnlein. Doch die behagliche Kulisse trügt. Hier fanden einst Tiefbohrungen statt [→ Bremen 48], bodenlos, riskant, in unerschöpfliche Quellen, ergiebig bis heute. Nicht nur für Sonntagsreden pensionierter Studienräte, sondern auch für Geologen, Biologen, Astrophysiker. Also rein ins Getümmel.

Eine Klassiker-Rennbahn. Die Stadt ist gepflastert mit Plaketten, Verweisen, Schreinen. Schiller [→ Königsberg 23], Herder, Wieland, Jean Paul, Nietzsche [→ Röcken 72], Cranach [→ Wittenberg 28], Bach [→ Lambaréné 24], Liszt, Wagner, Klee, Beckmann, Gropius, Bauhaus [→ Bauhaus 26], Unesco. Dazu noch Hitler und Buchenwald. Das Jetzt verschwindet hinter einem Großaufgebot an Gestrigem. Über drei Millionen Besucher kommen jedes Jahr in die thüringische Kleinstadt mit ihren rund 60.000 Einwohnern. Mehr als nach Jerusalem oder auf die Akropolis.

»Ich bin Weltbürger und Weimaraner«, sagte Goethe von sich: »Von Weimar gehen die Tore und Straßen nach allen Enden der Welt«. Alle Touristenwege wiederum führen zum Haus am Frauenplan, wo der Dichterfürst mit kurzen Unterbrechungen fünfzig Jahre lang wohnte. Von Goethedämmerung keine Spur: Über 160.000 Besucher durchwandeln jedes Jahr sein Haus. Ein halbes Jahrhundert Literaturgeschichte, ein Nationaldichter, ein Klassiker, ein klebriger Geniekult nah an der Satire: »O Weimar! Dir fiel ein besonder Los! Wie Bethlehem in Juda, klein und groß«. Vielleicht sind es ja Minderwertigkeitskomplexe, die gerade die deutsche Provinz sich derartig nach dem Weltgeist recken lassen [→ Plettenberg 37]. Goethes Einfluss auf die Kunst war gewaltig. Sein Einfluss auf die Wissenschaft ist es noch heute.

Der Museumsshop am Eingang seines Hauses ist eine Zumutung. Schlange stehen, Eintrittskarte kaufen. Ein Hauch von Disneyland: Postkarten, Tassen, Büsten, Topflappen, T-Shirts [→ Mona Lisa 4]. Der Geheimrat würde sich im Grabe umdrehen – aber nur, um besser sehen zu können. Er liebte den großen Auftritt, ein Meister der Inszenierung, nicht nur im Theater. Dies Haus war seine Bühne.

Die Treppe ausladend, einladend. Aufwändig ließ Goethe den Zentraleingang umbauen, um besser Hof halten zu können. Die Stufen hinauf das Begrüßungsmosaik: SALVE. Ein Erkennungszeichen des Bildungsbürgertums, das diese Grußworte gern auf Fußabtretern vor ihrer Wohnungstür platziert.

Ein Salon reiht sich an den nächsten, Tiefblicke als Imponiergehabe: Großes Sammlungszimmer, Majolikazimmer, Deckenzimmer, Junozimmer, Urbinozimmer. Dies hätte die Kulisse für einen Kubrick-Film abgeben können, wäre die kreiselnde Raumstation im Science Fiction-Klassiker »2001 – Odyssee im Weltraum« im 18. Jahrhundert zwischengelandet. Statt einer Antwort immer neue Fragen, statt fester Standpunkte immer neue Abgründe.

Das Juno-Zimmer: ein mächtiger Frauenkopf aus Marmor starrt eine Zimmerflucht entlang. »Keine Worte geben eine Ahnung davon, er ist wie ein Gesang Homers«, schreibt Goethe. Die Juno Ludovisi ist ein Souvenir von seiner Italienreise. Wahrscheinlich, so meint man heute, handelt es sich bei der Abgebildeten gar nicht um eine Göttin, sondern um Antonia minor, eine Nichte des Augustus. Aber darum geht es nicht. Rom und Troia liegen in Weimar, scheint Goethe seinen Besuchern mit auf den Weg geben zu wollen. Die Vergangenheit ist nicht vergangen, das Gestern nur vergessen [→ Troia 47]. Flirtend schreibt er über die Juno an Charlotte von Stein: »Es war dies meine erste Liebschaft in Rom und nun besitz ich diesen Wunsch. Stünd ich doch schon mit dir davor.« Hintergründige Sätze. Hintergründige Räume. So liebte es der Geheimrat.

Die Zimmerflucht im Vorderhaus ist eine bildungsbürgerliche Bühne, eine Wunderkammer des Wissens. Heute kommen die Räume fast karg daher. Damals ist das anders, Goethe ist ein süchtiger Sammler, alles ist voll gestellt mit Skulpturen und Gemälden, Mineralien, Büchern, Möbeln, Souvenirs: Mondmilch von wildem Kirchli im Canton Appenzell; ein essbares, indisches Vogelnest, zerbrochen; Wollproben in einem Pappkästchen; zwei Dutzend Knöpfe von kalkartigem Stein; vier Stück Bezoar von Gazellen.

Er sammelt 18.000 Steine, 9000 Grafiken, 4500 Gemmenabgüsse, 8000 Bücher, dazu Gemälde, Plastiken, Manuskripte, das meiste Kopien – für Originale fehlen ihm Geld und Sinn. Wer braucht schon Originale, wenn eine Kopie die Seele ebenso berührt. Piratebay und Google Books [→ Google 15], Multitasking und Morphing, all das würde ihm sofort einleuchten. Goethes Haus ist angelegt als Forschungsmuseum, Privatakademie, Institute for Advanced Study [→ IAS 49]. Auf dem Flügel im Junozimmer spielt der jugendliche Felix Mendelssohn. Die Juno, seine erste Liebschaft, die Göttin, die keine ist, wird ein Kristallisationspunkt der Kunsttheorie, Wilhelm von Humboldt schreibt über sie, Jacob Burckhardt, Paul Heyse.

Der Salon als Weltausstellung im Kleinen. Antike und Tagespolitik, Exotik und Provinz sind hier auf kleinstem Raum versammelt. Er ist ein leidenschaftlicher Leser des Koran, fordert statt einer Nationalliteratur eine Weltliteratur und postuliert im »West-Östlichen Diwan«: »Wer sich selbst und andere kennt / Wird auch hier erkennen: / Orient und Okzident / Sind nicht mehr zu trennen« [→ Dubai 35].

Goethes Salon ist ein gesellschaftliches Ereignis. Hier tafeln Fürsten und Denker, Geologen und Dichter, Botaniker und feine Damen. Im Zentrum steht der Mensch, ist Goethes Maxime. Oft ist er es selbst, der im Mittelpunkt steht. Intellektuelle reisen aus ganz Europa an, um ihn zu treffen. Da es noch keine Fernleihe gibt zu seiner Zeit, kein Internet [→ Cern 11], kein iPhone [→ Apple-Garage 29], müssen Salons wie die seinen herhalten als Kommunikationszentrale. Man liest sich Gedichte vor und diskutiert über den Zwischenkieferknochen, man spielt Theater und streitet sich über die Natur des Lichts. Ein gutes Argument, ein treffendes Bild, von irgendjemand in die Runde geworfen, taucht später oft in Goethes Gedichten oder Aufsätzen auf. Von wem etwas ist, wen kümmert's, Plagiarismus, who cares. Ein Gräuel für heutige Urheberrechtsschützer und Patentanwälte. Manchmal weiß er selbst nicht mehr, ob ein Gedicht von ihm stammt oder nicht. Einen derartig intensiven intellektuellen Austausch gibt es auch heute nur selten [→ Santa Fe 13, Oberwolfach 39, Oxford 50, Aspen 55]. Goethes Salon ist eine Sensation: Entertainment und Experiment, Forschung und Show. Diese Bühne steht im Mittelpunkt und Vordergrund des Gebäudeensembles. Aber auch das ist natürlich wieder nur die halbe Wahrheit. Tür um Tür geht es weiter und immer weiter.

Die Wirtschaftsgebäude: abgetrennt von den Repräsentationsräumen im Vorderhaus. Seine spätere Frau Christiane Vulpius muss leider draußen bleiben bei den feinen Salons. Sie kocht, organisiert die Hausarbeit, hält den Laden am Laufen und sich jahrelang selbst hauptsächlich im hinteren Gebäudeteil auf. Bigott? Vielleicht ist es genau anders herum: Goethe liebt es, zu provozieren. Die höfische Gesellschaft lehnt seine unstandesgemäße Liaison mit der ehemaligen Hutmacherin ab. Aber Goethe lässt sich seine Frauenpläne nicht durchkreuzen, nie. Noch als Witwer von zweiundsiebzig Jahren verliebt er sich unsterblich in Ulrike von Levetzow, einen Teenager. Er hält um ihre Hand an, erhält eine Abfuhr. Todunglücklich schreibt er seine »Marienbader Elegie«: »Mir ist das All, ich bin mir selbst verloren.«

Ich bin der Geist, der stets verneint – auch das ist ein Teil von Goethe. Seine Rolle als Doktor Faustus inszeniert er im vorderen Teil des Hauses, Wissen, Klarheit, Respektierlichkeit. Doch auch Mephisto ist präsent, die Nachtseite, das Rätselhafte: Die Juno-Skuptur deutet ihn an, seine erste Liebschaft, die in Richtung der Raumflucht blickt. Hinter den repräsentativen Salons Wendeltreppen und enge Gänge, die diskret hinüberführen zum Hintergebäude. Die Idee eines »Unbewussten« ist vielleicht gar keine Erfindung von Freud, sondern schon im »Mephisto« angelegt, Goethe verwendete den Begriff bereits 1777 [→ Freuds Couch 9]. Er liebt das intellektuelle Risiko. »Die Wahlverwandtschaften«, der Roman einer Affäre zweier Paare überkreuz, ist angelegt wie ein erotisches Experiment, ein Skandal ersten Ranges. Goethe ist Spieler, die Behäbigkeit des Hauses nur Fassade.

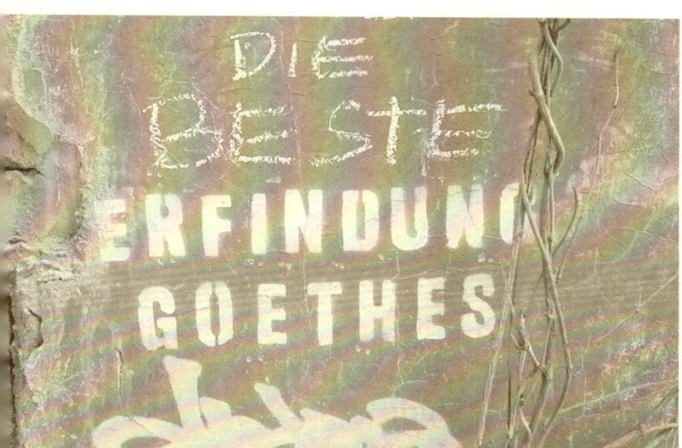

Die Wunderkammern des Wissens im Frauenplan sind Theater und Labor zugleich. Wenn er ein neues Fundstück ergattert, reicht er es herum wie eine Trophäe. Seine Maxime:

Im Zentrum steht der Mensch, und was er sinnlich wahrnimmt, das zählt mehr als Instrumente, Theorie und Mathematik. Er hat seinen Immanuel Kant gelesen: »Der gestirnte Himmel über mir und das moralische Gesetz in mir« [→ Königsberg 23]. Aber Goethe verneint dessen kategorischen Imperativ. Kant erkennt Pflicht, wo Goethe Spiel sieht. Er ist Amateur im emphatischen Sinne, die Wissenschaft seine erste große Liebe. Leidenschaftlich wendet er sich gegen Plutonisten wie James Hutton, den britischen Nestor des Fachs [→ Nuvvuagittuq 3]. Die Plutonisten glauben, dass Granit und Basalt aus tief liegenden Schmelzzonen im Innern der Erde stammen, dem Reiche des Unterweltgottes Pluto. Goethe nimmt die überwältigenden Beweise seiner Gegner zur Kenntnis, bleibt aber Neptunist, also Anhänger des Wassermanns. Nicht Feuer, sondern Fluten formen die Felsen, so glaubt er. Und polemisiert gegen Hutton: »Basalt, der schwarze Teufels-Mohr / aus tiefster Hölle bricht hervor, / Zerspaltet Fels, Gestein und Erden, / Omega muss zum Alpha werden. / Und so wäre denn die Welt / Geognostisch auf den Kopf gestellt.« Gut gereimt, aber falsch. Basalt ist vulkanischen Ursprungs, das ist heute allgemein akzeptiert. Trotzig vermerkt Goethe 1828: »Ich finde immer mehr, dass man es mit der Minorität, die stets die Gescheitere ist, halten muss.« Das mag arrogant sein, vor allem aber beweist es Unabhängigkeit vom Zeitgeist und Gruppendruck. Er bemüht sich um die Wiederaufnahme des Bergbaus im nahen Ilmenau – und scheitert auch dabei. Auch das schreckt ihn nicht ab – ihm geht es um mehr, ums Große und Ganze. Eigenwillig verfolgt er so etwas wie die Physik komplexer Systeme [→ Santa Fe 13]. Er setzt auf Gesamtschau, auch wenn er bei den Details daneben liegen mag: »Ein Jahrhundert, das sich bloß auf die Analyse verlegt und sich vor der Synthese gleichsam fürchtet, ist nicht auf dem rechten Wege; denn nur beide zusammen, wie Ein- und Ausatmen, machen das Leben der Wissenschaft.«

Der Streit ums Licht: wieder so ein Schauboxen ums Grundsätzliche. Als Widersacher sucht er sich erneut einen britischen Wissenschaftsstar aus: Isaac Newton. Der hatte hundert Jahre zuvor einen weißen Lichtstrahl mit Hilfe von Prismen zerlegt in einzelne Primärfarben. Goethe dagegen beschreibt in seiner »Farbenlehre« das Licht als sinnliche Erfahrung mit Wirkung auf die Seele. Dafür wird er heute oft belächelt. Dabei liegt er eigentlich nicht falsch, sondern nur anders. Newton beschreibt die Physik, Goethe die Physiologie. Aber er überreizt sein Blatt, und spielt den Geist, der

Newton verneint – eine leichtfertige Zuspitzung. Hochmütig reimt er einen Spottvers: »Weiß hat Newton gemacht aus allen Farben. Gar manches hat er euch weis gemacht, das ihr ein Säkulum geglaubt.« Ein theatralisches Duell mit einem Toten. Der Tote gewinnt, Goethe gilt heute in diesem Punkt als widerlegt.

Die Bibliothek, dahinter das Arbeitszimmer. Nach Pomp und Überfülle der Salons überrascht die Schmucklosigkeit. Ein karger Raum, grün gestrichen, weder Sofa noch Gardinen, ein Stehpult, drei Schreibtische. Hier diktiert er die »Wahlverwandtschaften« und wissenschaftliche Aufsätze. »Mit heiliger Ehrfurcht betritt man Goethes Arbeitszimmer, in das, während er lebte, außer einigen seiner ältesten und vertrautesten Freunde niemand je Zutritt hatte«, schreibt ein Besucher später. Dann das Schlafzimmer: noch einfacher. Ein Bett, eine große Tabelle über Tonlehre an der Tür, daneben eine geologische Zeittafel, die natürlich nicht Jahre oder Generationen kartiert, sondern Äonen. Neben dem Fenster der Lehnstuhl, in dem er 1832 stirbt. Er gestikuliert mit der Hand und ruft: »Licht, mehr Licht!«

Mehr Licht: Das Treppenhaus hinab, raus in den Garten. Ein träger Augustnachmittag, schwer vom Blütenduft. Hier baut Christiane ihr Gemüse an: Spargel, Löwenzahn, Topinambur, Rapontica, Pastinake, dazu Buchsbaumhecken wie in einem Bauerngarten. Für den Geheimrat ist der Garten wie seine Romane, seine Ehe, seine Salons, sein Leben: ein Labor. Mit Kapuzinerkresse stellt er Keimversuche an für sein Buch »Die Metamorphose der Pflanzen«.

Der Garten ist ruhig. Er gilt als Nebenschauplatz der Weltliteratur im Schatten der Salons im Vorderhaus. Doch eigentlich ist er das Zentrum. Mehr Licht, hier suchte Goethe es. Hier studierte er das Knospen, Blühen und Vergehen. Nichts ist, wie es war, nichts bleibt, wie es ist. Er sucht nach der Urpflanze, nach dem Urphänomen des Werdens und Vergehens: Anziehung und Abstoßung, Einatmen und Ausatmen. Er sucht nach Urtier, Urmensch, Urphänomen. Seine Studien zum Zwischenkieferknochen, der sich beim Menschen über die Jahrtausende verändert hat, ist für ihn der Beleg: »Der Mensch gehört mit zur Natur!« Der Mensch ist denselben Naturgesetzen wie die Tiere unterworfen, wie alles Lebende. Damit ebnet Goethe den Weg für die Evolutionstheorie. Das zumindest glaubt der gefeierte Physiker Hermann von Helmholtz [→ Galápagos 5].

Goethe im Garten: Er spricht nicht von »Umwelt«, sondern von »Mitwelt«. Der Mensch als Teil des Gesamtsystems Erde, als prägend und geprägt. Das klingt heute fast wie ein Vorgriff auf die Klimadebatte [→ Antarktis 16, Mauna Loa 34]. Jeden Morgen studiert Goethe das Wetter, fertigt Skizzen von den Wolken an, verfasst eine »Witterungslehre«. Deren einzig beständiges Element: der Wandel, ein »gewisses Pulsieren, ein Zu- und Abnehmen, ohne welches keine Lebendigkeit zu denken wäre.«

Im Küchengarten studiert Goethe Pflanzen – und Sterne. Im Februar 1800 stellt er hier einen »Siebenfüßer« auf, ein Teleskop mit einem über zwei Meter langen Tubus aus Mahagoni und einer zweihundertfachen Vergrößerung. Er schreibt an seinen Freund Friedrich Schiller: »Um sieben Uhr, da der Mond aufgeht, sind Sie zu einer astronomischen Partie eingeladen, den Mond und den Saturn zu betrachten; denn es finden sich heute Abend drei Teleskope in meinem Hause.« Nachts stehen sie zwischen Spargel, Löwenzahn, Topinambur, Rapontica, Pastinake und beobachten den Mond: »Es erregt die merkwürdigsten Gefühle, wenn man einen so weit entfernten Gegenstandt so nahe gerückt sieht, wenn es uns möglich wird, den Zustand eines 50.000 Meilen von uns entfernten Körpers mit so viel Klarheit einzusehen.« Im April lädt er Schiller erneut zu einer astronomischen Partie ein. Er hat einen Frauenplan: »Es war eine Zeit, wo man den Mond nur empfinden wollte, jetzt will man ihn sehen. Ich wünsche, dass es recht viele Neugierige geben möge, damit wir die schönen Damen nach und nach in unser Observatorium locken.«

Ein kleines, barockes Gartenhaus: die mineralogische Sammlung. Das Herzstück des Museums vielleicht. Und daher verriegelt. Die über 160.000 jährlich eintreffenden Besucher des Laboratoriums am Frauenplan würden die Sammlung nur durcheinanderbringen. Die Mineralogie war damals schwer in Mode, seit Goethe mit seiner Liebe zum »öden Steinreich« halb Weimar ansteckte: »Ich komme mir vor wie Antäus, der sich immer wieder neu gestärkt fühlt, je kräftiger man ihn mit seiner Mutter Erde in Berührung bringt.«

Ein dämmriger Raum voller Holzschränke, Schachteln, eng beschriftet mit Fundort und Name. Quarz und Glimmer, Granit und Kalk: Über 18.000 Steine sind hier versammelt. Nichts ist vor seiner romantischen Weltsicht sicher, selbst Mineralien sieht er als Teil des Lebens an: »Ich fürchte den Vorwurf nicht, dass es ein Geist des Widerspruchs sein müsse«, schreibt er, »der mich von Betrachtung und Schilderung des menschlichen Herzens, des jüngsten, mannigfaltigsten, beweglichsten, veränderlichsten, erschütterlichsten Teiles der Schöpfung, zu der Beobachtung des ältesten, festesten, tiefsten, unerschütterlichsten Sohnes der Natur geführt hat.«

Beim Basalt und beim Licht mag Goethe danebenliegen – und dennoch im geistigen Zentrum des naturwissenschaftlichen Aufbruchs der folgenden Generation. Alexander von Humboldt, der wohl berühmteste Weltreisende seiner Zeit, hat Werke Goethes immer im Gepäck. 1806 schreibt er in einem Brief: »In den Wäldern des Amazonenflusses wie auf dem Rücken der hohen Anden erkannte ich, wie von einem Hauche beseelt von Pol zu Pol nur ein Leben ausgegossen ist in Steinen, Pflanzen und Tieren und in des Menschen schwellender Brust. Überall ward ich von dem Gefühle durchdrungen, wie mächtig jene Jenaer Verhältnisse auf mich gewirkt, wie ich, durch Goethes Naturansichten gehoben, gleichsam mit neuen Organen ausgerüstet worden war« [→ Straße der Vulkane 58].

Von Goethes Garten führen Tore in alle Welt: auch ins All. Ähnlich Paläontologen, die versteinerte Knochen studierten, um das Leben und Alter urzeitlicher Tiere zu rekonstruieren, kartieren Astronomen heute die fossile Hintergrundstrahlung, den Nachhall des Urknalls. Mit fliegenden Weltraum-Teleskopen vermessen Astrophysiker heute das Werden und Vergehen von Galaxien, die Geburt von schwarzen Löchern und den Sternentod, ein gewisses Pulsieren, ein Zu- und Abnehmen, ohne welches keine Lebendigkeit zu denken wäre. Ein expandierendes Universum, das seit dem Urknall auseinanderdriftet, pulsierende Neutronensterne, Braune Zwerge? All das erscheint wie eine Fortsetzung von Goethes Vision einer atmenden, sich wandelnden Mitwelt. Selbst Albert Einstein hat mit derlei Dynamik anfangs Probleme. Er ist zunächst ein überzeugter Anhänger eines statischen Universums – und somit ein entschiedener Gegner eines aus einem Uratom gewachsenen Kosmos, wie ihn die Urknalltheorie annimmt. Erst 1930 lässt sich Einstein umstimmen und beschreibt die Hypothese eines Urknalls als schönste und beste Erklärung der Entstehungsgeschichte des Alls.

»Goethe ist in der Geschichte der Deutschen ein Zwischenfall ohne Folgen«, schreibt Friedrich Nietzsche [→ Röcken 72]. Doch hier irrt der Dichter. Die Meldung von Goethes Ableben ist maßlos übertrieben, sein Sterbestuhl überbewertet. Goethes Odyssee im Weltraum hat gerade erst begonnen: Sein Forschungsprogramm läuft weiter, auch ohne ihn, geheimnisvoll wie die Juno von Ludovisi, seine erste Liebschaft.

Spurenelemente seines Denkens finden sich jede Woche in der Zeitung: Sterngeburten und Sternentod, Epigenetik und Klimawandel. Die Wissenschaftszeitschrift »Nature« verdankt ihren Namen einem Gedicht von Goethe [→ Nature 42]. Darin schreibt er über die Natur: »Ihr Schauspiel ist immer neu, weil sie immer neue Zuschauer schafft. Leben ist ihre schönste Erfindung, und der Tod ist ihr Kunstgriff, viel Leben zu haben.«

Ein Fenster ist halb geöffnet. Draußen auf dem Kiesweg im Garten knirschen Schritte. Als könnte der Geheimrat jederzeit hereinschneien.

Sein Wissenschaftstheater am Frauenplan 1 schafft sich immer neue Zuschauer. In der Mineraliensammlung zum Beispiel liegt ein Stein, der Goethes Namen trägt, ein rötlich schimmerndes Brauneisenerz, das pflanzenähnlich anmutende Rosetten bilden kann und nur in Zusammenhang mit Wasser entsteht. Im Jahr 2004 untersuchen Weltraum-Geologen das All mit Hilfe der Raumsonde »Spirit« – Geist. Und finden dies wässrige Mineral auch auf dem Mars: Goethit.

■

AUTOR Jürgen Schönstein

Der Nuvvuagittuq-Grünsteingürtel, Québec

Fundament der Tiefenzeit

Ein paar flache Felsrücken an einer kalten Bucht im hohen Norden Kanadas, kein Auto weit und breit, kein Internetanschluss, der nächste Ort über 30 Kilometer entfernt. Wer hierher kommt, bringt besser Zeit und Zelt und einen guten Schlafsack mit. Doch die Reise lohnt sich. Wer auf diesen grauschlierigen Felsen steht, betritt einen Grundstein des modernen Wissenschaftsgebäudes: die älteste intakte Gesteinsformation des Planeten, das Fundament der sogenannten Tiefenzeit, einer schier unendlichen Vergangenheit, ohne die Darwins Idee vom Werden und Vergehen der Arten [→ Galápagos 5] nicht denkbar wäre.

Steine und Zeit gehören zusammen, der Begriff »steinalt« existierte schon lange, bevor uns der britische Geologe Charles Lyell mit seinen drei Bänden die »Principles of Geology« Anfang des 19. Jahrhunderts die Idee einer Erde vermittelte, die über Millionen und Milliarden von Jahren geformt wurde. Und nicht innerhalb einer Schöpfungswoche vor rund 6000 Jahren, wie in der Bibel beschrieben.

Doch was bedeutet »steinalt« wirklich? Im Harz findet man beispielsweise Mineralien, die vor etwa 500 Millionen Jahren auskristallisiert sind – nach menschlichen Maßstäben uralt, aber gemessen am Alter der Erde (rund 4,6 Milliarden Jahre) eher junges Material. Geradezu neumodischer Kram verglichen mit dem Grünstein von Nuvvuagittuq, dem Gesteinsschild auf der Ostseite der kanadischen Hudson Bay. Dessen Alter wird von Wissenschaftlern der McGill-Universität auf 4,28 Milliarden Jahre beziffert und hält damit den Altersrekord irdischen Gesteins. Natürlich gibt es Konkurrenten für diesen Rekord, in Australien zum Beispiel wurden Einschlüsse in Gesteinen entdeckt, die vielleicht noch ein wenig älter sind. Aber in Kanada handelt es sich um intakte Formationen aus der Entstehungszeit der damals noch jungen Erdkruste.

Sind solche Zeitspannen für uns überhaupt vorstellbar? Zeit ist etwas, von dem es in meiner Wahlheimat New York nur sehr wenig zu geben scheint: Die sprichwörtliche »New York Minute«, in der sich die Geduldsspanne der New Yorker misst, verstreicht mit einem Lidschlag; Eile ist eine Tugend; und die Geschichte der Stadt lässt sich noch leicht in Jahrzehnten messen.

Aber wer, wie ich, einige Zeit in dieser Stadt verbracht hat, der lernt, selbst ohne erdwissenschaftlichen Wissenshintergrund, allein schon durch Beobachtung und Erfahrung, wie Zeit sich vertikal manifestiert: Wenn Wolkenkratzer neu entstehen, dann bohren sie sich erst als Gruben ins Grundgebirge und wachsen dann praktisch im Wochenrhythmus um jeweils ein Stockwerk. Schon jedem Kind wird hier klar, dass die oberen Geschosse die jüngsten sind – manchmal, vor allem in Zeiten knapper Finanzmittel und damit verzögerter Fertigstellung, um Jahre jünger als das Fundament [→ Schanghai 18].

Dass sich Zeit rein morphologisch in Höhen oder Tiefen beschreiben lässt, wäre sicher auch zu den Zeiten des schottischen Geologen James Hutton (1726–1797) noch leicht vermittelbar gewesen. Aber der Naturphilosoph und Geologe aus Edinburgh brachte das damalige Weltbild gleich in doppelter Hinsicht ins Schwanken. Einerseits beschrieb er das Gesicht der Erde nicht als Resultat eines einmaligen Schöpfungsaktes, sondern als Resultat eines beständigen Umformungsprozesses. Eine Herkulesaufgabe: sein vierbändiges Werk »Theory of the Earth«, an dem er jahrelang arbeitete, veröffentlichte er erst 1795, kurz vor seinem Tod. Noch dramatischer aber war seine Forderung, dass diese geomorphologischen Prozesse einer unerdenklich langen, unfassbar tiefen Zeit bedurften. In »Theory of the Earth« schreibt er: »Time, which measures every thing in our idea, and is often deficient to our schemes, is to nature endless and as nothing; it cannot limit that by which alone it had existence; and, as the natural course of time, which to us seems infinite, cannot be bounded by any operation that may have an end, the progress of things upon this globe, that is, the course of nature, cannot be limited by time, which must proceed in a continual succession.«

Erst dieses Konzept einer »Deep Time« erlaubte Lyell, in seinem Werk die Grundlagen der Geologie zu etablieren. Sie erst gab Charles Darwin den zeitlich notwendigen Spielraum, mit dem er seine Theorie von der Entstehung der Arten durch das extrem langsam wirkende Wechselspiel von Mutation und Selektion überhaupt erst formulieren konnte [→ Stevns Klint 46, Meishan 69].

Als Erdwissenschaftler (Geograf, um genau zu sein) erfasst mich immer wieder mal ein Anflug von Genugtuung, dass es eben nicht Kepler, Galilei, Newton oder andere Giganten der frühen Astro-Physik waren, die aus der Tiefe des Raums auf eine Tiefe der Zeit schlossen. Sondern die bescheidenen Steineklopfer, die mit gesenktem Blick am Boden direkt unter ihren Füßen ferne Urwelten entdeckten [→ Eichstätt 43].

Sie mussten ihre verwegenen Theorien gegen scheinbar unüberwindliche Widerstände behaupten, gleichsam mit dem Kopf durch die Felswand. Die Widerstände kamen nicht nur von der Kirche, sondern von einer der größten wissenschaftlichen Autoritäten ihrer Zeit. In einem Artikel für »Macmillan's Magazine«, erschienen am 5. März 1862, hatte kein geringerer als Sir William Thompson, der Nachwelt besser bekannt als der mit akademischen Ehren höchstdekorierte Lord Kelvin, das Alter der Sonne auf maximal 20 Millionen Jahre datiert. Diese Rechnung beruhte auf der Theorie, dass die Sonne ihre Strahlungsenergie aus einem Dauerfeuer von Meteoriteneinschlägen beziehe. Die Verbrennung reinen Kohlenstoffs, was damals als der effizienteste chemische Vorgang angesehen wurde, hätte sogar nur für 3000 Sonnenjahre gereicht.

Erst die Entdeckung der Radioaktivität, genauer gesagt: Ernest Rutherfords Überlegungen zum radioaktiven Zerfall als »Treibstoff« der Sonne ein knappes halbes Jahrhundert später schob diesen wissenschaftlichen Stolperstein beiseite und ebnete der Tiefenzeit den Weg.

Hutton glaubte an eine unendliche Erdgeschichte. »Wir finden keine Spur eines Anfangs, keine Aussicht auf ein Ende«,

schrieb er in einem Aufsatz, den er 1788 der Royal Society of Edinburgh präsentierte. Wir wissen inzwischen, dass es einen Anfang gegeben haben muss, und dass ein Ende durchaus plausibel ist. Seit 4,54 Milliarden Jahren besteht, nach unseren heutigen Erkenntnissen, jener felsige Körper, der als dritter Planet um unser Zentralgestirn kreist, und den wir Erde nennen.

Und so kommen wir also zum Nuvvuagittuq-Grünsteingürtel zurück: »Superior-Kraton« wird dieser Teil des uralten Kontinentalschildes bezeichnet, der das Herzstück der nordamerikanischen Platte bildet. Als sich die Amphibolite und anderen Minerale formten, aus denen er besteht, war die Erde gerade mal 260 Millionen Jahre jung. Zugegeben, über das genaue Alter wird man unter Wissenschaftlern sicher noch lange streiten. Der Geologe Don Francis, Professor an der kanadischen McGill-Universität ist gemeinsam mit seinem Doktoranden Jonathan O'Neill Verfasser eines »Science«-Artikels [→ Nature 42], in dem er das Alter des Grünsteingürtels zu bestimmen versuchte. Selbst diese Forscher räumen einen Spielraum von 3,8 bis 4,28 Milliarden Jahren ein, der aus der Ungewissheit resultiert, ob die Datierung durch den radioaktiven Zerfall von Samarium-Isotopen zu Neodym wirklich das Alter der metamorphen Formation selbst oder »nur« einiger Ausgangsmineralien bestimmen kann. »4,28 Milliarden ist die Zahl, die ich bevorzuge«, gibt Francis freimütig zu. Nicht jede Hypothese lässt sich eben sofort beweisen, das ging schon Hutton so. Fruchtbar war seine Vermutung einer Tiefenzeit dennoch.

Es ist nicht ohne wissenschaftliche Pointe, dass die Tiefe der Zeit, die Hutton einst aus der Erkenntnis des stetigen Wandels der Erdoberfläche folgerte, ausgerechnet in der flachen Weite der östlichen Hudson Bay sichtbar wird, wo sich eine Felsplatte seit mehr als Vier- und einem Viertelmilliarden Jahren ohne geologische Verformung erhalten hat. Anders als der Grand Canyon Arizonas, in dem selbst ein Laie – sofern er nicht überzeugter Junger-Erde-Kreationist ist – den sprichwörtlichen »Zahn der Zeit« nagen spürt, bietet sich der Nuvvuagittuq-Gürtel den Sinnen eher als eine Metapher der Ferne denn der Tiefe an.

»Zu wissen, dass dies die ältesten Felsgesteine der Welt sind, macht es zu etwas Besonderem«, beschrieb der Mit-Entdecker O'Neill sein beinahe ehrfürchtiges Gefühl, als er im Sommer 2008, nach der wissenschaftlichen Datierung des Gesteins, erstmals wieder den Grünsteingürtel betrat.

Er wird wohl noch oft zurückkehren müssen, denn es scheint, als ob Nuvvuagittuq noch einiges zu offenbaren hat. Die McGill-Forscher sind sicher, dass die Formation, aus der sich der Gesteinsgürtel gebildet hat, auf dem Grunde eines urzeitlichen Meeres abgelegt wurde, die nur gut eine Viertelmilliarde Jahre junge Erde also schon eine Hydrosphäre besaß.

Mehr noch: Die hier auftretende Bändererz-Struktur aus Magnetit und Quarz – die auch typisch für die Sedimente im Umkreis von Tiefsee-Schloten ist – gilt weithin als ein Indikator für die Anwesenheit von Bakterien. Falls sich dies bestätigen lässt, würden wir aus der Tiefe der Zeit gewissermaßen das früheste Ticken der biologischen Uhr unseres Heimatplaneten hören.

4

AUTOR Lars Blunck

Mona Lisa, Paris

Digitale Bildverehrung und delegiertes Erleben

Es ist ein weiter Weg hierher, gleich ob man aus dem Ausland anreist oder bloß aus dem 4. Arrondissement herüberkommt in die Salle des États. Denn nach dem Betreten des Louvre, dieses Museums der Superlative, eröffnet sich – kunsthistorisch, aber eben auch räumlich – ein Kosmos, in dem sich zu verlieren droht, wer nicht mittels des obligaten Besucherfaltblatts durch die Museumsräume zu navigieren versteht. Schier unendliche Enfiladen tun sich auf, weitläufige Treppenauf- und -abgänge sind zu bewältigen, verwinkelte Kabinette strapazieren jeden Orientierungssinn, kurz: eine veritable Tour de Parcours durch mehr als 2000 Jahre Kunstgeschichte.

Irgendwann aber, spätestens wenn man sich dem Sog der Besucherströme ergeben hat, führt der Weg in die Belle Etage des Südflügels. Der stetig ansteigende Geräuschpegel und die zunehmende Publikumsdichte lassen erahnen, dass man sich einem besonderen Ort nähert: der Salle des États. Dem Ort, nach dem sicherlich gefragt werden wird, wer daheim berichtet, er habe den Louvre besucht, der Ort, an dem das vielleicht berühmteste Gemälde der Kunstgeschichte seinen Platz gefunden hat: die Mona Lisa, der Höhepunkt eines jeden Louvre-Besuchs.

Worin sich Ruhm und Berühmtheit dieses von Leonardo da Vinci zwischen 1503 und 1506 in Öl auf Holz geschaffenen Gemäldes begründen, wird heute wohl niemand mehr recht sagen können. Seien es die schwülstig-erotischen Phantastereien des 19. Jahrhunderts: Théophile Gautier sah sich in seinem berühmten Kommentar von 1858 von der Dargestellten eingeschüchtert »wie ein Schuljunge vor einer Herzogin«. Sei es der spektakuläre Raub des Gemäldes im Jahr 1911 und dessen glückliche Wiederkehr in den Louvre 1913 – der Dieb hatte versucht, das Gemälde an die

Uffizien in Florenz zu verkaufen, da die Mona Lisa doch als Florentinerin nach Italien gehöre. Sei es die überbordende Vielfalt disparater Deutungen, vom medizinischen Befund, die Dargestellte habe an Syphilis gelitten, bis zur ermüdenden Debatte, ob denn nun die Florentiner Kaufmannsgattin Lisa del Giocondo dargestellt sei oder vielleicht doch jemand ganz anderes. – Kurz: es gibt wohl kein Gemälde, das einen vergleichbaren globalen Bekanntheitsgrad erlangt hat, und das so häufig fotografisch reproduziert wurde wie die Mona Lisa.

Zum Mythos, ja zum Kultobjekt aufgestiegen ist das Bild indes erst im 20. Jahrhundert, in dessen zweiter Hälfte. Und das Museum tut das seine dazu, Mythos und Kult tüchtig zu nähren und zu mehren; es ist darin sicherlich eher dem antiken *Museion*, dem Heiligtum der Musen näher, als einem Ort anschaulichen Erkenntnisgewinns und aufgeklärter Wissensvermittlung [→ British Museum **12**].

Musste sich das lediglich 77 mal 53 Zentimeter messende Gemälde früher noch eine Museumswand mit anderen italienischen Meisterwerken teilen, war es also gleichsam eingebettet in die Malerei der Hochrenaissance, so wird ihm seit 2005 ein eigener Platz gewährt, losgelöst von allen kunstgeschichtlichen Bezügen, präsentiert als *das* adorable Chef d'Œuvre der Kunstgeschichte. Tizian, Giorgione, Veronese und Co. sind seitdem zu Statisten degradiert; ihre Gemälde, die die Mona Lisa nunmehr an den Stirn- und Längswänden der Salle des États flankieren, bereiten allenfalls noch die rahmende Kulisse für den Atem nehmenden Auftritt des unangefochtenen Stars in diesem Raum.

Durch zentimeterdickes Panzerglas gegen etwaige Übergriffe geschützt [→ Graz **64**], ist das Bild eingelassen in eine meterhohe, monumentale Wand, die sich inmitten der Salle des États, freigestellt vor den staunenden Besuchern, aufbaut wie der Hauptaltar in einer gotischen Kathedrale. Der Vergleich mit einem Altar ist keineswegs zufällig gewählt, haben die Verantwortlichen des Louvre bei der Inszenierung der Mona Lisa doch alle Register gezogen, um religiöse Assoziationen zu evozieren. Wie eine sakrale Preziose wird sie in ihrem klimatisierten Glasschrein bewahrt. Knapp unter diesem

ragt eine frei schwebende, massive Tischplatte aus der Wand, die unverkennbar auf eine Altarmensa anspielt. Und auch die in großzügigem elliptischem Bogenschlag vor dem Gemälde sich aufspannende, hüfthohe Brüstung aus edlem Holz und kühlem Stahl erinnert eher an jene Balustraden, die in Kirchen den Altarbereich von der Gemeinde trennen, als an jene Museumskordeln, die üblicherweise den Besucher aus konservatorischen Gründen auf Abstand zum Exponat halten. Mögen all diese inszenatorischen Anspielungen auch durch eine spätmodernistische Formen- und Materialsprache gebrochen sein, inszeniert ist hier doch ein Kultobjekt: die Ikone eines säkularen Glaubens an die Kunst, an ihre Authentizität und Originalität.

Zu welcher Tageszeit man auch immer kommt: Eine Menschentraube umgibt das Bild. Die Besucher versuchen ihm, so gut es geht, nahe zu kommen, drängen sich nach vorn, geleitet, ja buchstäblich gegängelt von Absperrbändern, wie man sie von den Check-in-Zonen internationaler Flughäfen kennt. Sollte es hier so etwas wie ein Fotografierverbot geben, es wäre wohl kein Museumsaufseher im Stande, dessen Einhaltung durchzusetzen. Zu dutzenden zücken die Besucher geradezu reflexartig ihre Camcorder, Digital-

und Handykameras, um den Moment der Erscheinung *der* Mona Lisa zu bannen, obgleich doch in den Museumsshops unten im Foyer deutlich qualitätsvollere Reproduktionen zu erwerben wären, von jenen dezentralen digitalen Bildspeichern ganz zu schweigen, auf die inzwischen jedermann an jedem Ort per internetfähigem Handy zugreifen kann.

Es geht aber wohl gar nicht darum, fotografisch ein Gemälde zu reproduzieren, sondern darum, das Original festzuhalten. Ja, fast will es scheinen, als versuchten die Besucher, die Aura des Originals fotografisch zu bannen, dieser Aura irgendwie, so hat es Walter Benjamin in vergleichbarem Zusammenhang formuliert, »habhaft« zu werden. Aura, das meint bei Benjamin die »Erscheinung einer Ferne, so nah das sein mag, was sie hervorruft«.

Was den Menschen in der Salle des États vor Augen steht, ist indes weniger ein Bild, das es anzuschauen gelten könnte, als die Ferne von etwas im Grunde doch so greifbar Nahem. Vielleicht ist dies ein Grund, warum so viele Menschen in diesem Raum ihr Sehen und damit ihr Erleben an den technischen Apparat delegieren. Sie schauen gar nicht hin. Was sollten sie auch sehen von einem Gemälde, das nicht nur räumlich in die Distanz gesetzt, sondern atmosphärisch entrückt, um nicht zu sagen: metaphysisch überhöht ist?

Vielleicht aber fotografieren die Besucher die Mona Lisa auch bloß, um diese fortan im digitalen Bildspeicher ihres Handys in der Hosentasche spazieren zu tragen, in Echtzeit ins Netz zu bloggen oder daheim als Beweis einer Begegnung mit etwas vorzuführen, an dessen Originalität sich vielleicht wenigstens fotografisch parasitieren lässt: ein Originalfoto von der Original-Mona Lisa, kein aus dem Netz gezogenes Surrogat! [→ Google 15] Wie auch immer: Die moderne Form der Bildverehrung scheint sich jedenfalls zunehmend digital zu manifestieren. Doch wie heißt es bei Benjamin zum »Kunstwerk im Zeitalter seiner technischen Reproduzierbarkeit« so schön: »Noch bei der höchstvollendeten Reproduktion fällt eines aus: das Hier und Jetzt des Kunstwerks – sein einmaliges Dasein an dem Orte, an dem es sich befindet.« Dieses Hic et nunc der Mona Lisa zu erleben, ihr »einmaliges Dasein« zu erfahren, muss man die Salle des États aufsuchen, nach wie vor – und dies am besten ohne Kamera und offenen Auges.

5

AUTOR Irenäus Eibl-Eibesfeldt

Galápagos

Labor der Evolution

Für mich als Verhaltensforscher waren die Galápagos-Inseln ein Paradies. Sie gewannen meine Liebe auf den ersten Blick, und diese Liebe hat sich bis zum heutigen Tag nicht abgenützt, sondern auf jeder meiner bisher 13 Reisen vertieft. Ich lernte sie als Teilnehmer der von Hans Hass geführten »Xarifa«-Expedition kennen. Wir waren mit dem Forschungsschiff »Xarifa« unterwegs, und kamen am Abend des 4. Januar 1954 in der Wrackbucht von San Christobal an.

Am nächsten Tag hatte ich mein erstes großes Erlebnis auf der Insel Osborn nahe der Nordküste von Espanola. Ich hatte vom Schiff aus eine Gruppe von Seelöwen erspäht. Ich ließ mich mit einer Kamera ausgestattet auf der Insel aussetzen. Allerdings war da ein Seelöwenbulle, der unser Boot mit heiseren lauten »Ou-Ou«-Rufen umkreiste. Dabei sah ich seine beachtlichen Zähne und meinte: »Was, wenn er an mir nascht?« – »Die fressen doch nur Fische«, antwortete der 2. Offizier, und so schwamm ich, wobei ich unangenehm nah von dem massigen Seelöwenbullen begleitet wurde. Wir schauten uns auf Reichweite in die Augen – und ich auch in sein Maul.

Nach geglückter Landung suchte ich zunächst die Seelöwengruppe auf, die ich vom Schiff aus beobachtet hatte. Es waren 24 Weibchen, viele mit kleinen Babys. Etwas ältere Jungtiere spielten am Ufer zwischen den umspülten Felsen. Die meisten Weibchen dösten vor sich hin. Sie schauten mich an, als ich näher kam. Ich näherte mich zaghaft, da ich sie nicht aufscheuchen wollte, aber die Vorsicht erwies sich zu meiner Überraschung als unnötig. Weibchen und Junge schauten mich interessiert an, und als ich mich zwischen sie setzte, beschnupperte mich das mir nächste Weibchen kurz. Und als ihr Junges sie mit der Schnauze von der mir abgewandten Seite bestupste, damit sie sich wieder dem Gesäuge zuwende, drehte sie mir den Rücken zu und zufriedenes Schmatzen ertönte, im Hintergrund das Rauschen der Brandung und das alles übertönende »Ou-Ou« des Bullen, der vor der Küste auf und ab schwamm und seinen Harem bewachte.

Heute gehören die Galápagos-Inseln zu den begehrten Reisezielen des Tourismus. Es sind die Tierwelt und die Wildheit der von den vulkanischen Kräften geformten Landschaft, die den Besucher faszinieren: gewaltige Schildvulkane, deren Flanken von schwarzen Lavaströmen gezeichnet sind. Den Namen »Galápagos-Inseln« verwendet zum ersten Mal der flämische Kartograf Abraham Ortelius im Jahre 1574. Die »Galápagos« – wie die Spanier die Schildkröten nennen – wurden in der Folge eine Attraktion für die Seeräuber, die hier einen ruhigen Stützpunkt fanden. Sie konnten hier ungestört ihre Beute teilen, die Schiffe reparieren, und die Schildkröten ergaben einen ausgezeichneten Proviant.

Dort, wo heute die Galápagos-Inseln liegen, erstreckte sich einst der weite Pazifische Ozean, bis eines Tages vor vielen Millionen Jahren die See an dieser Stelle zu kochen begann. Die Erdkruste war geborsten, und die glühenden Eingeweide unseres Planeten quollen

unaufhörlich zutage. Immer neue Lava- und Aschenlagen türmten sich auf dem Meeresboden, und dann erhoben die Glut speienden Vulkane ihre Häupter aus der tosenden See. Die Galápagos-Inseln waren geboren.

Die Inselgruppe liegt direkt unter dem Äquator, 960 Kilometer vor der Westküste Ecuadors, zusammengenommen hat sie eine Landfläche von 7882 Quadratkilometern. Tropische Inseln! Unsere Vorstellung verbindet mit diesem Begriff grünen Palmenstrand, bunte Vögel und üppige, Lianen verwobene Wälder mit seltenen Orchideen. Aber hier auf Galápagos werden diese Erwartungen nicht erfüllt. Statt der schlanken Kokospalmen spiegeln sich Kakteen und dürres Gestrüpp in der See, denn die Küstenregion ist wüstenhaft trocken. Der kalte Humboldtstrom bestimmt nämlich das Klima der Inselgruppe. Nur von Dezember bis März fällt hier Regen. Erst dann schmückt üppiges Grün die Küste.

Da die Inseln nie eine Verbindung mit dem Festland besaßen, konnte ihre Besiedlung mit Tieren und Pflanzen nur auf dem Luftwege oder über die See erfolgen. Das hielten nur wenige Arten aus, und entsprechend ist die Fauna lückenhaft. Es gibt auf den Galápagos-Inseln keine Amphibien, die Reptilien sind nur durch zwei Gattungen großer Leguane und eine Gattung, die uns an unsere Eidechsen erinnert, vertreten. Wer allerdings die Insel betritt, wird diese Lückenhaftigkeit kaum bemerken, denn diejenigen Arten, die hier als »Eingeborene« leben, begegnen uns bereits an der Küste in großer Zahl. Und da es keine endemischen Beute greifenden Landsäugetiere gab, verloren die Tiere der Galápagos ihre Scheu. Das ist wohl eines der eindrucksvollsten Erlebnisse für den Besucher: Schon beim Einschiffen auf die Boote nach der Landung auf Baltra kann man erleben, wie auf der Bank, auf der man sein Gepäck abstellen möchte, ein Seelöwe ruht, der nur ungern den Platz freigibt.

Durch ihre geografische Isolierung bildeten die Arten hier in Anpassung an die vom Festland abweichenden Lebensbedingungen Sonderformen aus, die man sonst nirgendwo auf der Erde findet. Nur hier auf Galápagos leben die Meerechsen. Die bis zu 1,30 Meter langen Tiere bedecken an einigen Stellen zu hunderten die Lavafelsen der Uferregion. Sie warten auf die Ebbe, um in der Gezeitenzone den Algenbewuchs der Felsen abzuweiden. Dort, wo die bei Ebbe freiliegenden Algenfelder spärlich sind, schwimmen sie weiter auf das Meer hinaus, um tauchend üppigere Algenfelder zu beweiden.

Die Zahl der nur auf Galápagos auftretenden Arten ist groß. Alle Reptilien, mit Ausnahme vielleicht der Geckos, sind endemisch, ebenso wie die Landsäuger; von den 57 Brutvogelarten sind es fast die Hälfte. Vor allem aber spielen die eher unscheinbaren Darwin-Finken in der Geschichte der Biologie eine große Rolle. Die 13 ortsansässigen Arten unterscheiden sich voneinander vor allem durch ihre Schnabelform, was Anpassungen an verschiedene Lebensweisen spiegelt. An dieser Gruppe unscheinbarer kleiner Vögel können wir eines der schönsten Experimente der Stammesgeschichte studieren. Charles Darwin, der Begründer der Evolutionstheorie, schrieb dazu: »Wenn man diese Abstufung und Verschiedenartigkeit der Struktur in einer kleinen, nahe untereinander verwandten Gruppe von Vögeln sieht, so kann man sich vorstellen, daß infolge einer ursprünglichen Armut an Vögeln auf diesem Archipel eine Spezies hergenommen und zu verschiedenen Zwecken modifiziert worden sei.«

Ein Jahr zuvor hatte er in einem Brief bekannt, dass ihn die Verbreitung der Galápagos-Tiere und die in Südamerika aufgefundenen Säugerfossilien so beeindruckt hätten, dass er in der Folge verbissen jede Tatsache gesammelt hätte, die zur Antwort auf die Frage beitragen könnte, was eine Art eigentlich sei. »Zuletzt kam die Erleuchtung, und ich bin nun nahezu überzeugt (ganz im Gegensatz zu der Ansicht, mit der ich auszog), dass die Arten (es ist, als müsse man einen Mord bekennen) nicht unveränderlich sind.«

Es ist, als müsse man einen Mord bekennen: Für Darwin brach damals ein Weltbild zusammen. Wie seine Zeitgenossen hatte auch er aus der biblischen Schöpfungsgeschichte die Unveränderlichkeit der Arten gefolgert. Der Bruch mit dieser Vorstellung bedeutete für ihn einen außerordentlichen Konflikt. Damit war die Evolutionstheorie geboren [→ Eichstätt 43].

Ihre besten Beweise leben noch heute. Die Stammform der Darwinfinken dürfte dem heutigen spitzschnabeligen Grundfinken geähnelt haben. Der nimmt als Generalist sowohl kleine Sämereien als auch Insekten zu sich, aber er lernt auch schnell, andere Nahrungsquellen zu erschließen. Etwa jener »Vampirfink«, der die Basis der Federkiele aufbeißt, um das austretende Blut zu trinken. Ein Fink lebt sogar wie ein Kleinspecht: Er entfernt die Rinde dürrer Zweige und legt so die Bohrgänge der im Holz lebenden Käferlarven frei.

Darwins Einsicht in das stammesgeschichtliche Gewordensein aller Organismen, vom Einzeller bis zum Menschen, hat unser Weltbild in entscheidender Weise geformt. Er leitete mit dieser Entdeckung eine Wende in unserem Denken ein, die uns vielleicht noch mehr erschüttert hat als jene, die Kopernikus herbeiführte, als er die Erde von ihrer vermeintlich zentralen Stellung im Kosmos entthronte. Der Mensch, die Krone der Schöpfung, soll nur eine der vielen sich im Zeitenablauf ändernden Arten sein, ein Durchgangsstadium im Lebensstrom und nichts Endgültiges, Fertiges? Darwin eröffnete der Forschung bis dahin verschlossene Tore. Die Schlüssel dazu fand er vor nunmehr über hundert Jahren auf den Galápagos-Inseln beim Studium der Schildkröten und Finken.

Auch heute hat jeder Besucher der Inseln Gelegenheit, das Verhalten von Tieren aus nächster Umgebung zu beobachten. Das spricht sich herum und macht sie zu einem begehrten Ziel nicht nur für Forscher, sondern auch für Touristen. Eine Popularität, die sie einerseits schützt, da ja Ecuador auch das erhalten möchte, was den Tourismus fördert. Andererseits gefährden allzu viele Besucher gerade das, was sie so gerne erhalten möchten. Über 130.000 Besucher wurden 2006 gezählt – und wenn unentwegt Menschen an den zahmen Tieren vorbei wandern, irritiert es diese natürlich irgendwann doch. Die Unesco setzte die Galápagos-Inseln als Welterbe 2007 wegen der zunehmenden Gefährdung ihrer Lebensgemeinschaften auf die rote Liste.

AUTOR Stephan Maus

6

Nobelpreiskomitee, Stockholm

Mythos und Narrenspiel

Es gibt nur einen Schutz für die Unabhängigkeit und Integrität der Akademie, und das ist Geheimhaltung«, sagt Horace Engdahl in gestochenem Deutsch – er hat Kleist und Schlegel übersetzt. Sein Prunkbüro hat Stil: Kristalllüster, dicker Teppich auf Parkett und neben dem mächtigen Repräsentationstisch mit silbernem Tintenfass und Gänsekiel noch ein kleinerer Schreibtisch wie ein flinkes Beiboot. Nur Engdahls Bürostuhl ist von der funktionalen Hässlichkeit eines Pilotensessels. Der Vorsitzende versteht sich wohl als Kampfpilot: »Mein Schreibtisch ist so eine Art Kampflager.«

Draußen lauert der Feind. Hier drinnen, in der Stockholmer Alten Börse, einem goldverzierten Rokoko-Palais aus dem 18. Jahrhundert, nur wenige Schritte vom klotzigen Königspalast entfernt, muss man zusammenhalten. Dafür sorgt Engdahl. Er ist der Vorsitzende der Schwedischen Akademie, die seit 1786 aus 18 Mitgliedern besteht. Ausschließlich Schweden. Ein Mitglied ist unlängst verstorben, zwei nehmen nach brutalen Machtkämpfen nicht mehr an den wöchentlichen Sitzungen teil. Trotzdem nennt man sie nur »De Aderton«, Die Achtzehn. Das klingt nach Logenbruderschaft, und genau das ist es: In streng geheimen Diskussionen und Abstimmungen bestimmen »De Aderton« alljährlich den Gewinner des Literaturnobelpreises.

Engdahl hat die Sicherheitsvorkehrungen der Akademie verschärft: Keine unverschlüsselten Kandidatennamen in E-Mails, Beratungsunterlagen werden nach jeder Sitzung vernichtet, und in der U-Bahn dürfen Bücher nur mit Tarnumschlägen gelesen werden, damit die Öffentlichkeit aus der Lektüre der stadtbekannten Akademiker keine Rückschlüsse ziehen kann.

»In anderen Bereichen gibt es Macht durch Druck und Zwang«, sagt Engdahl: »Nicht in der Akademie. Ihre Position resultiert aus ihren anerkannten Beschlüssen.«

Doch die Beschlüsse im Bereich Literatur sind jedes Jahr umstritten – sehr viel umstrittener als in allen anderen Sparten des Nobelpreises. Gleich der erste Preisträger war ein Skandal: Als die alten Herren der Akademie 1901 den Preis an Sully Prudhomme und nicht an Leo Tolstoi vergaben, schickten 42 schwedische Schriftsteller und Künstler, unter ihnen auch August Strindberg und Selma Lagerlöf, eine öffentliche Solidaritätsadresse an den Russen. Seitdem schlägt die Wahl der Stockholmer Mandarine regelmäßig Skandalwellen. Der Schriftsteller Eckhard Henscheid beschreibt das Nobelpreisphänomen als »säkularen Massenwahn samt Rückfall in den dunkelsten Mythos«. Nein, nicht so sehr ihrem glücklichen Händchen bei der Wahl der Preisträger verdankt die Akademie ihre Autorität, sondern einem komfortablen Vermögen von geschätzten 100 Millionen Euro, zu denen jährlich noch 1,1 Millionen Euro aus der Nobelstiftung kommen, die als Preisgeld ausgelobt werden.

Diesen Reichtum veredeln die Achtzehn mit einem geradezu mythischen Glanz. Indem Alfred Nobel das Auswahlverfahren für seinen Literaturpreis der Schwedischen Akademie überließ, versah er ihn mit aristokratischem Prestige. Der wichtigste Literaturpreis der Welt erscheint wie der Traum eines Gelehrten aus dem 18. Jahrhundert. Dieser Traum wird so pfleglich poliert wie die sakralen Geräte der Akademie: Kelche, Medaillen, Tintenfässer. Ihre Riten wurden von ihrem königlichen Stifter, dem burlesken Theaternarren Gustav III., in einem Ordnungsbuch festgelegt. Diese szenischen Regieanweisungen werden noch heute minutiös befolgt. Gustav wurde 1792 auf einem Maskenball in der Oper ermordet, seine akademische Kulturmaskerade überlebte. Der Monarch nahm sich die Pariser Académie française als Vorbild für seine Literaturloge.

Noch immer schweben die französischen »Unsterblichen« den Schweden als Modell vor [→ Panthéon 67]. Man ist stolz auf den akademischen Pomp. Seinen Höhepunkt findet er am 20. Dezember, wenn die Akademie ihre Jahresversammlung unter den wohlwollenden Augen ihres Schutzherrn, des schwedischen Königs, zelebriert. Dann thronen die königlichen Kulturhüter in ihren alten Kostümen im Großen Festsaal des alten Börshuset. Ein imposantes Arrangement: 18 Stühle aus dem 18. Jahrhundert, bezogen mit hellblauer Seide. Die Rückenlehnen zeigen die Nummer des jeweiligen Mit-

gliedes in römischen Goldziffern. Vor jedem Platz stehen nur ein Wasserglas und eine Kerze – eine brennende vor jedem lebenden Mitglied, eine erloschene vor den verwaisten Plätzen der im vergangenen Jahr verstorbenen. Lorbeerkränze allüberall: in Sitzflächen gestickt, in Armlehnen geschnitzt, in Türstürze gebeitelt. »An diesem Tag sind wir die Schauspieler des Königs«, sagt Engdahl. Doch auch der gewöhnliche Akademiealltag strahlt aristokratische Würde aus. Jedes Mitglied hat sein Amt auf Lebenszeit inne. Niemand kann aus eigenen Stücken austreten. Nur im Todesfall beruft die Akademie ein neues Mitglied. Die Wahl wird vom schwedischen König bestätigt.

Jeden Donnerstag um fünf treffen sich die Achtzehn. Man redet sich mit förmlichen Titeln an, was in Schweden beinahe komisch wirkt. Es herrschen feste Sitzordnung und strenges Protokoll. Jeder Beschluss wird vom Direktor mit dem Schlag eines Silberhämmerchens besiegelt, in dessen Griff der Wahlspruch der Akademie eingraviert ist: »Snille och Smak«, Geist und Geschmack. Dieses Motto findet sich auch auf der Silbermünze im Wert von 20 Euro, die jedes Akademiemitglied als einzigen Lohn am Ende einer Sitzung erhält. Nur der Vorsitzende bezieht ein Gehalt.

Abgestimmt wird in der Akademie per Stimmzettel, die in einem 200 Jahre alten Silberkrug eingesammelt werden. Auf allen Stühlen im Versammlungsraum liegen orthopädische Sitzkissen: Das Durchschnittsalter der Akademie beträgt 71 Jahre. Die Mitglieder sind Schriftsteller, Kritiker, Linguisten, ein Jurist und ein Sinologe. Nur fünf Frauen finden sich unter ihnen. Grund genug für Engdahls Frau, die Logenbruderschaft einen »geriatrischen Herrenklub« zu nennen. Engdahl hat früher als Kritiker für die Tagespresse gearbeitet. Damals war er arm. Als Anhänger moderner französischer Literaturtheorie arbeitete er an der Aufweichung des klassischen

Literaturkanons. Heute wohnt er in einem prächtigen Stadtpalais in der Altstadt und regiert im Zentrum einer Institution, die alljährlich den besten Schriftsteller der Welt kürt.

Die Auslese der Nobelpreiskandidaten ist ein langer Prozess. Bis zum 1. Februar sammelt die Akademie Kandidatenvorschläge aus aller Welt. Aus Deutschland kommen mit die meisten Empfehlungen. Vorschlagsberechtigt sind Literaturprofessoren, Akademien und ehemalige Preisträger. Auch aus Frankreich kommen viele Vorschläge, ebenso wie aus Osteuropa. Und sogar aus Ostasien. Jedes Jahr gehen circa 200 Vorschläge ein, aus denen das fünfköpfige Nobelkomitee, der innerste Zirkel der Akademie, bis April eine Longlist aus 15 bis 20 Kandidaten destilliert. Diese Liste reduziert das Nobelkomitee bis Ende Mai noch einmal auf eine Shortlist mit fünf Kandidaten. Jedes Komiteemitglied schlägt einen Favoriten vor und verfasst eine Werkanalyse. Diese Shortlist wird den restlichen Akademiemitgliedern vorgelegt, die nun den ganzen Sommer lang das Werk der fünf Kandidaten lesen sollten. Mitte September trifft die Akademie wieder zusammen, um in mehreren Sitzungen den Preisträger zu bestimmen, der die absolute Mehrheit der Stimmen auf sich vereinen muss und an einem Donnerstag im Oktober verkündet wird. An welchem, wird erst 48 Stunden zuvor bekannt gegeben. Der Preisträger muss schon einmal auf der Shortlist gestanden haben. Dank dieser sogenannten Lex Buck soll eine so unüberlegte Entscheidung vermieden werden, wie sie 1938 zur Preisträgerin Pearl S. Buck führte, die heute als unwürdig betrachtet wird.

Ist die Entscheidung getroffen, versucht Engdahl, den Preisträger noch aus dem Beratungszimmer heraus telefonisch zu erreichen. Dann wechselt Engdahl in sein Büro, Presse und restliche Akademiemitglieder versammeln sich unter den zwölf Kristalllüstern im Festsaal, und um 13 Uhr wird der Name des Laureaten verkündet. Feierlich verliehen wird der Preis zusammen mit vier anderen Nobelpreisen an Nobels Todestag, dem 10. Dezember, im Stockholmer Rathaus. Alle Informationen über Diskussionen, Long- und Shortlist unterliegen einer 50-jährigen Sperrfrist. Horace Engdahl wird von Akademieromantik ergriffen, wenn er den Moment der Entscheidung beschreibt: »Wenn die Nobeldiskussion Ende September anfängt, wissen weder ich noch jemand anders in der Akademie, wie es ausgehen wird. Es gibt dann immer einen Augenblick, wo jeder seine Position verlässt und alles offen ist. In diesem Moment wird ein Gesamtgeist in der Diskussion spürbar. Fast so etwas wie eine überpersönliche Vernunft. Es hat nichts mit Macht zu tun. Man fühlt sich in eine gewisse Richtung gezogen und spürt, dass dort am Ende eine vernünftige Wahl liegt.«

Selbst die Standuhr strahlt Autorität aus. Sie ist ein Geschenk Gustav des III., und wenn sie an einem Donnerstagmittag im Oktober ein Uhr schlägt, wird Engdahl die hohe Flügeltür zum Festsaal öffnen und in fünf Sprachen den Nobelpreisträger verkünden. Feierlich funkeln dann Goldleisten, lackierte Lorbeerreliefs und Kristallüster im Blitzlichtgewitter der Weltpresse.

Ist der ganze Nobelpreis nicht vielleicht nur ein einziger Karneval? Der Aphoristiker lächelt feinsinnig: »Karneval. Ja, das ist schön. In der Zeremonie gewinnt die Literatur. Sie wird zur Nachricht. Nur durch diese Fabelhaftigkeit und diese leichte Absurdität kann man die große Aufmerksamkeit erregen. Literatur muss sich auch der Gesellschaft öffnen. Wenn die Gesellschaft die großen Autoren nicht liest, muss sie sie wenigstens als Legende ansehen. Das kann nicht ganz rational sein. Das Narrenspiel des Literaturnobelpreises fügt der Literatur eine mythische Dimension hinzu. Es ist wie ein Märchen.«

Doch jedes Märchen hat ein Ende. Im Sommer 2009 musste der stets debattenfreudige und umstrittene Engdahl sein Amt an den Historiker Peter Englund abgeben. Zuviel Narrenspiel toleriert keine Akademie der Welt.

■

7

AUTOR Ulrich Ladurner

Solferino und Castiglione

Die Geburt des humanitären Völkerrechts

Das Rathaus von Solferino ist von so zarter äußerer Gestalt, dass es im Herzen anrührt. Wie ein Puppenhäuschen steht es da und bildet einen scharfen Kontrast zum Turm von Solferino, der sich auf dem Hügel im Hintergrund erhebt. Dort oben spuken Schlossgespenster umher, während hier, auf dem Rathausplatz, eine frische Brise die Hitze auflockert, und die Fassade des Rathauses den Betrachter in einen Zustand der Heiterkeit versetzt. Schräg gegenüber liegt die Pasticceria Arcobaleno, die Konditorei Regenbogen also, von der behauptet wird, sie stelle weit und breit die beste Süßware her. Im Inneren leuchten Torten und Törtchen in allen Farben. Grün und Gelb, Rot und Braun, Schwarz und Weiß, Blau und Orange wetteifern miteinander. Geschickt im Raum verteilte Spiegel und Spiegelchen tragen dazu bei, das Farbenspiel in ein wirbelndes Treiben zu verwandeln. Wer seinen Fuß hier reinsetzt, fühlt sich wie in einem Schmetterlingsgarten, von Farben umflattert und Düften betört. Der Espresso schmeckt im Arcobaleno, so wie er in Italien schmecken muss, der Konditor sieht aus wie ein Modeschöpfer. Draußen, auf dem Platz sitzen alte Männer, die im Schatten eines Windsegels gleichmütig das Vorbeifließen des Tages betrachten.

Es fällt Solferino leicht, italienisch zu sein. Nur etwas zu still ist dieser Platz für italienische Verhältnisse, wie man sie sich gemeinhin vorstellt. Das liegt nicht an der Tageszeit, denn es ist später Nachmittag. Jetzt ist eine gute Zeit, um auf der Piazza ein wenig zu plaudern, doch es kommt kaum jemand. Solferino wirkt verlassen. Das pralle Leben macht einen Bogen um dieses Dorf. Im neun Kilometer entfernten Castiglione delle Stiviere rauchen die Fabriken, im nicht viel weiter entfernen Sirmione flanieren Urlauber am Ufer des Gardasees, und in Mantova, das 35 Kilometer weiter Richtung

Süden liegt, sitzen die Behörden und verwalten die gleichnamige Provinz. Solferino liegt geografisch mittendrin und doch abseits. Das war immer schon so.

Heute ist die Lombardei eine der wirtschaftlich stärksten Regionen Europas. Was früher für Solferino ein Mangel war, seine Abgeschiedenheit, das gereicht ihm jetzt zum Vorteil. Es ist beschaulich und manchmal so still, dass in den Straßen, wenn Wind aufkommt, das Rascheln der Bäume zu hören ist. Wer will, ist in wenigen Minuten mittendrin im modernen Leben, auf der Tag und Nacht tosenden Autobahn [→ Autobahn 61], die Mailand und Venedig verbindet. Sie ist die Nabelschnur der Lombardei und Venetiens. Solferino hängt wie eine winzige Perle etwas lose, aber doch sehr zäh an ihr. Schnitte man den Ort von ihr ab, Solferino könnte wieder zurückfallen in die Verlassenheit, die es seit Jahrhunderten kennt – wenn, ja wenn es da nicht diesen 24. Juni 1859 gäbe.

Damals prallten hier insgesamt 300.000 Soldaten aufeinander. Ein österreichisches Heer rückte aus dem Osten von Verona kommend vor, Piemontesen und die mit ihnen verbündeten Franzosen aus dem Westen von Mailand kommend. Der österreichische Kaiser hatte sich vom Königreich Piemont-Sardinien zum Krieg provozieren lassen. Die Piemontesen wollten die Österreicher mit Hilfe des französischen Kaisers Napoleon III. aus Italien vertreiben und das Land einigen. Die Österreicher verteidigten die nach damaligem Recht und Gesetz ihnen zustehenden Besitzungen, die Lombardei und Venetien.

Das Töten begann im Morgengrauen. Es endete erst am Abend. Tausende blieben auf dem Schlachtfeld liegen, die meisten starben an ihren

Verletzungen; die medizinische Versorgung für die Soldaten war miserabel.

Unzählige Verwundete wurden in die neun Kilometer entfernte Kleinstadt Castiglione delle Stiviere gebracht. Die Stadt hallte wieder von ihrem Wehklagen und ihren Schreien. Spitäler, Kirchen, Schulen waren bis zum Rand gefüllt mit wimmernden, zuckenden Körpern. Viele Verwundete lagen, da es keinen Platz mehr für sie gab, auf den Bürgersteigen. Blut floss in den Rinnstein und mischte sich mit den Tränen der Sterbenden.

Die Bewohner Castigliones halfen, so gut sie konnten, vor allem aber halfen sie jedem, ganz gleich auf welcher Seite er kämpfte. »Tutti fratelli!« – »Alles Brüder!«, riefen die Frauen und liefen herbei mit Kübeln voller Wasser, um den Durst der Soldaten zu stillen; mit Stroh, um die Verwundeten zu betten; mit Verbandszeug, mit Essen, mit Worten des Trostes für die Sterbenden. »Auf den steinernen Fliesen der Spitäler und Kirchen von Castiglione liegen Seite an Seite Kranke aller Nationen: Franzosen und Araber, Deutsche und Slawen.« Das schrieb der Schweizer Geschäftsmann Henry Dunant in seinem Buch »Eine Erinnerung an Solferino«.

Dunant war durch Zufall hierher gekommen. Er wollte eine Audienz bei Kaiser Napoleon III. erwirken, denn er war vollkommen pleite. Er hatte sich mit Geschäften in Algerien verspekuliert. Seine Gläubiger hetzten ihn, und Dunant glaubte, Napoleon III. würde ihm aus der Klemme helfen. Doch nun sah er sich diesem massenhaften, grauenhaften Sterben gegenüber. Das änderte sein Leben für immer. Vier Jahre nach der Schlacht veröffentlichte er sein Buch – es wurde ungemein erfolgreich. Dunant beschrieb darin nicht nur das Leid auf sehr drastische Weise, er formuliert auch Vorschläge: »Wäre es nicht möglich, in Friedenszeiten eine Hilfsgesellschaft zu gründen, die aus großherzigen Freiwilligen zusammengesetzt ist, um den Verletzten in Kriegszeiten zu helfen?«

Fünf Jahre später, am 22. August 1864, unterzeichneten zwölf Nationen die ersten Paragrafen der Genfer Konvention. Darin wurden zum ersten Mal die Rechte von Kriegsgefangenen festgelegt, gleichzeitig nationale Hilfskomitees unter dem Signum des Roten Kreuzes gegründet; in muslimischen Regionen prangt der Rote Halbmond auf der Fahne, die zu Hilfe eilt. Es war der Beginn einer Organisation, die sich bald über den ganzen Globus ausbreiten sollte, formal unabhängig, aber denselben Idealen verpflichtet. Das International Committee of the Red Cross gilt als Kontrollorgan des humanitären Völkerrechts und ist eines der wenigen nichtstaatlichen Völkerrechtssubjekte.

Daher feierten die Wissenschaftler der Zeit die Genfer Konvention zusammen mit anderen Entwicklungen als Beginn einer neuen Epoche des Völkerrechts. Es war eine nie da gewesene Aufbruchstimmung zu spüren, in der sich liberaler Kosmopolitismus und Fortschrittsoptimismus verbanden. Die Völkerrechtswissenschaft sah sich am Ende des 19. Jahrhunderts nicht nur vor neue Herausforderungen gestellt, sondern konnte auch auf bereits geschlossene mehrseitige Staatenverträge blicken. In ihnen schlugen sich Kooperationswille und Fortschrittsglaube einer sich über globale Normen verständigenden Welt nieder [→ Sevrès 62], und das humanitäre Völkerrecht war ihr vornehmster Ausdruck.

Solferino gilt als der Gründungsort. Tatsächlich befindet sich hier das Denkmal des Roten Kreuzes. Es liegt auf einer Anhöhe, etwas unterhalb des Turmes von Solferino. Wenn Gedenktage zu begehen sind, finden die Feiern hier statt, unter den Zypressen, die dem Denkmal Erhabenheit verleihen. Doch eigentlich entwickelte Dunant seine Idee in Castiglione. Hier sah er, wie die Menschen den Verletzten halfen, egal ob Freund oder Feind; hier wurde neutrale, humanitäre Hilfe praktiziert – hier sah Dunant das Rote Kreuz am Wirken, noch bevor es Wirklichkeit war.

In Castiglione befindet sich das Museo Internazionale della Croce Rossa. Im ersten Raum ist ein lebensgroßes Abbild Dunants auf Sperrholz zu sehen. Er ist akkurat gekleidet, weißes Hemd mit Binder, Anzugjacke, Weste, die Kette einer Taschenuhr. Der buschige Backenbart dominiert das Gesicht, eine Hand hält er in der Hosentasche, die andere ist halbgeöffnet auf Höhe der Hüfte – durch und durch ein Geschäftsmann, der repräsentieren will. In einem anderen Raum hängt ein zweites Bild von Dunant. Es zeigt ihn als alten Mann. Ein gewaltiger, weißer Bart fällt tief auf seine Brust, auf dem Kopf sitzt eine Mütze, die an einen Fez erinnert. Dieses Bild hat nichts mit dem ersten Bild zu tun. Es ist, als würde man zwei verschiedene Menschen betrachten. Der alte Dunant sieht aus wie ein Eremit, der einen tiefen Blick in die Abgründe des Menschen getan hat. Die Verwandlung des Henry Dunant hat hier stattgefunden, in den Straßen von Castiglione.

8

AUTOR Peter Sandmeyer

Malo Sa'oloto Tuto'atasi o Sāmoa

Der Traum vom glücklichen Wilden

Wer aus Europa kommt, erreicht die Insel tief in der Nacht. Air New Zealand, von Los Angeles nach Auckland, Zwischenlandung in Apia um vier Uhr morgens, Ende eines 25-Stunden-Fluges. Zeitunterschied zum Startort Hamburg: zwölf Stunden. Wie aus der Realität geschüttelt, passiert man mit kleinen Augen die kurze, freundliche Passkontrolle des Malo Sa'oloto Tuto'atasi o Sāmoa, oder: des unabhängigen Staates von Samoa.

Das Taxi in die 30 Kilometer entfernte Hauptstadt fährt langsam. Die Fenster sind offen, warme Außenluft wird hereingefächelt, schwer von süßlichen Düften und unvertrauten Aromen. Dazwischen stoßweise der salzige Atem des nahen Meeres. Die Tropennacht ist mondlos und teerschwarz, die Kegel der Autoscheinwerfer schneiden Details aus der Finsternis. Slow-Motion-Bilder, die einen Moment aufblitzen und dann wieder in der Nacht versinken. Eine Palme. Weiß bemalte Steine, mit denen die Straße eingefasst ist. Üppiges Dschungel-Grün. Eine helle Kirche. Herab gefallene Kokosnüsse. Wieder eine Kirche. Eine Fale, eines der luftigen, allseitig offenen Wohnhäuser. Keine weggeworfenen Dosen. Kein wehendes Altpapier. Kein Schmutz. Der Fahrer telefoniert leise. Es klingt, als ob er singt [→ Essakane 32]. Jedes Wort im Samoanischen endet auf einen Vokal, und es erscheint absolut unmöglich, in dieser Sprache Beschimpfungen oder Aggressionen zu formulieren. Bilder und Töne fügen sich zu einem Film. Er sagt: Gute Menschen. Heile Welt.

Wo sind wir gelandet? Auf einer Südseeinsel oder im Paradies? Samoa: neun Krümel Land inmitten gigantischen Wassers, 362 Dörfer, 180.000 Einwohner, so viele wie in Hamm oder Herne. Durchschnittstemperatur 27 Grad, keine Kälte, keine Hitze, viel Sonne, ausreichend Regen. Fruchtbare Plantagen und weiße Strände, Dschungel und Wasserfälle. Keine giftigen Tiere. Keine Tropenkrankheiten. Ein winziger Flecken im weiten Pazifik, an dem der Sündenfall vorüber gegangen und der Garten Eden erhalten geblieben zu sein scheint. Samoa, ein klassisches Sehnsuchtsziel, wie es schon Goethe erträumt hatte, wo sich »das menschliche Dasein, ohne falschen Beigeschmack, durchaus rein genießen lässt« [→ Weimar 2].

Noch nie wollte sich die Menschheit mit dem Gedanken abfinden, das Paradies sei unwiederbringlich verloren [→ Bikini 17]. Immer gab es welche, die auf der Überzeugung beharrten, es sei als irdisches Paradies irgendwo auf der Erde zu finden, eine »wartende Vorhandenheit«, wie Ernst Bloch formulierte. Und immer wieder tauchte auch der Gedanke auf, dieses Paradies sei dort zu entdecken, wo Menschen die Gelegenheit hätten, unverdorben aufzuwachsen und sich ohne die Verkrümmungen und Verklemmungen zu entwickeln, die ihnen Erwachsenenvorbild und Erziehung in den westlichen Gesellschaften zufügten [→ Summerhill 66]. Denn von Natur aus sei der Mensch durchaus edel, hilfreich und gut, nur die Deformationen, die er in seinen Kinder- und Jugendjahren von Eltern und Erziehern erleide, verursachten Aggressivität, Rivalität, Eifersucht und Konkurrenzdenken, kurz: all das, was ein mögliches Paradies dann zur Hölle werden ließe.

Demnach wäre der Mensch ein reines Produkt von Kultur und Gesellschaft und kein grimmiger Überlebender eines Existenzkampfes, nicht von den Fegefeuern der Evolution gehärtet, ihren Auslese- und Überlebenskämpfen geprägt; nicht genetisch voll gepumpt mit Egoismus und Adrenalin und von dem glühenden Wunsch besessen, das geilste Weibchen, den potentesten Kerl zu erobern, um mit diesem Partner eigene potente Nachkommen in die Welt zu setzen, und dafür alle Konkurrenten wegzubeißen. Was also ist es, das den Menschen prägt – »nature or nurture«, Natur oder Aufzucht?

Zwei wissenschaftliche Auffassungen standen sich zu Beginn des 20. Jahrhunderts gegenüber, die sich wechselseitig nur mit dröhnendem Gelächter wahrnahmen. Zur ersten Gruppe gehörte eine junge Amerikanerin, dunkelhaarig, sehr schlank und überaus eifrig. Sie war Studentin des aus Deutschland stammenden Anthropologen und Ethnologen Franz Boas an der New Yorker Columbia University, und sie war mit ihm eine strikte Anhängerin des Kulturdeterminismus. Dem stand in der jungen Zunft der Anthropologen und Ethnologen das Lager der Eugeniker gegenüber. Die einen waren

der Auffassung, dass das kulturelle und soziale Umfeld den Heranwachsenden präge, die Bedeutung der Erbanlagen dagegen zu vernachlässigen sei; die anderen sahen es genau umgekehrt: biologische Faktoren bestimmen das Sozialverhalten des Menschen, soziale Einflüsse sind sekundär. Franz Boas war Wortführer der einen Fraktion, Charles B. Davenport [→ Cold Spring Harbor 40] der der anderen.

Es war ein reiner Streit der Meinungen. Keine Seite hatte Belege für ihre Hypothese [→ Kiriwina 51]. Also entschloss sich die junge Studentin nach solchen Beweisen zu suchen. Sie hatte schon ihren Magister in Psychologie gemacht, jetzt wollte sie mit den Ergebnissen einer eigenen Feldforschung bei Franz Boas promovieren und dabei das Material sammeln, das die Welt von der Wahrheit seiner Lehre überzeugen würde. Sie war 24, ausgestattet mit einem Stipendium von 150 Dollar monatlich, einer halbstündigen Einweisung in die Feldarbeit durch ihren Doktorvater und brennendem Ehrgeiz. Sie hieß Margaret Mead (was man ausspricht wie »Mied«). Am 25. August 1925 kam sie auf Samoa an, dem Ziel ihrer Feldforschung. Sie hatte den östlichen Teil des kleinen Archipels ausgewählt, den, der bis heute amerikanisch ist – in seiner Geschichte, Kultur und Bevölkerung aber keine Unterschiede zu West-Samoa aufweist.

Kirchenglocken wecken nach kurzem Schlaf. Es ist Sonntag und die Bevölkerung der Insel tritt zum Kirchgang an. Jung und Alt, Männer, Frauen, Teens und Twens und Kinder kommen nahezu synchron aus den Fale, den rundum offenen, bis in fast jeden Winkel von außen einsehbaren Wohnhäusern, in denen man keine Geheimnisse vor anderen haben kann; die Frauen in langen weißen Kleidern, die Männer in Lava-Lava, dem klassischen Wickelrock, zu dem sonntags Jackett und Krawatte getragen wird, alle mit dem Gesangsbuch in der Hand. Ihre Spenden werden vor dem Kircheneingang öffentlich abgeliefert und protokolliert. Später verliest der Prediger von der Kanzel, wer wie viel gespendet hat und spart nicht an Kritik, wenn es ihm zu wenig war. »Gottes Segen ist nicht umsonst«, sagt er mahnend. Die Rigorosität der sozialen Kontrolle ist beeindruckend.

Margaret Mead setzte auf die kleine, im Osten des Archipels gelegene Insel Ta'u über, bezog dort Quartier bei einem amerikanischen Marine-Apotheker, beschaffte sich eine Dolmetscherin und begann ihre Arbeit. Mit 50 Mädchen und heranwachsenden Frauen im Alter zwischen zehn und 20 Jahren sprach sie über Pubertätsprobleme, Sexualität und das Verhältnis der Geschlechter. Die Feldforscherin erwartete, in dieser spannungs- und konfliktreichen Lebensphase, in der jeder Mensch einen biologischen Wandel seiner Identität erlebt und ihn mit den Normen seiner Umwelt abstimmen muss, das ideale Material für den Wahrheitsbeweis ihrer Hypothese zu finden. Andere Menschen als das halbe Hundert junger Frauen bezog sie in ihre Untersuchung nicht ein. Sie sprach weder mit älteren Frauen noch mit Männern, sie hatte keinen Zugang zu den Matai, den Häuptlingen der Inseln, und sie suchte ihn auch nicht.

Tuala Benjamin ist Matai, ein massiger Mann mit imposantem Bauch und großem Schädel, Chef einer Großfamilie und so etwas wie der Bürgermeister und Blockwart von Tafagamanu, 500 Seelen, eine Perlenschnur von Häusern, die sich einen Steinwurf vom Strand entfernt am Meer entlang zieht. Er baut Kakao an und Kokos, er ist Farmer und Fischer und am Sonntag Prediger in der Kongregationskirche; er hat eine Frau mit einem ebenso imposanten Bauch, zehn Kinder, elf Enkel und absolut klare Ansichten darüber, was man in seinem Dorf zu tun und zu lassen hat. Er kann Mädchen verbieten, Jeans zu tragen, er wacht über alle Details des täglichen Lebens, er fordert von jedem seinen Beitrag zum Gemeinwohl, er kontrolliert den Kirchgang, er ist eine Autorität. Ungefähr 13.000 Matais gibt es auf Samoa. Sie sind das Rückgrat von »Fa'a Samoa«: gleichzeitig ein Lebensstil und ein komplexes Regelwerk von ungeschriebenen Rechten und Pflichten, Vorschriften und Zwängen, Tabus und Verboten, Demut und Respekt. Es gibt nichts, was nicht strengstens geregelt ist. Weh dem, der sich an die Regeln nicht hält! Einer, der nach Jahren der Arbeitsemigration aus Neuseeland zurückgekehrt war und glaubte, sich die Freiheit leisten zu können, nicht jeden Sonntag zur Kirche gehen und sich den engen Gesetzen seines Dorfes beugen zu müssen, stand eines Tages vor den Trümmern seines niedergebrannten Hauses. »Wer auf Warnungen nicht hört«, sagt Matai Benjamin – und macht dann eine Gebärde des Fortscheuchens ...

Margarat Mead beendete ihre Feldarbeit nach neun Monaten, kehrte in die USA zurück und begab sich unverzüglich an ihren Schreibtisch. Als Ergebnis ihrer Feldforschung entwarf sie dort das Bild einer reinen Idylle. Frei und ohne Zwänge wüchsen die jungen Mädchen auf Samoa auf, unverkrampft sammelten sie erste sexuelle Erfahrungen, eine wundervolle problemlose Pubertät voller Liebesabenteuer erlebten sie. Es sei ihnen nicht eilig mit dem Erwachsenwerden, sie kosteten diese schöne Phase ihres Lebens in vollen Zügen aus. Jungfräulichkeit habe für die spätere Partnerschaft keine Bedeutung, und es gäbe dank der weitherzigen liberalen Erziehung weder Konkurrenzdenken noch Rivalität oder Eifersucht. Konflikte, wie sie in den USA die Zeit der Pubertät kennzeichneten, seien auf Samoa so gut wie unbekannt. Neurosen, Frigidität und psychische Impotenz kämen nicht vor. Ebenso wenig Gewalttaten, Mord und Selbstmord. Alles in allem seien die Samoaner »eines der liebenswertesten, friedfertigsten und am wenigsten streitsüchtigen Völker der Welt«. Fazit: Nurture! Der kulturelle Rahmen prägt Erwachsenwerden, Sexualität und Emotionen, nicht der Ablauf der biologischen Vorgänge. Genau das war es, was die Kulturdeterministen immer behauptet hatten. Begeistert äußerte Franz Boas seinen Dank an »Miss Mead« dafür, »dass sie uns ein klares und leuchtendes Bild von den Freuden und den Schwierigkeiten eines jungen Individuums in einer Kultur gibt, die sich von der unserigen völlig unterscheidet«.

Zwei Neffen von Matai Benjamin haben sich mit Paraquat umgebracht, einem Pflanzenschutzmittel, das den Körper von innen verbrennt. Ein qualvoller Tod. Anlass war eine Lappalie, ein kleiner Diebstahl, der entdeckt wurde, der aber auf Samoa keine Kleinigkeit ist, sondern ein Angriff auf »Fa'a Samoa«. Wer einen Blick in internationale Selbstmordstatistiken wirft, staunt: Das kleine Inselreich hat in der Altersgruppe der 24- bis 35-Jährigen eine der höchsten Suizid-Raten der Welt. Sie zeigt die Kehrseite dieser traditionellen Gesellschaft, in der die Gemeinschaft – repräsentiert von den Matai – weit über dem Individuum steht. Hierarchie, Enge und Konformitätsdruck nehmen den Jugendlichen Luft und Entwicklungsspielraum; rigoros haben sich alle Versuche persönlichen Glücksstrebens den Normen des kollektiven Wohlergehens unterzuordnen. Wahrscheinlich war das schon immer so. Und vielleicht war diese Normenkollision ein wiederkehrender Anlass und wichtiger Antrieb dafür, dass junge Männer und Frauen sich in Kanus gesetzt haben, auf ihren Booten dem Horizont entgegen gefahren sind und neue Inseln gesucht haben, um ihr eigenes Reich zu gründen. Vielleicht hängt das Geheimnis der Eroberung und Besiedelung des riesigen Pazifik mit diesen wiederholten Ausbrüchen aus der Enge einer autoritären, bevormundenden Gesellschaft zusammen [→ Cape Canaveral 1]. Ein interessanter Ansatz für eine anthropologische Untersuchung. Sie würde bei realen Konflikten und tatsächlichen Selbstmorden ansetzen, nicht bei einem Idealbild, für das dann in der Realität Belege gesucht werden.

Margaret Mead veröffentlichte ihre Studie 1928 unter dem Titel »Coming of Age in Samoa«. Es wurde sofort ein Bestseller und gilt bis heute als das meistverkaufte anthropologische Werk überhaupt. Seine Ergebnisse wurden in zahllose Sach- und Lehrbücher aufgenommen. Im Zuge der 68er erlebte es noch einmal eine Renaissance und fehlte in keiner Wohngemeinschaft. Nichts war der Zeit willkommener als die Botschaft, alle psychischen Probleme und sexuellen Schwierigkeiten des Einzelnen seien Produkte der repressiven Gesellschaft, in der er lebt. Der Mensch, so die auf Margaret Mead fußende Überzeugung, ist nicht, er wird gemacht. Neurotisch oder normal, aggressiv oder friedfertig, unglücklich oder eben glücklich – wie auf Samoa.

Zweifel und Kritik an den revolutionären Erkenntnissen von Margaret Mead über Samoa und seine Bewohner kamen zwar immer wieder von Samoanern selbst, aber die wurden geflissentlich ignoriert. Erst die Ergebnisse der Feldarbeit des Neuseeländers Derek Freeman, 15 Jahre nach Margaret Meads Abreise begonnen und über Jahrzehnte fortgeführt, erschütterten deren Behauptungen. Freeman lebte mit Unterbrechungen rund 40 Jahre auf Samoa, er lernte die Sprache der Insulaner und beherrschte sie schließlich sehr gut, er wohnte in einem 400-Seelen-Dorf auf Opulu, wurde vom dortigen Matai in dessen Familie aufgenommen und mit der Würde eines Ehren-Matais ausgezeichnet, er sprach noch einmal mit den Interviewpartnern von Margaret Mead, er wertete Gerichtsakten und Zeitungsartikel aus – und er konnte, als er am Ende seiner umfassenden Untersuchungen 1978 das Ergebnis unter dem Titel »Margaret Mead and Samoa« vorlegte, nicht eine einzige Aussage seiner Kollegin bestätigen. Die Friedfertigkeit, die sexuelle Freizügigkeit, die angebliche Bedeutungslosigkeit der Jungfräulichkeit, das Fehlen von Neurosen und Gewalttaten, die liberale Erziehung – alles Märchen. Die Arbeit von Margaret Mead, vermeintlich die empirische Untermauerung einer wissenschaftlichen These, erwies sich als eine Mixtur aus Naivität, Ignoranz und vorsätzlicher Schönfärberei. Sie wurde von Derek Freeman vollständig widerlegt. Ein Desaster, ein Schock für die anthropologische Wissenschaft und ein Menetekel dafür, wozu das Wunschdenken eines Wissenschaftlers führen kann.

Margaret Mead hatte auf Samoa das Paradies entdeckt. Aber mit ihm scheint es so zu sein wie mit den »glückseligen Inseln« im Golf Pe-chi-li, von denen Ernst Bloch erzählt: »Sieht man sie von fern, so gleichen sie Wolken; kommt man ihnen nahe, so wird das Schiff vom Wind weggetrieben; erreicht man sie dennoch, so versinken sie im Meer.«

AUTORIN Lydia Marinelli

9

ORT Wien

BÜHNE Freud-Museum

SZENE Denkort

Freuds Couch

Liege der Lust

Wer diesen Ort betritt, zahlt einen Preis, dessen Höhe nicht in Geldwert ausgedrückt werden kann: Die Pilger, die eine Wohnung in einem unscheinbaren Haus aus dem späten 19. Jahrhundert im 9. Wiener Gemeindebezirk aufsuchen, kommen meist deshalb, weil sie das Symbol für eine zentrale Denkrichtung der letzten 100 Jahre aufsuchen möchten. Angesichts einer labyrinthisch anmutenden Gründerzeitwohnung, die sie betreten, stellen sie die immergleiche Frage: »Wo ist die Couch?« Das diensthabende Personal des Sigmund-Freud-Museums antwortet knapp, um die Besucherschlange nicht ins Stocken geraten zu lassen: »Nicht hier, in London.« Mit dem Eintrittsbillett erkauft sich der Pilger eine herbe Enttäuschung – er ist in der falschen Stadt angelangt.

Diese enttäuschende Wirkung lässt sich auf die Gewalt zurückführen, die Freuds Wiener Domizil erschütterte. Auf seiner Flucht vor dem Nazi-Regime nahm Freud die Couch, die er mehrere Jahrzehnte benutzt hatte, und die er selbst schon als Monument begriff, mit ins Londoner Exil. Die heutige Wiener Wohnung nährt damit einen Kult, den sie als Erinnerungsraum gleichzeitig aushöhlt.

Neben der zeithistorischen Begründung gibt es jedoch eine weitere Dimension der Enttäuschung, die der Ort schon in Zeiten, als die Couch noch in Freuds Praxis stand, den Besuchern vermittelte und die auf eine grundlegende Eigenheit des psychoanalytischen Projekts verweist. Einer der Psychoanalytiker, die Freuds Adresse Anfang der siebziger Jahre in ein Museum verwandelten, verdeutlichte diesen Umstand in plakativ launiger Form. In seinem Wartezimmer hing der eingerahmte Satz: »Erkenne Dich selbst, und Du wirst enttäuscht sein«.

Als der französische Schriftsteller André Breton nach dem Ersten Weltkrieg die Gelegenheit erhielt, den von ihm verehrten Arzt in

Wien aufzusuchen, behielt er ein Erlebnis in Erinnerung, das zu dieser Grundstimmung passte. Anstelle eines Revolutionärs, der in Distanz zu den Ritualen der bürgerlichen Welt lebte, deren krankmachende Anteile er aufgedeckt hatte, stieß er auf jemanden, dessen Arbeitsräume diese verabscheute Welt geradezu versinnbildlichen. Von seinem Besuch nahm Breton den Eindruck mit nach Hause, nichts weiter als einen altmodischen Menschen umgeben von Plunder und verstaubten Möbeln gesehen zu haben. Abgespeist mit ein paar Höflichkeiten verließ er Wien. Der Besucher verortete Freud zwischen utopischer Hoffnung und Konventionalität, zwischen Befreiung und Anpassung, zwischen der Überwindung von Kontrollmechanismen und einer Rumpelkammer aus alten Reglements. Die Spannung drohte in Enttäuschung aufgelöst zu werden.

Die Couch möblierte diese Vorstellungswelt nicht nur sinnbildlich, mit ihren materiellen und kulturellen Eigenheiten bot sie sich als idealer Ausstattungsgegenstand für einen zwiespältig aufgeladenen Erfahrungsraum geradezu an. Auf ihren Polstern trafen sich bürgerliche Wohnwelt und ärztliches Behandlungszimmer, westliche und östliche Traditionen, Wachwelt und Traum. Als Möbel entstammte sie den bürgerlichen Salons [→ Soane's Museum 54], wo sie entweder aristokratische oder orientalische Vorbilder erweckte. Die halb sitzende, halb liegende Haltung, in der noch zu Beginn des 19. Jahrhunderts Aristokraten auf einer Chaiselongue standesgemäß Gäste empfangen konnten, war zu dem Zeitpunkt, als Freud sie für seine ärztlichen Zwecke adaptierte, nur noch der exzentrischen Künstlerpose vorbehalten.

Die bürgerliche Familienwelt, die Freud zum Gegenstand seiner seelischen Erkundungen machte, versammelte sich auf der Couch zunächst nur zögerlich und mit Vorbehalten. Die Doppelfunktion der Couch, nämlich sowohl als Sitz- als auch als Liegemöbel benutzbar zu sein, setzte die Körper der Gefahr des Schwankens aus. Zeitgenossen Freuds warnten vor dieser Gefahr, die als moralische Verunsicherung zu bewerten ist. Das Sofa wurde pauschal »den Frauen« zugewiesen, den Schlafzimmern oder den intimen Familienrunden, da es bei Unachtsamkeit leicht zu peinlichen Unfällen kommen könne. Körper könnten sich dort durch ein unerwartetes Nachgeben der Polster für einen Moment berühren, Rocksäume zu hoch rücken – das Risiko für Berührungen und Entblößungen war hoch. Zur Geschlechtertrennung auf dem Polstermöbel riet deshalb die Literatur, die sich auf den guten Geschmack und die Verwendung der Einrichtungsgegenstände spezialisierte.

Die zweite Ableitung, die Freuds Liege zulässt, führt in den Orient, der auch die Entstehung der psychoanalytischen Traumtheorie begleitet. Freud bezeichnete seine Couch niemals als solche, sondern als Diwan, als Sofa oder, für die Ärzteschaft, als Ruhebett. Die orientalische Herkunft der Namen des Polstermöbels war in Wien besonders deutlich, da hier lange Zeit der besondere Typus, dem Freuds Diwan entspricht, Ottomane genannt wurde. Der Orient war für den Juden Freud eine Weltgegend, in die ihn seine psychische Genealogie mit fortschreitendem Alter immer tiefer führte. Als er als junger Arzt seinen Diwan 1886 in seiner Praxis aufstellte, war diese Welt vorerst nur in den Falten dieses Polstermöbels gegenwärtig [→ Dubai 35].

Der Diwan, auf dem er als Ersatz für sein Bett den Nachmittagsschlaf halten konnte, entwickelte sich zu einem Erkenntnisvehikel, das ihn ins Reich des Traums und damit auf die Spuren der orientalischen Traumbücher brachte. Am Traumverständnis der Moderne, die den Traum zu einem Ort des Konflikts widerstreiten-

der seelischer Kräfte macht, hat dieser Einrichtungsgegenstand damit seinen Anteil.

Je mehr Freud mit den herrschenden therapeutischen Methoden haderte, desto zentraler wurde dieser Einrichtungsgegenstand für sein Verfahren, zunächst für die Hypnose und dann für das sich langsam herausbildende »psychoanalytische Setting«. Die schlafähnliche Haltung, die von körperlicher Kontrolle weitgehend entkoppelte Lage, ihre Nähe zur Träumerei, aber auch zur Sexualität begünstigte Freuds Theorie zufolge die Auseinandersetzung mit Dingen, die dem kontrollierten, wachen Denken, das auf ein konkretes Vis-à-Vis im Sessel gerichtet ist, unzugänglich bleiben. Die bequeme Ruhelage leistete peinlich-quälenden Vorstellungen Vorschub, körperliche Entspannung bildete hier die Grundlage psychischer Anspannung, die ins seelische Abseits führt.

Die enge Verbindung, die die Psychoanalyse als Verfahren mit einem geläufigen Möbel einging, hat ihren Eingang in die populäre Bildkultur befördert. Das Möbel erhielt die verbindliche Bezeichnung Couch erst im angelsächsischen Exil, wo die Psychoanalyse auf großes Interesse stieß und die »Couch« schließlich zum Terminus Technicus wurde. Ihre kulturellen Aufladungen, die sie in den Zimmern der Wohnungen des ausgehenden 19. Jahrhunderts und den therapeutischen Debatten des 20. Jahrhunderts erfahren hat und die sich in ihre Polster eingenistet haben, erklären, warum die Besucher von Freuds Domizil gerade dieses eine Möbel suchen. Die Einsicht, dass dieses Möbel bei ihnen zu Hause, nicht aber in der Berggasse steht, wirft die Besucher in einer fast Freudschen Wendung auf sie selbst zurück.

AUTOR Rainer Maria Kiesow 10

Bologna

Völlerei und Phantasie

Am Anfang war Bologna. Bologna »la dotta«, die Gelehrte. Die älteste Universität. Na ja, jedenfalls dann, wenn man das europäische Mittelalter als Beginn der universitären Zeitrechnung nimmt. Also: Bologna ist die älteste Universität, jedenfalls Europas, was auch immer Europa heißen mag. Paris und die Sorbonne lassen wir mal beiseite. So genau weiß man das eben nicht, und es kommt wie immer auf die Interpretation an: Wann zum Beispiel ist eine Universität eine Universität und nicht bloß, sagen wir, eine Schule? Wie dem auch sei, 1088 ist ein feines Datum, also: Bologna 1088, das ist der Anfang.

Am Anfang war Bologna. Bologna »la grassa«, die Fette. Spaghetti waren immer Spaghetti Bolognese. Irgendwelche Geschmackserweiterungen kamen später. Carbonara (nach Köhlerart), Vongole (Venusmuscheln), Puttanesca (nach Dirnenart). Am Anfang stand die Kinderart, Bolognese eben. In Bologna, woher die Bolognese kommt, ist Bolognese zwar eher ein Ragù, das zu allem möglichen gereicht wird, nur nicht zu Spaghetti, aber so ändern sich die Gebräuche, wenn Zeiten und Räume übersprungen werden. Seit der Zeit der Gastarbeiter essen Deutschlands Kinder Spaghetti Bolognese. Warum auch nicht. Wer Bologna sieht, ist schon in den Fleischtopf gefallen. Essen, Essen, Essen, und immer an den Esser denken – das ist das Motto der Stadt. Die Schinken hängen in den Fenstern, die Käse stapeln sich auf den Regalen und die Mortadella ist die beste, die es gibt. Eine Stadt, dem Fressen ergeben. Eine Stadt wie ein wunderbares, noch ein wenig blutiges Stück Fleisch. Zum Reinbeißen. Zum Niederknien. Bologna ist ein Mekka des Primärbedürfnisses des Menschen.

Am Anfang war Bologna. Die literarische Bibel der Moderne, die französische Enzyklopädie von Diderot und d'Alembert, widmet allerdings dem geografischen Bologna 1751 nur einen Satz: »Stadt Italiens, Hauptstadt Boloniens, am Ufer des Reno, verbunden mit dem Po über einen Kanal.« Am Anfang der Aufklärung stand nichts Geografisches, sondern etwas Geologisches: der Bologneser Stein, immerhin mehr als eine halbe Spalte bei Diderot. Kein Wunder. Aufklärung heißt bei den Franzosen lumières, das heißt Leuchten, Lampen. In der Umgebung von Bologna gibt es solche Lampen aus Stein. Ein Bologneser Schumacher hat die Leuchtkraft dieser merkwürdigen Steine als erster bemerkt, so sagt man. Das war Anfang des 17. Jahrhunderts. Ein Wunderstein, der einmal der Sonne ausgesetzt, nachts glühte, ohne warm zu werden. Ein natürlicher Lichtträger. Aufklärung aus Phosphor, entdeckt von einem Handwerker, der Alchimist war, mit Folgen bis heute.

Denn die Geschichte geht weiter, vom Bologneser Stein zum Barium, und damit vom Schumacher Vincenzo Casciarolo über Carl Wilhelm Scheele, Robert Bunsen, Marie Curie bis zu Otto Hahn. Wenn das kein Anfang ist. Der Anfang von Aufklärung, Experiment, Wissenschaft. Der Anfang der modernen Welt. Der Anfang vom Ende eben. Jedenfalls wenn man an Hiroshima denkt, dem Menetekel des Modernen schlechthin [→ Bikini 17].

»Am Anfang war Bologna«. So ist im Oktober 2007 der Leitartikel einer umfangreichen Zeitungsbeilage »Bachelor, Master & MBA« betitelt. Der Anfang war 1999, heißt es dort. Es kommt, was kommen musste: die Bologna-Erklärung und der Bologna-Prozess. Damit ist nicht etwa ein Gerichtsverfahren wegen übler Nachrede gemeint, sondern die schöne, moderne, neue Welt der universitären Ausbildung. 1999 hockten die europäischen Bildungsminister in Bologna zusammen und unterschrieben die Bologna-Erklärung. Ein uniformes Studiensystem mit der Folge internationaler Vergleichbarkeit und Anerkennung universitärer Abschlüsse – darum ging es. Als ob es dem deutschen Diplomingenieur zuvor an internationalem Ruf ermangelt hätte.

Nun denn, von da an hieß es allerorten »Bologna, Bologna, Bologna – und immer an Bologna denken«. 2010 wird die Umstellung der Studiengänge in Deutschland abgeschlossen sein, wenn man einmal von den renitenten Medizinern und Juristen absieht mit ihren alten, auch noch mehrfachen Staatsexamina. Seit 2010 ist es endgültig so: gestrafftes Studium, einheitlicher Stoff, Praxisbezug, jüngere Absolventen, mehr Absolventen und dank Bachelor und Master zudem noch internationale Durchlässigkeit. Merkwürdig nur, dass heute weniger Studenten ins Ausland gehen als früher. Um etwa ein Jahr nach Bologna zu gehen, brauchte man früher kein modulares Punktesystem, sondern vor allem Zeit. Diese Zeit hat heute kaum noch ein Student. Vollgepackt ist der modular-molekulare Stundenplan. Gezüchtet aufs Erlernen des immergleichen Stoffs, hat der Lernende auf dem Weg zum Praxisturboarbeitnehmer für Abschweifungen keine Zeit mehr. Jeder Mensch soll studiert haben – nur wer backt dann das Brot?

Bologna als Stadt ist durch Bologna als Prozess weit in die Ferne gerückt. Erst beim teuer zu bezahlenden MBA, nur den angeblich Besten vorbehalten, geht es in die große weite Welt. Dem Thema Auslandsstudium ist die letzte Seite der Bologneser Zeitungsbeilage gewidmet. Man versteht nichts. Da werden eine »QS World MBA Tour« und eine »QS World Grad School Tour« vorgestellt, wobei nach der Vorstellung nur klar wird: In Deutschland wird zukünftig Englisch gesprochen werden müssen [→ San Millán 45]. Eine neue Sprache, das Abreviationans, muss außerdem erlernt werden, wie sollte man sonst über INSEAD, IMD, HHL, ESMT, EMBA, GISMA, TUM reden können, ganz zu schweigen vom völlig rätselhaften QS. Nur Bologna selbst kommt nicht mehr vor.

Bologna 1088, das ist der Anfang. Und den Anfang machten vor allem die Juristen. Hier lehrte als erster Irnerius. Er markierte den Beginn der Lehre dessen, was man dann später Rechtswissenschaft nennen sollte, hier, in Bologna. Gerade war eine bemerkenswerte alte Handschrift aufgetaucht, die Digesten des Justinian, also des byzantinischen Kaisers aus dem 6. Jahrhundert, der das alte Römische Recht aufschreiben und sammeln lassen hatte. Irnerius nun versah dieses gewaltige Corpus alten Rechts mit Randbemerkungen – sogenannten Glossen – und stellte so die einzelnen Rechtssätze in eine neue Verbindung zueinander [→ Hier und Jetzt 73].

In Bologna wurde die Schule der Glossatoren begründet, die für das Bild vom Recht, das wir heute haben, bedeutungsvoller nicht sein könnte. Die Glossatoren und Kommentatoren des weltlichen und kirchlichen Rechts legten die Grundlage für das, was wir heute juristisches Argumentieren nennen. Rede und Widerrede, eine Meinung und eine andere, Auslegung so oder so. Die Unsicherheit des Rechts wurde zum Motor der Rechtsentwicklung. Da Recht und Gesetz partout nicht eindeutig festgestellt werden konnten, musste immer wieder und immer mehr über Recht und Gesetz nachgedacht und geredet werden.

Geschadet hat diese Welt des juristischen Arguments, die sich in »Unterscheidungen« und »Widersprüchen« und »Verbindungen« verzweigt, dem Recht nicht. Der Richter, der universitären Gedankenwelt enthoben, sagte ja schließlich immer ganz genau, was Recht ist. Er entschied. Und ein anderer Richter entschied etwas anderes [→ F-67075 Strasbourg 36]. Womit wieder Stoff für die Universitätsjuristen gewonnen und erneut das Spiel der Distinktionen eröffnet war. Bis heute geht das so. Egal, welche Gesetze gelten. Das ist der großartige Anfang, der in Bologna gesetzt wurde: Recht ist ein Theater der Interpretation.

Am Anfang war Bologna. Seit 1999 wird es immer schwerer, vom Anfang um 1088 herum überhaupt noch etwas mitzubekommen. Und doch ist gerade in Bologna zu erfahren, dass ein Rückblick wohl tut. Giacomo Casanova, Doktor beider Rechte, Kirchenrecht und Zivilrecht, und weltbekannt vor allem in außerjuristischen Zusammenhängen, ließ sich einst im 18. Jahrhundert in Bologna eine Phantasieuniform schneidern. Das bringt uns auf die richtige Fährte: Phantasie. Darauf kommt es an. Und Phantasie braucht Geschichte, sonst gäbe es kein Material für Geschichten.

Deshalb: Am Anfang war Bologna. Man gehe zu einer der schönsten Kirchen der roten und gelehrten und fetten Stadt, der Basilika San Francesco. Wunderbare italienische Gotik. Im Garten die tombe dei glossatori, die Gräber der Glossatoren. Accursius liegt hier. Zum Beispiel. Niederzuknien braucht man nicht. Es gibt keinen Grund, waren es doch bloß Juristen, ganz normale Juristen. Aber mit Phantasie malt man sich aus, wie sie ihre Glossen phantasiereich ausdachten, entlegene Parallelstellen fanden, die Ränder voll schrieben. Juristisches Tagesgeschäft bis heute. Und hat man die Phantasie über die alten Macher des Rechts an der alten Universität von Bologna schweifen lassen und vielleicht sogar einen Zipfel von dem Gedanken erfasst, dass Recht nie modern sein kann, weil es immer nur das Feld des gerade stattfindenden menschlichen Lebens beackert – dann wende man sich ab von den Gräbern, trete hinaus und kehre ein, um ein göttliches, seit Urzeiten zubereitetes Ragù zu verschmatzen.

AUTOR Mathias Kläui

11

ORT Genf

BÜHNE Cern

SZENE Laboratorium

Das Cern bei Genf

Eine Kathedrale der Physik

Im Erdgeschoss steige ich in einen Fahrstuhl, aber es geht nicht aufwärts, sondern abwärts, über hundert Meter hinab in einem Schacht, so tief wie 40 Stockwerke. Ich schlucke gegen den Druck auf den Ohren, als säße ich in einer Seilbahn. Unten angekommen, verschlägt es mir den Atem, ich stehe in einer Halle, in der mehrere Häuser Platz hätten. Vor mir, über mir ein Koloss aus Metall, ein riesiger Detektor, so schwer wie 12.000 Autos. Ich bin zum ersten Mal angekommen in einer der unterirdischen Experimentierhallen am Forschungszentrum Cern am Fuße des Jura bei Genf. Im Conseil Européen pour la Recherche Nucléaire, so der frühere französische Name. Es ist eine andere Welt hier unten: ein Tunnel von 27 Kilometern Länge, durch den die Elementarteilchen fast mit Lichtgeschwindigkeit gejagt werden, ein gigantischer Aufwand, um die kleinsten Teile zu erhaschen, unsichtbar, bislang unmessbar und nur mathematisch vorhergesagt.

»Die größte unterirdische Kathedrale der Physik« nannte Hans Magnus Enzensberger diese Hallen. Hier unten sind einige der größten Magneten der Welt installiert. Wenn man mit Leitern und Treppen durch das Gewölbe dieser Kathedrale klettert und dem Detektor zu nahe kommt, stockt einem nicht nur der Atem vor Staunen. Auch die Armbanduhr bleibt stehen. Die Anzeige des Magnetfeldes auf einem Computerbildschirm wird durch die großen Magnetfelder derartig stark verzerrt, dass die Spezialisten aus den verbogenen Linien fast die Stärke des Magnetfeldes abschätzen können, und den genauen Zahlenwert auf dem Schirm gar nicht mehr ablesen müssen. Wenn die Experimente laufen und die Magnete mit maximaler Stärke laufen, müssen alle Menschen den Tunnel verlassen, um ihre Gesundheit nicht zu gefährden. Die Experimente werden ferngesteuert von oben, oder auch von irgendwo auf einem anderen

Kontinent, die Höhlenlandschaft wird zur größten Geisterbahn der Welt, um das Wesen von spukhaften Teilchen zu ergründen.

Das Cern ist das komplexeste und größte von Menschen erschaffene Experiment der Welt. Hier wurden einige der wichtigsten Entdeckungen in der Physik durchgeführt, fünf Nobelpreise dafür verliehen. Doch nach all diesen Bahn brechenden Erfolgen ist ein Ende der physikalischen Entdeckungen nicht in Sicht. Im Gegenteil: Die Suche nach neuen physikalischen Phänomenen geht weiter, intensiver und fieberhafter denn je. Mit der Inbetriebnahme des neuen »Large Hadron Collider« (LHC) wird derzeit eine neue Ära eingeläutet, in der Protonen-Elementarteilchen mit mehreren Tera-Elektronenvolt (eine Zahl mit über zwölf Stellen) fast frontal aufeinander geschossen werden. Ein einziges Proton mit einem Durchmesser von einem Millionstel eines Nanometers hat im Tunnel des LHC die gleiche Energie wie ein Zug mit hundert Stundenkilometern. Bei der Kollision zerplatzen die beiden Protonen in ihre Bestandteile, ein Feuerwerk aus Elementarteilchen, das von den haushohen Detektoren aufgezeichnet wird. Aus den Flugbahnen der Trümmerteilchen sollen dann in monatelanger Analyse einige der letzten Fragen ergründet werden. Und eine der ersten: Wie das Universum begann, aus was die geheimnisvolle dunkle Materie besteht, die vermutlich rund 95 Prozent des Universums ausmacht, was die Welt im Innersten zusammenhält [→ Weimar 2]. Am Cern hat man ein anderes Wort dafür, hier nennt man das die Suche nach dem Higgs-Boson, das zeigen soll, woher die Masse der Teilchen kommt. Bisher fehlt von dem Masseteilchen noch jede Spur. Noch schlimmer: Niemand weiß, bei welcher Energie man das Geisterteilchen findet, wie schwer es ist – oder ob es überhaupt existiert.

Nicht nur seine Forschungsgegenstände sind schwer festzumachen, auch das Cern selbst scheint sich einer einfachen Beschreibung zu entziehen: Teils liegt es in der Schweiz, teils in Frankreich, aber völkerrechtlich gehört es zu keinem der beiden Länder. Ähnlich dem Hauptquartier der Vereinten Nationen in New York ist das Cern ein extraterritoriales Gebiet, eine eigene Gelehrtenrepublik mit Grenzkontrolle, eigener Polizei, geleitet vom Rat des Cern. Dabei ist der Grund für dieses komplizierte Konstrukt ganz banal: Die Suche nach den kleinsten Teilen und den größten Energien ist teuer, und würde den Etat eines jeden einzelnen Geberlandes sprengen. Dies war bereits bei der Gründung in den fünfziger Jahren offensichtlich. Trotz des einsetzenden Kalten Krieges war den betei-

ligten Physikern klar, dass für die Jagd nach den kleinsten Teilen eine gesamteuropäische Lösung gefunden werden musste, vielleicht sogar eine weltumspannende.

Schon 1950 hatte der Nobelpreisträger Isidor Rabi bei einem Treffen der Unesco-Vollversammlung in Florenz vorgeschlagen, eine gemeinsame europäische Forschungseinrichtung zu gründen, an der auch Wissenschaftler aus dem nichteuropäischen Ausland forschen könnten, um die internationale Zusammenarbeit zu fördern. Nachdem die zwölf Gründungsmitglieder des Cern (Belgien, Dänemark, Frankreich, Deutschland, Griechenland, Italien, Niederlande, Norwegen, Schweiz, Großbritannien und Jugoslawien) zugestimmt hatten, konnte mit dem Bau des ersten großen Experiments begonnen werden.

Noch wenige Jahre zuvor – der Zweite Weltkrieg tobte – wäre eine solche völkerverbindende Zusammenarbeit völlig undenkbar gewesen. Mit der neuen Union auf wissenschaftlicher Ebene waren die Forscher sogar den Politikern ein paar Jahre voraus, die für ihre politische Union den Grundstein erst mit den Römischen Verträgen 1957 legten.

1957 war am Cern bereits der erste Versuchsaufbau fertig, das Synchrocyclotron, in dem Elementarteilchen mit 600 Mega-Elektronenvolt beschleunigt wurden, um in Kollisionen die innere Struktur von Elementarteilchen zu untersuchen. Die Fortschritte waren gewaltig. Wenn der LHC heute Teilchen auf die Energie eines Schnellzuges beschleunigen kann, so ging es damals allerdings eher um einen Zug im Schneckentempo.

Dass die gemeinsame Aufbauarbeit unter den Bedingungen des Ost-West-Konflikts ablief, machte den beteiligten Wissenschaftlern die Arbeit nicht leichter. Zum Teil wurden Doppelstrukturen in Ost und West aufgebaut, teilweise überschnitten sich Themen und Arbeitsweisen des Cern mit Instituten wie dem Atomforschungsinstitut in Dubna bei Moskau [→ Dubna 44] – denn die Hochenergiephysik galt immer auch als mögliche Inspirationsquelle für militärische Anwendungen, während am Cern strenge Neutralität gewahrt wurde.

Immerhin: Bisweilen war die Kooperation über den »Eisernen Vorhang« auch so einfach wie die mit den westlichen Bündnispartnern. Teile der benutzten Elektronik unterlagen einem US-Embargo. Dies hatte zur Folge, dass Wissenschaftler aus der DDR, die Software für diese Bauteile entwickeln sollten, diese nicht in die DDR mitnehmen durften, aber am Cern damit arbeiten durften. Andersherum gab es die Möglichkeit, Material für die benötigten 11.000 hochreinen Detektionskristalle (Bismut-Germanium-Oxid) preisgünstig in der Sowjetunion zu erhalten, in China dann Kristalle zu ziehen, von wo sie wiederum über viele Stationen zum Cern gelangten. Heute steuert Russland übrigens Messing aus ausgemusterten Geschosshülsen bei. Schwerter zu Detektoren.

Die deutsch-schweizerische Grenze stellte damals übrigens ein beträchtliches Hindernis dar. So wurde ein deutscher Professor an der Grenze in Basel aus dem Zug geholt, da er in der Schweiz keine Arbeitserlaubnis hatte. Erst nach längeren Telefonaten der Grenzschützer mit dem Cern und anderen Schweizer Behörden konnte er seine Reise fortsetzen.

Hinzu kamen Schwierigkeiten, mit denen keiner gerechnet hatte: Die Experimente zeigten unterschiedliche Messwerte, abhängig von der Tageszeit. Nach intensiver Suche zeigte sich, dass diese Schwankungen auf die Verformung der Erde unter der Anziehungskraft des Mondes zurückzuführen waren. Noch erstaunlicher waren Signale, die immer nachmittags, Viertel vor Fünf, für ein paar Minuten auftauchten. Nachdem man alle Fehlerquellen am Cern selbst ausgeschlossen hatte, bemerkte ein Student, dass um diese Uhrzeit der Hochgeschwindigkeitszug TGV in der Nähe vorbei fährt. In der Tat stammte das Signal von dem Zug, da er beim Beschleunigen viel Energie brauchte, was wiederum die Messungen beeinflusste. Besonders störungsfrei verliefen die Messungen während eines Bahnstreiks und nachts zwischen drei und fünf Uhr, wenn auch das Radar des Genfer Flughafens abgeschaltet war.

Solche Messungen wurden nicht nur am Cern durchgeführt. In der Anfangszeit gab es an verschiedenen Orten der Welt weitere Labore, die mit dem Cern um die besten Ergebnisse konkurrierten. So hatte bei der Entdeckung der verschiedenen Neutrinoarten das Brookhaven National Laboratory bei New York die Nase vorn. Schließlich wurde jedoch auch den Verantwortlichen in den USA klar, dass sich die Welt bei der nächsten Generation Beschleuniger nur ein Exemplar leisten kann und so sind die Amerikaner mittlerweile auch am neuen LHC-Beschleuniger am Cern beteiligt. Heute ist das Cern das größte gemeinsame Forschungslabor der Welt, an dem Forscher aus über 40 Nationen beteiligt sind.

Wie aber fühlt sich das Leben in dieser Gelehrtenrepublik an? Neulingen fällt besonders das Herunterspielen traditioneller Hierarchien auf. Da findet man hoch gelobte Nobelpreisträger in Jeans und T-Shirt Geräte zusammenbauen, so dass man sie schnell für einfache Techniker halten könnte. Die Nivellierung der Hierarchien kann jedoch auch zu peinlichen Situationen führen. Dies bekam der Vertreter einer Elektronikfirma zu spüren, der einer Gruppe Physiker seine Geräte anpreisen wollte. Als diese wenig Enthusiasmus zeigten, verabschiedete er sich mit der Bemerkung, dass er jetzt noch ein Treffen mit dem Leiter der Arbeitsgruppe hätte, der ja Nobelpreisträger sei. Dieser würde das Experiment wohl besser verstehen. Aus der Gruppe kam daraufhin der lapidare Kommentar: »Das Treffen mit mir hatten sie gerade, goodbye.«

Die Forschung geht oft verschlungene Wege, teils werden sogar ungeplante Nebeneffekte in der Öffentlichkeit stärker wahrgenommen als das eigentliche Forschungsziel selbst. Da am Cern an jedem »Messtag« viele Terabyte Daten anfallen, was einem CD-Stapel von einem Kilometer Höhe entspricht, entwickelten einige Forscher einen Datenaustausch über ein Computer-Netzwerk. Sie nannten es World Wide Web. Ende 1990 wurde die weltweit erste Webseite im Cern aufgesetzt, um den Physikern untereinander die Kommunikation zu erleichtern. Mittlerweile gibt es über einhundert Millionen Webserver auf der ganzen Welt. Eine Erfindung, die nicht mehr wegzudenken ist [→ Google 15, Second Life 75]. Heute wird am Cern unter anderem so etwas wie das Hochleistungs-Internet der Zukunft erforscht, das sogenannte Grid Computing, bei dem nicht nur Daten sondern auch Rechenleistung dezentral auf der ganzen Welt verteilt sind.

Eine solche Innovationskraft braucht eine offene Atmosphäre der grenzenlosen Zusammenarbeit von über 6000 Physikern. Manchmal gibt es einen gesunden Wettbewerb zwischen verschiedenen Arbeitsgruppen und Experimenten, denn man identifiziert sich stark mit seiner Arbeitsgruppe. Als junger Physiker ist man Doktorand an seiner Heimat-Uni, aber gleichzeitig auch Mitglied einer Cern-Arbeitsgruppe, zusammen mit Mitgliedern aus aller Welt. Während der Zeit am Cern lebt man in dieser Gruppe, isst mit den Kollegen, geht mit ihnen ins Kino und zu Konzerten auf dem Campus, diskutiert nächtelang. Man sitzt gemeinsam tagsüber draußen in der Sonne, mit Blick auf sanft geschwungene Hügel und Weinberge und die Berge des Mont Blanc-Massivs, nachts dann im Büro oder im Labor unter der Erde und manchmal auch umgekehrt. Wissenschaft entsteht bei Diskussionen, aber auch beim gemeinsamen Bier am Abend. Hier werden auch verrückte Ideen diskutiert. Zum Beispiel die Vorhersage, dass bei den Experimenten vielleicht schwarze Löcher erzeugt werden könnten, die die Welt verschlingen. Derlei Spekulationen sind zwar kompletter Unfug, aber doch sehr anregend.

Denn auch das Higgs-Boson, jenes spukhafte Masseteilchen, nach dem hier geforscht wird, macht sich so rar, dass man manchmal an seiner Existenz zu zweifeln beginnt. Und selbst wenn eines nachts der haushohe Detektor im Tunnel, hundert Meter unter dem Erdboden, die Spuren des geisterhaften Partikels aufzeichnen sollte, würde das erhebliche Folgeprobleme für die Gelehrtenrepublik mit ihren Arbeitsgruppen mit oft über hundert Mitarbeitern aus aller Welt aufwerfen: Der Physik-Nobelpreis wird maximal an eine Gruppe von drei Forschern vergeben.

■

AUTOR Hilmar Schmundt

12

ORT London | BÜHNE British Museum | SZENE Sammlung

British Museum, London

Tempel der Aufklärung

And let thy feet millenniums hence be set in midst of knowledge«. Was für ein pathetisches Motto, möchte man zunächst meinen: Die Füße zukünftiger Generationen sollen also fest auf dem Boden des Wissens stehen? Dann dämmert der Hintersinn des Spruches, der mit schwarzem Stein auf dem strahlend weißen Marmorboden des Lichthofs eingelassen ist. Nicht über den Köpfen, sondern zu Füßen der Besucher, die tatsächlich inmitten der Wissensschätze aus aller Welt stehen, die in den umliegenden Galerien ausgestellt sind: »in midst of knowledge«.

Das British Museum in London ist ein Tempel der Moderne. Das ist durchaus wörtlich gemeint, und in Stein gegossen: Die Fassade ahmt einen griechischen Tempel nach, im Innenhof steht als Allerheiligstes eine Rotunde – in der allerdings kein Götterbildnis stand, sondern der Lesesaal, in dem schon Karl Marx und Oscar Wilde und H. G. Wells recherchierten. Rechts vom Lichthof befindet sich die »Gallery of the Enlightenment«, eine Art Inhaltsverzeichnis und Kurzzusammenfassung der schier endlosen Schätze des Museums. Insbesondere an schwülen Sommertagen gilt die Aufklärungsgalerie als »coolest place in town« – wegen der leistungsstarken Klimaanlage. An Regentagen dagegen ist der Aufklärungstempel einer der hellsten Orte der Stadt, denn der Lichthof wird überspannt von einer riesigen Glaskuppel, die viele Besucher zunächst sprachlos innehalten lässt, wenn sie das Museum betreten, geblendet vom weißen Marmor.

Das British Museum ist ein modernes Pantheon. Hier sind sie alle versammelt: Dionysos und Apollo, Gilgamesh und Hatschepsut, Jesus, Buddha, Mohammed und Kozo, der doppelgesichtige Hundegott aus dem Kongo, sowie ägyptische Mumien, keltische Gefäße, aztekischer Kopfschmuck und chinesische Terrakotta. Hier wird die

Vielfalt der Kulte und Kulturen gefeiert – und durch die Überfülle relativiert. Und im Zentrum, in the midst of knowledge, thront eben der lichte Innenhof, mit Tischen und einem Café und dazu einem Basar aus Aufklärungskitsch, vollgeramscht mit Sarkophagen aus Schokolade und griechischen Göttern als Briefbeschwerern.

Die Anfänge des Museums liegen in der Privatsammlung von Sir Hans Sloane, einem irischstämmigen Arzt, der die Schönen und Reichen seiner Zeit behandelte. Als Leibarzt des Gouverneurs von Jamaica hatte Sloane mit dem Sammeln begonnen. Zunächst baute er einfach ein Kuriositätenkabinett auf, wobei seine ungerichtete Neugier sowohl den Gallensteinen eines Pferdes galt als auch einem Landschaftsgemälde, gepinselt auf ein Spinnennetz. Als Sir Hans Sloane 1753 starb, kaufte das britische Parlament seine 80.000 Ausstellungsstücke auf, erließ den British Museum Act, und widmete die Sammlung der Öffentlichkeit – »for the use and benefit of the publick«. Das Motto gilt bis heute. Der Eintritt ist seit jeher kostenfrei. Und an sogenannten »Sleepover nights« findet in der Dämmerung eine Art Wachwechsel statt: Während die Tagesbesucher das Museum verlassen, stürmen Kinder mit Schlafsäcken die Ausstellungssäle, um Sarkophage zu basteln und unweit der ägyptischen Mumien zu übernachten.

Im Lauf der Zeit wurde es zu einem patriotischen Akt für Könige und Adlige, ihre besten Sammlungsstücke dem Museum zu vermachen. Immer wieder quollen die Arsenale über, und immer wieder fand so etwas wie eine Zellteilung statt, 1963 wurde das Museum of Natural History unabhängig ausgelagert, 1990 die British Library – beides ihrerseits Institutionen von Weltrang.

Wegen der Überfülle präsentiert das Museum neuerdings das Wichtigste zuerst: Gleich links, nur ein paar Schritte vom Souvenirladen mit den Schoko-Sarkophagen, steht ein

Quader aus schwarzem Stein, etwa eine dreiviertel Tonne schwer, über und über mit geheimnisvollen Schriftzeichen beschrieben, uralt, unnahbar und fremd, und doch vertraut seit Kindertagen: Der Stein von Rosette, eine Art heiliges Objekt – und ein Meilenstein der wissenschaftlichen Moderne.

Das Staunen gilt nicht nur dem Stein selbst, der über zweitausend Jahre alt ist [→ Nuvvuagittuq 3], sondern vielmehr einer der großen Erfolgsgeschichten der Aufklärung. Die Stele ist dreisprachig beschrieben, auf Griechisch, Demotisch und mit Hieroglyphen. Inhaltlich ist sie relativ uninteressant, auf ihr lobt sich lediglich ein selbstverliebter Gottkönig ausgiebig selbst. Aber die beiden bekannten Sprachen ermöglichten wie eine Art Wörterbuch, die Bedeutung der ägyptischen Hieroglyphen zu entziffern, die in der Zwischenzeit längst in Vergessenheit geraten waren. In der Arena der Linguistik lieferten sich die beiden imperialen Supermächte der damaligen Zeit – Frankreich und Großbritannien – ein viel beachtetes Duell, vergleichbar dem Wettlauf zum Mond zwischen den USA und der Sowjetunion [→ Cape Canaveral 1, Baikonur 31].

Das Original ist heute eine Reliquie der Aufklärung – und ein Stein des Anstoßes: Ägypten [→ Alexandria 14] fordert seit 2002 die Rückgabe des Quaders, weil er eine »Ikone der ägyptischen Identität« sei. Ursprünglich wurde der Stein von napoleonischen Truppen zufällig beim Verstärken einer Festungsmauer in der Festung Rosette im Nildelta gefunden, und mit der Niederlage Napoleons von London beansprucht. Dies sei »Kunstraub«, wehrte sich ein französischer General, und kopierte in der Zwischenzeit eilig die Schriftzeichen, um sie nach Frankreich zu schicken. Während der Stein selbst längst in London war, triumphierte der Privatgelehrte Jean-François Champollion über dessen Rätsel. Er tat es ohne das Original, allein anhand der schlechten Kopien – und gewann den Wettlauf.

Doch derlei Stellvertreterkriege in der Arena des Geistes gelten vielen heute als Makel. Für Kritiker sind viele der britischen Sammlungsstücke nichts als Beutekunst indigener Völker, zusammengeraubt in einstigen Kolonien. Griechenland etwa fordert die Parthenon-Reliefs zurück, China die über 23.000 Kunstwerke aus dem Reich der Mitte, auch jüdische Erben haben sich gemeldet.

Je stärker der moralische Druck wird, desto aggressiver inszeniert das Museum die Werte der Transparenz und des Universalismus. Die gigantische Glaskuppel ist auch eine Verteidigungsstrategie.

»Wenn wir alle Fundstücke zurückgeben würden, gäbe es keinen Kulturaustausch mehr«, wehrt sich der Direktor Neil MacGregor gegen die Rückgabeforderungen, »wir machen die Kunst aus aller Welt zugänglich für alle Welt.«

Ein Schachzug im Kampf um die kulturelle Hoheit könnte der neue Internet-Auftritt sein: Die Besucher können sich nun online über die Bestände informieren, egal ob in Newcastle oder in Nairobi. Damit könnte endlich auch die leidige Debatte um die Rückgabe der Exponate an die Herkunftsländer vom Tisch sein, so mag der Direktor des Online-Museums insgeheim gehofft haben. Als symbolische Geste des guten Willens hat das British Museum aber dennoch den Stein von Rosette nach Kairo schicken lassen – als Abguss.

Doch der virtuelle Raum dürfte wohl kaum die Sehnsucht nach einer Pilgerreise zum realen British Museum und zum realen Stein von Rosette ersetzen; jenes erhabene Gefühl, in den hellen Lichthof zu treten und sich mit den Füßen auf das Wort »knowledge« zu stellen. Nicht jeder versteht das Motto des British Museum auf dieselbe Weise, sein Universalismus scheint nicht universell zu sein. Es macht eben einen erheblichen perspektivischen Unterschied, ob man von unten durch das Glas hinausblickt – oder von draußen hinein. Immer wieder kommt es zu tödlichen Missverständnissen, denn Transparenz birgt eigene Risiken. Möwen stoßen aus heiterem Himmel herab und zerschmettern mit tödlicher Wucht an den Scheiben. Im Museum reagiert man auf diese Kollateralschäden der Transparenz pragmatisch. Um Tauben und Möwen zu verjagen, wird Emu alle paar Wochen auf Patrouille geschickt, hoch droben im Luftraum über der Kuppel und über dem Union Jack. Emu ist ein Falke. Ein entfernter Verwandter des ägyptischen Falkengottes Horus also, dem Inbegriff von Ordnung und Allwissenheit.

AUTOR Stefan Bornholdt

13

Santa Fe Institute, New Mexico

Der hl. Glaube ans Fachübergreifende

Was hat ein Finanzmarkt-Crash mit Erdbeben zu tun, und wie kann man den nächsten Crash vermeiden? Ist künstliches Leben möglich? Warum haben manche Menschen an die tausend verschiedene Sexualpartner und welchen Einfluss hat dies auf die Dynamik von Epidemien? Was hat das Internet mit den Kommunikationsnetzen unserer Zellen gemeinsam und was können wir daraus über heute unheilbare Krankheiten lernen? Warum sind Ökosysteme so stabil und was haben sie mit menschlichen Gesellschaften gemein? Wieso gehorchen der Überlebenskampf einer seltenen Säugetierart in der biologischen Evolution und der Wettbewerb eines mittelständischen Unternehmens im Markt ganz ähnlichen Gesetzen? Wann wird eine Demokratie instabil und woher kommen die Ghettos der Großstädte?

Noch vor einem Vierteljahrhundert haben solche Fragen Physikern eher ein mildes Lächeln abgewonnen, als dass sie zu ernsthafter wissenschaftlicher Beschäftigung angeregt hätten. Zwar waren Fragen dieser Art beliebter Gesprächsstoff in der Cafeteria großer Forschungszentren zwischen Physikern. Nach dem Kaffee wandte man sich dann aber wieder der eng umgrenzten Spezialforschung zu. Heute ist die wissenschaftliche Untersuchung interdisziplinärer Fragestellungen dagegen schon fast en vogue, selbst in der im weltweiten Vergleich als ausgeprägt disziplinär organisiert geltenden deutschen Wissenschaftslandschaft. Wenn es eine einzelne Einrichtung gibt, die diesen Wandel maßgeblich geprägt und die Forschung über Disziplingrenzen hinweg geradezu kultiviert hat, so ist es das Santa Fe Institute in New Mexiko.

Wissenschaftlicher Fortschritt wurde lange Zeit über eine immer weitgehendere Spezialisierung in den Einzelwissenschaften erreicht. Viele der großen Fragen unserer Zeit finden sich jedoch nicht in den klassischen Disziplinen wieder, sie ignorieren die Trennung der Elfenbeintürme. Eine Gruppe von Physikern, vorwiegend aus dem amerikanischen Nationallabor von Los Alamos [→ Dubna 44], sah diesen Widerspruch. Mit der Physik, der damals neuen Chaostheorie und den Computern, die plötzlich auf den Schreibtischen des einzelnen Forschers erschienen, sahen die Visionäre Mitte der achtziger Jahre die Chance, auch methodisch neu an fachübergreifende Probleme heranzugehen. Die Wissenschaftler – unter ihnen der Nobelpreisträger und Erfinder der Quarks, Murray Gell-Mann, und der am Bau des ersten Atommeilers beteiligte Kernphysiker George Cowan – gründeten ein Institut, in dem disziplinübergreifende Fragen auf hohem wissenschaftlichen Niveau untersucht werden sollten, das Santa Fe Institute.

Doch wie sollte ein Institut zur Erforschung »Komplexer Systeme« aussehen? Müsste ein Institut, das den Bogen spannt vom Finanzmarkt zum Immunsystem, von der Evolution zu sozialen Netzwerken, von der Mathematik zur Gehirnforschung, müsste dieses Institut nicht groß sein, wirklich groß? Vor unserem inneren Auge baut sich angesichts dieser Vision ein monumentaler Tempel der Wissenschaft auf, in einer der Weltmetropolen vielleicht, mit millionenschweren Labors, teuren Apparaturen und exzellenzbeschilderten Instituten.

Wer das Santa Fe Institute zum ersten Mal betritt, findet nichts von alldem und bemerkt vor allem eines: Das Institut ist klein. Wirklich klein! Keine Heerscharen von Wissenschaftlern im Stile eines Großforschungszentrums, keine Apparateforschung, kein einziges Labor. Das Santa Fe Institute strahlt Vertrauen darin aus, dass in der Wissenschaft Neues in einzelnen Köpfen entsteht, nicht in Organisationen. Das Institute sieht vielmehr aus wie ein Treffpunkt, ein Ort zum Reden: Und genau das ist es.

So, wie die kleine Stadt Santa Fe in der von Pueblo-Indianern und grellbunten Tafelbergen geprägten Kulturlandschaft ein Anziehungspunkt für Künstler und Kreative ist, kommen Gastwissenschaftler in großen Zahlen an das gleichnamige Institut. In den ersten Jahren diente der winzige ehemalige Christo Rey-Konvent als Räumlichkeit. Die Kirche war der Hörsaal, die Räume der Seminaristen um den kleinen Innenhof die Arbeitsräume der Wissenschaftler. Wie von selbst fanden sich dort ideale Voraussetzungen für akademische Kreativität auf dem neuen Gebiet. Kaum eine Handvoll Wissenschaftler bildete zusammen mit einer Gruppe von

Studenten das wissenschaftliche Personal. Das größte Kapital des Instituts waren die vielen Gastwissenschaftler, die zu den besten ihres Faches gehörten und zum Austausch für eine kurze Zeit, oft nur ein paar Tage oder Wochen, nach Santa Fe kamen. In diese Zeit fielen legendäre Workshops über »Artificial Life« [→ Miraikan 30] und Konferenzen zwischen Ökonomen und Physikern, die den noch heute anhaltenden Methodentransfer zwischen den beiden Disziplinen anstießen (»Econophysics«). Die benachbarte El Farol Bar fand Eingang in die wissenschaftliche Literatur als Synonym für das schwierige Vorhersageproblem, wann ein Investment nicht dem Herdentrieb der anderen folgt. Der Name der Bar bedeutet auf Spanisch Laterne, aber auch Bluff. Die Livemusik bei El Farol war populär und die nicht überfüllten Tage ähnlich schwer vorhersagbar.

Inzwischen ist das Institut auf die Hänge der Sangre de Cristo-Berge am Rande von Santa Fe in eine Villa gezogen, deren Innenhof an die Klosteratmosphäre der ersten Zeit anknüpft. Der Austausch zwischen den Disziplinen mit vielen Gastwissenschaftlern ist mittlerweile zum festen Bestandteil geworden. Die Begegnungen des ersten Besuchs am Institute hinterlassen nicht selten bleibende Eindrücke, und haben sicher die eine oder andere Wissenschaftlerlaufbahn in neue Bahnen gelenkt. Klassische Hierarchien scheinen hier nicht zu existieren: Bereits Highschool-Schüler verfolgen hier mit großer Selbstverständlichkeit eigene Projekte, und eminente Wissenschaftler, die an einer klassischen Universität eher hinter Sekretariaten versteckt werden, sind hier Teil der Forscherfamilie und diskutieren unablässig mit den jungen Nachwuchsforschern [→ Cern 11, Oberwolfach 39]. Gespräche bei der täglichen Teepause springen meist zwischen den Disziplinen hin und her. Von Problemen ökonomischer Gleichgewichtstheorien geht es schnell zur Chaostheorie über, Bezüge zur Evolution indianischer Handelsnetzwerke in New Mexico tun sich auf, was jemanden auf Ähnlichkeiten mit Zusammenbrüchen in genetischen Regulationsnetzen bringt.

Die Themen wechseln zwischen Wissenschaft und Kultur. Das Santa Fe Institute ist am richtigen Ort. Georgia O'Keeffe zog dieses Städtchen Manhattan vor, und viele Kreative tun es heute ähnlich. Die Santa Fe Opera, eine Freiluftoper vor atemberaubender Bergszenerie, wurde von einem der Gründer des Santa Fe Institute mit ins Leben gerufen. Santa Fe zog schon immer Künstler an, und heute sind es Wissenschaftler, die sich hierher träumen. Santa Fe – der »Heilige Glaube«. Der »Heilige Glaube« auch, dass in den Köpfen Einzelner Neues entsteht.

AUTOR Bernd Musa

14

Die Bibliothek von Alexandria

Wissen als politische Macht

Wie ein funkelnder Meteorit bohrt sich der Riesenzylinder tief in die Uferpromenade – martialisch und ein wenig beunruhigend. Die neue Bibliothek ist das Prunkstück der Hafenstadt. Aber fast hat man hat den Eindruck, sie sei gewaltsam in die Stadt eingedrungen wie einst Alexander der Große in Ägypten. Die von ihm gegründete Stadt Alexandria entwickelte sich dann friedlich zu einem blühenden kulturellen Zentrum. Das Leben in der Mittelmeer-Metropole wurde durch ihre legendäre Bibliothek geprägt. Nun ist, nur hundert Meter vom Ort des antiken Vorbilds entfernt, erneut eine erstaunliche Bibliothek entstanden.

Ägyptens First Lady Suzanne Mubarak ist Schirmherrin der Bibliothek. Sie spricht von einer »Universität, die ohne Wände, Bürokratie und Examen auskommt«. Sie preist die neue Bibliothek von Alexandria als ein Symbol der Aufklärung: »Ein Leuchtturm für Kultur und Wissenschaft«.

In die Granitwände des 2002 eröffneten Rundbaus sind meterhohe Buchstaben und Zahlen aus allen Sprachen der Welt gemeißelt. Das schräge Flachdach besteht aus Glas und Aluminium. Die in der Sonne glänzende Scheibe mit ihren 160 Metern Durchmesser neigt sich dem Mittelmeer zu. Direkt unter dem Sonnendach befindet sich das Prunkstück der Bibliothek: der Lesesaal. Er darf sich mit seinen 18.000 Quadratmetern der weltgrößte nennen. Das wirklich Faszinierende aber ist seine stufenförmige Anordnung. Eine Terrassenlandschaft, ein ganzer Bildungskosmos auf elf Ebenen. Sie reihen sich aneinander und schieben sich ineinander, offen und gleichzeitig miteinander verbunden [→ Strasbourg 36]. Eine Kaskade aus Glas, Holz und Metall. Etwa zehn Millionen Bücher auf 250.000 Regalmetern, 2000 Arbeitsplätze für Besucher, überall High-Tech. Zehn Millionen Bücher sind nicht sehr viel, aber darum geht es auch nicht. Die Deutsche Nationalbibliothek etwa beherbergt etwa doppelt so viele »Einheiten«, die Library of Congress in Washington gar dreimal so viele.

Die neue Bibliothek von Alexandria soll als vernetzter Online-Speicher gewissermaßen überholen, ohne einzuholen. »We are born digital«, betont Ismail Serageldin, der Bibliotheksdirektor. »Es ist die erste Bibliothek, die im 21. Jahrhundert für das 21. Jahrhundert gebaut wurde. Unsere Existenz hängt gänzlich von digitalen Materialien ab. Wir haben zum ersten Mal die Möglichkeit, das gesamte Wissen allen Menschen jederzeit zur Verfügung zu stellen.«

Die Netz-Bibliothek verleibt sich täglich Bücher aus allen Ländern der Welt ein. Ihr Rechenzentrum beherbergt einen Gigabyte-Cluster, der aus hunderten von schmalen Hochleistungsrechnern besteht, die eng aneinandergedrängt wie lange Reihen großformatiger Bücher aufgestellt sind. Keine andere Bibliothek kann da mithalten. Hardware statt Hardcover, PCs statt Papier. An Bildschirmen können Benutzer in digitalisierten Manuskripten und Drucken blättern. Staunend stehen die Besucher vor diesen großen Touch-Screen-Monitoren, auf denen sie spielend leicht Buchseiten umblättern, vergrößern und in jede gewünschte Sprache übersetzen lassen können. Die Originaldokumente befinden sich verstreut in den Museen überall auf der Welt. Dort liegen sie meistens schick herausgeputzt und fein säuberlich vor Licht und Luft geschützt in Vitrinen. Benutzen darf man sie dort allerdings so gut wie nie. 14 Jahre hat es gedauert, bis das ehrgeizige Prestigeobjekt in Alexandria endlich fertig war. Insgesamt 220 Millionen Dollar kostete der Bau. Die Gelder kamen von der Unesco, von europäischen Regierungen, von Staatschef Hosni Mubarak und sogar vom ehemaligen irakischen Präsidenten Saddam Hussein. Scheichs und Schurken haben ihr Geld in diese Einrichtung gesteckt.

Die laufenden Kosten betragen nur 25 Millionen Dollar im Jahr. Im internationalen Maßstab ist das wenig, rund vier Prozent des Etats der Library of Congress in Washington. Doch die Bedeutung der Bibliothek von Alexandria geht weit über banale Kennzahlen wie die Anzahl der Bücher oder den Jahresetat hinaus.

Das Besondere der Bibliothek ist ihre Einbindung in den regionalen Kontext. Das Bildungssystem von Ägypten wird in einem Bericht der

Uno als katastrophal bezeichnet [→ Dubai 35]. Es sei verantwortlich für das Fehlen analytischer Fähigkeiten und den Mangel an Kreativität bei den Menschen in dieser Region, analysierten die arabischen Autoren der Studie. Selbst an Universitäten werde nur stur auswendig gelernt. Die Internetnutzung sei die niedrigste der Welt. Ägypten drohe den Anschluss zu verlieren. Um dem entgegenzuwirken, will Bibliothekschef Serageldin mit seiner Einrichtung die Bildungschancen der jungen Leute verbessern. Nahezu die Hälfte der Bevölkerung in Ägypten ist unter 15 Jahre alt. Und nur 50 Prozent der Jugendlichen haben einen Schulabschluss. »Alles, was wir in der Bibliothek tun, hat den Zweck, die Jugend zu fördern.« Die Bibliothek will Kinder nicht nur beim Lesenlernen unterstützen. Bibliothekare in der Children's Library versuchen mit speziellen Multi-Media-Programmen das kreative Können beim Nachwuchs zu fördern. Und die Young People's Library hilft Teenagern dabei, ein soziales und globales Bewusstsein zu entwickeln.

Vom nahe gelegenen Campus der Universität führt eine Fußgängerbrücke direkt zum Bibliotheksgebäude. Die elegante Konstruktion aus Glas und Granit will mehr als nur Zugang zum Wissenszylinder sein. Sie durchbohrt ihn regelrecht, um dann vor der Uferpromenade symbolisch im Nichts zu enden. Dahinter ist nur das Meer, die Verbindung zu Europa. Das ist ihr eigentliches Ziel. Die Bibliothek soll als Brückenkopf zwischen Vergangenem und Zukünftigem den Weg frei machen für den offenen Wissensaustausch, für einen gleichberechtigten Dialog der Kulturen. Im Juni 2009 rief US-Präsident Barack Obama in seiner Kairoer Rede die islamische Jugend zum Dialog auf. Man solle einander einfach mehr zuhören, forderte er in Interviews. Kreative Bibliothekare hatten schon vorher in Kooperation mit der amerikanischen Botschaft das Projekt »The Big Read« ins Leben gerufen. Westliche Literatur, darunter »Fahrenheit 451«, wurde zum Theaterstück umgeschrieben und in der Landessprache auf die Bühne gebracht. Große Autoren wie Harper Lee und John Steinbeck – als Film, Vortrag oder Aufführung – sollen dem arabischen Kulturkreis nahe gebracht werden. So sehen Schritte zur Verständigung aus.

Zur Bibliothek gehören noch zwei weitere Gebäude. Das eine – rund wie ein Globus – ist ein Planetarium, das von blauen Leuchtstreifen umgurtet wird. Es ist tief in den Boden des Bibliotheksplatzes eingelassen. Das benachbarte Kongressgebäude fällt durch seine nach oben aufspringenden Fassadenelemente auf. Vier auf den

Kopf gestellten Pyramiden in der Dachkonstruktion zeigen wie Wegweiser auf das Eingangsportal. Auf 5000 Quadratmetern gibt es mehrere Säle. Das Conference Center ist der Ort für Debatten, zu denen sich Wissenschaft mit Religion oder Politik mit Kultur trifft. Es geht um Konflikte zwischen östlicher Theologie und westlichen Werten, zwischen Tradition und Moderne, letztendlich zwischen Arm und Reich.

Den jährlich 100.000 Besuchern stehen in der Bibliothek auch die Türen zu Dauerausstellungen in zehn Museen offen. Arabische Folklore, internationale Kunst- und Wissenschaftsgeschichte oder eine Sammlung über den ehemaligen Staatspräsidenten Anwar el Sadat laden zum Verweilen ein.

Ismail Serageldin versteht sich nicht nur als Bibliothekar. Er will mehr. »Unsere Aufgabe ist es nicht nur, Wissen in einem Magazin zu lagern. Wir haben mehr als 500 Veranstaltungen jährlich. Wir öffnen Fenster, durch die wir die Welt sehen [→ ESO 52]. Sehen wir sie als bedrohlichen Ort oder einen wunderbaren Platz von Möglichkeiten?« Mit Konferenzen und Kulturevents spricht Serageldin eine neue Generation gut ausgebildeter Ägypter an. Sein Angebot ist vielfältig. Es reicht von Umweltschutz über Gender Studies bis hin zur internationalen Friedenspolitik. »Wir werden das erste arabische Friedensinstitut sein«, prognostiziert er. Älteste Koranausgaben lassen sich in den Ausstellungsvitrinen gleich neben Nachdrucken von Gutenberg- und Wenzelsbibeln finden. Auch jüdische Schriften gibt es hier [→ YIVO 33]. Ganz bewusst werden Traditionen der antiken Vorgängerbibliothek fortgesetzt, die für alle Religionen offen war. Selbst die als pornografisch eingestuften Romane von Henry Miller oder Salman Rushdie, die noch vor wenigen Jahren aus der Kairoer Universitätsbibliothek verbannt wurden, konnten hier in die Regale gestellt werden.

Das bedeutendste Buch für 1,3 Milliarden Muslime weltweit spielt in der Alexandrinischen Bibliothek natürlich eine besondere Rolle: der Koran, die Offenbarungen Allahs an seinen Propheten Mohammed. In Schaukästen liegen alte Manuskripte und Frühdrucke der Schrift. Serageldin will das Werk aber nicht nur ausstellen. Für ihn ist die Auseinandersetzung mit seinem Inhalt ebenso wichtig. »Die Rückbesinnung auf Offenheit, Toleranz und Rationalität« hat er seiner Bibliothek ins Stammbuch geschrieben. Wie schwierig das im Einzelnen ist, musste Serageldin immer wieder feststellen. Vor einigen Jahren warb der ägyptische Philosoph Hasan

Hanafi von der Universität Kairo mit einem Vortrag in der Bibliothek vorsichtig für mehr Freiheit bei der Auslegung von Koranversen: »Einige Passagen sind widersprüchlich, insbesondere die, in denen es um Toleranz und um den Aufruf zum Dschihad, dem heiligen Krieg, geht.« Damit machte er sich allerdings nicht nur unbeliebt, er sah sich auch dem Vorwurf der Blasphemie ausgesetzt. Seine Forscherkollegen, die die heilige Schrift mit wissenschaftlichen Methoden analysieren, erhalten schon mal Morddrohungen. Wenn in der Bibliothek israelische Bücher zu finden seien, würde er sie persönlich verbrennen – so hatte Ägyptens Kulturminister Faruk Hosni noch im Jahr 2008 gedroht. Ismail Serageldin lässt sich davon nicht beeindrucken. Er knüpft an die weltoffenen Prinzipien der 288 vor Christus gegründeten Vorgängerin an.

Vor 2300 Jahren verband die Bibliothek in Alexandria mit ihrer Universität, dem Museion, die hellenistische Zivilisation mit den ägyptischen und asiatischen Kulturkreisen [→ Mona Lisa 4]. Sie trug dazu bei, dass sich die Hauptstadt des alten Pharaonenreichs schnell zum Mittelpunkt der antiken Welt entwickeln konnte. Ganz so, wie es sich der Visionär Alexander bei der Gründung seiner Stadt 331 vor Christus vorgestellt hatte. Für den Schüler von Aristoteles waren Wissen und Macht immer zwei Seiten derselben Medaille.

Hier traf sich alles, was Rang und Namen hatte. Euklid erforschte die Geometrie. Aristoteles unterrichtete Philosophie. Archimedes entwickelte seine Hebelgesetze. Aristarch entdeckte fast zwei Jahrtausende vor Kopernikus, dass die Sonne von der Erde umkreist wird. Und Eratosthenes berechnete schon damals erstaunlich präzise den Erdumfang. Hier entstand die Septuaginta, die erste Übersetzung des Alten Testaments vom Hebräischen ins Griechische. Hochrangige Wissenschaftler und Schriftsteller gaben sich ein munteres Stelldichein. Es waren die führenden Koryphäen in ihren Disziplinen, und heute wären viele von ihnen Nobelpreisträger. Die Universitätsstadt profitierte von ihren Stars. Studenten kamen von überall her und wollten von ihnen lernen. Nie wieder gab es einen solch hochkarätig besetzten Think-Tank.

Alexandria entwickelte sich in wenigen Jahrzehnten zum Handelszentrum der globalisierten Antike. Kaufleute aus Nah und Fern fanden hier die besten Voraussetzungen für ihre Geschäfte. Der gesamte Transithandel zwischen Rom und Indien wurde im Hafen abgewickelt [→ Basel 60]. Jede Woche mussten 300 Schiffe entladen werden. Tausende Säcke und Amphoren wanderten in die Speicher.

Es existierten schon Manufakturen mit modernen Webstühlen. Und Papyrus wurde von hier in alle Länder exportiert. Hier bildete sich ein früher Vorläufer für unsere heutige moderne Gesellschaft heraus. Man könnte in Alexandria einen Prototyp für Städte wie New York oder Chicago sehen [→ Chicago 25]. Prunkbauten und Sport-Arenen entstanden. Die Hafenstadt florierte, ihr Wohlstand war groß. Genauso wie ihr Ansehen.

Zugleich ging es beim Beschaffen der wissenschaftlichen Ressourcen mitunter derb zu. Denn alle auf Schiffen mitgebrachten Schriften wurden von königlichen Beamten konfisziert. Jede Schriftrolle landete auf den Schreibtischen von Kopisten, die das Original in die Bibliothek gaben und den Eigentümern nur Abschriften aushändigten. Dieser dreiste Bücher-Diebstahl hatte Methode. 700.000 Rollen beherbergte die Bibliothek in ihren besten Zeiten, das war Rekord. 200 Kilometer von Gizeh entfernt war ein neues Weltwunder entstanden – eine Art Pyramide des Wissens [→ Tokio 22].

Als erster Bibliotheksleiter in Alexandria nahm damals der griechische Philologe Zenodot auf dem Chefsessel Platz. Auf ihn wartete eine besondere Mission. Über 100.000 Schriftrollen lagerten in den Regalen zwischen den offenen Säulengängen der Bibliothek, die sich im Palastviertel der Stadt befand. Allein mehrere hundert Rollen umfasste das älteste Werk des griechischen Kulturkreises, einem Prunkstück der Bibliothek. Und die bereiteten Zenodot arges Kopfzerbrechen. Sie befassten sich alle mit dem Krieg um Troia [→ Troia 47]. Trotzdem wollten sie nicht zusammenpassen. Formulierungen widersprachen sich, Gestaltungselemente standen im Gegensatz zueinander. Der Handlung fehlte ein roter Faden. Am Original konnte Zenodot sich nicht orientieren. Das war verschollen. Es handelte sich schon damals um einen 500 Jahre alten Text. »Komplett unbrauchbar!« schimpfte er. So konnte er die Texte von Homer nicht seinen wissbegierigen Studenten präsentieren. Kein Mensch konnte mit solch einem Puzzle etwas anfangen. Man brauchte eine einheitliche Fassung. Dem ordnungsliebenden Sprachwissenschaftler wurde klar: Er musste die Ilias – und später auch die Odyssee – neu erschaffen. In einer Jahre dauernden Sisyphusarbeit komprimierte er die einzelnen Teile und baute sie zu einem Einheitswerk zusammen. Als Ergebnis lagen schließlich nur noch 24 Rollen Papyrus vor ihm auf dem Schreibtisch, etwa zehn Prozent aller Vorlagen. Mit seiner Neufassung hatte Zenodot das älteste Werk der klassischen Antike nicht nur gerettet. Seiner

einheitlichen und zeitgemäßen Adaption ist es zu verdanken, dass dieses Kriegsepos für alle Zeit seinen gesicherten Platz in den Bücherregalen der Welt finden konnte. Er machte Homer zum Bestsellerautor [→ Weimar 2]. Ohne seine Arbeit würde es moderne Adaptionen wie die Ulysses von James Joyce nicht geben.

Aber das alte Alexandria war nicht nur eine Erfolgsgeschichte. Die Stadt litt zunehmend unter religiöser Gewalt. Vor zwei Jahrtausenden waren es kriegerische Christen, die ägyptische und griechische Tempelanlagen zerstörten. Ihnen fielen nicht nur Kultstätten zum Opfer. Sie bekämpften ebenso den für sie heidnischen Wissenschaftsbetrieb im Lande. Ihr Zorn machte auch vor der Bibliothek nicht Halt. Alexandrias berühmteste Gelehrte, die Griechin Hypatia, war ihnen besonders verhasst. Sie verkörperte als erfolgreiche und nicht verheiratete Frau eine unabhängige Lebensweise, die nicht in das gängige Weltbild passte. Fanatiker erschlugen die Forscherin mit Ziegelsteinen.

Alkohol, Orgien und Prostitution warfen dunkle Schatten auf die leuchtende Metropole, als Caesar die Stadt eroberte. Er wollte Kleopatra gegen den Willen des Volkes zur ägyptischen Königin krönen lassen. Um sich vor der Gewalt der aufgebrachten Alexandriner zu schützen, musste er sich die Flucht übers Meer offen halten. Im Jahr 48 vor Christus legten Caesars Soldaten zum Schutz seiner Schiffe ein Feuer im Hafen, das die aufgebrachte Menge vom Strand fernhalten sollte. Der Überlieferung nach gerieten dabei unbeabsichtigt auch Getreidespeicher und Büchermagazine in Brand.

Obwohl nur ein Teil der Bestände vernichtet worden war, erholte sich die Bibliothek nie von diesem Verlust. Ihr Untergang hatte begonnen. Nach und nach verlor sie ihren guten Ruf. Einer nach dem anderen kehrten die Wissenschaftler der Bildungseinrichtung den Rücken. Auf die Leitungsposten schoben die Römer Militärveteranen oder in die Jahre gekommene Sportler ab.

Um 640 waren es Araber, die Alexandria nach langer Belagerung eroberten. Sie fanden viele Pergamente und Papyrusstücke aus den Beständen der Bibliothek – eintausend Jahre alte Kostbarkeiten. Auch sie sollten schließlich verbrannt werden. »Wenn die Schriften der Griechen dasselbe sagen wie der Koran, dann sind sie überflüssig und brauchen nicht erhalten zu werden«, entschied ihr Anführer. »Sagen sie aber etwas anderes, dann sind sie schädlich und müssen zerstört werden.« So bediente man sich der Schriftrollen, um damit die Bäder der Stadt zu beheizen. Der Wissensquell im Nildelta war versiegt.

Die neue Bibliothek von Alexandria will das Wissen der Welt bewahren. Und damit in diesem digitalen Wissensspeicher das gute alte Medium Buch nicht zu kurz kommt, gibt es gleich neben dem Lesesaal etwas ganz Besonderes. Gäste der Bibliothek können aus einem Online-Katalog Bücher auswählen, die dann gleich vor ihren Augen hergestellt werden. Eine sogenannte Espresso-Book-Machine, von der weltweit nur ein dutzend Exemplare existieren, macht's möglich. Abruf vom Verlag, Drucken und Binden – das alles dauert nur wenige Minuten. Dann kann man sein Lieblingsbuch mit nach Hause nehmen.

»Das Buch, wie wir es lieben, wird ewig bestehen bleiben«, sagt Serageldin und zitiert den italienischen Schriftsteller Umberto Eco: »Es gibt Erfindungen, die bis heute nicht verbessert werden konnten, ein Hammer, ein Löffel, eine Schere und ein Buch.« Bücher stehen »für alles Großartige in der menschlichen Natur«, sagt der Chefbibliothekar von Alexandria: »Kein Wunder, dass alle Tyrannen Bücher verbrennen wollten.«

■

AUTOR Peter Glaser

15

ORT Mountain View

BÜHNE Internet

SZENE Technik

Google

Der Schlitz

»Information?«, seufzte ein Romanagent von 1945. »Was stimmt nicht mehr an Drogen und Weibern?« Kein Wunder, dass die Welt verrücktspielt, seitdem Information zum einzigen realen Tauschmittel geworden ist.

Friedrich Kittler

Vor ein paar Jahren bin ich noch ans Fenster zu dem kleinen Thermometer gegangen, um nach der Außentemperatur zu sehen. Heute gehe ich dazu ins Netz. Ein neues Fenster hat sich geöffnet – eines, das fast leer ist bis auf einen bunten Schriftzug und einen Eingabeschlitz: Google. Von hier aus kann jeder teilnehmen am größten und lautlosesten kollektiven Experiment des 21. Jahrhunderts. Innerhalb eines Jahrzehnts hat sich das Suchen von einem nützlichen, peripheren Dienst zur zentralen Schnittstelle des Internets entwickelt. Aus dem Suchen im Netz ist eine überall verstandene Methode geworden, durch das Informationsuniversum zu navigieren. Wenn man irgendwo auf der Welt jemandem am Bildschirm den Google-Suchschlitz zeigt, weiß er mit hoher Wahrscheinlichkeit, was man damit macht. Es ist die Wünschelrute fürs Netz. Bisweilen hat das Suchen bereits religiösen Charakter angenommen. Viele wollen gar nicht mehr finden. Sie wollen suchen.

Hätte Sigmund Freud [→ Freuds Couch 9] die Datenbank der Google-Suchanfragen gekannt, es hätte ihn umgeschmissen. Menschen fragen Google alles und schaffen damit, wie der Suchmaschinenexperte John Batelle es nennt, eine gigantische »Datenbank der Absichten« – eine Informationsgoldmine von nie da gewesenem Ausmaß. Was will die Welt? Ein Unternehmen, das diese Frage beantworten kann, hat Zugang zum Kern der menschlichen Kultur.

Und zum innersten Geheimnis des Verkaufens. Dabei verändert Google nicht nur das Findbarmachen von Information. Leute zu googeln gehört längst zur modernen Lebensart. Beruflich und privat bereiten sich inzwischen viele auf eine Begegnung vor, indem sie routiniert nachsehen, was Google zu der Person alles auf Lager hat. Finden sich auf der Trefferliste zu einem Namen minder interessante Einträge, fallen manche Jobbewerber bereits durchs Raster. Partygänger sondieren, ehe sie sich in Geselligkeit begeben, die anderen Gäste. Amateur-Ahnenforscher suchen über Kontinente hinweg und bis in die Tiefe vergangener Jahrhunderte nach Familienmitgliedern. Angestellte mustern ihre Kollegen auf dem Netzradar. Zu immer mehr Menschen lassen sich Sträuße an Informationen ergoogeln. Wer versucht, seine elektronischen Spuren wieder einzusammeln, wird merken, dass das gar nicht so einfach ist. Der Betriebswirt Waqaas Fahmawi, ein in den USA lebender Palästinenser, erzählte der »New York Times«, dass er immer gern freizügig Petitionen unterschrieben habe. Seit Fahmawi entdeckt hat, dass etliche der Aufrufe digital archiviert sind, ist er mit der Vergabe seiner Unterschrift wesentlich restriktiver geworden. Er befürchtet, dass ihm künftige Arbeitgeber seine politischen Ansichten übel nehmen könnten und fühlt sich dadurch zugleich in seiner politischen Äußerungsfreiheit eingeschränkt: »Wir leben in einem System verschärfter Kontrolle.«

Die zunehmende Durchlässigkeit der Privatsphäre wird auch zur Verfeinerung von Dienstleistungen eingesetzt. In manchem teuren Hotel werden Gäste, die das erste Mal anreisen, vor ihrer Ankunft gegoogelt, damit man sie forcierter umsorgen kann. Basis sind die Reservierungsdaten – Name und Adresse. Wenn ein Gast laut Google gern morgens joggt, bekommt er ein Zimmer mit Morgensonne. »Don't be evil« – nicht böse sein – lautet das Google-Geschäftsmotto. Ob man sich in der Firma auch tatsächlich daran hält, lässt sich nicht kontrollieren. Google macht alles digital Findbare im Netz transparent, aber sich selbst lässt die Google-Gang nur ungern in die Karten schauen. Als der Nachrichtendienst Cnet im Frühjahr 2005 – ergoogelte – Informa-

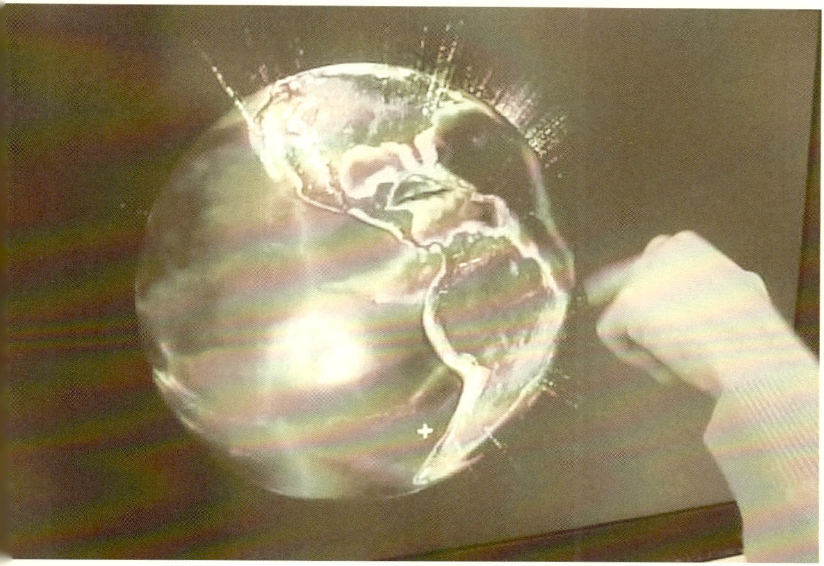

tionen über Google-Geschäftsführer Eric Schmidt veröffentlichte, wurde das mit einer drastischen Kontaktsperre beantwortet. Ein Jahr lang erhielten Cnet-Mitarbeiter keine Auskunft mehr von Google.

Bisher war es so, dass man bei einer Suche etwas finden wollte. Aber die Zeiten haben sich geändert. Inzwischen kann es wichtiger sein, eine weitere Suche zu finden.

Im Frühjahr 2007 wurde die 34-jährige Melanie McGuire angeklagt, ihren Mann William betäubt und erschossen zu haben. Das Opfer war nach dem Mord zerstückelt und die Leichenteile in drei Koffern verstaut worden, die in der fünf Autostunden entfernten Chesapeake Bay gefunden wurden. Zehn Tage vor dem Mord, am 18. April 2004 um 5.45 Uhr, war auf einem Laptop, den Melanie McGuire benutzt hatte, die Phrase »How To Commit Murder« gegoogelt worden – »Wie begeht man einen Mord«. Am selben Tag wurden von dem Rechner aus weitere Suchanfragen durchgeführt, unter anderem zu Themen wie »nicht nachweisbare Gifte« und »tödliche Dosis Digoxin«. Am 24. April 2007 sprach die Jury Melanie McGuire dessen schuldig, was der Richter einen »besonders abscheulichen und brutalen, ruchlos und planmäßig durchgeführten Mord« nannte.

Auch in anderen Bereichen entscheidet Google inzwischen über Untergang oder Überleben. Parallel zum Siegeszug des coolen Suchschlitzes entwickelte sich eine neue Form der Weltwirtschaft: die Google-Ökonomie. Dabei geht es – egal welche Art von Geschäft man betreibt – vor allem darum, auf den Google-Trefferlisten so weit vorne wie möglich zu landen. Um sich nach vorne durchzudrängeln, gibt es eine Menge sauberer und unsauberer Tricks. Inzwischen lebt eine ganze Industrie von dieser Art Schiebung, die Suchmaschinen-Optimierer. Als die Ergebnislisten immer vermüllter wurden, entschloss man sich bei Google zu einem Gegenschlag. Am 16. November 2003 änderten sich die Sortierungen der Trefferlisten zum ersten Mal teils dramatisch. Zahllose Websites, die zuvor unter den Top 100 zu finden gewesen waren, wurden degradiert oder waren überhaupt nicht mehr zu finden. Auf manchen Sites versiegte der Besucherstrom und damit der Umsatz. Die Existenz zahlloser kleiner und großer Unternehmen hängt heute am seidenen Faden ihrer Positionierung auf einem der vorderen Plätze einer Google-Antwort.

Google ist zum Inbegriff für »Sofortwissen« geworden. Und der Witz von dem Mann, der nur ein Buch hat, ist nun Wirklichkeit. Das Buch heißt Google, und es wird immer dicker. Googles Dienste bieten so viel Komfort, dass ein Großteil der Netznutzer gar nicht erst nach Alternativen sucht, die durchaus vorhanden sind. Es ist mit der Supersuchmaschine ein bisschen wie mit dem Hollywood-Produzenten, dem eine traumhafte Villa mit Swimmingpool gehörte. Er war damit nicht zufrieden und ließ sich einen Steg aus Plexiglas über den Pool bauen, genauer gesagt: knapp unter die Wasseroberfläche. Wer nicht wusste, dass da ein Steg ist, sah nichts. Manchmal ging der Produzent dann rüber zum Pool und wandelte über dem Wasser. Ein Wunder. Im August 2003 wurde Google-Gründer Sergey Brin von einem Konferenzteilnehmer gefragt, wann ihm klar geworden sei, dass Google ein Wahrzeichen der Gegenwart geworden ist. Als Antwort erzählte Brin die Geschichte von jemandem, der angeblich einem Familienmitglied mit einem akuten Herzinfarkt das Leben gerettet hatte, indem er bei Google nachfragte, was zu tun sei, und mit den gewonnenen Informationen schnelle medizinische Hilfe hinzuziehen konnte. Mit anderen Worten: Google vollbringt inzwischen auch Wunder. Die Vorstellung, dass jemand eine Suchmaschine konsultiert statt den Notarzt, ist absurd – jedenfalls in Deutschland. In einem Land wie den USA, in dem 46 Millionen Menschen ohne Krankenversicherung leben, verheißt eine Einrichtung wie Google kostenlosen medizinischen Rat.

Täglich entstehen neue Dienste im Netz, die Google-Inhalte integrieren. Besonders bliebt ist der Kartendienst Google Maps, dessen Satellitenbilder sich mit Karten und selbstkonfektionierten Elementen zu den erstaunlichsten »Mashups« verbinden lassen. Es gibt Karten mit Promi-Sichtungen, mit Restaurants, in die man etwas zu trinken mitbringen darf. Wer seinen Freunden Reisetipps geben will, schickt heutzutage Placemarks, mit denen sie sich in Google Earth an die richtigen Plätze führen lassen können, oder er veröffentlicht seine Empfehlungen in der entsprechenden Community, deren virtuelle Stecknadeln man mit einem Mausklick auf der Karte zuschalten kann. Google steht für die große Verheißung des Internets, sich einmal in eine Jetzt-sofort-alles-Maschine zu verwandeln. Das, was in Märchenbüchern Zauberei heißt – die augenblickliche Erfüllung jeden Wunschs. Einen Haken an der Sache hat der Kulturwissenschaftler Lewis Mumford beschrieben: »Nichts kann die menschliche Entwicklung so wirkungsvoll hemmen wie die mühelose, sofortige Befriedigung jedes Bedürfnisses durch mechanische, elektronische oder chemische Mittel. In der ganzen organischen Welt beruht Entwicklung auf Anstrengung, Interesse und aktiver Teilnahme – nicht zuletzt auf der stimulierenden Wirkung von Widerständen, Konflikten und Verzögerungen. Selbst bei den Ratten kommt vor der Paarung die Werbung.« »Adwords« und »Adsense« heißt das bei Google. Das Unternehmen erzielt 99 Prozent seiner Einkünfte mit Werbung.

■

Antarktis

Flucht ins Eis

Diese Welt besteht nur aus zwei Teilen: aus einem blauen und einem weißen. Der Blaue, das ist der Himmel, in dem eine kalte, weiße Sonne samt vier Nebensonnen steht. Der weiße, das ist jener drei Kilometer hohe Panzer aus Eis. Vor Millionen Jahren hat er sich über die Antarktis gelegt wie ein Panzer, dessen Oberfläche der Wind schorfig geschliffen hat. Die Dornier-Maschine geht in den Sinkflug, bis ihre Kufen das Weiß berühren. »Das verwirrende ist«, so hat der Glaziologe Hubertus Fischer das Team vor dem Abflug gewarnt, »dass einem an diesem Ort die Dimensionen vollkommen abhanden kommen.«

Der gefrorene Körper dieses Panzers wiegt 27 Billionen Tonnen und enthält ein Geheimnis, das zu entschlüsseln der Grund ist, warum das Flugzeug an diesem unwirtlichen Ort im Auftrag des Bremerhavener Alfred-Wegener-Institutes für Polar- und Meeresforschung (AWI) gelandet ist. Fischer wuchtet gemeinsam mit Frank Wilhelms und einem halben Dutzend Forschern die Rucksäcke mit ihrer Überlebenskleidung aus der Maschine. Sie springen hinterher und laufen durch die gleißende Landschaft. Die ersten Schritte in der Antarktis: So hell, so kalt, so unvergleichlich ist dieser erste Moment, dass der Geist versucht, die Situation zu be-reifen. Zunächst einmal ohne Erfolg.

Stille überfällt die Wissenschaftler. Die vollkommene Abwesenheit von akustischen Eindrücken lässt das Gehirn aufschreien. Verwirrt, beinahe verzweifelnd sucht es nach den vertrauten Klängen jener Welt, die viele tausend Kilometer entfernt jenseits des großen Meeres und der wilden Stürme liegt.

Endlich, ein Geräusch: Die klobigen Schuhe knarzen auf dem Schnee, als würden sie über Styropor laufen.

Das Ziel der Polarforscher liegt am Ende eines Parcours aus dünnen Signalstangen mit schwarzen Wimpeln: das Stelzendorf der

Kohnen-Station. Sie ist eine Sommerstation des AWI, ein Ableger der Überwinterungsstation Neumayer, über tausend Kilometer von der Küste entfernt. Geophysiker, Glaziologen, Bohringenieure, Atmosphärenchemiker und Geologen aus Europa und den USA sind Teil eines Tiefbohrprojektes namens EPICA. Das European Project for Ice Coring in Antarctica ist der wohl ambitionierteste und logistisch außergewöhnlichste Versuch, die Rätsel der jüngeren Erdgeschichte zu lösen. Über 600.000 Jahre Klimahistorie wollen die Polarforscher rekonstruieren, ein episches Unterfangen.

Sie wollen Temperaturen, Niederschläge, den Wechsel der großen Ozeanströmungen, das Wandern der Kontinente begreifen. Denn der kilometerhohe Schnee ist wie ein Archiv. Eingeschlossen in den Gasbläschen des Eises lauert Luft aus jener vergangenen Zeit, chronologisch in Schichten abgelagert wie in den Ringen eines Baumstamms [→ Bristlecone-Kiefern 19]. Als würde es darauf warten, mit feinsten Messmethoden eines Ionenchromatografen analysiert, gleichsam seines Geheimnisses beraubt zu werden.

Wie eine unterirdische Kathedrale wirkt der Ort, an dem sich der Eisbohrer durch den gefrorenen Untergrund dreht. 15 Meter hoch sind die Eiswände, ausgefräst von Schneeraupen. In der Mitte erhebt sich das Gestänge, an dessen Drahtseil der sich selbst drehende Bohrer hängt. »Das alles hier sind Spezialanfertigungen«, sagt Frank Wilhelms, dessen Bartstoppeln mit einer Glasur aus Eis überzogen sind [→ Phoenix 71]. Die Temperatur liegt weit unter minus 30 Grad Celsius. Das entspricht ziemlich genau den Durchschnittstemperaturen des antarktischen Winters. Metalle und Plastik werden spröde, Flüssigkeiten zäh wie Karamell. Wer seine Hand in die Bohrflüssigkeit steckt, dem droht sofortiges Abfrieren. Blanke Haut klebt auf Metall. »Wer dran reißt, muss sich schon die Haut abziehen«, sagt Wilhelms.

Aus einem Unterstand bedient er den wertvollen Bohrer. Sanft justiert er mit einem Joystick seine Höhe, die Umdrehungen, den Winkel. »Wenn das Ding stecken bleibt und nicht mehr loskommt, dann sind die Forschungsgelder futsch«, sagt er. Niemand im Bohrcamp beneidet ihn um seine Verantwortung.

Die meisten seiner Kollegen waren schon öfter hier. Sepp Kipfstuhl, ein Experte für Schneekristalle, kommt schon seit Jahrzehnten. Sein Labor samt Mikroskop hat er tief in einen Stollen eingelassen, der aus der Haupthalle mit dem Bohrer abzweigt. Die Geräusche der Kollegen, selbst das Säuseln des Windes dringen in dieses Verlies aus gefrorenem Wasser nicht ein. »Die Bedingungen für meine Untersuchungen sind ideal«, sagt Kipfstuhl. Die Kristalle können sich nicht verändern, weil die Umgebungsbedingungen so sind, wie dort, wo er den Schnee aus dem Schacht herausgekratzt hat. Die Kristall-Struktur, die er mit speziellem Licht sichtbar macht, verrät viel über das Wetter zu dem Zeitpunkt, als der Schnee gefallen ist. Kipfstuhl lebt in der Welt seiner Kristalle. Nicht wenige seiner Forscherfreunde glauben, dass er seine Höhle auch deswegen gebaut hat, um alleine zu sein.

»Die Antarktis gleicht an dieser Stelle einer Wüste«, sagt Kipfstuhl. Der Niederschlag ist so gering wie in den trockensten Regionen der Sahara.

Die Antarktis fasziniert durch ihre Extreme, sie gilt als Inbegriff der Unerreichbarkeit, der Unberührtheit – als Gegenpol von Überbevölkerung, Urbanität, Moderne [→ Pol der Unerreichbarkeit 76]. Nirgends ist es auf der Welt kälter, nirgends fegen heftigere Stürme über das Land. Manchmal peitschen die Schneekristalle mit 300 Kilometern pro Stunde durch die Luft. Abgeschottet vom Wärmestrom gemäßigter Breiten ist die baum- und strauchlose Antarktis auch der einzige Kontinent, der sich der dauerhaften Besiedlung durch den Menschen entzogen hat. Einen Forscher haben sie mal keine fünf Meter vom Zelt erfroren aufgefunden: Der Mann hatte sich im Schneesturm nur kurz zur Notdurft nach draußen begeben und sich im weißen Getöse verloren.

Berichte wie diese üben eine unwiderstehliche Anziehungskraft aus. Unter Wissenschaftlern, aber auch unter Abenteurern. Das

Land aus Blau und Weiß lockt Rekordjäger aus aller Welt an: zu Fuß zum Südpol, mit oder ohne Proviant; den höchsten Absprung mit dem Fallschirm, den härtesten Marathon der Welt. Der Südpol als Projektionsfläche und Bühnenbild für Inszenierungen der Zivilisationsmüdigkeit.

Jeder Bericht aus der weißen Wüste lockt neue Touristen an. Fast 40.000 Pauschalurlauber landen auf Kreuzfahrtschiffen und umgebauten Luxus-Eisbrechern an. Sie lassen die Kameras surren vor der glitzernden Kulisse aus Eis und Pinguinen. Sie lassen sich verführen von der Sehnsucht nach dem urzeitlichen Zustand der Erde, von ihrer »süßen, reizvollen Unschuld«, wie der Schriftsteller Robert Walser die Einöde einmal beschrieb.

Die Antarktis bietet keine Ablenkung, sie wirft ihre Besucher auf sich selbst zurück. So absolutistisch, wie die Natur am südlichen Ende des Planeten regiert, lässt sie kaum Fluchtwege zu. Weder von diesem Ort, noch von der eigenen Psyche. Die Gedanken stülpen sich ins Innere. Die Reize sind so reduziert, wie sie kein Maler des Minimalismus darstellen könnte [→ Matterhorn 56]. »Das Weiße Schweigen«, so der Schriftsteller Jack London, reduziere die vom Auge empfangenen Sinneseindrücke gegen Null; und wenn von außen nichts kommt, dann kann das Unterbewusstsein die Kontrolle über den Geist übernehmen [→ Freuds Couch 9]. Die gleichförmige Fläche kann einen in seltsame Trancezustände versetzen. Antarktis-Fahrer erzählen sich gern, wie der amerikanische US-Marine-Admiral Richard Byrd auf seine erste Südpolar-Expedition zwei Särge und zwölf Zwangsjacken für seine Mannschaft mitnahm.

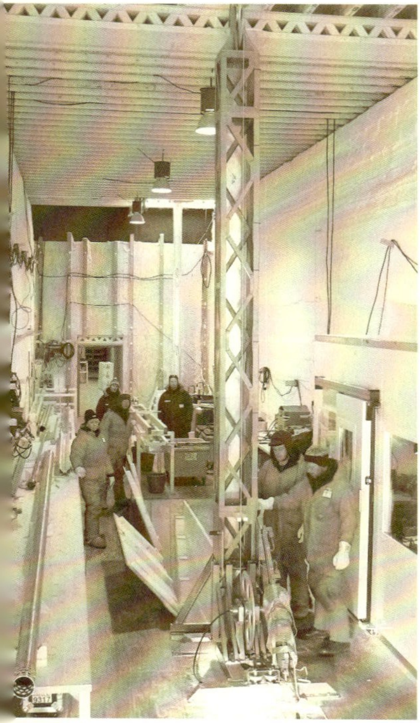

Die Deutschen Polarforscher rekrutierten noch bis vor kurzem ausschließlich Männer für die Expeditionen. Die Antarktis solle ein

»frauenfreier, friedlicher weißer Kontinent« bleiben, notierte noch 1968 die Fachzeitschrift »Antarctic«. Und dafür hatte man sogar streng biologische Gründe: Denn die Überwinterung dauert gerade so lange, wie es bräuchte, ein Kind zu empfangen und zu gebären.

Russische Überwinterungsstationen sind noch heute Männerbastionen. Auf der deutschen Neumayer-Station gab es in den neunziger Jahren mal eine reine Frauenmannschaft, die durch den polaren Winter hybernierte. Kein gelungenes Experiment, mittlerweile versucht die Institutsleitung in Bremerhaven zur Hälfte Frauen und Männer zu verpflichten.

Satellitentelefone und Internet-Verbindung haben Neumayer mittlerweile auch an den Nachrichtenstrom der jenseitigen Welt angeschlossen. Doch die Verbindung ist schwierig, die Signale herkömmlicher geostationärer Satelliten gelangen nicht an die Pole, außer, diese trudeln auf besonderen Bahnen gen Süden. Daher wird sogar überlegt, ein 2000 Kilometer langes Kabel zu verlegen [→ Porthcurno 59].

Und dennoch bleibt noch vieles übrig von dem alten Geist der Polarfahrer.

Einer, der sich in den Legenden auskennt, ist Uwe Kapieske, der Mannschaftsarzt der Überwinterungsstation. Außerdem ist der Mediziner auch für die Versorgungsfahrten mit der Pistenraupe von der Küste hoch zur Kohnen-Station zuständig. Als Stationsarzt ist er Leiter jedweder Expedition, weil letztlich er über Leben und Tod entscheidet. Auf der Neumayer-Station gibt es einen Raum, der auch als Zelle funktionieren kann [→ Graz 64]. Und einen Raum, in dem eine Leiche aufbewahrt werden kann – was schon einmal notwendig war. Ein Koch hatte Methylalkohol getrunken, aus welchen Gründen auch immer.

Für den 47-jährigen Kapieske ist das Abenteuer Antarktis auch eine Art Menschenstudie – sich selbst mit eingeschlossen. Gerade ordnet er die Medikamente für die über tausend Kilometer lange Tour hinauf zur Kohnen-Station. »Diese Arzneien hier brauchst du eigentlich fast nie«, sagt Kapieske. »Die Leute werden dir nur krank, wenn die Laune nicht stimmt.« [→ Charité 65]

Wenn Polarfahrer krank werden, dann jene, die die Antarktis zur Flucht aus ihrem bisherigen Leben sehen. »Die Idee ist natürlich verführerisch«, sagt Kapieske: die Wildnis, die Einfachheit der Natur, die fast vollständige Abwesenheit von Zivilisations-Stress [→ Sāmoa 8].

In der weißen Weite der Antarktis, so Kapieske, fühle man sich »wie eine Ameise auf einer Tischdecke«. Die Freiheit sei allerdings zweischneidig. »Wenn in dir nur Leere ist, wirst du sie entdecken – und dann wird es dir schlimm ergehen.«

An der amerikanischen Südpolstation beschreibt man die Opfer einer solchen Flucht ans Ende der Welt so: »Der ist fertig wie ein Brötchen.« Die Diagnose kann meist schon per Augenschein erfolgen: Der Überwinterer hat den Blick nach innen gerichtet, er ist apathisch. In manchen Stationen veranstalten sie jeden Samstag ein Fest gegen das Abstumpfen. Die Engländer sind darin besonders gewissenhaft. Es herrscht Krawattenzwang. Und wer jemals auf einer Antarktis-Station war, der kennt all die selbst gebastelten Schlipse aus Stoff oder Papier an der Pinnwand.

Gefährdet sind all jene, die mehr als einmal überwintert haben. Dann droht die Verbindung zu Freunden und Verwandten abzureißen. Auch bei Kapieske könnte man an Flucht denken. Nach seinem Medizinstudium geriet er in die Mühlen des Heilbetriebes. Schuften im Operationssaal, dann die Scheidung von seiner Frau. Da habe ihn »nichts mehr gehalten«. Seitdem bereist er die Welt: Nepal, Afrika, Peru. »Wenn ich unterwegs bin, dann will ich nicht nur kurz irgendwo hinfliegen, sondern wirklich dort sein.«

Die Stellenausschreibung für die Überwinterung kam ihm da wie gerufen. Doch die Antarktis hatte auf ihn eine ganz andere Wirkung als jene ausgebrannten Antarktis-Recken. Nach seiner ersten Überwinterung war klar: Für ihn war es keine Flucht ins nirgendwo, sondern zu sich selbst [→ Hier und Jetzt 73].

Kapieske zitiert dabei gern aus der Biografie von Richard Byrd, dem Admiral, der später als erster Mensch allein in der Antarktis überwinterte. Byrd berichtet in seinem Buch »Aufbruch ins Eis« über eine Art inneres Gleichgewicht, das er nur in der menschenleeren Antarktis erlangen konnte: »Ein Gefühl, das bis in die Tiefen der menschlichen Verzweiflung vordrang und sie für grundlos befand.«

■

17

AUTOR Maik Brandenburg

Bikini-Atoll, Marshall Islands

Drei schwarze Sterne auf der Flagge

Ich traue dieser Sonne nicht. Natürlich ist sie schön, so strahlend schön wie vielleicht nirgendwo sonst auf der Welt. Dazu diese weißen Strände, das blaue Meer, der endlose Horizont der Marshall Islands.

Doch wohl an kaum einem anderen Ort des Globus hat das Wort »strahlen« diese Schrecken verheißende Doppelbedeutung. Nein, ich traue der Sonne nicht. Vielleicht lügt sie das Blaue vom Himmel.

Auch der 30. Juni 1946 war ein herrlicher Tag. Vor dem Bikini-Atoll, einem der mehr als 2000 Inseln und Riffe des Südseestaates Marshall Islands, hatte sich eine Armada versammelt. Flugzeuge zogen weite und nähere Kreise ums Atoll. Strahlenmessgeräte waren auf den Schiffen, den Flugzeugen und auf den Inselchen des Atolls installiert. Hinzu kamen hunderte Ratten, Ziegen und Schweine. Sie waren eine Art vierbeiniges Testgerät, sie sollten zeigen, wie schnell und umfänglich lebendes Material verglüht werden kann.

Die Tiere waren nunmehr die einzigen Lebewesen, nachdem die etwa 167 Einwohner des Bikini-Atolls ein paar Wochen zuvor auf ein anderes Atoll gebracht worden waren. Das Land war ihnen vom damaligen US-Militärgouverneur der Marshall Islands abgerungen worden. An einem Sonntag im Februar 1946 versammelte er die Bikinianer nach dem Kirchgang und bat um ihre Inseln. Er wollte sie nur »vorübergehend« und vor allem »For the Good of Mankind«, zum Wohle der Menschheit. Was es tatsächlich war, kommentierte Bob Hope, eine der schärfsten Zungen jener Zeit, auf seine Art: »Sobald der Krieg zu Ende war, entdeckten wir den einzigen Punkt auf dieser Erde, der vom Krieg unberührt geblieben war und schickten ihn zur Hölle.«

Das beeindruckende Aufgebot auf und vor Bikini bildete den Auftakt für ein wahrhaft bombastisches Experiment. Mit einer Serie von Atombombenexplosionen wollten die Vereinigten Staaten das zerstörerische Potential ihrer Kernwaffen testen. Innerhalb von einem Jahrdutzend wurden 23 Atombomben auf dem Bikini-Atoll gezündet, wahlweise in der Luft, unter Wasser oder auf festem Land. Die größte Explosion, die Zündung der Wasserstoffbombe Bravo im Jahre 1954, pulverisierte drei Inseln Bikinis – nicht mehr als drei schwarze Sterne auf der Flagge der Bikinianer blieben von ihnen übrig. Auch auf dem Enewetok-Atoll detonierten Atom- und Wasserstoffbomben. Auf die gesamten Marshall Islands fielen bis zum Ende der Tests Ende der fünfziger Jahre täglich im Schnitt etwa 1,6 Hiroshima-Bomben.

Die erste Explosion zündete unter dem Codenamen Crossroad an jenem 30. Juni 1946. Der Name der Bombe, die auf einem Schiff vor Bikini stationiert war, lautete Able, nach Abel, dem gottgefälligeren der beiden biblischen Brüder. Gegen 22 Uhr mitteleuropäischer Zeit schickte Able eine gigantische Rauchwolke und alles Leben in ihrer unmittelbaren Umgebung gen Himmel. Die Bombe erreichte eine Sprengkraft von 23 Kilotonnen, was in etwa jener Kernwaffe entsprach, die Nagasaki zerstört hatte.

»Wie tausend Sonnen« habe der Himmel über dem Meer geleuchtet, berichtet ein Augenzeuge. Damit auch der Rest der Welt Zeuge des Spektakels werden konnte, waren fast 20 Tonnen Filmausrüstung herangeschafft worden. Auf den Schiffen wurden Sonnenbrillen gereicht und eisgekühlte Martinis. Beides, die Brillen und das Getränk, reüssierten im Sommer jenen Jahres. Außerdem die Torten samt Atompilzen aus Buttercreme sowie die Kreation eines französischen Schneiders, die er Bikini nannte.

Internationale Proteste gab es kaum. Sie sollten erst nach und nach aufflammen und dazu beitragen, dass die Tests schließlich nach zwölf Jahren eingestellt wurden.

Unterdessen warteten die Bikinianer auf dem Atoll Rongerik auf die Heimreise. Es sah gut aus: Schon im Juli 1946 war der Stammesführer der Bikinianer mit einigen Amerikanern aufs heimische Atoll gereist. Wieder bei den Seinen verkündete er glücklich, dass die Inseln intakt seien und die Bäume an Ort und Stelle. Bikini sehe eigentlich »immer noch genauso« aus, bald schon könnte es nach Hause gehen.

Er hätte sich nicht schlimmer irren können. Nach einer jahrelangen Odyssee über mehrere Inseln und Atolle leben die meisten Bikinianer heute auf Kili und Ejit. Kili ist ein winziger Fleck im Meer, hunderte Meilen von Bikini entfernt. Nach Majuro, der Hauptinsel der Marshalls, ist es kaum näher. Kili war eine Gefängnisinsel der Japaner. Sie ist es heute noch, sagen die Bikinianer.

Kili kann man bei einem lockeren Nachmittagsspaziergang umrunden. Die Insel hat keinen Hafen und keine Lagune. Auf dem offenen Meer zu fischen ist nur in den sechs windstillen Monaten des Jahres möglich. Ein paar wenige Kokosnüsse reifen hier, Pandanusbäume und Brotfrüchte. Im Wesentlichen ernähren sich die Menschen von Konserven. »Die Radioaktivität hätte uns nicht mehr schaden können als dieses ewige Zeug aus den Blechbüchsen«, sagen sie hier. Fast alles wird eingeflogen oder kommt per Schiff. Auch die rund 60 Tonnen Diesel, die dreimonatige Ration für das Inselkraftwerk. Wenn die See tobt und das Boot nicht anlanden kann, liegt Kili tagelang im Dunkeln. Um 22 Uhr ist Speerstunde auf Kili. »Dann«, sagt Timius Lather, »können wir nicht mal mehr spazieren gehen am Meer«.

Timius ist knapp 30 Jahre alt, verheiratet mit Rose. Die beiden träumen nicht von einer Rückkehr nach Bikini. Warum auch – dort waren sie nie, sie sind auf Kili geboren. Bikini kennen sie lediglich

aus den Erzählungen von Jamose Aitap, Timius' Großvater. Der liegt in einer Ecke der Küche und singt die alten Lieder Bikinis. Timius und Rose lächeln mitleidig.

Sie wollen in die Vereinigten Staaten. Dort können sie wegen eines entsprechenden Abkommens mit den USA auch ohne Greencard wohnen und einen Job bekommen. Dort kann sich Timius auch einen seiner größten Träume erfüllen: seinen Pickup endlich einmal über die Einhundert-Stundenkilometer-Marke zu jagen.

Ejit, das andere Asyl der Bikinianer, ist eine noch kleinere Insel. Allerdings gehört sie zum Majuro Atoll – sie ist sozusagen nicht ganz so weit weg vom Schuss. Dort treffe ich Kelen Joash. Als er noch ein junger Mann war, musste er seine Heimat verlassen. Die Insel, auf der seine Familie seit Generationen Land besaß, existiert nicht mehr. Formell allerdings – wegen der von den USA zu leistenden Reparationen – ist er noch immer Eigner des Bodens. »Ich habe Land, das es nicht gibt«, sagt der bald 80-Jährige bitter.

Wie lange die Bikinianer noch wie Exilanten im eigenen Land leben müssen, weiß keiner. Für immer, meint Kelen Joash, denn nur noch die letzten Alten sehnten sich zurück. Die jungen Politiker der Marshalls interessiere Bikini nicht mehr. Sie werden wohl weiter im Gefühl leben, Ausgestoßene zu sein. »Wenn Du auf den Marshalls lebst und kein Land hast, wirst du als Penner, Herumtreiber oder Bettler angesehen«, klagt der Bikinianer Jukwa Jakeo.

Ende 1972 gab es den Versuch einiger Bikinianer, auf ihre Inseln zurückzukehren. Bereits Jahre zuvor hatte US-Präsident Lyndon B. Johnson auf Seite Eins der »Washington Post« ihr Land für sicher erklärt. Auch die Wissenschaftler gaben Entwarnung – bis 1978. In jenem Herbst mussten die Rückkehrer innerhalb von Wochen ihre Heimat ein zweites Mal verlassen. In den Brunnen waren weit überhöhte Strontium-90-Werte nachgewiesen worden. Auch die Werte von Cäsium 137 waren »unglaublich angestiegen«. Neue, sensiblere Messgeräte hatten die alarmierenden Ergebnisse geliefert. Mit ihren eigenen Augen sahen die Bikinianer, dass ihre alten, seit Urzeiten existierenden Grenzen – Landmarken wie Steine, Bäume oder kleine Pfade – von den Kernwaffen zerstört worden waren. Bikini wurde wieder zum Geisterort.

Allerdings wirkt er auf den ersten Blick ganz und gar nicht so. »Alles scheint seltsam intakt, selbst die Kokosnüsse sehen zum Anbeißen aus«, sagt der australische Fotograf Tim Georgeson, der sich auf Bikini auskennt. »Dabei weiß man, dass sie verstrahlt sind und darum lebensgefährlich.« Das gilt allerdings nur für die Pflanzen und Früchte der Inseln. Laut der International Atomic Energy Agency sei es heute völlig ungefährlich, auf dem Atoll spazieren zu gehen oder sogar eine längere Zeit dort zu leben. Das radioaktive Erbe hat sich längst zersetzt oder wurde mit dem Wasser davon gespült.

Die Lagune quillt über vor Leben, als sei nie etwas passiert. Am anderen Ende der Bucht ist ein Durchgang zum Meer. Er wurde seinerzeit freigesprengt, damit die Schiffe mit den Atombomben einlaufen konnten. Dieser Durchgang ist der heutige »shark pass«: Hunderte von Haien und Mantarochen tummeln sich dort, selbst im seichten Wasser. Überall gibt es auch noch die Überreste der riesigen Betonbunker, die das militärische Personal vor dem nuklearen Fallout schützen sollten. »Die Anlagen«, so Georgeson, »wirken gespenstisch, unheimlich.« An den Palmen und den Brunnen der Inseln sind Zahlenschilder befestigt, Codes der Militärs. Die Insel wirkt seltsam still, im Busch ist kaum ein Laut zu hören.

Die Strände Bikinis sind bedeckt von Muscheln, Korallenbruch und Schneckenhäusern. Man versinkt regelrecht darin. Es ist ja auch niemand da, der das Zeug wegräumt. Eigentlich, sagt Georgeson, könnte man das für romantisch und schön halten – wenn man nicht die Ursache für diese Fülle kennen würde. »Ich hatte trotz der Wärme der Südsee immerzu eine Gänsehaut auf Bikini.«

Riesige Korallenstöcke statt einer submarinen Mondlandschaft, dicke Kokospalmen statt verkohlter Stümpfe – die blühenden Landschaften vor und auf Bikini überraschen die Wissenschaft. Sie versucht sich in Erklärungen: Wind und Wasser haben die gefährlichen Strahlenträger verweht oder fortgespült, lautet eine. Im Gegenzug sei neues Leben von außerhalb gekommen. Aufbauhilfe habe etwa das nahe Rongelap-Atoll geleistet, das als sehr artenreich gilt und durch maritime Strömungen mit Bikini verbunden ist. Nicht unerheblich sei auch die Abwesenheit des Menschen gewesen – offenbar wird seine Gefahr für die Natur [→ Hawaii 34] weit höher eingeschätzt als die atomare Radioaktivität.

Wie dem auch sei: Letztlich ist Bikini inzwischen auch aufgrund solcher Fragen und Annahmen zu einem wichtigen Freiluft-Laboratorium geworden, an dem Wissenschaftler aus der ganzen Welt die Folgen katastrophaler Umwälzungen [→ Stevns Klint 46] studieren.

Tatsächlich gilt Bikini weiterhin als nahezu unbewohnt. Lediglich eine Tauchbasis gab es dort, betrieben vom Amerikaner Jack Niedenthal. Das Bikini-Atoll ist eines der exklusivsten Tauchreviere der Welt: In rund 160 Metern Tiefe liegen jene Schiffe, die seinerzeit den atomaren Scheinangriffen ausgesetzt waren. Darunter die USS Sarratoga, ein Flugzeugzeugträger, der mit über 250 Metern Länge das weltweit größte Wrack ist, das man mit Lungenautomaten erreichen kann. Auch die HIJMS Nagato liegt dort unten, einst war sie das Flaggschiff der japanischen Marine und beteiligt am Angriff auf Pearl Habor. Die Schiffe sind nun Eigentum der Bikinianer. Sie sind »unsere nukleare Flotte«, wie sie sagen.

Bis vor kurzem kamen die Erlöse aus der Tauchbasis den Bikinianern zuteil, etwa 30 Dollar jährlich für jeden. Seit 2009 ist die Basis geschlossen, ihr Unterhalt wurde zu teuer. Außerdem fanden sich kaum noch Kunden: Rund 2500 Dollar kostete die Woche auf Bikini.

Jack Niedenthal kam als Mitglied des Peace-Corps vor Jahren auf die Marshall Islands, jetzt verwaltet er die Hilfsgelder, die die Nordamerikaner an die Leute Bikinis zahlen. Über 800 Dollar im Jahr erhält jeder der rund 3500 Bikinianer aus den Fonds. Über eine Milliarde Dollar zahlten die USA bislang insgesamt an Wiedergutmachung und Aufbauhilfen an die Marshall Islands. Bis in alle Ewigkeit hängen wir am Tropf des »großen Bruders«, sagen die Marshallesen.

In Jacks Büro hängen schöne Unterwasseraufnahmen von Haien, fotografiert während der Tauchgänge vorm Bikini-Atoll. Doch da sind auch die Poster der »Big Shots«, der großen Explosionen: »Magnolia, 57 Kilotons, Enewatok Atoll 1958« steht auf einem. Neben dem Atompilz auf einem anderen Poster sind die Daten »Romeo Shot, 26.3.1954« gedruckt. Ein Hochglanzposter feiert den 50. Jahrestag von Mike, der rund zehn Megatonnen starken Wasserstoffbombe, die das Enewetak-Atoll 1952 heimsuchte. Und da sind auch Bilder der Ziegen, angebunden auf Schiffen; sie mampfen ihre Henkersmahlzeiten – Stunden nach den Aufnahmen waren sie atomisiert.

»Ich glaube nicht, dass alle ins Boot springen, wenn es morgen heißt: Ihr könnt zurück nach Bikini«, sagt Jack Niedenthal. Es spricht einfach zu viel dagegen. Da sind die Jungen, denen das Land der Väter egal ist. Da sind die Alten, die nicht glauben werden, dass Bikini tatsächlich wieder sicher ist. Da sind aber auch die zerstörten sozialen Strukturen. »Früher gab es Arme und Reiche unter den Leuten Bikinis, je nachdem, wer wie viel Land besaß. Die Ordnung war über Generationen intakt. Heute hat jeder gleich viel, ein Unding in der Stammeshierarchie der Insulaner.«

Mehrmals besuchte er Politiker in den USA, gemeinsam mit ein paar Stammesältesten. Sogar im Weißen Haus gaben sie ihre Forderungen ab: Die vollständige Säuberung Bikinis. Das beinhaltet auch die Abtragung des kontaminierten Bodens bis zu 15 Zentimeter tief. Es würde hunderte Millionen Dollar kosten. Kein Politiker in den Vereinigten Staaten wird so viel Geld für einen fernen Flecken in der Südsee ausgeben. Man hatte ihn ja schließlich ausgewählt, um keine Probleme zu haben.

Die Gelder sind peanuts, sagt Jack, die Atombomben haben mehr als nur ein paar Quadratkilometer Boden zerstört. »Die psychischen Probleme, die aus der Landlosigkeit resultieren, sind größer als die physischen aus der Strahlenbelastung.«

Wie viele Menschen durch die radioaktive Belastung in Mitleidenschaft gezogen worden sind, ist nicht eindeutig. Einige Bikinianer, die einst zurückgekehrt waren in ihre Heimat, dienen nun als medizinische Untersuchungsobjekte. Es geht dabei um die physiologischen Bedingungen für die Aufnahme von Plutonium im menschlichen Körper. Aber über Krankheitsfälle – Krebs und ähnliche Schädigungen – liegen keine verlässlichen Erhebungen vor, die Schätzungen reichen von hunderten Krebsfällen bis zu tausenden. Übrigens auch unter den US-amerikanischen Soldaten – viele mussten gleich nach den Explosionen auf die noch nicht versunkenen Schiffe, um sie für die nächsten Tests klar zu machen.

Lijon Aknileng – »Nenn' mich Lee John« – lacht immerzu. Vielleicht ist sie die fröhlichste Frau der Marshalls. Lee John trägt zu jeder Zeit den Wuti, den typischen Blumenkranz der Südsee. Als sie acht Jahre alt war, explodierte auf Bikini die Wasserstoffbombe Bravo. Der Wind trug den nuklearen Fallout auf das nahe Rongelap-Atoll. Die Einwohner wunderten sich, warum die Farbe der Kokosnüsse von weiß zu gelb wechselte. Die Kinder spielten im »Schnee« der plötzlich gefallen war. Erst Tage später, als den ersten bereits die Haare ausfielen, wurde Lee John evakuiert.

Heute ist Lee John 64 Jahre alt und hat mehrere Operationen hinter sich. Die Operationen bezahlten die USA und die Regierung der Marshallesen. Die Rechnung für die teuerste schickte Lee John ans Energieministerium. Sie fand 1981 statt, seit den Eingriffen an ihrer Schilddrüse kann sie ihrer größten Leidenschaft nicht mehr frönen – dem Singen. Sie hat zwei Kinder adoptiert, deren Eltern an Krebs gestorben waren. Sie selbst erlitt sieben Fehlgeburten. »Ich singe Dir jetzt ein schönes Volkslied«, sagt sie. Ein leiser, getragener Ton erklingt. Doch sie schafft nur eine Strophe, dann hustet sie, die Stimme versagt. »So komisch sollte es gar nicht werden«, sagt Lee John und lacht wieder.

Einmal war sie in Europa, im Winter. »Der Schnee dort«, sagt Lee John, »er machte mir Angst.«

18

AUTOR Jakob Strobel y Serra

Schanghai

Der Wirtschaftswunderwahnsinn

Was ist Schanghai? Welches Spiel spielt diese Stadt? Weshalb raubt sie uns den Schlaf? Warum wickelt sie jeden ihrer Besucher erst um den Finger und reißt ihn dann in einen Strudel? Wieso sehnt man sich nach ihr und fürchtet sich vor ihr?

Was bloß steckt hinter Schanghai? Eine Schimäre aus Stahlbeton oder doch das, was die Besucher schon nach den ersten rauschhaften Augenblicken in der Megalopolis schaudernd glauben wollen: der aufregendste Ort der Welt, das pochende Herz des 21. Jahrhunderts; das gereckte Haupt des chinesischen Drachens, eine Fortschrittsphantasmagorie aus Stein und Stahl, die Erschaffung einer neuen Stadt aus sich selbst, errichtet von zwei, drei, vier Millionen Wanderarbeitern für fünfzehn, zwanzig, dreißig Millionen Menschen – eine Stadt im permanenten Quantensprung, die jeden Morgen mit einem anderen Gesicht aufwacht, weil sie nachts nicht schläft, sondern wächst, die sich in die Höhe schleudert und in die Tiefe bohrt, die Schnellstraßen in ihr eigenes Fleisch schneidet, ohne vor Schmerz mit der Wimper zu zucken, die ganze Stadtteile mit einem Federstrich auslöscht ohne einen Gedanken der Wehmut, weil sie keine Wurzeln hat wie Peking, keine Gründungspfeiler der Vergangenheit, sondern keinen anderen Daseinstreibstoff als das Hoffnungsversprechen der Zukunft [→ Brasília 20].

Denn auch das ist Schanghai: das millionenfach am Schopf gepackte Schicksal, der Griff der Massen nach dem Glück.

Schanghai ist das Gesicht des chinesischen Wirtschaftswunders, Symbol, Metapher, Fanal der Kraft eines Milliardenvolkes. Innerhalb nicht einmal einer Generation ist am Delta des Yangtse ein Wunderwald aus Wolkenkratzern entstanden, nicht dutzende wie in den europäischen Metropolen, nicht hunderte wie in amerikanischen Städten, sondern tausende, abertausende, eine Stelenarmee

des grenzenlosen, furchteinflößenden Selbstbewusstseins. Die meisten von ihnen stehen im Geschäftsviertel Pudong, und der phantastisch kapriziöse Jin Mao Tower, das schönste Hochhaus der Welt, ist dort längst nicht mehr der Herrscher der Silhouette. Er ist umzingelt von einem ganzen eifer- und geltungssüchtigen Hochhäuserhofstaat. Was für eine Lust am Protz zeigt er, am Chichi, am Too Much! Das ist aufgedonnerte Urbanität in der Pubertät, herrlich unbekümmertes, wunderbar eklektizistisches Architekturwunschkonzert. Der Gipfel der neureichen Prunksucht ist das Aurora Building, das seinen Namen wortwörtlich nimmt und wie ein monströses Praliné goldglänzend an der Promenade posiert. Puristen mögen sich mit Grausen wenden, doch ihr Lamento über so viel stilistische Achterbahnfahrerei [→ Ibn Battuta Mall 35] ist nichts wert in einer Stadt, die schon immer ein extraterritoriales Experimentierfeld auch jenseits aller Grenzen des guten Geschmacks war.

Doch geht es Schanghai wirklich nur um Glanz und Geschmack? Will die Stadt nicht viel mehr sein als ein Kraftprotz mit Muskeln aus Stahlbeton? Soll sie nicht vielmehr zur Reinkarnation des Chinas der Song-Dynastie werden? Damals, vom 11. bis zum 13. Jahrhundert, avancierte China zur ersten Wissenschaftsgesellschaft der Zivilisationsgeschichte, erfand Schießpulver, Buchdruck, Papier, Kompass im Akkord, und erreichte in der Landwirtschaft ein technisches Niveau wie Europa erst 500 Jahre später.

Längst hat Schanghai das Fundament für eine neue Ära des technologischen Fortschritts gelegt. Fast alle internationalen Konzerne von General Electric und Intel über Cisco und IBM bis Daimler und VW unterhalten Forschungseinrichtungen in der Stadt.

Die Max-Planck-Gesellschaft hat hier zusammen mit der Chinesischen Akademie der Wissenschaften ein Institut für Theoretische Biologie gegründet, und von staatlicher Stelle wird immer wieder das Mantra verkündet, dass Wissenschaft das Fundament aller menschlichen Zivilisation und der Motor jeder Modernisierung sei – »Die Kraft der Muskeln ist begrenzt, die Kraft des Geistes ist unendlich«, lautet das passende chinesische Sprichwort dazu. Deswegen bildet China mittlerweile 350.000 Ingenieure pro Jahr aus, dreimal mehr als die Vereinigten Staaten; allein im Pudong Software Park arbeiten 20.000 IT-Ingenieure, davon mehr als 1000 für SAP. Und als Krönungsmesse seiner neuen Rolle als Epizentrum von Wissenschaft und Forschung, als geistiger Zukunftsmetropole der globalisierten Welt zelebriert Schanghai die Weltausstellung 2010.

Manchmal hält aber selbst diese zukunftsvernarrte Stadt inne und blickt zurück. Sie hat neuerdings die Lust am Kokettieren mit ihrer lasterhaften Vergangenheit entdeckt. Die Megalopolis denkt jetzt nicht mehr nur ans Geldscheffeln, sondern wirft es auch so großzügig wie glamourös zum Fenster hinaus. Schanghais Sinneswandel vom Schuften zum Prassen küsst die berühmteste Promenade Asiens wach wie eine verführerische Fee: den Bund, die Prachtstraße aus der Zeit der internationalen Konzessionen am Ufer des Huangpu.

Noch hausen in vielen der Paläste Staatsbehörden mit ihrem Resopal-Muff, doch die neue Lust am Luxus vertreibt sie aus einem nach dem anderen. Die Kleinbauernbanken müssen Cartier und Kenzo weichen, die Mao-Anzugsträger der Mango-Boutique. Statt des harten Brotes revolutionärer Tugendhaftigkeit werden im »Whampoa Club« oder im »Jean Georges«, einer Filiale des New Yorker Drei-Sterne-Restaurants, Dekadenzen wie mit parfümiertem Reis gefüllte Lotusblüten serviert. In der minimalistischen »Glamour Bar« hocken die Schönen der Nacht mit ihren tellergroßen Sonnenbrillen wie die Hühner auf der Stange, während in der schwülstigen »Bar rouge« der Moët & Chandon in Magnumflaschen weggeht wie im Hofbräuhaus die Maß Bier, von laszivem Personal serviert im silbernen Kübel

mit Wunderkerzen auf der Terrasse hoch über dem Bund – so macht Kommunismus richtig Spaß, hat es ihn jemals gegeben?

Dass Schanghai beim Champagner seine Vergangenheit als Lasterhöhle sehnsuchtsvoll beschwört, ist aber ein Trugschluss alteuropäischer Nostalgiker, die ihren Malraux zu schwärmerisch gelesen haben. Diese Stadt ist grenzenlos unsentimental und bedingungslos zukunftshörig. Ihre Geschichte ist für sie nur Kulisse, das Alte kein Wert an sich, bestenfalls Ornament, und wehe, es glänzt nicht. Als ein Investor das Stammhaus eines Pressezaren am Bund behutsam restaurierte, die Granitsäulen nur säuberte, anstatt sie abzuschleifen, und ein steinernes Relief mit Fiberglas täuschend echt ersetzte, wurde er von allen Seiten gescholten, weil das Ganze ja schrecklich alt und gar nicht neu aussehe.

Und die flächendeckend an die Fassaden genagelten, Marmor imitierenden Plastiktafeln, die auf »Heritage Architecture« hinweisen, strotzen nur so vor Fehlern; an einer Tudor-Villa am Bund ist noch der originale Gründungsstein mit dem Datum 1936 zu sehen, einen halben Meter darüber hängt die Plastiktafel mit der Jahreszahl 1937. Was soll's, was ist schon ein Jahr, es gibt Wichtigeres als Geschichte. Ihr in Europa schleppt sie mit euch herum, wir in Schanghai jonglieren mit ihr.

Oft aber will man sie einfach nur vergessen. Denn das alte Schanghai, das alte China ist selten glamourös und meistens eine düstere Welt, stickig und eng wie das London von Dickens: zu Wohnhöhlen zusammengepferchte Häuser, in denen Licht das kostbarste Gut ist, kostbarer noch als Intimität. Kreuz und quer hängen die Stromleitungen und Isolatoren über dem Gassengewirr, als bewahrten sie die vier-, fünf-, zehnstöckigen Behausungen vor dem Umfallen. In Hauseingängen, eher Schlitze im Mauerwerk, führen steile, hölzerne Treppen in die Dunkelheit, oben bewacht von einer stummen Alten. Unablässig brummen an den grauen Fassaden die Kästen der Klimaanlagen und heizen die Luft mit Muff. Unentwegt flattert im Smog des Fortschritts [→ Mauna Loa 34] die trocknende Wäsche auf den Balkonen, die ausnahmslos vergittert sind wegen der Gier des Nachbarn, Neid kann es nicht sein. Dieses Schanghai verschwinden zu sehen, schürt keine Wehmut, denn alles Neue ist besser als das, ganz gleich wie es aussieht.

Noch aber weiß niemand, wie die Stadt einmal aussehen wird. Noch ist Schanghai urbane Urmasse, eine werdende Stadt, die längst nicht erkaltet ist und deren Morphologie man erst langsam durchschaut. Was hat Bestand, was ist Episode? Hochhäuser, die vor 20 Jahren scheinbar für die Ewigkeit gebaut wurden, reißt man heute nieder, um Platz zu schaffen für prunksüchtige Paläste der Vertikalen, die in 20 Jahren zertrümmert werden. Schanghai wächst nicht mit der Genügsamkeit von Geschichte, nicht Jahresring für Jahresring, wie wir es gewohnt sind, es verstört mit seinem Tempo, seiner radikalen Komprimierung von Zeit [→ Grünsteingürtel 3]. Das Häuserknäuel der Altstadt vermengt sich mit dem Stelenwald der fleckigen, wurmstichigen, zwanzigstöckigen Wohnsilos aus spätsozialistischer Zeit und der stolzen Parade der riesenhaften Glitzerhochhäuser zu einem amorphen Stadtgebilde ohne sichtbares Ordnungsprinzip, ohne stilistischen Willen. Nur eine Regel scheint es zu geben: Gut ist das Neue, schlecht das Alte.

Und der Antrieb von allem, der Grund der ungeheuren Dynamik Chinas ist ein einziges Verlangen: die Gier nach Glück. Die Menschen wollen um jeden Preis heraus aus ihren Wohngefängnissen mit den vergitterten Balkonen, um Quartier zu beziehen in den goldenen Käfigen der strahlenden Hochhäuser, die bei ihrem unbekümmerten Plünderzug durch die europäische Architekturgeschichte Säulen und Kapitelle, Giebelimitate französischer Renaissance-Schlösser und unbeholfen kopierte Schweizer Chalets als Penthouses zusammengerafft haben.

Nichts wäre unangebrachter als alteuropäische Arroganz. Denn Schanghai ist ein Glaubensbekenntnis der menschlichen Allmächtigkeit [→ Phoenix 71], wie wir es schon lange nicht mehr zu beten wagen – es ist kein Zufall, sondern Zwangsläufigkeit, dass es ausgerechnet hier und nirgendwo sonst auf der Welt eine reguläre Transrapid-Verbindung gibt. Schanghai zwingt den Betrachter zur Fassungslosigkeit, in die sich aber doch und immer wieder wie ein fernes Echo der Zweifel am Unfassbaren mischt: Ist diese Stadt vielleicht doch nur ein Turmbau zu Babel, ein Tanz auf dem Vulkan der Zukunftshörigkeit, Hochmut und Hybris, die eines Tages Rechenschaft ablegen muss über ihren eigenen Irrwitz? Ist die jüngste Weltwirtschaftskrise, die auch das starke, stolze China in ihren Strudel riss, das erste Menetekel für die Verwundbarkeit, die Endlichkeit des Booms? Ist Schanghai doch nichts anderes als eine stählerne Schimäre? Die Geschichte wird es wissen. Wir wissen es nicht. Wollen wir es überhaupt wissen?

■

AUTOR Martin Wilmking

19

Bristlecone-Kiefern, White Mountains

Wie man (fast) jede Krise übersteht

Eintagsfliegen haben ihre mid-life-crisis so um 12 Uhr mittags, wir so um das 40. Lebensjahr und eine *Pinus longaeva*? Einige der ältesten lebenden Bäume der Erde hatten ihre vielleicht so um Christi Geburt, oder zu Zeiten der Reformation, vielleicht auch erst als die Mauer fiel. Oder sie hatten sie bis jetzt noch gar nicht. Wir wissen es nicht.

Sie stehen dort, unter einem fast immer blauen Himmel, in einem der trockensten Gebiete der Erde, in den White Mountains der Sierra Nevada Kaliforniens, die Bristlecone-Kiefern, zu deutsch: Borstenkiefern. Groß werden sie nicht, nur knapp 18 Meter hoch, und dabei bis zu 1,8 Meter dick, aber alt, das werden sie. »Methuselah«, der älteste bekannte lebende Baum der Erde ist etwa 4800 Jahre alt, und einige seiner Brüder und Schwestern, Cousins und Cousinen weit über die 4000. Diese Bäume waren Babys, als der »gelbe Kaiser« China regierte, Stonehenge errichtet wurde, die Ägypter gerade an der Sphinx bauten, aber die Pyramide von Gizeh noch als Bauplan in antiken Schubladen lag. Diese Bäume haben einiges hinter sich.

Und dann ist da noch »Prometheus«, der einmal fast 5000 Jahre alt war. Mit ihm verbindet sich eine traurige Geschichte. Es war um das Jahr 1964, als ein junger Doktorand in der Gegend arbeitete, Donald Currey. Ihn interessierte die Vereisungsgeschichte der Sierra Nevada. Lebende Bäume waren eine gute Möglichkeit, das Alter von Moränen zu bestimmen, besonders natürlich, wenn diese Bäume so alt wurden wie die Bristlecone-Kiefern [→ Bremen 48]. Bis hierher stimmen die Berichte, die in den folgenden Jahren und Jahrzehnten geschrieben wurden, überein. Doch dann gehen die Meinungen auseinander. Donald Curreys Baumbohrer steckte nach kurzer Zeit in einer der Bristlecones fest, und alles drehen, ziehen, drücken, pressen und in die Hände spucken half nichts: der Bohrer bewegte sich nicht mehr. Sei es aus Zeitmangel, Unwissenheit oder Ignoranz, Currey bat die zuständigen Forstbehörden, ihm zu helfen. Das taten sie auch. Kurzerhand wurde der Baum gefällt und der Bohrer befreit. Die Tragödie wurde erst nach einigen Monaten bekannt, denn dieser Baum war der älteste jemals gefundene Baum auf dem Planeten. Und nun nur noch ein Stumpf.

Sicher, es gibt ältere Bäume auf der Erde. Allerdings sind diese Bäume klonal gewachsen, das heißt: der oberirdische Stamm stirbt immer wieder ab, aber das Wurzelgeflecht bringt neue Sprossen hervor. So ist zum Beispiel das Wurzelgeflecht von »Old Tjikko« in Schweden knapp 10.000 Jahre alt. Und »Pando«, eine Pappelkolonie soll sogar seit über 80.000 Jahren aus ein und denselben Wurzeln immer wieder neue Stämme schlagen.

Die Überbleibsel von »Prometheus« und seine Weggefährten jedenfalls stehen heute noch unter demselben blauen Himmel. Wo genau, wird geheim gehalten, damit nicht ein zweiter übereifriger Forstmann oder Wissenschaftler seine Kettensäge zückt. Die Kinder, Enkel und Urenkel von »Prometheus«, »Methuselah« & Co. können allerdings bewundert werden. Ausgangspunkt ist das Schulman Grove Visitor Centre im Inyo National Forest in Kalifornien. Man wandelt dort zwischen Giganten, die die Narben ihrer Vergangenheit und Geschichte stolz in den Himmel recken. Ihre Anwesenheit macht uns stumm. Dies ist ein Ort der Besinnung, der Rückbesinnung, der Ehrfurcht. Und vielleicht auch der Hoffnung, dass mit Standhaftigkeit, genug Nahrung, ein wenig frischer Luft und einigen guten Kumpels fast jede Krise zu überstehen ist.

AUTOR Philipp Elsner

20

Brasília

Wenn die Moderne träumt

Rauchend sitzt er da, das lange Fensterband hinter ihm gibt den Blick auf den weißen Strandsaum der Copacabana frei. An diesem Dezembertag 2007 ist er 100 Jahre alt geworden und die Welt, in Gestalt zweier Journalisten einer großen deutschen Nachrichtensendung, ist noch einmal zu Gast in seinem Atelier. Sie begehrt zu wissen, wieso er sich ausgerechnet einen kleinen fensterlosen Raum im hinteren Teil zum Arbeiten auserkoren hat, anstatt den Ausblick auf den Strand von Rio de Janeiro zu genießen?

Oscar Niemeyer ist eine Art »lebendes Fossil«, der letzte der Architekten jener baulichen Moderne, die man heute klassisch zu nennen pflegt. Obwohl eine Generation jünger, steht sein Name neben Walter Gropius, Mies van der Rohe [→ Bauhaus 26] und Le Corbusier für den utopischen Aufbruch der Architektur in den zwanziger Jahren des letzten Jahrhunderts.

Seine Architektur finde im Kopf statt, antwortet er. In seiner Kammer träume er sich an den Ort des Entwurfs, zumal er ob seiner Flugangst nur selten die Baustellen seines international tätigen Büros besucht. Doch auch wenn Niemeyer keineswegs im Ruhestand ist, geht es an diesem Tag vor allem um die Vergangenheit, um Rückschau auf sein langes und einflussreiches Schaffen, das über seine Heimat Brasilien hinaus eine ganze Architektengeneration mitgeprägt hat. Und es geht um jenes Werk, das ihn weltberühmt gemacht hat: Brasília.

Niemeyer ist der einzige lebende Architekt, von dem ein komplettes Bauensemble ganz offiziell zum Weltkulturerbe zählt. Seine Bauten prägen das Bild der in nur vier Jahren aus dem Boden gestampften Hauptstadt Brasiliens, die seit 1987 auf der Liste der Unesco steht. In Brasília verbanden sich die Sozialutopien des »Neuen Bauens« mit einem Kernstück des brasilianischen Gründungsmythos. Seit den Tagen der Unabhängigkeit Brasiliens war die Schaffung einer neuen Hauptstadt im unerschlossenen Hinterland Teil der nationalen Erzählung gewesen.

Nachdem ihre Errichtung schon 1891 in der ersten republikanischen Verfassung festgeschrieben und ein Bundesdistrikt im zentralbrasilianischen Goiás eingerichtet worden war, wagte sich Präsident Juscelino Kubitschek nach dem Zweiten Weltkrieg an die Verwirklichung des Mammutprojekts. Und so entstand ab 1956 auf der Basis des »Plano Piloto« des brasilianischen Architekten Lúcio Costa das Schaufenster des neuen Brasilien auf dem Hochplateau des Distrito Federal do Brasíl.

Eine Studie hatte zuvor Eignung und Erdbebensicherheit des Ortes bescheinigt. Weitab der Küste, in gut 1000 Meter Höhe, herrscht hier stets ein angenehm gemäßigtes Klima mit Temperaturen, die übers Jahr nur wenig um die mittlere Tagestemperatur von 26 Grad Celsius schwanken. In den fünfziger Jahren befand sich der Bauplatz im Bundesstaat Goiás fern jeder Zivilisation. Hier, wo die rote Erde und das blasse Grün der Strauchvegetation und vereinzelten Baumgruppen den bestimmenden Kontrast bildeten und die nächste befestigte Straße 640 Kilometer entfernt war, mussten Holz und Baustahl aus über 900 Kilometer Entfernung herangeschafft werden.

Die Arbeiten standen von Anfang an unter enormem Zeitdruck. Nach der damaligen Verfassung konnte der Präsident nicht wiedergewählt werden, und Kubitschek war sich mit Blick auf die Realitäten eines politisch noch instabilen Schwellenlandes darüber im Klaren, dass sein monumentales Projekt bis zum Ende seiner Amtszeit im Wesentlichen vollendet sein musste. Das Datum der offiziellen Einweihung der neuen Hauptstadt am 21. April 1960, zugleich Gedenktag der Entdeckung Brasiliens durch den Portugiesen Pedro Cabral um das Jahr 1500, war lange im Voraus festgelegt, und zumindest die zentralen Regierungsbauten waren zu diesem Zeitpunkt tatsächlich realisiert. Die meisten Regierungsfunktionen verblieben jedoch zunächst noch in der alten Hauptstadt Rio de Janeiro. Auch, weil sich die Beamten und Staatsangestellten weigerten, ihre pulsierende Heimatstadt zugunsten einer künstlichen und noch leblosen Idealstadt im Hinterland zu verlassen.

Als die Hauptstadt offiziell eingeweiht wurde, war Brasilien pleite. Die beiden glücklosen Nachfolger Kubitscheks im Präsidentenamt hatten andere Prioritäten als den Weiterbau der teuren neuen Hauptstadt. Man mag es für eine Ironie der Geschichte halten oder schlicht folgerichtig nennen: Erst die Militärs, die sich 1964 an die Macht putschten, entdeckten die monumentalen Formen Brasílias wieder. Als die Militärparaden durch Costas Monumentalachsen zogen und Niemeyers Bauten die Kulisse für die Selbstinszenierung der Generäle abgeben mussten, erlebte die Stadt einen Aufschwung. Sie bevölkerte sich, vor allem, nachdem ein Gesetz erlassen worden war, das die widerspenstigen Staatsbediensteten dazu zwang, von Rio nach Brasília umzuziehen.

Niemeyer arbeitete zunächst weiter in Brasília, wurde allerdings als Mitglied der kommunistischen Partei von den neuen Machthabern zunehmend misstrauisch beäugt. Schließlich verließ er Ende der sechziger Jahre Brasilien. Entnervt von andauernden Schikanen und Behinderungen seiner Arbeit setzte er seine Karriere in Europa fort.

Ohne Kubitschek und seinen sendungsbewussten Enthusiasmus hätte es Brasília wohl nie gegeben: »Die Architektur Brasílias ist es«, verkündete der Präsident zu Baubeginn unbescheiden, »welche den hohen Grad der Zivilisation meines Landes widerspiegelt, genau, wie die griechisch-lateinische Baukunst und Bildhauerei die Pracht der Zivilisation Griechenlands und Roms verkünden.« Und doch erinnert nichts in der neuen Hauptstadt an das überschäumende Straßenleben und die alten portugiesischen Kolonialhäuser brasilianischer Küstenstädte. Kubitscheks Brasilien war das einer erhofften Zukunft, die damals zum Greifen nah schien. Er glaubte fest an die Möglichkeit an diesem Zukunftsort »eine neue Generation von Brasilianern zu kreieren, in welcher sich das Zusammenleben und der Erziehungsprozess zum ersten Mal zu einem Gefühl der Brüderlichkeit harmonisch verbinden.« Es sind große Worte, die heute in den Ohren vieler Brasilianer hohl klingen.

Der Staatsmann und der Architekt begriffen sich als Sozialingenieure einer menschenwürdigeren Zukunft. Dies war ein Nachklang der Sozialutopien, die sich seit Anfang des 20. Jahrhunderts in Kunst und Architektur entwickelt hatten. Doch das »Neue Bauen« versprach mehr als eine Revolution des baulichen Rahmens menschlicher Lebens- und Arbeitsweisen. Immer neue Zusammenschlüsse geistesverwandter Künstler und Architekten machten auf sich aufmerksam und warfen neue Schlagworte in die Debatte über Abhilfe von den Problemen der allzu rasanten Entwicklung der Industriegesellschaft. Viele Architekten suchten, die Baukunst

aus einem rein ästhetischen Kontext in eine Position gesellschaftspolitischer Verantwortung zu rücken. Der sichtbarste gebaute Ausdruck ihrer Bemühungen waren die Arbeitersiedlungen, die während der Weimarer Republik vielerorts auf Genossenschaftsbasis entstanden [→ Augsburg 57].

Diese vielgestaltige Bewegung des Neuen Bauens organisierte sich ab 1928 im Congrès International d'Architecture Moderne (CIAM). In mehr oder weniger regelmäßiger Reihenfolge fanden nun Kongresse statt, auf denen die theoretischen Leitlinien für die Zukunft der Architektur erarbeitet werden sollten. Die Erklärung des ersten Kongresses im schweizerischen La Sarraz suchte den »willkürlichen Ästhetizismus« der historistischen Fassaden aus der Architektur zu verbannen.

Funktionalismus war auch das Schlagwort, das fünf Jahre später zum Titel eines eigenen Kongresses zum Thema Städtebau wurde. Unter der Leitung von Le Corbusier fand im Sommer 1933 die vierte CIAM-Konferenz »Die funktionale Stadt« auf einem Kreuzfahrtschiff auf der Reise von Marseille nach Athen statt. Sie produzierte ein Dokument, das sich als inspirierend und zerstörerisch zugleich erweisen sollte. Ihre Wirkung entfaltete die Abschlusserklärung aber erst, als sie 1943 von Le Corbusier unter dem Namen »Charta von Athen« in vereinheitlichter Form herausgebracht wurde. Die 111 Artikel waren thematisch nach den Hauptfunktionen der Stadt geordnet, auf deren Realisierung sich das funktionalistische Credo beziehen sollte: Wohnen, Erholung, Arbeit und Verkehr. Später wurde ein Abschnitt über den Umgang mit dem historischen Erbe der Städte ergänzt. Die Charta enthielt zunächst eine Analyse der drängendsten Probleme der europäischen Großstadt, formulierte Zielvorgaben zu ihrer Lösung und machte dann Vorschläge für konkrete Verbesserungen. Der Ton der Zielvorgaben war allgemein gehalten und beförderte so die Illusion universeller Anwendbarkeit der darauf folgenden Verbesserungsvorschläge, die letztlich eine recht dogmatische und begrenzte Auffassung vom Städtebau der Zukunft dargelegten.

Im Zentrum aller Überlegungen sollte der Wohnungsbau stehen. Als negatives Gegenbild fungierte die Wohnsituation in den dicht besiedelten Stadtkernen der alten Industriezentren. Unzureichende Belichtung der Hinterhäuser durch die Bebauung des Blockrandes, Aufzehrung von Frei- und Grünflächen durch Bodenspekulation, schlechte hygienische Verhältnisse und Abgasbelastung durch nahe Industrieanlagen wurden als die größten Missstände identifiziert. Dagegen sprachen sich die CIAM-Teilnehmer für eine strenge räumliche Trennung der städtischen Funktionen aus. Wohn-, Arbeits- und Geschäftsbezirke sollten je einen eigenständigen Sektor im Stadtganzen einnehmen. Um einen möglichst störungsfreien und sicheren Stadtverkehr zu ermöglichen, sollten auch die Verkehrswege einer Trennung je nach der Geschwindigkeit der jeweiligen Verkehrsteilnehmer unterliegen. Aus den unzähligen Entwürfen für Idealstädte im ersten Drittel des noch jungen 20. Jahrhunderts lässt sich nicht zuletzt eine ästhetische Faszination vieler Architekten für die neuen Verkehrträger erkennen. Auto und Flugzeug waren die Embleme einer städtischen Moderne, deren Geschwindigkeitsgewinn in der menschlichen Fortbewegung gleichsam für die unendlichen Möglichkeiten des Fortschritts und der universalen Machbarkeit menschlicher Verhältnisse standen [→ Autobahn 61].

Nach dem Zweiten Weltkrieg ließen die Mitglieder des CIAM die radikalen politischen Forderungen der Frühzeit fallen. Übrig blieben die ursprünglich aus gesellschaftspolitischen Motiven entstandenen Schlagworte Funktionalismus und Rationalismus, in einer Zeit, in der die vom Krieg versehrten Städte Europas vor allem schnell günstigen Wohnraum bereitstellen mussten.

Brasília gilt bis heute als die reinste Verwirklichung der zentralen städtebaulichen Grundsätze, die im Verlauf der CIAM-Konferenzen popularisiert wurden. Costa, der

Vater des Stadtgrundrisses, war »Gelegenheits-Urbanist«, wie er selbst sagte, kein gelernter Stadtplaner. Sein Entwurf zeigte daher nicht zufällig einen Körper, eine Gestalt und keine räumliche Komposition mit Anleihen bei historisch gewachsenen Orten.

Costa war bereits im Alter von 29 Jahren zum Direktor der Kunsthochschule in Rio de Janeiro ernannt worden, und er war Oscar Niemeyers erster Arbeitgeber gewesen. Er gewann den Wettbewerb für die Hauptstadt. Sein Entwurf des »Plano Piloto« dynamisiert die Grundform des Kreuzes, mit dem schon die Römer ihre Militärstützpunkte im Barbarenland markierten. Ein Bogen mit Wohnvierteln und der Hauptverkehrsachse wird von einem Pfeil durchstoßen, der breiten Esplanade der Ministerien, die die Regierungsgebäude versammelt. An deren Kopf befindet sich die gebaute Demokratie des Platzes der drei Gewalten mit dem Planalto-Palast der Exekutive, dem Kongressgebäude als Sitz des Parlamentes und dem Oberstem Gerichtshof.

Der Wohnbogen ist in 90 »Super-Quadra« eingeteilt. Knapp zehn Fußballfelder groß sind diese quadratischen Baufelder, deren innere Aufteilung eine Komposition aus den von Niemeyer entworfenen standardisierten Appartementhäusern zeigt. Die drei- bis sechsstöckigen Blöcke stehen auf jenen Betonstelzen, die durch Le Corbusier popularisiert wurden. Jeweils vier der »Super-Quadras« sind zu einer sogenannten Nachbarschaftseinheit zusammengefasst, die sich die lokale Infrastruktur teilt: 3000 Menschen finden dort alle für die Bewältigung des Alltags nötigen Einrichtungen, Schule, Kindergarten und Geschäfte in einer separaten Ladenstrasse.

Costas Planung der Wohngebiete war für brasilianische Verhältnisse ein egalitärer Entwurf. Es sollte durchaus eine soziale Schichtung durch unterschiedliche Wertigkeit der Wohnbebauung zulässig sein, aber zugleich rief Costa die Urbanisierungsgesellschaft Novacap auf, innerhalb jeder Nachbarschaftseinheit »gute und billige Wohngelegenheiten für die Gesamtheit der brasilianischen Bevölkerung zu schaffen«. Unter dieser Voraussetzung schrieb Costa auch die Verhinderung von Armenvierteln im Stadtgebiet fest. Doch von der Vision des Hilfsarbeiters, der neben dem Staatssekretär wohnt, ist wenig geblieben. Zwar wurden immer wieder Ansiedlungen von Favelas aus dem Stadtbild entfernt, doch in den »Super-Quadras« blieb die gehobene Mittelklasse meist unter sich. Costas Entwurf wird bis heute vor Veränderungen geschützt, als sei er ein heiliger Text. Seine Grundrissfigur sieht Brasília von vornherein als fertig geplante Stadt vor. Für Wachstum oder Anpassung der Stadtlandschaft an die sich ändernden Anforderungen ihrer Bewohner ist kein Platz. Aufgrund dieser Unflexibilität des ursprünglichen Planes musste sich alles, was in ihm nicht von Anfang an vorgesehen war, seinen Platz außerhalb des »Plano Piloto« suchen. Das Exklusivitätsverlangen der kleinen Elite hat in einem Viertel mit Luxusvillen am Ufer des nahe liegenden Stausees seinen Ort gefunden. Die ursprünglich als günstiger Wohnraum geplanten kleinen dreistöckigen Appartementblocks innerhalb der »Super-Quadras« waren so weit über dem üblichen Wohnstandard in Brasilien, das auch sie schnell jene Mittelschicht-Mieter fanden, für die eigentlich mehrere Viertel aus Einfamilien-Reihenhäusern vorgesehen waren. Die Immobilienpreise erhöhten sich entsprechend. So fand sich das untere Ende der brasilianischen Gesellschaft in den völlig ungeplanten Satellitenstädten wieder, die nach und nach um die Hauptstadt entstanden. In diesem Ballungsraum leben heute 2,3 Millionen Menschen. Die Kernstadt selbst, obwohl geplant für 600.000 Menschen, kommt nur auf knapp 200.000 Einwohner.

In Brasília dominieren in Grundriss und Bauten die Großformen, ein eindrucksvolles und durchaus beabsichtigtes Gegenprogramm zu dem intimen Raum verwinkelter Altstadtgassen. Große Flächen sind mit Stein oder Beton versiegelt, und die meisten unversiegelten Freiflächen dienen allein den Monumental-Ansichten der Architektur. Auf Niemeyers Handskizzen zu Brasília ist häufig ein kleines Auge zu sehen, mit dem er verschiedene Sichtwinkel auf seine Schöpfungen zeichnerisch erprobte: Monumentalität fürs Auge.

Obwohl die vielen staubigen Trampelpfade davon zeugen, dass die Bewohner der Stadt so gut es geht Besitz von den weiten Grünflächen ergreifen, fühlt man sich vor Ort stets wie der Teilnehmer an einem Großversuch [→ Second Life 75]. Und genau das ist Brasília letztlich immer gewesen. Es fällt stets leicht, angesichts der Diskrepanz zwischen den optimistischen ursprünglichen Planungen und der heutigen Realität das Projekt Brasília für gescheitert zu erklären. Wichtiger wäre es wohl darüber zu sprechen, inwiefern es überhaupt bewältigbar war, denn nur so lässt sich wirklich ein Sinn für das städtebaulich ach- und Wünschbare entwickeln.

Über fünfzig Jahre nach dem Baubeginn der neuen Kapitale sitzt Niemeyer in seinem Atelier und weist den zentralen Traum der Architektur der klassischen Moderne zurück, einen Traum, den er damals an den Baugruben von Brasília mitgeträumt hatte: Architektur allein, so sagt er, könne nichts verändern. Allein das Leben bringe Veränderung und wenn sich das Leben verbessere, werde auch »die Architektur menschlicher und komme zum Volk zurück.«

Es ist Niemeyer in Brasília nicht vergönnt gewesen, die Architektur zum Volk zurückzubringen. Erst war sie Bühne der Militärs, dann wurde sie für die Mittelschicht von der brasilianischen Realität der Favelas gesäubert. Aber Niemeyer war Architekt, und als solcher hat er wie kein anderer die plastischen Eigenschaften des Stahlbetons erforscht und bis zum Exzess geführt. Die Knospenform der Kathedrale von Brasília ist wohl sein meistabgebildetes Werk, doch ein Blick auf den Zweckbau des Planalto-Palastes lehrt viel eindrücklicher die Vorzüge von Niemeyers Architektur. Traumhaft leicht wirkt diese Betonskulptur, die auf sichelförmigen Stelzen über dem Boden schwebt. Auch die Innenräume sind gelungen: Die weiten plateauartigen Räume mit ihren bis zum Boden reichenden Fensterbändern reflektieren das bestimmende Raumgefühl der Hochebene, die sich draußen bis zum Horizont ausbreitet.

Niemeyers Kritiker haben ihm diese Träumereien in Beton stets vorgehalten: Er sei zu formverliebt, stelle die Form über den Inhalt. Seine Bauten seien schön, aber alles andere als funktional. Sie hätten den Barock in die moderne Architektur zurückgebracht, die sich doch vom unnützen Ballast der geschwungenen Sandsteinfassaden reinigen wollte. Niemeyer hat sich von dieser Kritik nie beeindrucken lassen. Seine Architektur, antwortet er, transportiere eben den Enthusiasmus, mit dem er selbst stets an die Arbeit gegangen sei. Seine Bauten seien vergänglich, natürlich, seine Ästhetik nicht von ewiger Gültigkeit aber sie sei gebaute Hoffnung. Denn, und an dieser Stelle hört man den überzeugten Kommunisten Niemeyer: Lenin habe gesagt, nur wer träumt, kann Neues schaffen [→ Apple-Garage 29].

■

AUTORIN Julia Fischer

21

Rift Valley, Kenia

Die Wiege der Menschheit

Ein eisiger Wind weht uns entgegen, als wir im mitteleuropäischen Hochsommer in Nairobi abends aus dem Flugzeug steigen. »Uaso nairobi«, kaltes Gewässer, nannten die Massai den Fluss, an dessen Ufer die Stadt im Zuge des Eisenbahnbaus entstand.

Wir sind gekommen, um Paviane zu beobachten – und um den Ostafrikanischen Grabenbruch zu sehen, das Rift Valley. Er zieht sich vom Jordantal bis nach Mosambik über eine Länge von fast 6000 Kilometern; sein ostafrikanischer Teil beginnt im Afar-Dreieck in Äthiopien und verläuft vom Norden Kenias vom Turkana-See in südlicher Richtung bis zur Olduvai-Schlucht in Tansania und weiter nach Mosambik.

Nach einer kalten Nacht fahren wir am nächsten Morgen nach Karen, den nach Karen Blixen benannten Vorort von Nairobi. Hier hat sich die »Expat community« angesiedelt. Weitläufige Clubs und im englischen Landhausstil gehaltene Farmen säumen die Straße. Zur Rechten sehen wir Karen House, das ehemalige Haus der Baronin. Es ist schmuck und erstaunlich klein, und wie alle Kenner ihrer Bücher wissen, liegt es am Fuße der Ngong Hills. Auf einer der Kuppen der Ngong Hills liegt Karen Blixens Liebhaber, der Playboy Denys Finch-Hatton, begraben.

Die Ngong Hills erheben sich an der Abbruchkante des großen Grabens. Von der Anhöhe aus blicken wir auf eine schroff zerklüftete Landschaft, die sich bis zum Horizont erstreckt. Durch das Auseinanderdriften der Afrikanischen und der Arabischen Platte riss die Erdkruste auf. An den Rändern des Rift Valleys entstanden die Vulkane des Mount Kenya Massivs, der Kilimandscharo sowie das Kraterhochland in Tansania [→ Ecuador 58]. Im dunstigen Licht des schwindenden Tages erzeugen die Faltungen und Kliffe den

Eindruck, sich am Boden eines Ozeans zu befinden. Doch noch ist es nicht so weit: erst in zehn oder 20 Millionen Jahren wird das Rote Meer in den ostafrikanischen Grabenbruch vordringen und Ost- und Westafrika voneinander trennen [→ Eichstätt 43].

Wir fahren in den Norden nach Laikipia. Am Horizont erhebt sich der mächtige Mount Kenya. Würden wir der Straße weiter folgen, kämen wir zum Turkana-See. Hier fand Kamoya Kimeu, ein Mitarbeiter von Richard Leakey, 1984 ein fast vollständiges Skelett eines elf oder zwölf Jahre alten Jungen, der als *Homo erectus* klassifiziert wurde und der vor etwa anderthalb Millionen Jahren gelebt hatte.

Richard Leakey gehört zu einer regelrechten Dynastie von Paläoanthropologen, die in Ostafrika bereits Geschichte gemacht hatten. Sein Vater Louis Leakey wurde als Kind englischer Missionare in Kenia geboren und wuchs zweisprachig bei den Angehörigen der Kikuyu auf. Nach seinem Studium ging er nach Afrika zurück und schlug sich als Grabungs- und Expeditionsleiter durch. Er war einer der ersten, die die damals unorthodoxe These vertraten, die Ursprünge der Menschheit seien in Afrika zu finden, und nicht – wie damals angenommen – in Europa oder Asien. Um dies zu beweisen, begann er mit Grabungsarbeiten im südlichen Tansania. Dort fand seine Frau 1959 in der Olduvai-Schlucht die ersten Knochen von Hominiden. Ein Jahr später entdeckten sie gemeinsam die Reste eines später als *Homo habilis* klassifizierten Skeletts.

Doch Louis Leakey begnügte sich nicht mit Grabungen und der Datierung von Knochen. Um die Entstehung des Menschen wirklich zu verstehen, müsse man Einblicke in das Sozialverhalten unserer nächsten lebenden Verwandten bekommen, so befand er. Er setzte darauf, die großen Menschenaffen zu studieren. Da er Zweifel am Durchhaltevermögen und der Frustrationstoleranz von Männern hatte, heuerte er drei Frauen an: Dian Fossey, die in den Virunga Mountains die vom Aussterben bedrohten Berggorillas beobachtete und später von Wilderern ermordet wurde, Jane Goodall, die in Gombe in Tansania Schimpansen studierte und schließlich die weniger bekannte Birute Galdikas, die in den tropischen Regenwäldern Borneos das Leben der Orang Utans verfolgte.

In den fünfziger Jahren war die These, dass die frühesten Menschen in der Savanne gelebt hatten, noch unumstritten, denn alle großen Menschenaffenarten leben vornehmlich im Regenwald. So avancierte eine eher unansehnliche Spezies zum Modell der

Entwicklung des menschlichen Sozialverhaltens: Paviane. Irven Devore begründete Ende der fünfziger Jahre das erste Forschungsvorhaben, das sich mit dem Sozialverhalten und der Ökologie von Savannenpavianen befasste.

In Kenia befinden sich die meisten Langzeitstudien zu Pavianen, weitere gibt es in Tansania und Botswana. Eines der erfolgreichsten Projekte wurde Ende der sechziger Jahre von Jeanne und Stuart Altmann im Amboseli Nationalpark gegründet, ein anderes von Bob Harding in Gil-Gil im Norden des Landes, das später von Shirley Strum übernommen wurde. Nicht unweit von Gil-Gil auf dem Hochplateau von Laikipia arbeitet seit einigen Jahren auch mein alter Freund Ryne Palombit.

Rynes Interesse gilt den Freundschaften zwischen männlichen und weiblichen Pavianen, und der Rolle, die die Kinder beim Aufbau und der Funktion von Freundschaften spielen. Seine Forschung hat erheblich dazu beigetragen, ein Verständnis für die Diversität ihres Sozialverhaltens zu entwickeln. Selbst Savannenpaviane sind nicht gleich Savannenpaviane. Heute wissen wir, dass die ökologischen Bedingungen sowie die genetische Ausstattung eine große Rolle spielen.

Früh am Morgen suchen wir die Paviane an ihren Schlafplätzen auf. Es sind zwei große Gruppen, die eine umfasst 80, die andere mehr als 100 Tiere. Ein scharfer Wind fegt über die Hochebene, und die Affen ducken sich in einer Senke und lassen sich von den ersten Sonnenstrahlen wärmen. Da die Tiere so langlebig sind – manche Weibchen werden fast 30 Jahre alt – werden noch viele Jahre ins Land gehen, bis die »Life History« dieser Tiere und die Determinanten ihres Verhaltens verstanden sind.

Uns zieht es jetzt in den Süden, in die Mara. Wir wollen dort die große Wanderung der Gnus und Zebras sehen. Die Masai Mara, wie sie eigentlich heißt, ist der kenianische Teil der Serengeti. Zusammen mit Marc und Khoi Thoi, unseren Führern, tuckern wir in einem offenen Landrover in die Mara. Wir kommen an einem verlassenen Bretterverschlag vorbei, auf dem fein säuberlich »Warrior Bar« gepinselt ist. Die Wolken hängen tief über den goldgelben Flächen, auf denen einzelne Schirmakazien in unregelmäßigen Abständen drapiert sind. Christo müsste neidisch werden.

Bald sehen wir die ersten Gnus, einzelne Topi-Antilopen und kleinere Zebraherden. Dann mehr Gnus, und noch mehr Gnus. Bis zum Horizont erstrecken sich die dunklen Rücken, und wir hören das Konzert, das die Luft erfüllt. Blöken aus allen Richtungen, in allen Tonlagen. Tiefes Blöken der Haremshalter, die versuchen, ihre Weibchen beisammen zu halten, ein etwas helleres Blöken der weiblichen Tiere und das kurze helle und aufgeregte Blöken von Kälbern, die ihre Mütter aus den Augen verloren haben. Die Tiere sind auf ihrer großen Wanderung. Auf der Suche nach Futter und Wasser machen sich über eine Million Gnus und eine halbe Million Zebras und andere Antilopen von der Serengeti auf in die Mara.

Ende Juni verlassen sie ihre Weidegründe in der Serengeti und gehen zu den Flächen in der Mara, um im November zurückzukehren. Es ist die letzte große Tierwanderung auf Erden und vermittelt einen schwachen Eindruck davon, wie es vor hunderttausenden von Jahren gewesen sein muss, als die ersten modernen Menschen ihre afrikanische Wiege verließen.

Wir verlassen Kenia im Kleinflugzug. Vom Rande der Mara aus drehen wir eine letzte Schleife über die Herden und fliegen dann über die rötlich schimmernden Flanken und Kanten des Rift Valleys zurück nach Nairobi. Es ist kalt dort.

■

AUTOR Hilmar Schmundt

22

United Nations University, Tokio

Gelehrtenrepublik und neues Atlantis

Wer die Zukunft sucht, pilgert früher oder später nach Tokio. Der unstillbare Zukunftshunger hat hier Tradition. Der Stadtteil Shibuya: Karaokebars, Startup-Firmen, Love Hotels. Supermarktregale, die sich automatisch neu befüllen, sobald sie leer sind. Neonüberflutete Fassaden. Mississippieske Menschenströme. Dazwischen, darüber: eine Pyramide aus Stahl, Glas und Beton, entworfen vom Stararchitekt Kenzo Tange [→ Alexandria 14]. Eine Zikkurat des Geistes, vierzehn Stockwerke hoch und futuristisch, als sei sie nicht von dieser Welt: Die United Nations University, kurz UNU.

Welche Universität, bitte? Konrad Osterwalder, drahtig, verschmitzt, schweizerdeutscher Singsang, ist derlei Nachfragen gewöhnt. Bislang kennen nur Eingeweihte die UNU. Ihre Buchstaben spricht man einzeln aus, was so klingt wie »You'n'You«. Der Name lädt zu Missverständnissen ein: Über dreißig Jahre lang hatte die vermeintliche Lehranstalt weder Studenten noch regulär unterrichtende Professoren. Sie funktionierte eher als Think-Tank der Vereinten Nationen. Bis zu seiner Pensionierung war Osterwalder Rektor der Eidgenössischen Technischen Hochschule in Zürich, im Sommer 2007 übernahm er die UNU. Seitdem will er aus der UNU eine veritable Weltuni machen – die vielleicht universellste Universität, die es je gab.

Seit 1975 untersuchen UNU-Wissenschaftler, was das globale Dorf zusammenhält und entzweit: Kriege und Friedenseinsätze, Armut und Entwicklungshilfe, Naturkatastrophen und Umweltschutz. Mit derlei Themen befassen sich über 350 Forscher aus rund 100 Ländern an 13 Standorten in aller Welt, von Macao bis Helsinki, von Accra bis Bonn. In seinem Reich geht die Sonne nicht unter. Über 200 Bücher wurden vom hauseigenen Verlag publiziert, viele

Nobelpreisträger engagierten sich für die UNU, darunter Ilya Prigogine, Jan Tinbergen, Robert M. Solow, Wassilij Leontief. Doch das Schielen nach der Weltelite bedeutete immer auch einen Interessenskonflikt, wie ein Evaluationsbericht im Jahr 1987 feststellte: Der Exzellenzgedanke kollidiere mit der Idee einer gewissen Breitenwirkung. Die Pyramidenform des Gebäudes soll beides verbinden: eine breite Basis und eine hohe Spitze.

Ganz oben auf der Wissenspyramide residiert Osterwalder in einer geräumigen Penthousewohnung. Vom Frühstückstisch aus kann er an klaren Tagen den schneebedeckten Gipfel des Fujisan in der Ferne funkeln sehen, lange bevor die ersten Sonnenstrahlen in die Hochhausschluchten von Tokio dringen. Die Wohnung ist eigentlich ein umbautes Nichts, ein Glashaus ohne Zentrum, denn in der Mitte liegt der Lichtschacht des Gebäudes. Wenn er vom Wohnzimmer zur Privatbibliothek will, muss er über Glasgänge das lichte Loch umkreisen. Im Winter ist der Gipfel des Weltgeistes schwer zu heizen, im Sommer wird es brütend heiß im transparenten Glaskäfig. Vom Hochhaus nebenan können die Nachtclubgäste verfolgen, mit wem Osterwalder auf dem Sofa sitzt. Überhaupt, das viele Licht: Eine schöne Metapher, aber zum Arbeiten furchtbar unpraktisch. Viele Büros sind mühsam verhängt, weil sie zu hell sind für die Arbeit am Computer.

»Good morning, Rector«, sagt seine Assistentin, bringt einen Espresso und überreicht ihm einen akribisch ausgearbeiteten Terminplan: der tägliche Meeting-Marathon mit Ministern und Medienbossen, Direktoren und Diplomaten, Honoratioren und Höflingen. Schließlich ist er der höchste Repräsentant der Vereinten Nationen in Asien. Osterwalder untersteht direkt dem Uno-Generalsekretär – auf einer Stufe mit den Chefs von Organisationen wie Unesco oder Unicef.

Osterwalder ist der oberste Diplomat einer globalen Gelehrtenrepublik; das UNU-Gebäude hat den Status einer Botschaft. Kein Rektor der Welt hat eine solche Machtfülle wie er – aber kaum einer ist auch so hilflos der Politik ausgeliefert.

Die UNU weckt Begehrlichkeiten aus fast allen 192 Mitgliedstaaten der Uno. Doch für die Finanzierung der rund 50 Millionen Dollar Betriebskosten pro Jahr ist sie auf das Wohlwollen der Geberländer angewiesen, allen voran Japan. Und seit die japanische Wirtschaft schwächelt, sinkt die Spendenbereitschaft. Ein Teil der UNU-Räume wurde nach Kuala Lumpur verlegt und in die Nachbarstadt Yokohama. Dort befindet sich auch das Institute of Advanced Studies der UNU – ein Think-Tank innerhalb des Think-Tanks [→ Institute for Advanced Study 49].

Um Verständnis und Geld einzuwerben, muss Osterwalder den Japanern die Weltuniversität als Teil ihres nationalen Erbes schmackhaft machen. Ausgerechnet Japan, das doch so stolz ist auf seine Exotik: als einzigartiges Inselreich, das nicht zu Asien gehört. Als eine der größten Unterstützerinnen der UNU gilt keine Geringere als die japanische Prinzessin Masako, die angeblich sogar ein eigenes Büro im Unigebäude hat, direkt neben dem Büro des Rektors. Osterwalder will diese Indiskretion nicht kommentieren. Unstrittig ist jedoch: Die dienstälteste Herrscherdynastie der Welt ist mit der Zukunft der UNU eng verwoben. Denn das Wohlwollen des Tenno öffnet viele Türen, und ohne Japan keine Weltuni. So einfach ist das. Und so unendlich kompliziert. Unermüdlich trommelt Osterwalder für seine Vision. Deshalb sitzt er auch an diesem Nachmittag in der Chefetage des wohl wichtigsten Fernsehsenders im

Inselreich, nur ein paar Blocks entfernt von seiner Wissenspyramide. Der TV-Chef rauscht herein, umgeben von seiner Entourage. Man verbeugt sich, doch dann stockt die Zeremonie: Osterwalder hat seine Visitenkarten vergessen. Ein Hauch von »Lost in Translation« liegt in der Luft.

Osterwalder ist kein Diplomat. Als die japanische Regierung ihm einen japanischen Vizerektor andienen wollte, soll er kühl geantwortet haben: »Wenn er so gut ist, wie Sie sagen, setzt er sich sicher gegen die Konkurrenz durch.« Seine mangelnde diplomatische Rücksichtnahme ist Programm – und vielleicht sogar eine Stärke. Immer wieder betont Osterwalder die absolute Unabhängigkeit der UNU, wie sie auch in der Gründungs-Charta steht. »Wenn ich akademische Qualität will, darf ich keine politischen Zugeständnisse machen«, sagt er.

Besonders stolz ist er auf Forschungsberichte aus seinem Haus, die immer wieder unliebsame Wahrheiten formulieren, gerade für die Geberländer: Die Waldbrandpolitik der Industrienationen mit ihren Flotten von Löschflugzeugen sei verfehlt, kritisiert etwa das Global Fire Monitoring Center der UNU in Freiburg und wirbt für einen aufgeklärten Umgang im Sinne einer nachhaltigen »Feuer-Ökologie«. Die Bonner UNU-Filiale bemängelt das Greenwashing der Computerindustrie, die so tut, als läge die Lösung bei immer neuen, noch stromsparenderen Geräten – während eine wahre Schrottlawine aus hochgiftigen Computerbauteilen auf wilden Müllkippen in Afrika und Asien landet. Andere Berichte kritisieren die Untätigkeit einiger Länder beim Thema Biopiraterie in Afrika: »Komplexität sollte kein Vorwand für Untätigkeit sein«. Wiederum andere Forscher warnen vor Völkerwanderungen durch Wüstenwachstum. Sogar die eigene Dachorganisation wird von der UNU nicht geschont: die Vereinten Nationen. Ein Bericht schildert zum Beispiel die »unerwünschten Nebeneffekte« von Blauhelm-Missionen: Korruption und Prostitution.

Osterwalder möchte auch die UNU selbst einer schonungslosen Begutachtung unterziehen. »Ich will ein unabhängiges Evaluationssystem einführen«, sagt er. Einige Forschungsbereiche sollen abgebaut, Kernkompetenzen gestärkt werden. Osterwalder trat 2007 nicht nur als Visionär an, sondern auch als Sanierer. Eine erstaunliche Rolle für einen Wissenschaftler, der ursprünglich aus der theoretischen Physik [→ Aspen 55] kommt, Schwerpunkt Mathematik relativistischer Quantenfelder.

Sein wichtigster Berater heißt Marie Antoine Nicolas Caritat, Marquis de Condorcet. Freunde nannten ihn den »Condor«, Feinde das »wütende Schaf«. Condorcet ist ein Mitbewohner des Rektors, ein Mathematiker wie er [→ Oberwolfach 39]. Sein Aufenthaltsort: einmal quer durch den Glasgang, vorbei am hellen Nichts, in der Privatbibliothek. Stolz zeigt Osterwalder seine historische Gesamtausgabe der Schriften Condorcets in acht Bänden aus dem Jahr 1848. Der Autor wettert darin gegen Zölle und Monopole, wirbt für Freihandel, die allgemeine Schulpflicht, die Gleichberechtigung von Frauen und die Befreiung von Sklaven. Condorcet, 1743 geboren, gilt als einer der Vordenker der Soziologie [→ Chicago 25]. Unter Ludwig XV. und seinem Sohn war er Generalinspekteur der staatlichen Münze. Beim Ausbruch der Französischen Revolution vertrat er die Seite der Liberalen. Er trug die Uniform der revolutionären Nationalgarde, bewaffnete sich allerdings nicht mit einem Degen, sondern mit einem Regenschirm. Er warnte die Revoluzzer vor ihrem neuen »Kult der Nation« und der »Naturanbetung« als »Gegenteil einer wahren Kultur«. Er verachtete Schulen, die nur der Indoktrination der Kinder dienen würden statt der »universellen Bildung für alle«. Mit Aufsätzen, Reden und Zeitschriften kämpfte er gegen die Willkür der Jakobiner, ein wütendes Schaf, und beschrieb den Revolutionsführer Robespierre als »falschen Priester.« Das ist sein Todesurteil. Der Vordenker der Wissensgesellschaft muss in den Untergrund gehen wie ein Terrorist, gejagt vom Terror-Regime. Während Rousseau und Voltaire als Aufklärer vergöttert werden im Panthéon [→ Panthéon 67], kriecht der Condor bei einer Freundin unter in der Rue Serandoni, nur einen Kilometer vom Tempel der Nation. Acht Monate lebt er verborgen, getrennt von seiner Frau und seiner Tochter. Fieberhaft schreibt er an seinem Vermächtnis, dem »Entwurf einer historischen Darstellung der Fortschritte des Menschlichen Geistes«, einem Manifest des Fortschrittsglaubens. In zehn Kapiteln beschreibt er den Fortschritt des menschlichen Geistes aus Sklaverei, Aberglaube und Armut bis zur Aufklärung, eine globale Odyssee quer durch Jahrhunderte und Kontinente, geschrieben in einem engen Versteck in Erwartung des Todes. Seine Skizze sei »eine Stätte der Zuflucht, wohin ihn die Erinnerung an seine Verfolger nicht begleiten kann«, so seine letzten Worte: ein »Elysium, das seine Vernunft sich zu erschaffen wusste«. Er weiß, dass er keine Chance hat, und nutzt sie. Zum siebten Hochzeitstag schickt er ein Liebesgedicht an seine Frau.

Und bittet sie um die Scheidung, um sie vor der Sippenhaft zu bewahren. Im März 1794 taucht ein Spitzel in seinem Versteck auf, übereilt geht Condorcet auf die Flucht, zu Fuß, ohne Papiere, schwer krank. Er übernachtet in Büschen und Steinbrüchen, drei Tage später wird er festgenommen, kurz danach tot in seiner Zelle aufgefunden. 1989 wird er feierlich ins Panthéon aufgenommen, zum 200. Jahrestag der Revolution, die nicht nur ihre Kinder, sondern auch ihre Väter gefressen hat: Sein Sarg ist leer, sein Leichnam verschollen bis heute.

»Condorcet ist in die Mühlen der Politik geraten«, sagt Osterwalder in seinem Büro in Tokio. Er selbst dagegen hofft, diese Mühlen zur Verwirklichung von Condorcets Vermächtnis zu nutzen. Offiziell beträgt seine Amtszeit nur fünf Jahre, aber sein internes Strategiepapier trägt den Titel »UNU 2020«. Seine Inspirationsquelle: der letzte Aufsatz des Condors mit dem Titel »Fragment über Atlantis«. Darin skizziert Condorcet eine »universelle Republik der Wissenschaften«, basierend auf einer mathematischen Grundannahme: Je mehr Menschen gebildet sind, desto mehr »verfügbare Wahrheiten« gibt es. Wissen gebiert Wissen, exponentiell [→ Santa Fe Institute 13]. Der Topos eines neuen Atlantis ist uralt, schon Platon, Thomas Morus, Campanella hatten Gelehrtenrepubliken beschrieben, und damit so etwas wie frühe Vorläufer der Science Fiction [→ Mars 74]. Doch Condorcet war nicht nur Visionär, sondern auch kühler Planer: Er skizzierte bereits Mechanismen für die Rekrutierung der besten Köpfe, der Finanzierung, der Logistik. Sein Proposal für eine Weltuniversität umfasste die Erforschung der Seuchenprävention, Landwirtschaft, Klimaforschung. Kernkompetenzen der UNU.

Angenommen, es gäbe so etwas wie Mekkas der Moderne – für Osterwalder läge eines in der Rue de Serandoni in Paris, wo der Condor sein Bildungs-Atlantis entwarf. Doch in der Öffentlichkeit spricht Osterwalder kaum über seinen Strategieberater, verborgen in seiner privaten Bibliothek. In humanistisch gebildeten Kreisen gilt Condorcet als Sozialingenieur, gleichzeitig naiv und kalt. Osterwalder dagegen schätzt dessen Unabhängigkeit und mathematische Klarheit. Die Geschichte der Uno-Uni interessiert Osterwalder dagegen nicht weiter. Auf seinem Schreibtisch liegen zwei Bücher zum Thema. Sie erzählen von der hochoffiziellen Einweihung der UNU im Jahre 1975 und von den Hoffnungen Japans, mit einer 100-Millionen-Dollar-Spende für die Weltuniversität endlich aus dem langen Schatten des Zweiten Weltkrieges zu treten. Ausgerechnet Frankreich, England und die USA, drei der wichtigsten Länder der Aufklärung, waren ursprünglich gegen die Weltuni, Italien, Österreich und Japan dafür. Der erste Rektor war ein Amerikaner, der fließend Japanisch sprach – weil er hier als Besatzungsoffizier stationiert war.

Osterwalder hat diese Bücher nur oberflächlich durchgeblättert. »Ich will mir unvorbelastet meine eigenen Gedanken machen«, sagt er. Er will Studenten an die Weltuni holen, wo sie auch Abschlüsse erhalten sollen, mit dem Logo der globalen Alma mater. Der Umbau des Think-Tanks in eine richtige Hochschule soll Prestige bringen, so Osterwalder, was wiederum Sponsoren und Partner aus der Industrie anlockt, was wiederum die Finanzierung sichert, und damit die Qualität.

Sein Vorstoß in Richtung Weltuniversität ist gewagt, denn bislang sind Abschlüsse ein Privileg herkömmlicher Universitäten, das sie eifersüchtig verteidigen. Die UNU aber ist winzig und auf Kooperation angewiesen. Um die weltweite Zuständigkeit zu betonen, will er zudem alle Filialen in Industrieländern verpflichten, jeweils ein »Twin Institute« in einem Entwicklungsland aufzubauen, um die Wissenskluft zu verkleinern und Forschungsmonopole zu schleifen. Der Condor wäre begeistert.

Osterwalder weiß um die Widerstände gegen seine Umbaupläne, und um die Mühlen der Politik; aber er gibt sich lernfähig. »Heute habe ich wieder etwas Diplomatie geübt«, erzählt er seiner Frau abends im Restaurant beim »Nachtessen«. Am Nachmittag habe er sich mit einem Diplomat aus einer arabischen Monarchie getroffen. »Sie müssen mehr in Bildung investieren, wenn sie eine stabile Demokratie aufbauen wollen, wollte ich dem eigentlich raten«, erzählt der Welt-Rektor: »Aber dann habe ich mir auf die Zunge gebissen.« Denn vermutlich wolle der dortige Herrscher gar keine Demokratie. »Also habe ich einfach nur gesagt: Ohne Bildung und Forschung kann kein Land wirtschaftlich vorwärts kommen.« ■

Kantiana in Königsberg

Aus Ehrfurcht vor dem Denken

Wenn es einen Sinnspruch für Königsberg als Mekka der Moderne gäbe, müsste es eine Zeile aus dem Gesang der Engel aus Goethes Faust zweiter Teil sein: »Wer immer strebend sich bemüht, den können wir erlösen« [→ Goethehaus 2].

Anders lässt sich der Anblick der Kant-Statue vor dem Hintergrund einer durch nationalistischen Überlegenheitswahn und sozialistischen Gestaltungsterror vernichteten Stadt nicht ertragen. Vor einer solchen Kulisse den Glauben an die Ideale der Aufklärung zu bewahren, an Mündigkeit, Emanzipation und Vernunft des Menschen, erfordert eine quasi-religiöse Hoffnung, die auf ein besseres Leben abzielt – vielleicht sogar auf Erlösung.

Eine derartige Hoffnung war es auch, die Königsberg zum Schauplatz einer geschichtsträchtigen Befreiung machte. Immanuel Kant, Hermann von Helmholtz und Hannah Arendt sind Namen, die dafür stehen. Wer heute nach Königsberg reist, um dieser Tradition zu gedenken, tut das, indem er die Kant-Statue vor der Universität aufsucht oder die Kant-Grablege im Königsberger Dom. Die Geschichte der Plastik sollte man allerdings kennen, wenn man zu ihr pilgert.

Die Skulptur, die vor dem Universitätsgebäude steht, ist nicht mehr das Originaldenkmal, weil dieses aus dem Dönhoffschen Park in Friedrichstein bei Königsberg nach dem Zweiten Weltkrieg verschwunden ist. Der Kunstwart von Königsberg hatte Marion Gräfin von Dönhoff im letzten Kriegsjahr gebeten, die Originalskulptur von Christian David Rauch sicherzustellen, damit sie an seinem angestammten Ort vor der Universität nicht von Bomben getroffen würde. Aus Friedrichstein ist sie dann aber spurlos verschwunden.

Der Verlust ging der Gräfin nahe, obgleich sie ihn nicht zu verantworten hatte. Und so versuchte sie in der Gipsformerei von Charlottenburg die Formen der Originalstatue zu finden, teilweise

sogar mit Erfolg. Die Originalgipsformen in Lebensgröße Kants gab es nicht mehr, dafür aber eine sechzig Zentimeter große Replik, die mit dem Original identisch war – abgesehen von der Größe.

Aus eigenen Mitteln ließ Frau Dönhoff einen Bronzeguss herstellen und chauffierte ihn 1989, als das 1946 in Kaliningrad umbenannte Königsberg noch sowjetischer Sperrbezirk war, auf einer vorgeschriebenen Reiseroute, die über Warschau, Brest und Wilna führte, nach Königsberg. Und zwar in einer Ente.

Von dem alten Königsberg, das sie gekannt hatte, waren nur noch etwa sechs Prozent der Bausubstanz erhalten, berichtete sie: »Würde ich hier in dieser Stadt von einem Fallschirm abgesetzt und befragt, wo ich sei, so würde ich antworten: vielleicht in Irkutsk. Nichts, aber auch gar nichts erinnert mehr an das alte Königsberg. Ich hätte an keiner Stelle sagen können: Dies war der Paradeplatz, oder: Hier stand das Schloss. Es ist, als ob ein Bild übermalt worden ist, niemand weiß, dass sich darunter eine andere Szenerie befand«. Mutmaßlich würde auch Kant sein Königsberg heute nicht wiedererkennen. Die Stadt war ihm die Welt, er verließ sie so gut wie nie, um sich ganz in den Weiten seines Denkens zu ergehen.

Damit ist die Moderne, wie sie mit René Descartes begonnen hat, zu einer Vollendung gekommen. Denn schon Descartes wählt in seinem »Discours de la Méthode« als Sinnbild des vernünftigen Denkens den Abriss einer alten gewachsenen Stadt, die durch eine von einer in einem Rutsch geplanten ersetzt wird [→ Brasília 20]: »Ebenso sind jene alten Städte ... im Vergleich zu jenen regelmäßigen Anlagen, die ein Ingenieur frei entwerfend in eine Ebene zeichnet – so schlecht abgesteckt, ... daß es eher der Zufall als der Wille von einigen Menschen, die ihre Vernunft gebrauchen, war, der sie derart angeordnet hat.«

Den Willen, neu zu gestalten, kann man weder dem nationalistischen Herrschafts- und Überlegenheitswahn noch dem sozialistischen Gestaltungsterror absprechen – im Gegenteil. Schön findet man die Stadt, die sich daraus ergeben hat, allerdings nicht. Das Alte ist fast vollständig verschwunden. Was jedoch in einer Kontinuität mit dem alten Königsberg steht, ist die Verehrung für Immanuel Kant und auch Friedrich Schiller, welcher Vernunft und Freiheit von brutalen Auswüchsen mittels der Ästhetik hatte bewahren wollen.

Es geht freilich ein Gerücht um, demzufolge der sozialistische Gestaltungsfuror vor dem Grab Kants in Ehrfurcht innehielt. Kant war im Königsberger Dom beigesetzt worden, der im Krieg zwar zerstört wurde, dann aber als Ruine erhalten blieb, weil, so die Legende, die sowjetischen Kommunisten es angeblich nicht wagten, das Grab Kants anzutasten. Und so soll es sogar in der Nachkriegsbevölkerung Kaliningrads die volkstümliche Tradition gegeben haben, dass Brautpaare ihren Hochzeitsschmuck am Grab Kants niederlegten.

In Königsberg wird nicht nur Kant sehr verehrt, sondern auch Schiller; dessen Denkmal gleichfalls wieder aufgestellt ist. Schiller war einer der großen Denker, die sich durch die Exzesse der Französischen Revolution [→ Tokio 22] aufgeschreckt, mit den Gefahren einer ungebändigten rationalen Moderne auseinandergesetzt haben. Der Mensch sollte seine Vernunft und seine sinnliche Natur nach antikem Vorbild so bilden, dass er spielerisch seine Freiheit erlebe und so zu einem selbst bestimmten Subjekt werde, das auch im Politischen den rechten Weg fände. Bedenkt man, dass sich in der deutschen Politik nicht der Bildungsgedanke zur Autonomie des Einzelnen, sondern das gewissenhaft befolgte verbrecherische Gesetz des Nationalsozialismus in Buchenwald neben dem idealistisch geprägten Weimar, durchgesetzt hat, kann man nicht annehmen, dass die deutschen Bildungsbürger ihren Schiller je richtig gelesen oder verstanden haben. So wie sie es auch nicht vermochten, das moralische Gesetz in sich zu finden, sondern nur den gestirnten Himmel über sich.

Einmal im Jahr versammeln sich vor dem Schiller-Denkmal Studenten und tragen seine Gedichte vor. Sie tun das, weil sie an eine Idee glauben: die einer universalen Menschheit. Für sie gehört auch Kant nicht den Russen und auch nicht den Deutschen, sondern allen Menschen.

Diese Menschheit sollte sich jedoch nicht vor einer Statue, die nur sechzig Zentimeter misst, treffen müssen, wenn sie zu dem großen Philosophen der Moderne pilgert, sondern vor den 157 Zentimetern, die der große Mann zu seinen Lebzeiten gemessen hat. Marion Gräfin von Dönhoff hat daher noch eine zweite Statue nach Königsberg gebracht, die mittels deutscher Spendengelder dem Original nachgebildet wurde und 1992 auf einem Sockel vor der Universität aufgestellt wurde. Der Sockel ist übrigens noch das Original, man hat ihn im Gegensatz zur Statue wieder gefunden. Der Platz vor der Universität wurde für das wiedererstandene Denkmal neu gestaltet, die Rasenflächen neu angelegt, so dass dieses nach einem halben Jahrhundert Abwesenheit wieder einen würdigen Ort einnehmen konnte.

Das Fest anlässlich der Wiedererrichtung wurde nicht als erhaben oder andächtig beschrieben, sondern als fröhlich und beschwingt. Mit Alten und Jungen, Deutschen und Russen.

Die Sowjetunion gibt es nicht mehr, Touristenvisa für Königsberg erhalten seit einigen Jahren auch Durchschnittsbürger. Dort werden jetzt auch Kant-Kongresse abgehalten, zu denen nicht mehr nur Kant-Spezialisten des ehemaligen Ostblocks anreisen können, sondern Teilnehmer aus aller Denker Ländern. Die Teilnehmer dieser Kongresse wie auch andere Besucher dieser Stadt treffen sich am Denkmal auf dem neu gestalteten Platz vor der Universität und vor der Grablege im Dom – aus Ehrfurcht vor dem Denken.

Lambaréné, Gabun

Albert Schweitzers ethisches Korrektiv

Zwei Jahre nach der Gründung seines Urwaldhospitals in Lambaréné unternahm Albert Schweitzer im September 1915 eine längere Flussfahrt auf dem Ogowe, einem nördlichen Parallelfluss des Kongo. Er war von Cap Lopez am Meer, wo er mit seiner Frau ihrer Gesundheit wegen weilte, zu einer kranken Missionsdame nach N'Gômô, an die 200 Kilometer stromaufwärts, gerufen worden.

Als einzige Fahrgelegenheit fand er einen kleinen Dampfer, der gerade ablegen wollte und zu allem Überfluss einen überladenen Schleppkahn mit sich führte. Außer ihm waren nur Schwarze an Bord. Da er in der Eile nicht genügend Proviant mitnehmen konnte, ließen sie ihn aus ihrem Kochtopf mitessen. Was dann geschah, beschreibt Schweitzer in seiner Autobiografie »Aus meinem Leben und Denken« so: »Langsam krochen wir den Strom hinauf, uns mühsam zwischen den Sandbänken – es war trockene Jahreszeit – hindurchtastend. Geistesabwesend saß ich auf dem Deck des Schleppkahnes, um den elementaren und universellen Begriff des Ethischen ringend, den ich in keiner Philosophie gefunden hatte. Blatt um Blatt beschrieb ich mit unzusammenhängenden Sätzen, nur um auf das Problem konzentriert zu bleiben. Am Abend des dritten Tages, als wir bei Sonnenuntergang gerade durch eine Herde Nilpferde hindurch fuhren, stand urplötzlich, von mir nicht geahnt und nicht gesucht, das Wort ›Ehrfurcht vor dem Leben‹ vor mir. Das eiserne Tor hatte nachgegeben; der Pfad im Dickicht war sichtbar geworden. Nun war ich zu der Idee vorgedrungen, in der Welt- und Lebensbejahung und Ethik miteinander enthalten sind! Nun wußte ich, daß die Weltanschauung ethischer Welt- und Lebensbejahung samt ihren Kulturidealen im Denken begründet ist.«

Schweitzer trifft im Urwald auf das Gegenbild seiner von der Kultur der Aufklärung und dem Christentum geprägten europäischen Welt. Natur ist hier nicht geordneter Kosmos, nicht Paradies, sondern sowohl schöpferischer als auch zerstörerischer Dschungel. Die Herde Nilpferde, der sein Schiff begegnet, ist kein idyllisches Einsprengsel für Touristen. Es sind Urtiere, die für jeden Flussfahrer zu einer ernsten Gefahr werden können. Die Natur, die Schweitzer hier erlebt, »bringt tausendfältig Leben hervor in der sinnvollsten Weise und zerstört es tausendfältig in der sinnlosesten Weise.« Und: »Ratlos stehen wir ihr gegenüber« [→ Meishan 69].

Die Natur kennt keine Ehrfurcht vor dem Leben. Hier gibt es nur Leben auf Kosten von anderem Leben. Allein der »wissende Mensch« könne diese Selbstentzweiung des Lebens mit sich selbst überwinden [→ Arolsen 68], eine »subjektive Sinnoase in einer objektiven Wüste« sein. Diese Gesinnung der Humanität, die »Ehrfurcht vor dem Leben«, gelte gegenüber allen Lebewesen und ist für Schweitzer eine ethische Errungenschaft des Denkens, aber eines Denkens, das sich seiner Grenzen bewusst ist: »Von meiner Jugend an war es mir gewiß, daß alles Denken, wenn es sich zu Ende denkt, in Mystik endet. In der Stille des Urwaldes Afrikas ward ich fähig, diesen Gedanken durchzuführen und auszusprechen«. Das wahre Grundprinzip des Ethischen müsse bei aller Allgemeinheit »etwas ungeheuer Elementares und Innerliches« sein. Es dürfe denjenigen nicht mehr loslassen, der es einmal verstanden habe, und müsse »fort und fort« eine Auseinandersetzung mit der Wirklichkeit provozieren. Dies gelte für die »Ehrfurcht vor dem Leben«.

Schweitzer wendet sich nie an die Gesellschaft als solche, sondern an den einzelnen Menschen. Dieser soll danach streben, völlig seinem eigentlichen und besten Wesen nach Mensch zu sein, jedes andere Menschenwesen als seinesgleichen anzuerkennen und sich in seinem Verhalten zu ihm durch Mitempfinden mit ihm und Achtung seiner Würde leiten zu lassen. Der Mensch dürfe nie einem Zweck geopfert werden [→ Königsberg 23].

Schweitzer erkannte, dass die Moral zu den Gegenständen gehört, die dem darüber Nachdenkenden keinen Rückzug in eine Beobachterposition gestatten. Die Moral will auch ihre Analytiker nicht in Ruhe lassen. Sie verstört, um zum Tun zu drängen. Albert Schweitzer ließ sich von der Materie unentrinnbar in seiner konkreten Existenz gefangen nehmen. Dabei würde man Schweitzer als puren ethischen Athleten gründlich missverstehen. Gerade dem Verlust und der Unterdrückung des Denkens und damit der Humanität galt sein ganzer intellektueller Kampf. Bereits in einem Brief an seine künftige Frau Helene Bresslau aus dem Jahr 1905 zog er eine radikale Bilanz der Erwartungen, die an ihn herangetragen wurden: »Was ich will, das kann kein Hirngespinst sein. Dafür bin ich zu realistisch. Aber ich will mich aus diesem bürgerlichen Leben befreien, das alles in mir töten würde, ich will leben, als Jünger Jesu etwas tun ... Aber die Leute lassen ja nicht zu, daß man aus dem Gewöhnlichen heraustritt, daß man sich aus seinen natürlichen Bindungen löst. Ja, aber ich würde darin zugrunde gehen...«

Albert Schweitzer war, bevor er nach Lambaréné ging, einer der vielversprechendsten Vertreter der Wissensgesellschaft seiner Zeit. Er hatte Doktortitel in Philosophie und Theologie, hatte sich in Theologie habilitiert, ein Standardwerk über Johann Sebastian Bach verfasst und war bereits einer der besten Organisten und Orgelkenner seiner Zeit. Eine glänzende Karriere als Wissenschaftler und Musiker vor sich, studierte er dann noch Medizin, um mit 38 Jahren in Lambaréné unter schwierigsten Bedingungen ein Hospital aufzubauen und zu finanzieren. »Ich habe nicht mehr den Ehrgeiz, ein großer Gelehrter zu werden, sondern mehr – einfach ein Mensch.« Jetzt sei er leider nur ein »Privatdozent«, ein Mensch der doziere statt zu handeln.

Schweitzer, der in Lambaréné durchaus auch autoritär gegenüber den afrikanischen Mitarbeitern und Patienten auftrat, war kein »Kolonialist der Nächstenliebe«. Für ihn war dieser Schritt die Abtragung von Schuld für die Ausbeutung des afrikanischen Kontinents durch europäische Staaten. Dies empfand er als Skandal. »Oh diese vornehme Kultur, die so erbaulich von Menschenwürde und Menschenrechten zu reden weiß und die diese Menschenrechte und Menschenwürde an Millionen und Millionen mißachtet und mit Füßen tritt, nur weil sie über dem Meere wohnen, eine andere Hautfarbe haben, sich nicht helfen können... An was denken unsere Völker und Staaten, wenn sie den Blick übers Meer richten? ... Was sie aus dem Lande ziehen können, immer nur ihren Vorteil.« [→ Bikini 17]

Lambaréné ist der Ernstfall dieses ethischen Denkens, die »afrikanische Prosa«. Als Schweitzer mit seiner Frau Helene am 16. April 1913 in Lambaréné ankam, gab es dort kein Hospital. In den ersten Tagen behandelte er seine Patienten im Freien. Begann das abendliche Gewitter, musste alles in Eile auf die Veranda zurückgetragen werden. In der Not entschloss er sich, einen Hühnerstall zum Hospital zu erheben. Man brachte einige Regale an der Wand an, stellte eine alte Pritsche hinein und strich mit einer Kalklösung über den ärgsten Schmutz. Es war erdrückend schwül in dem kleinen, fensterlosen Raum. Da das Dach die Sicht auf den Himmel freigab, musste Schweitzer den ganzen Tag den Tropenhelm aufbehalten. Neben seiner Frau, die ihm auch bei chirurgischen Eingriffen assistierte, half ihm der Koch Joseph, der als Patient kam und gut Französisch sprach. In der Anatomie hielt er sich aus Gewohnheit an die Küchensprache: »Diese Frau hat Schmerzen in den oberen linken Koteletten und im Filet«. Die hohe Luftfeuchtigkeit hatte man beim Einpacken der Ausrüstung nicht ausreichend bedacht. Sie waren oft in Pappschachteln verpackt gewesen. Schweitzer musste so zu Beginn von überallher verkorkte Flaschen und Blechdosen sammeln. Bald gingen ihm die Medikamente aus, weil die Zahl der Patienten höher war, als er gedacht hatte. Eine Lieferung aus Europa brauchte aber drei bis vier Monate.

Die Not sei groß, schreibt er. Ein alter Häuptling sagt ihm: »Dies Land frißt seine Menschen«. Als Arzt behandelt er vor allem Hautgeschwüre verschiedener Art, Malaria, Schlafkrankheit, Lepra, Elephantitis, Herzkrankheiten, Knocheneiterungen und tropische Dysenterie. Im Durchschnitt behandelte Schweitzer täglich bis zu 40 Kranke. Sein erster chirurgischer Eingriff war eine Bruchoperation. Der eingeklemmte Bruch war dort sehr häufig. Ohne Arzt waren damals viele »arme Menschen dazu verurteilt, an eingeklemmten Hernien eines qualvollen Todes zu sterben«, schreibt Schweitzer. Er versorgte ein Gebiet von etwa 150 Kilometern im Umkreis. Kranke kamen oft erst nach mehrtägigen Fahrten mit dem Kanu oder zu Fuß in Lambaréné an. Sie mussten nicht nur medizinisch versorgt, sondern auch ernährt werden. Nach und nach baute Schweitzer mit seinen Helfern Wellblechbaracken, als Hospital und als Unterkunft. Das Klima 30 Kilometer südlich des Äquators war und ist bis heute extrem, die Hitze auf den Urwaldpfaden unerträglich. »Als eine dreißig Meter hohe, undurchdringliche Mauer ragt der Urwald zu beiden Seiten des schmalen Weges empor. Kein Lüftchen bewegt sich«, so Schweitzer. Trotzdem spielt er in den Mittagspausen und Sonntagnachmittags Bach auf seinem Tropenklavier, arbeitet nach dem Abendessen meist zwei Stunden an seiner Kulturphilosophie. Geistige Arbeit müsse man haben, um sich in Afrika aufrechtzuerhalten, schreibt er einmal. Wer dies nicht habe, ginge an der »furchtbaren Afrikaprosa« zugrunde.

In den fünfziger Jahren, als er schon nicht mehr praktizierte, wurde Schweitzers medizinische Qualifikation und sein oft paternalistisches Auftreten kritisiert. Allerdings gab es auch Mediziner, die Schweitzer als sehr guten Arzt angesichts der schwierigen Verhältnisse beschrieben.

Mit sieben Ärzten und etwa 80 medizinischen Mitarbeitern leistet das Spital heute nach Ansicht des Deutschen Albert-Schweitzer-Zentrums einen wesentlichen Beitrag zum Gesundheitswesen in ganz Gabun. Im Jahr 2007 wurden etwa 6400 Patienten stationär behandelt und 1430 Operationen vorgenommen. In diesem Jahr kamen 811 Kinder in der Klinik zur Welt. Die Ambulanz verzeichnete über 24.700 Untersuchungen und Behandlungen, zum Beispiel in der Zahn- und der Kinderklinik. Ein weiterer Schwerpunkt ist ein Programm zur Verhinderung der AIDS-Übertragung auf Neugeborene. Das von Schweitzer gegründete Lepradorf beherbergt noch etwa 30 Patienten.

Auch heute kommen viele Besucher aus der ganzen Welt nach Lambaréné. Die meisten aus Europa, aber auch aus Afrika, den USA, aus Asien und Australien. Einige bleiben, um dort mitzuarbeiten. Für sie ist Lambaréné ein »Traumziel«: »Es war für mich ein bewegender Augenblick, da zu sein, wo Albert Schweitzer von 1913 bis 1965 gelebt und gewirkt hat und wo er auch gestorben ist«, schrieb ein Besucher.

Und doch ist Lambaréné kein »Mekka der Wissensgesellschaft«. Lambaréné ist im Gegenteil ein radikaler Bruch mit der Hybris einer Wissensgesellschaft, die Moral dereguliert und meint, ethisches Denken und Handeln an Kommissionen, Organisationen oder »Experten« delegieren zu können. Einer reine »Wissensgesellschaft«, die im Sekundentakt ungeheure Datenschutthalden aufhäuft, dabei das Denken vergisst und das geistige Selbstvertrauen des Menschen herabsetzt. Schweitzer erkannte, dass sich hinter dem selbstsicheren Auftreten des modernen Menschen eine große geistige Unsicherheit verbirgt. Die Menschen hätten ihre geistige Selbständigkeit und ihr moralisches Urteil an die von Wirtschafts- und Sozialmagie durchtränkte organisierte Gesellschaft abgegeben [→ Mona Lisa 4]. Mit Idealen an die Wirklichkeit heranzutreten und durch sie etwas ausrichten zu wollen, gelte als eine Torheit. Als die rechte Weisheit werde ausgegeben, dass man sich nur durch rein sachliche Überlegungen leiten lasse: »Wir sind stolz auf das, was wir unseren Wirklichkeitssinn nennen, und meinen, durch ihn den früheren, durch moralische Vorurteile gehemmten Geschlechtern überlegen zu sein«. Ethische Ideale seien überholt und unbrauchbar. Dagegen proklamiere man die Geltung des vom unbeirrten Wirklichkeitssinn eingegebenen Grundsatzes des Sich-Durchsetzens. Das Können des Menschen und seine Macht sei größer geworden als seine Vernünftigkeit, wo es einer tiefen und starken Vernünftigkeit bedurft hätte wie noch nie. Albert Schweitzers Überzeugung, dass die Menschheit sich in einer neuen Gesinnung erneuern müsse, wenn sie nicht zugrunde gehen will, ist aktueller denn je. Diese Umwälzung werde sich ereignen, wenn wir uns nur entschlössen, denkende Menschen zu werden.

■

West Madison Street, Chicago

Bühne des unsteten Lebens

Hätte die Soziologie ein Mekka, es könnte an jeder Straßenecke liegen und auf jeder Büroetage. Denn Gesellschaft ist ein ziemlich homogen verteilter Sachverhalt, man kann ihr fast überall begegnen. Außerdem interessiert sich die Soziologie zumeist fürs Typische, mehrfach Vorkommende. Die bekannteste soziologische Studie eines einzelnen Ortes wurde nicht zufällig 1929 unter dem Titel »Middletown«, »Durchschnittsstadt«, publiziert. Muss das Fach also passen, wenn nach einer besonderen Kristallisation seiner Möglichkeiten im Raum gefragt wird, nach einem symbolischen Ort dafür, was Soziologie und was Gesellschaft ist?

West Madison Street, Chicago – den wenigsten Soziologen dürfte diese Adresse noch geläufig sein. Heute ist es eine vergleichsweise unauffällige Straße im Zentrum der Stadt, zwischen Chicago Art Institute und Warenbörse. Und doch führt sie zu solch einem symbolischen Ort. Man muss nur in der Zeit zurückgehen, mehr als achtzig Jahre. Damals, 1923, erscheint »The Hobo« von Nels Anderson, eine Soziologie des »homeless man«, also des amerikanischen Wanderarbeiters. Ihr erster Satz zitiert einen Zeitungsartikel und lautet: »Was der Broadway für die Schauspieler Amerikas ist, ist West Madison für seine ständigen Gäste – und mehr.«

Zwischen 30.000 und 75.000 solcher Heimatlosen wurden damals, je nach der Lage auf dem Arbeitsmarkt, täglich in Chicago gezählt. Zwei Drittel davon waren auf der Durchreise, so dass sich übers Jahr bis zu einer halben Million Männer in West Madison aufhielten, jener Straße, die an der Ecke State / East Madison im Stadtzentrum beginnt und es von Ost nach West kilometerlang durchschneidet. Damit bildeten die Hobos – der Ursprung des Wortes ist bis heute nicht geklärt, die Ableitungen schwanken zwischen »Ho, beau!«, »Ho, boy!« und »homeward bound« – bis zu

2,5 Prozent der Wohnbevölkerung Chicagos. Darunter neben allen Sorten von Obdachlosen auch Schwarzmarkthändler, Drogendealer, Glücksspieler und »Jack-Rollers«, jene Räuber, die sich über betrunkene oder schlafende Hobos hermachten, aber so gut wie keine Frauen und Kinder. »Hobohemia« wurde das Viertel damals genannt.

Chicago bringe, schreibt Anderson, den jobsuchenden Mann und den mannsuchenden Job besser als jede andere Stadt zusammen. Als Knotenpunkt der amerikanischen Eisenbahnen und Hafenstadt war Chicago damals der Umschlagplatz des industriellen Lebens [→ Bahnhofskühlhaus 60] schlechthin.

Größenwachstum führt zu weiterem Größenwachstum, die Stadt erzeugt die Motive für ihre Verdichtung selbst. Das war eine erste Einsicht der Stadtsoziologie, die damals nicht zufällig in Chicago entstand, der Stadt, die mit dem 1885 ohne jede Veranlassung durch Bodenknappheit erbauten ersten Wolkenkratzer, zuerst zehn, dann zwölf Stock hoch, und auf der Ecke South La Salle / West Adams Street nur vier Blocks von West Madison entfernt, ohnehin das Paradigma für die Großstadt um 1900 war. In keiner anderen kam man mit einem Dollar weiter als in Chicago, denn der große Zustrom an Menschen ließ die Preise fallen. Billige Hotels und »flophouses« mit großen Schlafräumen, preiswerte Krankenversorgung, Speiselokale, Missionseinrichtungen, Saloons, Zigarrengeschäfte und radikale Buchläden lagerten sich an West Madison an. Allein auf ihrem etwa 120 Meter langen Abschnitt zwischen Jefferson und Desplaines Street zählte Anderson damals: sechs Saloons, fünf Kleiderläden, neun Arbeitsvermittlungen, acht Hotels, sechs Restaurants,

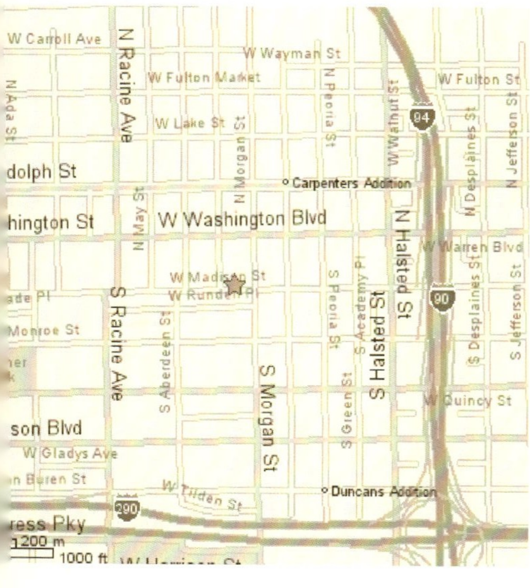

zwei Spielhöllen, zwei Wahrsager sowie vier »Friseur Colleges«, wo es billige, weil von Lehrlingen ausgeführte Rasuren gab.

Und es gab das »Hobo-College«, eine Art Volkshochschule und Versammlungsstätte für die Wanderarbeiter, geleitet von Ben Reitman, Anarchist, Arzt für Geschlechtskrankheiten und Abtreibungen sowie Autor einer Studie über das zweitälteste Gewerbe der Welt, den Zuhälter. In diesem Milieu entstanden damals Ethnografien des Berufsdiebs [→ Graz 64], der Tanzhallen, der Barkeeper, der Jugendgangs, der »Jack-Roller«, des Hotellebens und des jüdischen Ghettos. Die Großstadt, so die Überzeugung der Chicagoer Soziologen aus der Schule Robert Ezra Parks, zeige, was andernorts verborgen sei, öffentlich, sie führe die Verhaltensweisen und Lebensläufe ins Extreme, erlaube individuelle Sonderarten, weil in ihr die meisten Bewohner mit Indifferenz auf Abweichungen vom eigenen Lebensstil reagieren.

Arbeitsteilung, Konkurrenz und Mobilität sorgen dabei für die Entstehung von Soziotopen, humanen Ökologien. West Madison stellte eine solche evolutionäre Nische dar, und es war die erste, die von einem der Reportagesoziologen Parks erkundet wurde. Nels Anderson hatte selbst Jahre als Hobo gearbeitet, war Sohn eines Hobos. Er wusste, dass auch die vermeintlich unordentlichen Zonen der Gesellschaft hochgeordnet sind. Auf West Madison Street war gewissermaßen der Nachweis zu führen, dass das Wort »asozial« sinnlos ist und das unstete Leben in sehr stabilen Erwartungsbahnen verläuft. So hatten die Hobos eine Statusordnung, je nachdem, womit einer sich durchs Leben schlug: Betteln, Betrügen, Stehlen, Schnorren, von Verwandten unterhalten werden. Für viele alte Bettler auf West Madison war das Betteln eine Sache der Selbstachtung – so lange man es noch konnte, war der Gang zum Armenhaus vermieden. Denn so unterschieden die Randständigen sich selbst: mobile Arbeiter, das waren die Hobos, mobile Nichtarbeiter: die Tramps, stationäre Nichtarbeiter: »bums«, also Penner.

Man darf sich die Bewohner der Heimatlosenzone also nicht als isolierte Versager vorstellen, als »Prekariat« voller Abstiegsangst, Outcasts ohne Stolz. Anderson schildert zum Beispiel, dass es in »Hobohemia« auch Prominenz gab, etwa Superintendent John van de Water. Van de Water leitete die »Helping Hand Mission« in 850 West Madison Street, die ihre Unterstützung für Hobos – einhundert am Tag wurden dort gespeist – als einzige aller Missionen von der Arbeitsbereitschaft der Gespeisten abhängig machte. Oder den Buchhändler Daniel Horsley, der in 1237 West Madison Street einen Laden unterhielt, in dem die Hobos auch Post abholen konnten, aber nicht ohne von ihm, selbst ein ehemaliger Hobo, in marxistischer Ökonomie instruiert zu werden. »Sein Hobby ist Erziehung«, heißt es bei Anderson.

Dem kamen die Bedürfnisse der Heimatlosen entgegen. Neben der Arbeitssuche war nämlich »killing time«, wie Anderson schreibt, ihr Hauptproblem. Denn das Einkommen reichte kaum fürs Kino. Also streunten sie durch die Straßen, also kam das »street speaking« auf, hielten Missionare, Lebensreformer und politische Redner Ansprachen an sie. »Seifenkisten-Oratoren« wurden sie, die oft selber Hobos waren, genannt, und Anderson zählte an einem Sonntag im Juli 1922 ganze zwanzig Reden, die an der Ecke Jefferson / West Madison geschwungen wurden: über Betrug im Patentwesen, Erziehungsfragen, Gewerkschaften, Aberglaube, Arbeitslosigkeit und so weiter. West Madison hatte also nicht nur seinen eigenen Lebensstil, seine eigene Wirtschaft, seine eigenen Verbrechen, eigene Stars und ein eigenes College, es hatte auch seine eigene Öffentlichkeit. Die Straße war mithin eine Gesellschaft in der Gesellschaft – und also ein Mekka der Soziologie.

■

Bauhaus in Dessau

Relikt der Utopien

1919 gründet der Architekt Walter Gropius in Weimar das Bauhaus als staatliche Kunstschule. Ziel ist »die wiedervereinigung aller werkkünstlerischen disziplinen – bildhauerei, malerei, kunstgewerbe und handwerk – zu einer neuen baukunst als deren unablösliche bestandteile.« In dieser Anfangszeit sollen die Trennung von Kunst und handwerklicher Produktion aufgehoben werden. An der neuen Schule herrscht demokratischer Aufbruchsgeist, so gibt es keine Klassen, sondern Werkstätten, die Lehrenden sind nicht Professoren, sondern »Meister«. Gropius holt avantgardistische Künstler wie Wassily Kandinsky und Paul Klee an die neue Schule.

1923 ruft Gropius eine neue Doktrin aus, »Kunst und Technik« sollen eine »neue Einheit« bilden, das Interesse richtet sich nun vermehrt auf die Industrie. Nun entsteht, was wir bis heute mit dem Bauhaus verbinden: minimalistische und funktionale, geradezu technische Gestaltung. Ein Jahr später erlangen in Thüringen die Konservativen die Parlamentsmehrheit, dem von ihnen ungeliebten Bauhaus werden die Mittel gestrichen. Gropius macht sich auf die Suche nach einer neuen Heimat. In Dessau trifft er nicht nur auf einen engagierten sozialdemokratischen Bürgermeister, sondern auch auf einen florierenden Industriestandort mit modernster Technologie. Vor allem die Junkers-Werke, die hier Flugzeuge entwickeln und bauen, üben eine große Anziehungskraft aus.

Gropius zieht mit dem Bauhaus nach Dessau, von 1926 bis 1928 baut er der Schule ein neues Gebäude. Dieses Gebäude ist kein hierarchisch gegliederter oder gar monolithischer Bau, sondern vielschichtig strukturiert, sozusagen polyphon komponiert. Er besteht aus einem Flügel mit Werkstätten, einem Zwischenbau mit Bühne und Mensa, einem Flügel für eine städtische Berufsschule sowie einem fünfgeschossigen Ateliergebäude für die Studierenden.

Verbunden werden die beiden Flügel von einer doppelgeschossigen Brücke. Dieser Gebäudekomplex hat keine Hauptansicht, sondern mehrere gleichwertige Gebäudeseiten, die von unterschiedlichen Gestaltungselementen geprägt sind. Rhythmisch aus der Fassade vorspringende Balkone prägen die eine Ansicht, großflächige, aber fein gegliederte Glaselemente eine andere, aber auch ruhige und helle Putzflächen dominieren Teile dieses facettenreichen Komplexes, der trotz dieser Vielschichtigkeit eine auf Reduktion der ästhetischen Mittel beruhende Einheit bildet.

1928 verlässt Walter Gropius das Bauhaus, der Architekt Hannes Meyer wird neuer Direktor. Er ist Marxist und richtet die Arbeit des Bauhauses am Motto »Volksbedarf statt Luxusbedarf« aus. Nicht mehr für aufgeklärte bürgerliche Schichten, sondern für die einfache arbeitende Klasse soll entworfen und produziert werden. Infolge des wachsenden politischen Einflusses der Nationalsozialisten wird ihm 1930 gekündigt, sein Nachfolger wird Ludwig Mies van der Rohe. Nachdem die Nationalsozialisten auch in Dessau die Mehrheit erlangen, wird das Bauhaus 1932 aus der Stadt vertrieben und zieht nach Berlin, wo Mies van der Rohe die Schule im darauf folgenden Jahr auflöst.

Doch mit der Selbstauflösung endet nicht die Erfolgsgeschichte des Bauhauses; sie fängt nun eigentlich erst richtig an. Der Mythos Bauhaus entsteht, Lehrer und Schüler des Bauhauses ziehen in alle Welt und tragen die gestalterischen und sozialutopischen Ideen der Schule in alle Welt. Unter dem Oberbegriff »International Style« [→ Brasília 20] werden die ästhetischen Konzepte des Bauhauses und anderer vor allem europäischer Architekten zum vorherrschenden Architekturstil der zweiten Hälfte des 20. Jahrhunderts.

Das Bauhaus-Gebäude in Dessau fristet derweil ein kümmerliches Dasein. Erst wollen die Nazis den Komplex abreißen, dann wenigstens ein ordentliches deutsches Satteldach draufsetzen. Im Krieg wird das Gebäude teilweise zerstört. Die junge DDR verhindert eine Neugründung der Architekturschule in Dessau. Stattdessen entsteht nun in Ulm eine neue, vom Bauhaus-Schüler Max Bill errichtete Hochschule für Gestaltung, die sich dem Erbe des Bauhauses verpflichtet fühlt.

Zwar wird das Dessauer Bauhaus 1964 in die Denkmalliste aufgenommen, aber erst 1976 denkmalgerecht saniert, gleichzeitig wird eine Sammlung zur Geschichte des Bauhauses angelegt. Da will sich auch der Westen nicht lumpen lassen, im gleichen Jahr wird in Berlin mit dem Bau eines Bauhaus-Archivs begonnen. Der Entwurf stammt, wie für das Original in Dessau, von Walter Gropius.

Doch das Bauhaus wird nicht nur musealisiert und archiviert, sondern immer wieder neu erfunden: vom »New Bauhaus« über das »Digital Bauhaus« bis zum »Green Bauhaus« bleibt Bauhaus der Inbegriff für zukunftszugewandte Gestaltung.

Die wirklichen Nachfolger des Bauhauses sind indes andere. Wenn es um den von Meyer propagierten ganz praktischen »Volksbedarf« geht, ist der 1943 gegründete Ikea-Konzern die logische Konsequenz der Bauhaus-Idee. Seit Mitte der fünfziger Jahre stellt Ikea preiswerte, aber gestalterisch anspruchsvolle Möbel her, die sich breite Bevölkerungsschichten leisten können.

Doch das Bauhaus stand nicht nur für moderne, funktionale Gestaltung, sondern war vor allem ein sozialutopisches Projekt. Der Verzicht auf bürgerlichen Pomp und Protz, die reine, reduzierte Form war kein ästhetischer Selbstzweck, sondern sollte zu einem freien, selbstbestimmten Menschen führen: Design als Befreiungsbewegung. Auch wenn man heute die bei Ikea gekauften Möbel selbst zusammen bauen muss, geht es dabei nicht um Selbstbestimmung, sondern um Kostenreduktion.

Aber es gibt noch einen anderen Erben des Bauhauses, der dessen sozialen Ideen viel näher steht. Denn sich seine eigene Umgebung im Do-it-Yourself-Verfahren so zu gestalten, wie man will, ist erfolgreiche Selbstermächtigung – frei nach Beuys ist jeder ein Designer. Der Baumarkt ist also der heimliche Nachfolger des Bauhauses in Dessau. Und so macht es Sinn, dass der erste deutsche Baumarkt 1960 auf den Namen »Bauhaus« getauft wurde. Heute gibt es in Deutschland rund 120 »Bauhäuser«.

In Dessau selbst ist heute vom einstigen Aufbruchsgeist nichts mehr zu spüren, in den letzten 20 Jahren hat die Stadt 20.000 Einwohner verloren. Immerhin ist das Bauhaus-Gebäude bis heute ein Anziehungspunkt, ein Wallfahrtsort für Architekten. Jedes Jahr pilgern 100.000 Besucher nach Dessau, um eine der wichtigsten Ikonen moderner Architektur zu besuchen, jenen Ort, an dem in den zwanziger Jahren moderne und funktionale Gestaltung beheimatet war, die den Traum von einer besseren und gerechteren Welt verwirklichen sollte. Die hier ansässige Stiftung Bauhaus Dessau reflektiert mit Ausstellungen und Forschungsprojekten Geschichte und Zukunft der Ideen des Bauhauses. Wie vielleicht kein anderes Gebäude ist das Bauhaus ein Relikt der Utopien der Moderne. Wie vielleicht kein anderes Gebäude verkörpert es den Traum – und letztendlich auch das Scheitern – der modernen Architektur.

Seit 1996 gehört es deshalb zum Unesco-Weltkulturerbe. Insgesamt sind nur fünf historische Stätten des 20. Jahrhunderts mit dieser Auszeichnung versehen worden, und diese Auswahl spiegelt die politische Ambivalenz der Moderne. Als herausragende Architektur gehören neben dem Bauhaus in Dessau die brasilianische Hauptstadt Brasília [→ Brasília 20] und die »Weiße Stadt« von Tel Aviv zum Weltkulturerbe. Diesen ästhetischen Höhepunkten stehen zwei weitere architektonische der 20. Jahrhunderts gegenüber: Auschwitz und Hiroshima. So zeigt die Liste der Weltkulturerbestätten, dass man die gesellschaftlichen Utopien der Moderne nicht ohne ihre Schattenseite, die Katastrophen und dunklen Abgründe denken kann.

Bangalore

Heiliges Mosaik aus Steinen und Mikrochips

Schon auf der Fahrt vom Flughafen in die Innenstadt von Bangalore erfährt der indienerfahrene Reisende angesichts glatter Alleen, leuchtender Laternen und begehbarer Bürgersteige einen Kulturschock. Zu beiden Seiten des dichten Verkehrs wird eifrig gebaut: Luxushotels, Appartementblocks mit imposanten Namen wie Akropolis und Säulen, die bis in den zehnten Stock hinaufreichen, sowie Einkaufszentren wie das bizarre Kemp Fort – einem Neuschwanstein unter den Shopping Malls [→ Dubai 35], das sich uns schon am Flughafen mit einer in Zellophan eingewickelten Rose empfahl.

Trotz jüngster Unkenrufe von Übersiedlung und Verwahrlosung: der Großraum Bangalore wird seinem Namen als Silikon-Plateau weiterhin gerecht. Immer noch entscheiden sich viele internationale Investoren für diesen Standort, obwohl mit Hyderabad in den letzten Jahren ein ernsthafter Konkurrent um ihre Gunst herangewachsen ist. Die Sieben-Millionen-Metropole rüstet sich für die Zukunft: Planierraupen ebnen den Weg für eine zweispurige Ringautobahn; die Stadtväter planen eine Hochbahn, und am Stadtrand glänzt die blaue Glasfassade des kurz vor der Jahrtausendwende eröffneten »International Tech Park«.

Wer das Gelände betritt, verlässt das gemeine Indien. Mehrere Bauten, um einen frisierten Rasen gruppiert und unterirdisch miteinander verbunden, bekennen sich in ihrer Nomenklatura zu einer postmodernen Trinität: Entdecker – Schöpfer – Erfinder. Die so benannten Büropaläste haben ein wahres »Who is Who« der zeitgenössischen IT-Wirtschaft angelockt. Der überwiegende Teil der hier niedergelassenen Firmen stammt aus dem Ausland, darunter auch SAP und Siemens. Die etwa 24.000 Mitarbeiter hingegen werden – von einigen Geschäftsführern abgesehen – allesamt vor

Ort angeworben. Denn vier renommierte Hochschulen in Bangalore bringen eine beachtliche jährliche Ernte an qualifizierten, ambitionierten Fachkräften hervor, die sich gewiss glücklich schätzen, in diesem »technischen El Dorado« (laut Prospekt) arbeiten zu dürfen. Tatsächlich erscheint einem der schicke Technopark wie aus einer Märchenwelt, wie eine von hohen Mauern umfasste Insel der Glückseligen mit eigener Stromversorgung und eigener Kanalisation, auf der man sich im Fitnessstudio oder bei Billard von seinen Aufgaben erholt (»Arbeiten-Leben-Spielen«, laut Prospekt). Bank, Bar, Krankenhaus sowie diverse Läden greifen schon auf die zweite Baustufe vor, bei der auch ein Wohnkomplex entstehen soll, um die Entwicklung zur autarken High-Tech-Station erfolgreich abzuschließen. Eigentlich fehlt dem golfplatzgroßen Gelände nur eines: ein Tempel.

Religiöse Abhilfe findet sich im nahe gelegenen Ashram Brindavan. Hausherr Sai Baba, dem zum 75. Geburtstag vor ein paar Jahren ein Stadion voller Anhänger gratulierte, nennt sich ohne falsche Bescheidenheit Bhagwan – der Noble, der Heilige, der Erhöhte, kurzum: Gott. Kein Wunder, dass er sich selbst zu Ehren einen Tempel mit klassizistisch-orientalischen Kuppeln hat errichten lassen (wer als Gott neben ihm steht, kümmert Sai Baba wenig, weswegen Menschen aller Konfessionen zu ihm pilgern). Der Ashram ist so streng bewacht wie der Tech-Park. In beiden Fällen obliegt die Verantwortung für die Sicherheit pensionierten Offizieren der indischen Armee, steifschlanke Asketen, die in einem merkwürdigen Gegensatz zu den barocken architektonischen Manifestationen ihrer jeweiligen Arbeitgeber stehen.

Sai Baba dürfte der politisch einflussreichste Guru Indiens sein. Zum Geburtstag wartete ihm eine Galerie von Ministern und Philistern auf. Obwohl der Wunderwirker schon mehrfach des Betrugs entlarvt worden ist – seine Materie-ist-Energie-Philosophie offenbart sich durch billige Zaubertricks – ist er erst neuerdings in unrühmliche Schlagzeilen geraten. Eine Reihe ehemaliger Verehrer haben ihn des sexuellen Missbrauchs bezichtigt und Medien in Australien, Schweden, London und München orale Details anvertraut. Der Skandal sickerte – wie so oft – zuerst ins Internet [→ Google 15, Cern 11]. Für wahre Gläubige kein Grund zur Skepsis, denn der Guru lehrt, dass »wir nicht ins Internet, sondern ins innere Netz blicken sollten«. Zudem sei jede Handlung des Babas ein »Lehren« – was Unverständigen falsch oder verwerflich erscheinen mag, wird zweifellos seinen rechten Grund und Sinn haben. Dem Erfolg des aus ärmlichen Verhältnissen in die Sinnstiftungselite aufgestiegenen Sektenführers wird diese Kontroverse wenig anhaben können. Das gerade fertig gestellte Shri Sai Baba Institute of Higher Learning, ein gigantischer »When-Xanadu-met-Stalin«-Bau, setzt den Errungenschaften des Heiligen ein philanthropisches Denkmal. Sai Baba scheint die okkulten Bedürfnisse der Ersten Welt ebenso effizient zu befriedigen wie der Tech-Park die professionellen.

Hinter Bangalore, nachdem man die National Aerospace Laboratories, das Indian Satellite Research Center und die Hindustan Aeronautics Limited hinter sich gelassen hat, fällt man durch die Zeit und landet irgendwo im Mittelalter. Der Strom der Moderne erweist sich als urbanes Binnenmeer ohne Ausflüsse. Die Menschen leben in Lehmhütten mit Palmdächern, die Frauen tragen Wasserkrüge zum Brunnen, trennen die Spreu vom Weizen, indem sie das Getreide aus vollen Tellern in den Wind hinein werfen. In einem seltenen Zugeständnis an die Technologisierung breiten sie das Korn über die Straße aus und bedienen sich der Autoreifen zum Dreschen.

■

AUTOR Michael Rutschky

28

Wittenberg
Wiege und Themenpark der protestantischen Ethik

Ja, es war Sommer. Schön lagerte die Hitze auf den Grünanlagen, die den ehemaligen Wall bedecken und die man durchquert, wenn man an der Halleschen Straße geparkt hat und zum Schloss und zur Schlosskirche emporsteigt. »Empor ist schon mal gut.«

Sie sollen imponieren, die Kirche und das Schloss. Und es steht außer Zweifel, dass es sich dabei nicht um das Imponiergehabe der Lutherzeit handelt. In dem Schloss erkennen wir eine preußische Zitadelle, die ab 1819 entstand und deren Bau die historischen Reste des alten Schlosses zum Verschwinden brachte. Wer die Aura Friedrichs des Weisen, des Kurfürsten, welcher Luther protegierte, zu atmen wünscht, bliebe also ohne Stoff.

Das Imponiergehabe des Schlosskirchenturms erkennt man auf Anhieb als wilhelminisch. 1892 wurde der Neubau fertig. »Ein feste Burg ist unser Gott, / Ein gute Wehr und Waffen«, die ersten Zeilen von Luthers bekanntestem Kirchenlied, laufen als Inschrift auf Zweidrittelhöhe um den Turm herum und machen eher an Krieg als an Gott denken – Luther schrieb das Lied, wie K. nachlas, als die Türken Mitteleuropa berannten. Den Turm mit seiner ornamentalen Metallbekrönung bewundert man als Musterexemplar des Traumkitsches, wie ihn der Wilhelminismus kultivierte. Leroi, Philosophieprofessor in Chicago, erinnerte der Schlosskirchenturm an die Fantasy-Architektur von »Star Wars«, »der phallische Kampfkreuzer des Imperators oder so.« Man sieht, das wird kein Aufenthalt bei irgendwelchen Ursprüngen in ihrer Reinheit.

Weiter zu dem, was der Reiseführer als die »Thesentür« bezeichnet. Eine Gruppe sommerlich entblößter Menschen lauscht einer Frau, die große Geschichte erzählt: der 31. Dezember 1517, die 95 Thesen wider den Ablasshandel. Die Touristen müssten eigentlich eine Epiphanie erleben: hier fing alles an. Aber sie stehen ein wenig ratlos herum. Gleich erzählte die Stadtführerin, dass der Anschlag womöglich als dies Drama nie stattfand, dass es sich vielleicht um eine Legende handelt [→ Troia 47]. Das Bogenfeld oberhalb der Thesentür füllt eine Malerei, die Luther und Melanchthon rechts und links neben dem Kruzifix kniend zeigt, Luther hält die von ihm ins Deutsche übersetzte Bibel, Melanchthon die für den Protestantismus kanonische Augsburger Konfession, im Hintergrund Wittenberg. Der Himmel über der Szene erstrahlt in Gold, traditionell das Paradieslicht, was aber dem Protestanten nichts sagt. Das Innere der Kirche, noch einmal ein Festspiel des wilhelminischen Traumkitsches, brachte sich an diesem Tag vor allem durch die Kühle zur Geltung, die gegen die Sommerhitze draußen wie eine andere Welt abstach. Dass hier Luther und Melanchthon leibhaftig begraben liegen, liest man im Reiseführer. Was aber den Theaterraum nicht heiligt.

Zur Anschauung kommen sie hier nicht, die Grundgedanken, aus denen eine neue Welt hervorging. Später kauften wir in der Collegienstraße ein diesbezügliches Werk, und der Buchhändler begleitete den Erwerb mit einer zustimmenden Freundlichkeit, als hätten wir etwas lobenswert Rechtschaffenes vollbracht.

Wir blättern durch das neu erworbene Buch, in dem der Autor Horst Herrmann deutliche Worte findet: »Der wachsende Geldbedarf der sich mehr und mehr in irdische Händel verstrickenden Päpste machte es nötig, immer neue Finanzquellen zu erschließen [→ Augsburg 57], in den Massen der Gläubigen das Bedürfnis nach diesem neuen Gnadenmittel zu erwecken und wachzuhalten, spezielle Formen der Ablasspropaganda zu erfinden und den Gewinn des einzelnen Ablasses stetig zu erhöhen.«

Die protestantische Frömmigkeit ist grundsätzlich anders als dies Geschäftemachen mit Gott, das über die Institution der römischen Kirche läuft, weil sie die Gnadenmittel besitzt. Dagegen begann mit Luther, so unser amerikanischer Freund Leroi, die moderne Geschichte der Individualisierung, die auf die Selbstorganisation der Person statt auf ein institutionelles Programm ihrer Steuerung und Kontrolle setzt. Wer bin ich? Diese Frage entwickelte sich, wie der französische Soziologe Jean-Claude Kaufmann demonstriert, zum zentralen Sozialisationsmechanismus der modernen Welt; jedes Individuum muss sie selber beantworten, immer wieder, immer wieder neu, immer wieder unbefriedigend. Das zeitigt eine gewisse Überanstrengung, so Alain Ehrenberg in seinem Buch

»Das erschöpfte Selbst – Depression und Gesellschaft«. Doch führt kein Weg zurück zu den institutionellen Programmen, nach Rom. Denn wer den Weg zurück zu einem institutionellen Programm wählt, heiße es nun Rom oder Lenin oder Mohammed, hätte immer auch ein anderes wählen können [→ Vatikan **63**, Brasília **20**, Dubai **35**]. Er bekräftigt also die Individualisierung und relativiert die Sicherheit, die ihm die Flucht zurück, nach Rom oder sonst wohin, hätte gewähren sollen. Deshalb tendieren die Fundamentalisten so entschieden zur Gewalt, schloss unser Freund Leroi triumphierend: Blutvergießen als praktischer Wahrheitsbeweis, der das Kontingenzbewusstsein – die einen sagen so, die anderen sagen so – zu beseitigen scheint. Scheint.

Wir saßen unterdessen in einer Pizzeria hinter der Stadtkirche, die als ein weiteres Monument der Reformation sich präsentiert, der berühmte Cranach-Altar, die Predella mit Luther als Prediger. An der Außenmauer die notorische Judensau, der religiöse Antisemitismus bestimmte auch Luther tiefgreifend – unterhalb des Schandmals wurde 1988 eine Gedenktafel für die »Reichskristallnacht« vor 50 Jahren angebracht. Historischer Gegenzauber, murmelte Leroi.

Wir aßen Pizza in der Pizzeria, an den Tischen draußen in der Sommerhitze, unter orangefarbenen Schirmen, die ein eigenes Licht gaben. Kein Gedanke, dass man in Wittenberg einen altdeutschen Lunch zu verzehren habe, um dem Genius loci nahe zu kommen, nein, anders: Gewiss hätten wir ein Lokal mit altdeutschem Speisenangebot gefunden; doch schreibt keine Regel ihren Verzehr vor, er steht in deinem Belieben. Ein Besuch in Wittenberg, am Quellort der Reformation, des Protestantismus stellt keine Wallfahrt dar, keinen Besuch heiliger Stätten, die rituell abzuwandern sind, was die Seele erhebt und läutert.

Nein, Wittenberg ist kein Wallfahrtsort für fromme Protestanten. Wittenberg ist ein theme park für Touristen. Ein reiches Veranstaltungsprogramm umspült die historischen Bauten und Monumente:

Uraufführung im Rahmen der Lutherdekade. Weltzeit Wittenberg … Eine Theatertournee in die Zeit des Umbruchs an sieben Schauplätzen der historischen Lutherstadt Wittenberg. Buchen Sie einen Platz für eine Reise durch die Zeit der Reformation! – Melanchthongarten. Mit freundlicher Unterstützung der WIWOG mbH. Thilo Martinho. Eine leidenschaftliche Verbindung von Bossa-, Standards-, Salsa-Grooves bis zu lyrischer Latino-Musik (Horben-Schwarzwald). Alaris Schmetterlingspark. Unter Palmen, Bananenstauden, Kaffeesträuchern, Bromelien, Orchideen und vielen anderen Pflanzen umgaukeln Sie hunderte farbenprächtiger Schmetterlinge aus aller Welt. Und das Beste daran ist: Dieser paradiesische Tagestrip in die Tropen kostet Sie nicht mehr als eine Kinokarte. 20 Jahre friedliche Revolution in Wittenberg. »Gebet und Erneuerung 1989–2009«. Beginn an der Luthereiche. Stationenweg mit Friedrich Schorlemmer zum Platz am ehemaligen Panzerdenkmal. Luthers Hochzeit. Das Wittenberger Fest. Eines der schönsten Feste Deutschlands an den Originalschauplätzen der Reformation. www.lutherhochzeit.de.

Eine schwarze Tafel, auf der in Kreideschrift ein Geschäft in der Collegienstraße sein Angebot anzeigt: laktosefreie Schokolade, grüne Heilerde, »Lutherbrodt«, Martins Verführungstropfen (Schlehenlikör), Katharinas Hochzeitslikör. Ein Schaufenster mit feinen Weißwaren, für die ein Plakat mit »aus Luther's Wäsche-Truhe« wirbt. Ein Karton mit der Aufschrift »Luther-Bier«; dazu das dicke, traurige Gesicht unter dem Barett, das oft als eine Art Logo der Warenwelt in der Stadt be-gegnet, darunter der Spruch »ein kännlein bir gegen den teufel / ihn damit zu verachten«.

Vor grünem Buschwerk sitzen auf Holzbänken sechs Jungs in T-Shirts, Polohemden, kurzen Hosen, die Backpacks ordentlich zu ihren Füßen abgestellt, und hören artig, aber gelangweilt einem Mann zu, der rechts von ihnen Vortrag hält. Der Mann ist in historischem Kostüm, dem schwarzen Talar der Gelehrten [→ Oxford 50], das Barett auf dem Kopf, wie es das Luther-Logo der Stadt zeigt, dazu rote Strümpfe und Bundschuhe. Zwei der Jungs stützen den Kopf auf die Hände, als wollten sie der kanonischen Darstellung der Melancholie entsprechen. Dabei befinden sie sich im idealen Lebensalter für Luthers Pupswitze, flüsterte K., aus einem traurigen Arsch kommt niemals ein fröhlicher Furz und so.

Wir saßen im Hof des Lutherhauses, das passend das andere Ende des Straßenzuges besetzt, der mit Schloss und Schlosskirche beginnt. Hier auf diesem Hof kann man das Schwarze Kloster der Augustiner imaginieren, worin der Mönch Martinus und dann der Reformator lebte. Und den Gemüsegarten, den Frau Käthe später anlegte und der gut gedieh; überhaupt war sie eine tüchtige Haus- und Geschäftsfrau. Dort drüben kann man in das Museum eintreten, das sich Luther und seinem Leben und seinem Hausstand in Wittenberg und der Reformation widmet. Nicht nur die Stadtführer mit ihren Talaren sind verkleidet, auch die Gebäude sind Maskerade: Friedrich August Stüler, Schüler des preußischen Meisterarchitekten Schinkel, hat sie Mitte des 19. Jahrhunderts in diese Form einer imaginären Renaissance gebracht.

Was man hier zu sehen bekommt, versuchte Leroi zu erklären, das ist also die Hauptstadt der Lutherschen Reformation, wie sie Preußen im 19. Jahrhundert sich dachte.

Aber Leroi, der Philosophieprofessor aus Chicago, hing hartnäckig seinen Gedanken über die Reformation als Ursprung der modernen Individualisierung nach: ihr wahrer Motor und Kraftquell ist das Schuldgefühl. Der Ablasshandel versprach, dass man sich freikaufen könne. Luther dagegen arbeitete immer wieder heraus, dass das Verhältnis zu Gott unauflöslich durch die Sündhaftigkeit des Menschen geprägt ist. Luther schreibt in einem Sendbrief: »So beweist das Gebot: ›Du sollst nicht böse Begierde haben‹, dass wir allesamt Sünder sind und kein Mensch vermag zu sein ohne böse Begierde, er tue, was er will. Daraus lernt er an sich selbst verzagen und anderswo Hilfe zu suchen, dass er ohne böse Begierde sei und so das Gebot erfülle durch einen anderen, was er aus sich selbst nicht vermag. So sind auch alle anderen Gebote uns unmöglich.«

Das Schuldgefühl setzt eine ungeheure Dynamik frei, die auf die unablässige Verbesserung des Selbst und der Welt ziele, wobei das Schuldgefühl die Kriterien und die Leistungen dieser Verbesserung wiederum unablässig in Frage stelle. Das Bessere gerät immer wieder als das Schlechtere in Verdacht – eine Dynamik, die, als Gott und seine Gnade als absolute Referenz verschwand, die moderne Welt schuf.

Klar, sagt Leroi, er wisse, dass man die Geschichte in der Regel ein wenig anders erzähle. Die protestantische Ethik bringe über Calvin und seine Prädestinationslehre den Geist des Kapitalismus hervor. Gott hat längst entschieden, wer durch seine Gnade erlöst wird, wer der Verdammnis verfällt. Der innerweltliche Lebenserfolg sendet aber Zeichen, wie der Gnadenstand eines Individuums beschaffen sei, laut Max Weber. Womöglich, sagt Leroi, könne man diese Erzählung aber einarbeiten in die seine vom Schuldgefühl als dem Kraftquell der modernen Individualisierung. Wenn er bloß die Zeit fände, diese Ideen auszuschreiben in seinem Buch?

Wir wanderten dann in der Sommerhitze zurück durch unsere kleine Stadt. Das Melanchthonhaus; der Komplex der Universität. Auf die Rückseite des schönen Eingangstors haben Sünder zwei Schablonen-Grafitti platziert, die womöglich darauf vorausdeuten, welche weiteren Maskeraden hier anstehen. »Homo homini lupus« steht da rechts zu lesen, neben lupus die Umrisszeichnung eines Wolfs, der jeder Mensch sei, im Profil und heulend. An der Collegienstraße liegen auch die Cranachhöfe und das Cranachhaus und ein »Haus der Geschichte«, das vor allem von der DDR handelt, eine eigene Quelle des Schuldgefühls.

Dann schleckten wir auf dem Trottoir vor einem Eiscafé drei Eisbecher und träumten weiter von den Maskeraden, die der Protestantismus hier an seinem Ursprung generieren könnte. Auf dem Markt, rechts neben den Statuen von Luther und Melanchthon, fand eine kleine Kundgebung statt, Protest gegen die Pläne der Obrigkeit, politische Flüchtlinge vom Balkan in Lagern zusammenzufassen (wenn ich richtig verstanden habe). Eine Mädchenstimme las im Lautsprecher die Resolution vor, mit einer kalten Wut (und Verzweiflung), die restlos aus der inneren Überzeugung floss, an die sich unbedingt zu halten der Protestantismus lehrt.

Wir schlendern vorbei am Schaufenster eines aufgelassenen Geschäftslokals. Verbotenerweise ist es mit verschiedenen Plakaten beklebt. Eines davon zeigt in Schwarzweiß und kunstlos montiert eine Fratze mit gefletschten Zähnen und der Aufschrift: »Die Zähne zeigt, / wer das Maul aufmacht / lebt und lest / radikal«.

Radikal, eine ehrwürdige Anarcho-Zeitschrift, klärte Leroi auf. Eben war sie wegen gewisser Attentate in Verdacht. So ähnlich muss wohl der Thesenanschlag funktioniert haben vor 500 Jahren. Falls er stattgefunden hat.

■

AUTOR Steve Wozniak

29

ORT Palo Alto | BÜHNE Apple-Garage | SZENE Technik

Die Apple-Garage

Die Legenden des Rocky Raccoon Clark

Viele Leute glauben, dass wir den Apple-Computer 1975 in einer Garage entwickelt haben. Aber die verwechseln wahrscheinlich die Geschichte von Apple mit der Geschichte von Bill Hewlett und Dave Packard, die tatsächlich 1939 in Palo Alto in einer Garage anfingen.

Bei uns war das anders. Wir bauten die ersten Apple-Computer zusammen, wo immer wir konnten: auf dem Küchentisch, im Schlafzimmer, wo auch immer. Nur zum Testen brachten wir die Rechner dann in die Garage von Steve Jobs' Eltern in Palo Alto, damals noch im Crist Drive 11161, heute heißt die Adresse 2066 Crist Drive. Wir testeten die Computer jedenfalls in der Garage, weil wir ja nicht die ganze Zeit den Wohnzimmertisch in Beschlag nehmen wollten. Um die Funktionen zu testen, steckte ich jedes montierte Board jeweils an einen Bildschirm und eine Tastatur. Dafür brauchte man Platz, und deshalb saßen wir in Steves Garage.

Wahrscheinlich sind wir nicht ganz unbeteiligt an dem Missverständnis, denn es passte uns ganz gut in den Kram. Wir alle in der Gegend kannten natürlich die legendäre Geschichte von Hewlett und Packard und ihrer Garage. Wenn wir also zum Beispiel einem Journalisten oder einem Händler den Apple-Computer vorstellten, machten auch wir das natürlich in unserer Garage. Und wir erzählten dazu die passende Story: »Wir haben in einer Garage angefangen.« Damit wollten wir soviel sagen wie: Wir haben mit nichts angefangen.

Natürlich war ich schon mal in der Original-Garage von Hewlett und Packard in Palo Alto. Das ist heute so eine Art Museum, ziemlich klein, aber so eingerichtet, als wäre es ein funktionierendes Labor. Die Story, wie Hewlett und Packard in der Garage anfingen, hatte für mich schon eine riesige Bedeutung, lange bevor wir Apple gründeten. Und der Ort vermittelt mir einfach ein positives Gefühl [→ Hier und Jetzt 73].

Hewlett und Packard haben mich schon als Kind sehr beeindruckt, denn ich wollte schon immer Ingenieur werden. Ingenieure waren für mich die Menschen, die uns die Geräte für eine bessere Zukunft erschaffen. Auch mein Vater war Ingenieur, er brachte mir vieles bei, ganz handfest und praktisch. Wir bauten zum Beispiel zusammen ein Funkgerät. Zwischen unseren Basteleien malte er oft ein paar Diagramme auf eine Tafel und erklärte mir, wie Elektronen fließen oder wie ein Transistor funktioniert. Auch unsere Amateurfunklizenz machten wir zusammen, als ich 16 Jahre alt war.

Später durfte ich eine Weile für die Firma Hewlett Packard arbeiten. Das hat mich sehr geprägt. Es war ein Privileg. Ich hatte ja nicht einmal einen Uni-Abschluss, durfte aber trotzdem mit der heißesten Technologie von damals umgehen: Taschenrechnern. Auch später noch, als Steve und ich längst in der Garage von seinen Eltern unsere Apple-Rechner testeten, hielt ich das alles noch für ein Hobby und konstruierte weiter tagsüber in meinem Büro Taschenrechner für Hewlett Packard.

Für diesen Job hatte ich mich in meiner Freizeit qualifiziert. Jeden zweiten Mittwoch trafen wir uns mit dem Homebrew Computer Club in der Garage von Gordon French in Menlo Park. Wir hatten alle denselben Traum: Einen programmierbaren Computer zu bauen, der für alle bezahlbar war und vor allem: leicht zu bedienen. Am Anfang war ich total schüchtern und hörte nur zu. Aber irgendwann konnte ich einen eigenen Entwurf vorführen. Das war eigentlich schon der Vorläufer des Apple I.

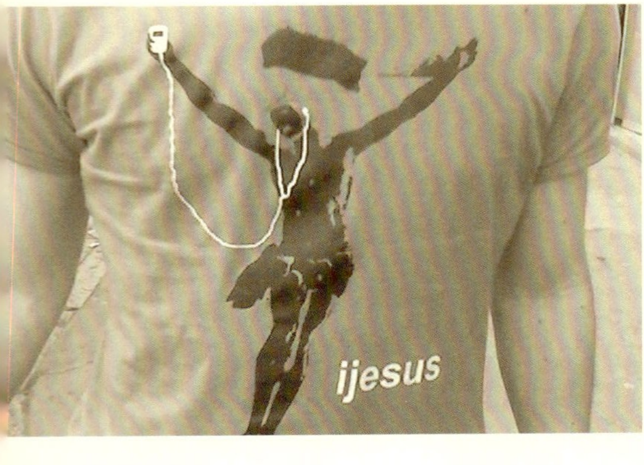

Als ich den ersten Computer fertig hatte, bot ich ihn Hewlett Packard an. Aber sie wollten ihn nicht haben. Ich wollte das wirklich mit HP machen, weil ich meine Firma liebte. Aber die ließen mich ungefähr fünfmal abblitzen. Im Nachhinein war es vielleicht besser so. Wenn HP den Apple-Computer über-

nommen hätte, wäre sicher nicht die lustige, aufregende Maschine daraus geworden, die wir kennen. Sondern eher so ein langweiliges, teures, perfektes Werkzeug für Ingenieure.

Irgendwann lief die Firma Apple von alleine. Also ging ich ans College. Meine Eltern hatten mir immer von ihrer College-Zeit erzählt, und auch ich wollte das meinen Kindern mitgeben können. Also schrieb ich mich ein, unter falschem Namen. Ich nannte mich Rocky Raccoon Clark. Keiner meiner Kommilitonen erkannte mich damals als den Entwickler des Apple-Computers. Alle dachten, ich sei ein ganz normaler 19-jähriger Student wie sie. Sogar mein Diplom ist auf das Pseudonym ausgestellt: Rocky Raccoon Clark. Ich liebe Pseudonyme. Mein liebster Künstlername ist mein Nachname rückwärts geschrieben: Kain Zow.

Manchmal habe ich das Gefühl, dass diese subversive, spielerische Bastelei immer schwieriger wird, je mehr die großen Multimilliarden-Konzerne die Welt der Technik beherrschen [→ Bangalore 27]. Oft sind deren Geräte nicht mehr so frei und zugänglich für Bastler wie damals. Das gilt zum Beispiel auch für das iPhone von Apple. Die großen Konzerne schließen durch ihre hermetische Technik viele junge Entwickler und ihre großartigen kleinen Ideen aus. Die

Nutzer sollten die Technik an ihre eigenen Bedürfnisse anpassen können. Oft werden diese kreativen Köpfe »Hacker« genannt. Oft hört man Sprüche wie: Innovation ist gut, aber Hacken ist schlecht. Aber Innovation und Hacken lassen sich eben nicht trennen [→ Summerhill 66]. Auch das hat die Geschichte der Apple-Garage und der Hewlett-Packard-Garage gezeigt.

Die Garage, in der wir damals unsere ersten Apple-Computer präsentierten, steht immer noch, aber es gibt dort heute eigentlich nichts mehr zu sehen. Die Garage gehört einfach zu einem privaten Wohnhaus. Es gab sicher Orte, die wichtiger für uns und die Computergeschichte waren, zum Beispiel das Schlafzimmer von Steve Jobs, von dem aus wir viele wichtige Telefongespräche führten. Oder mein Arbeitsplatz bei Hewlett-Packard, wo ich oft bis spät nachts saß und bastelte. Allerdings war die Garage emotional sehr wichtig für uns. Da passten locker acht Leute rein. Dort haben wir unseren Traum von Apple erzählt und vorgestellt. Die Garage steht einfach am deutlichsten dafür, was wir waren und was wir wollten. Ich finde, Apple sollte erwägen, die Garage doch noch zu kaufen. Aber Steve Jobs glaubt nicht an das sentimentale Wühlen in der Vergangenheit.

Man kann also die Apple-Garage nicht besichtigen [→ Bureau International des Poids et Mesures 62]. Aber sie ist trotzdem ein Symbol. Gerade, weil sie so nichtssagend und unscheinbar wirkt, vermittelt die Garage das Gefühl: Wow, das könnte ja auch mir passieren!

Aufgezeichnet von Hilmar Schmundt

AUTORIN Charlotte Kroll

30

ORT Tokio

BÜHNE Miraikan

SZENE Technik

Miraikan, Tokio

Humanoide hinterm Absperrband

Beim Betreten des futuristischen Gebäudes im Tokioter Stadtteil Odaiba verbindet sich ein leises Gefühl der Ehrfurcht mit gespannter Neugier. Hier also können wir uns der Schwelle zwischen Heute und Morgen nähern. Hier also begegnet eine Gesellschaft ihrer eigenen Zukunft. Der Slogan des Museums verspricht dem Besucher, die Welt nach dieser Begegnung mit anderen Augen zu sehen. Wer eintritt, lässt sich auf das Wagnis ein.

Miraikan, das Museum für die Zukunft, ist einer der wenigen Orte, die dem Publikumsverkehr regelmäßig eine Begegnung mit Asimo, dem heute am weitesten entwickelten humanoiden Roboter der Welt ermöglichen. Der neueste Stand der Forschung, die Spitzen der Technologie, hier soll der Gesellschaft ein Zugang zu ihnen ermöglicht werden. Wissenschaft und Technik als Bestandteile menschlicher Kultur, Roboter als zukünftige Mitglieder unserer Gesellschaft. Es ist eines der großen Ziele des Museums, die Gesellschaft als Ganzes an diese zukünftige Welt heranzuführen und sie zu einer Mitgestaltung zu inspirieren.

Zeit für den Auftritt des Superstars. Seine Bühne ist mit rotem Absperrband gekennzeichnet, seine fleißigen Helfer verständigen sich per Funk. Alle Blicke des gespannten Publikums sind auf die Glastür im Hintergrund der Bühne gerichtet, die sich langsam öffnet.

Zunächst sieht der kleine weiße Kerl gar nicht aus wie ein Superstar. Seine leicht gedrungenen und dennoch ästhetischen Proportionen und die großen runden Augen verleihen ihm ein sympathisches Äußeres. Sein Anblick berührt bei weitem nicht nur den Intellekt. Seine homogenen Bewegungsabläufe, die federnden Schritten, mit denen er sich auf das Publikum zu bewegt, die höfliche Verneigung und seine Glückwünsche für das soeben angebrochene Jahr scheinen in vielen Köpfen die gleiche Frage aufzuwerfen. Ist das wirklich eine Maschine? Oder steckt da ein Mensch drin? Die Assoziation zu den lebensgroßen Figuren des nur wenige Kilometer entfernt liegenden Disneyland liegt verführerisch nahe und ist doch so verkehrt. Auch wenn der Mensch dahinter steckt, drin steckt er nicht.

Welcher Ort könnte geeigneter sein für eine solche Begegnungsstätte als Odaiba, die künstlich aufgeschüttete Insel in der Tokio Bucht. Als Inbegriff des neuen Tokio, als Modell einer zukünftigen Welt gedacht, blieb selbstverständlich auch sie nicht von den wirtschaftlichen Krisen der neunziger Jahre verschont. Mit der kurz vor Ende des Jahrtausends eingeläuteten konzeptionellen Neuausrichtung hin zu einem Zentrum für Unterhaltung und Konsum gelang der zwischenzeitlich nahezu verwaisten Insel schließlich wieder der Aufschwung. Das Miraikan selbst öffnete im Jahr 2001 seine Tore. Von Krisen und Rückschlägen keine Spur. Hier herrscht ungebrochener Fortschrittsglaube.

Asimo, der PR-Schlager des japanischen Honda-Konzerns, verkörpert diesen Fortschrittsglauben in denkbar liebenswerter Weise. Den ersten Asimo, ein Kürzel für »Advanced Step in Inno-

vative Mobility«, wurde von Honda im Jahre 2000 vorgestellt. In ihm verbanden sich zahlreiche Technologien, die das Unternehmen bis zu diesem Zeitpunkt bereits anhand verschiedener Prototypen entwickeln konnte. Der aufrechte zweibeinige Gang eines Roboters bildete nur eine der großen technologischen Herausforderungen, die man seit den achtziger Jahren Schritt für Schritt zu überwinden gelernt hatte. Nachdem Asimo in den Folgejahren auch das Rennen und Treppensteigen beherrschte, wandte man sich in seiner Weiterentwicklung vor allem Aspekten künstlicher Intelligenz zu. Während Sony seine Produktion des zu einiger Berühmtheit gelangten Roboterhundes Aibo wieder einstellte, konnte Honda immer wieder neue Erfolge verzeichnen. In der Komplexität seiner Bewegungsabläufe und der Eigenschaft, sich durch Fähigkeiten wie die Wiedererkennung von Personen oder die gezielte Reaktion auf Gesten und Geräusche zunehmend in ein menschliches Arbeitsumfeld integrieren zu lassen, ist Asimo seinen Artgenossen weit überlegen.

Roboter, die als programmierbare Maschinen festgelegte Aufgaben erfüllen und so etwa zur Beschleunigung von Fertigungsprozessen in der Industrie eingesetzt werden, sind längst Teil unserer Gesellschaft. Vor allem in der Autoindustrie ginge ohne sie nichts mehr. Japan als großer Autoexporteur setzt auch daher weltweit die meisten Roboter ein, gefolgt von Deutschland und den USA. Autotechnik ist Robotertechnik, nicht nur im Film »Transformers«. Um Robotern zu begegnen, bedarf es keines Museums. Doch der besondere Reiz, der von Asimo und Co. ausgeht, ist ein anderer. Sie sollen mit Fähigkeiten ausgestattet werden, die es ihnen ermöglichen, den Menschen in vielen Bereichen des Lebens zu ersetzen. Und sie sollen zu diesem Zweck dem Menschen möglichst ähnlich sein.

Die humanoide Grundschullehrerin Saya, die im Rahmen eines Tokioter Projektversuchs 2009 für Schlagzeilen sorgte, ist nur ein Beispiel dafür, wie groß in Japan bereits heute die Bereitschaft ist, Robotern einen Platz in Alltags- wie Arbeitswelt einzuräumen. Ist das also unsere Zukunft? Humanoide statt humanistischer Bildung? Zwar wird immer wieder auf die selbstverständlich klare Begrenzung der Fähigkeiten von Robotern hingewiesen, doch selbst ohne die menschlichen Gesichtszüge Sayas verschwimmt bereits in den Randgesprächen zu Asimos Auftritt die Differenz zwischen ihm und dem menschlichen Publikum. Die japanische Sprache kennt zwei Worte für »Sein«, »aru« für Gegenstände, Gebäude, Maschinen, für die bloße Existenz eines Objektes, »iru« für das lebendige Sein von Mensch und Tier. Asimo ga iru. Es scheint gar nicht erst in Frage zu kommen, ihm diese Form der Lebendigkeit abzusprechen. Manch ein Beobachter vermutet sogar religiöse Reflexe hinter der Maschinenfreundlichkeit, vor allem der Shintoismus mache es leicht, nicht nur Flüsse und Wälder animistisch als Wesenheiten zu empfinden, sondern auch Maschinen. Ganz anders die monotheistischen Religionen mit ihrer Ikonophobie, bei denen das Eigenleben von Dingen oft in Form von Gruselgeschichten verarbeitet wird, vom Golem bis zum Zauberlehrling. Auch Europa war einst fasziniert von mechanischen Puppen, vor allem der »mechanische Türke« wurde zur Zeit der Aufklärung geradezu sprichwörtlich. Doch europäischen Aufklärern wie Julien Offray de la Mettrie ging es vor allem um Automaten als philosophisches Konzept, sein Buch hieß programmatisch: »Die Maschine Mensch«. In Japan dagegen funktioniert der Umgang nicht theoretisch, sondern spielerisch, nicht auf Misstrauen gegründet, sondern auf Zutrauen. Statt »Maschine Mensch« inszeniert Asimo genau das Gegenteil: die menschliche Maschine.

Weitestgehend ungeklärt bleibt bisher noch die Frage, in welchen Bereichen menschlichen Zusammenlebens Roboter uns eines Tages vertreten sollen. Demografischer Wandel und zukünftiger Mangel an Arbeitskräften wecken in Japan Phantasien, die humanoide Roboter vor allem als Verstärkung im Bereich der Pflege und im Service sehen. Für diese und ähnliche Tätigkeiten sollen sie zunächst einmal in die Lage versetzt werden, dem Menschen als Partner zur Seite zu stehen. Asimo beispielsweise kann längst auf sich zukommende Menschen grüßen oder ihnen falls nötig ausweichen. Er kann Gegenstände greifen, ein Tablett tragen oder einen

Servierwagen schieben. Er kann seine Aufgaben mit denen anderer Asimos koordinieren und sich kurz vor dem Erschöpfen seiner Batterie selbständig an einer Aufladestation mit neuer Energie versorgen.

Was wie Science Fiction klingt und längst Wirklichkeit geworden ist, beeindruckt vor allem das erwachsene Publikum. Die vielen Kinder, die sich entlang des roten Absperrbandes auf dem Boden niedergelassen haben, scheinen sich eher umgekehrt zu fragen, weshalb ein Kerl wie Asimo irgendetwas nicht können sollte. Es ist dieser unbedarfte Blick auf die Zukunft, den man hier antreffen kann.

Zukunft? In der Begegnung mit Asimo, in der bloßen Tatsache, dass er mit all seinen wundersamen Funktionen und Leistungsmerkmalen hier vor uns steht, offenbart sich letztlich die Gegenwart. In der Selbstverständlichkeit aber, mit der die Kinder sein Dasein und seine Handlungen wahrnehmen, verdichtet sich ein Gedanke zur Bedeutung dieses Museums und seiner Zielsetzung. Die Zukunft, der zu begegnen man sich beim Eintreten erhofft und um deretwillen wir gekommen sind, sitzt diesseits des Absperrbandes. Asimo und seine Artgenossen hingegen möchten allenfalls Teil von ihr werden. Ihnen bleibt nichts, als hier im Miraikan um die Herzen derer zu werben, die ihnen eines Tages einen Platz darin zuweisen könnten.

■

AUTOR Hilmar Schmundt

Baikonur, Kasachstan

Himmelfahrt in der Steppe

Die Steppe schweigt, still liegt die endlose Weite im Mondlicht, ein Ozean aus Sand und Gras, der traumlos schläft. Drei Uhr nachts. Nebelschwaden ziehen über den kasachischen Boden. Plötzlich ein lautes Donnern und Krachen, als würde ein Riese einen Theatervorhang zerfetzen. Ein schmerzhaft heller Lichtpunkt bohrt sich durch den Dunst. »Go, Proton, go!«, ruft Frank McKenna, der gemeinsam mit einer Delegation aus dem Westen auf der Observationsterrasse des »Klub Proton« steht. Proton, so heißt die Rakete, die sich über Startrampe Nummer 39 träge in den Nachthimmel zwischen China und Russland schiebt, betankt mit über 500 Tonnen hochexplosivem Treibstoff.

Der sonst so leutselige Amerikaner wirkt angespannt. Er ist so etwas wie der Reeder dieses Raumschiffs. Aus der Nähe von Washington verkauft der Chef der Firma International Launch Services (ILS) Mitfluggelegenheiten ins All. Zu seiner Kundschaft zählen 35 Satellitenbetreiber aus 15 Ländern, die bei ihm One-Way-Tickets in den Orbit buchen. Eigentlich ist dies ein ganz normaler Start in Baikonur. Doch derzeit steht viel auf dem Spiel für McKenna. Eine Pannenserie belastet den Ruf seiner Firma, zwischenzeitlich ging jedes Jahr ein Satellit auf dem Weg ins All verloren. Nichts Ungewöhnliches, Versicherungsexperten rechnen damit, dass rund zehn Prozent aller Raketenstarts in irgendeiner Weise fehlerhaft verlaufen. Das Weltraumgeschäft ist immer noch zum Teil Pionierarbeit.

Der Amerikaner ist schon viele Jahre im Raketengeschäft. Seine Firma akquiriert Kunden, handelt die Verträge aus, überwacht die Herstellung der Raketen in einer Fabrik bei Moskau, begleitet den Start in Baikonur. Vor allem aber kümmert McKenna sich um die begehrte Exportlizenz der USA, die amerikanische Satellitentechnik vor Spionage schützen soll. Mit Hilfe von McKenna versucht Russland, die zentrale Rolle von Baikonur im Satellitengeschäft weiter auszubauen. Offiziell soll das russische Militär vollständig abziehen. Danach wird der Weltraumbahnhof in Kasachstan nur noch für zivile Zwecke genutzt; dann können von hier aus noch mehr kommerzielle Satelliten ins All befördert werden.

Plötzlich geht ein Raunen durch den Raum. Ein massiger alter Mann steht in der Tür, mit den trägen, wachen Augen eines Skatspielers, weißen Haaren und einem schlabberigen Trenchcoat. »Der Start heute, das ist eigentlich gar nichts Besonderes«, knurrt Leonid Guruschkin, der technische Leiter des Proton-Programms. Seit über 40 Jahren arbeitet er in Baikonur, 300 Flüge ins All hat er mitverfolgt. Er wird umflattert von einer Entourage aus Männern mit Funkgeräten und misstrauischen Gesichtern und Lederjacken, die wirken wie Statisten in einem Mafiafilm. »Früher haben wir so einen Start jeden dritten Tag gehabt«, sagt Guruschkin, »wir sind die einzigen, die Raketenstarts im industriellen Maßstab betreiben können.« Heute liegen oft zwei, drei Monate zwischen den Proton-Starts.

Der älteste und größte Weltraumbahnhof der Welt ist fast dreimal so groß wie das Großherzogtum Luxemburg, eine Brache aus Sand und Grasbüscheln mit rund 300 klaren Tagen im Jahr [→ ESO 52], im Sommer brüllend heiß, im Winter bitterkalt. Zwischen den 50 Startrampen stehen verfallene Kasernen. Straßensperren riegeln das Gelände ab.

Baikonur ist gewissermaßen das Gegenstück zum Kennedy Space Center in Florida [→ Cape Canaveral 1], Teil einer janusköpfigen Verdoppelung der Infrastruktur im Kalten Krieg, mit jeweils zwei Geschmacksvarianten der Moderne: Das Teilchenforschungszentrum Cern [→ Cern 11] bei Genf fand sein Pendant im Teilchenforschungszentrum in Dubna bei Moskau [→ Dubna 44]; das Kaufhaus des Westens in Berlin fand seinen Zwilling im Gum in Moskau; und der Astronaut des Westens fand sein Spiegelbild im Kosmonaut des Ostens. Anders

als im Westen waren in der UdSSR nicht Comics und Kinderbücher der treibende Faktor für die Raumfahrt, sondern streng geheime Strategietreffen, in denen Ingenieure die Order erhielten, das All zu erobern [→ Mars 74]. Die Sternenstadt Baikonur steht nicht für Entertainment und Publicity, sondern für Geheimwissenschaft und Mysterium.

Das lässt sich im offiziellen Museum von Baikonur besichtigen. Die Gemälde und Mosaike an den Wänden sehen aus wie russisch-orthodoxe Ikonen. Nomaden mit Kamelen begrüßen den Lichtschweif einer startenden Rakete wie einst die Weisen aus dem Morgenland den Stern, der sie zur Krippe führt. Während die Astronauten als cowboyähnliche Spacejockeys daherkamen, wirken die Kosmonauten wie himmlische Heilsbringer, mit weit ausgebreiteten Armen, als wollten sie segnen, mit Helmen, die aussehen wie Heiligenscheine. Als wollte der revolutionäre Positivismus das Vakuum füllen, das die Ächtung der Religion hinterlässt [→ Moskau 1929 70]. Mit dieser Herausforderung schlagen sich Atheisten spätestens seit der Französischen Revolution herum, als man als erstes Symbol der neuen Zeit die Geneviève-Kirche in Paris umwidmete zu einem Tempel der Nation. Mit wechselndem Erfolg [→ Panthéon 67].

»Eine Zusammenarbeit mit den Amerikanern wäre früher mein schlimmster Alptraum gewesen«, sagt Guruschkin. Baikonur war einst die wichtigste Basis für Interkontinentalraketen, so streng geheim, dass sogar der Name in die Irre führen sollte: Das wahre Städtchen Baikonur liegt gut 300 Kilometer entfernt. Bis heute ist es Besuchern verboten, GPS-Navigationsgeräte mit aufs Gelände zu bringen. Nach dem Zusammenbruch der Sowjetunion lag die Weltraumbasis plötzlich in Kasachstan, aus russischer Sicht also im Ausland. Seitdem nutzt Russland das Areal als Mieter. Die Kaltmiete beläuft sich angeblich auf gut hundert Millionen Dollar im Jahr, das ist etwa so viel, wie ein einziger Raketenstart kostet. Im Kalten Krieg war Baikonur eine der für den Westen bedrohlichsten Raketenbasen, doch nach dem Niedergang der Sowjetunion wurde es zu einer Zeitbombe. Was, wenn die russischen Raketenmänner arbeitslos werden und bei finanzkräftigen Schurkenstaaten anheuern? 1995 gründete der amerikanische Raketenbauer Lockheed Martin mit den Russen das Joint Venture ILS. Davon profitieren beide Seiten. Die größte Stärke der russischen Kosmonauten ist ihre Erfahrung. Die Proton-Rakete wurde in den sechziger Jahren entwickelt und ist seitdem im Einsatz als eine Art Trecker des

Orbit, altmodisch und unverwüstlich. Von 320 Starts gingen nur 20 schief.

Unbeirrt setzt man auf altbewährte Rezepte, denn die »Raketenschifffahrt«, wie man es früher nannte, ist noch immer ein experimentelles Geschäft. Und daher stockkonservativ. Jede kleinste Veränderung, jedes neue Schräubchen, könnte das Flugverhalten beeinflussen und zu einem Absturz führen. So werden auch winzige Details eifersüchtig bewahrt – bis hin zum religiösen Ritual, das der Rakete zuteil wird. Vor dem Start wird die Proton-Rakete feierlich von einem orthodoxen Priester mit Weihwasser besprenkelt. Man weiß ja nie – und wenn es die aerodynamischen Eigenschaften des Wassers sind, die irgendwie wirken. So war es eben immer, so soll es auch bleiben.

Nach dem Abzug der Militärs sollen die Geschäfte noch besser laufen. Nach ein paar Drinks schwärmt Guruschkin von einer neuen Blütezeit. Der Veteran träumt von Souvenirshops, Reisebussen und Besuchern aus aller Welt – fast so wie im Kennedy Space Center.

Aber bis es so weit ist, sind es nur die Kunden selbst und deren Gäste, die den Start ihrer Satelliten vor Ort verfolgen dürfen. Der Satellit, der heute auf der Proton-Rakete gen Himmel donnert, wiegt mehr als fünf Tonnen. Eine Art Funkturm im All, der über 70 Fernsehprogramme gleichzeitig ausstrahlen kann. In einem geostationären Orbit, rund 36.000 Kilometer über der Erde, dient er vor allem dem Ausbau hochauflösender HDTV-Programme. Wer eine Satellitenschüssel hat und zum Beispiel auf MTV zappt, empfängt die Videoclips nun über das Gerät aus Baikonur. Die Welt ist süchtig nach Sendern im Orbit, die dabei helfen, Ernten vorherzusagen, Flugzeuge ans Ziel zu führen, Telefongespräche zu übertragen, Internetkommunikation, Fernsehtalkshows [→ Porthcurno 59]. Satelliten sind die vielleicht jüngste Infrastruktur moderner Gesellschaften – und die unsichtbarste [→ Autobahn 61].

Halb drei Uhr nachts. Die ausgebrannten Raketenstufen sind längst wie lästiger Verpackungsmüll irgendwo in der dünn besiedelten kasachischen Steppe niedergegangen. Noch in der Nacht jagen Schrotthändler in Allradfahrzeugen zu den Einschlagskratern und zerlegen das Altmetall, um es zu verkaufen oder um Kochtöpfe daraus zu dengeln. Doch was ist mit dem hochgiftigen Raketentreibstoff, der mit den ausgebrannten Raketenstufen auf die Steppe prasselt?

Im Wissenschaftsblatt »Nature« war von Gesundheitsrisiken für Kinder zu lesen [→ Nature 42]. Alles Unsinn, widerspricht ein russischer Ingenieur in Baikonur. Raketentreibstoff, fabuliert er, wirke wie Dünger. Dort, wo Raketenschrott niedergeht, blühe ein wahrer Dschungel [→ Bikini-Atoll 17]: »Aber zitieren Sie mich damit bitte nicht.«

Die Gäste aus dem Westen feiern die ganze Nacht durch – weil sie müssen. Erst gegen vier Uhr stolpern sie die fehlerhaft aufgemauerte Treppe des »Klub Proton« hinab. Das Problem: Ihr Flugzeug darf erst wieder in der Dämmerung starten. Die Landebahn ist nach wie vor unbeleuchtet wie bei einem Militärflughafen. Das war eben schon immer so.

■

AUTOR Peter Pannke

32

ORT Essakane | BÜHNE Festival au désert | SZENE Gesellschaft

Die Oase Essakane, Mali

Wurzeln und Stamm der Weltmusik

Wenn man Timbuktu in Richtung Nordwesten verlässt, passiert man am Stadtrand, kurz bevor die Wüste beginnt, eine riesige Betonsäule. Steil ragen ihre Arme in den Himmel, in den Sockel sind verrostete, ausgebrannte Gerippe von Maschinengewehren eingegossen. Fiamme de la Paix heißt dieses Denkmal, das daran erinnern soll, dass die Tuareg im März 1996 an dieser Stelle vor den Augen von Präsident Alpha Oumar Konaré und der versammelten Stammesführer 3000 Gewehre verbrannten, um den fragilen Frieden zu besiegeln, den sie mit dem Staat Mali geschlossen hatten.

»Die malische Armee hat ihre Waffen damals nicht mit ins Feuer geworfen«, murmelte der Tuareg, der mich zum Festival au désert in die Oase Essakane mitnahm, zwischen den Zähnen. Der Friedensschluss hinterließ einen bitteren Nachgeschmack. Etwa eine Million Tuareg verteilen sich über ein riesiges Gebiet, fünfmal so groß wie Deutschland, das sich über Marokko, Mauretanien, Algerien, Libyen, Mali, Burkina Faso und Niger erstreckt. Als verbindendes Element dient den heterogenen Gruppen einzig ihre gemeinsame Sprache [→ San Millán 45] Tamashek, und so nennen sie sich Kel Tamashek, »Sprecher des Tamashek«, oder Imazighen, »freie Menschen«.

Als in den Dürrekatastrophen der siebziger und achtziger Jahre der größte Teil ihrer Viehherden verdurstete, verschwand zusammen mit ihren Kamelen und Ziegen die Lebensgrundlage der nomadischen Bevölkerung, die in Touristenprospekten als »blaue Ritter der Wüste« verklärt werden. Sie selbst bezeichnen sich weder als »blaue Ritter« noch als Tuareg – das Wort ist ein arabisches Schimpfwort und bedeutet soviel wie »von Gott Verdammte«. Die Araber, mit denen sie über Jahrhunderte hinweg immer wieder Kriege führten, haben sie zwar islamisiert, aber nie unterworfen.

Die Sharia – das Wort bezeichnet ursprünglich einen Pfad durch die Wüste – brauchten sie nicht, denn die Sterne wiesen ihnen den Weg.

Als die Tuareg von der fortschreitenden Versteppung der Sahel-Zone immer weiter nach Süden gedrängt wurden, trafen sie auf die Herden der Peul oder anderer Gruppen, die ihre angestammten Wasserrechte verteidigten.

Im Laufe der Auseinandersetzungen wechselten zehntausende von jungen Tuareg über die Grenze nach Algerien und Libyen. »Ishumaren« wurden sie genannt, nach dem französischen »chômeur«, die Arbeitslosen. Fern von ihren Familien vertrieben sie sich die Zeit mit Gesängen, die von den legendären Kriegern der Vergangenheit erzählten. Taghreft Tinariwen – die erste Tuaregband, die zu elektrische Gitarren griff – führte ein neues Thema in den alten poetischen Kodex ein. »Taghreft« bezeichnet eine Baumannschaft, »Tinariwen« bedeutet Wüste oder »leerer Ort«. Die Wüste drohte sich nun auch im Inneren auszubreiten und die Menschen auszuhöhlen, ihre Songs waren von Hoffnung, Schmerz und Sehnsucht nach einem eigenen Land erfüllt.

Sie seien in einem libyschen Trainingslager entstanden, erzählte Tinariwen beim ersten Festival au désert, das 2001 in der Nähe von Kidal stattfand, westlichen Journalisten. Das Versprechen Ghaddafis, sie bei ihrem Kampf für ein autonomes Land der Tuareg zu unterstützen, erwies sich als trügerisch. Einige von ihnen gehörten zu der Gruppe, die im Juni 1990 einen Militärposten an der Grenze zu Niger überfiel und damit den zweiten Aufstand der Tuareg auslöste. Dass sie mit der Kalaschnikow in der einen und der E-Gitarre in der anderen Hand kämpften, wurde bald zur Legende, doch für Tinariwen stand nicht der Krieg, den sie mit traumatischen Erinnerungen verbanden [→ Solferino 7], im Mittelpunkt, sondern die Reflexion über ihr Leben, das zwischen archaischem Erbe und desolater Moderne pendelte.

Traditionelle Nomadentreffen, auf denen getanzt und gesungen wurde, »Temakannit« genannt, hatten in der Sahara stattgefunden, solange die Bewohner zurück denken konnten, aber die Idee, diese Zusammenkünfte auch für Nicht-Tuaregs zu öffnen und Musikerinnen und Musiker aus dem merklich unterschiedlichen Süden des Landes dazu einzuladen, war neu. Die Inspiration, dass sich das zu einem regelrechten Weltmusikfestival auswachsen könnte, stammte von der französischen Musikerkommune Lo'Jo, die Tinariwen 1999 in der Hauptstadt Bamako trafen. Sie taten sich mit der Tuareg-Organisation EFES zusammen, die auf die bedrohte Lebenssituation ihres Volkes aufmerksam machen wollte.

Beim ersten Festival au désert waren gerade einmal dreißig Westler anwesend, aber die waren begeistert von den wilden Männern mit Turban und E-Gitarre, die den Sandhügel erklommen, der als improvisiertes Podium diente. Doch in den Norden Malis, wo sich immer noch bewaffnete Rebellen aufhielten, traute sich selbst das Militär kaum, und so wurde das nächste Festival auf die weißen Dünen von Essakane verlegt, wo man eher westliche Weltmusiktouristen anlocken konnte. Schnell machte die Kunde von den »Rolling Stones der Sahara« in Musikerkreisen die Runde.

2003 gesellte sich Robert Plant, der Sänger der Rocklegende Led Zeppelin, zu Tinariwen auf die Bühne. »Als ob man einem Tropfen lauscht, der in einen tiefen Brunnen fällt«, umschrieb er das Gefühl, das ihre Musik in ihm auslöste. Die CD mit dem Mitschnitt des Festivals gelangte in die World Music Charts und katapultierte Tinariwen zu internationalem Ruhm.

Im Januar 2004 verschaffte »das entlegenste Festival der Welt« bereits einigen hundert westlichen Besuchern Einblicke in die Härte des Nomadenlebens: Keine Duschen, Wasser war knapp, die Toilettenhäuschen, die eine ausländische Hilfsorganisation errichtet hatte, waren innerhalb weniger Stunden unbrauchbar. Aus ihren Schlafsäcken mussten die Besucher erst einmal die Skorpione herausschütteln, vor allem machte ihnen der feine Staub zu schaffen, der durch die kleinsten Ritzen drang. Schnell stellte sich heraus, dass der Tagoulmoust, der Gesichtsschleier der Tuareg, kein dekoratives Schmuckstück ist, sondern zur Überlebensausrüstung gehört.

Die Tuareg-Bands dominieren das Festival, der pan-malische Geist der Versöhnung der nördlichen und südlichen Landesteile fand auf einem Nebenschauplatz statt. Die Koraklänge der Griots von Mali bekamen die Weltmusiktouristen erst beim Festival au Niger zu hören, das in den folgenden Jahren nach dem Vorbild von Essakane in Ségou entstand. Aber auch das Festival au désert verzeichnet steigende Besucherzahlen, und es hat viel bewegt.

Das blinde Ehepaar Amadou & Mariam, das sich in der Blindenschule von Bamako kennen lernte und 2004 international noch wenig bekannt war, holte Herbert Grönemeier drei Jahre später nach Berlin, um gemeinsam mit ihnen die Fußballweltmeisterschaft zu eröffnen. Etran Finatawa, die »Sterne der Tradition« der Wodaabe-Nomaden aus Niger, die zwischen die Fronten der Tuareg und der Regierungssoldaten von Mali und Niger geraten waren, versöhnten sich in Essakane mit ihren ehemaligen Gegnern. »Desert Crossroads« heißt ihre 2005 erschienen CD. Die Gruppe tourt mittlerweile durch Europa, genau wie Tinariwen, die bisher 80.000 CDs verkauft haben. Der Tribut, den sie für ihre internationale Vermarktung zahlen müssen, kann man im Internet nachlesen. »Die romantischen Rocker aus der Wüste betören immer wieder, auch wenn sie diesmal etwas sehr produziert daher kommen«, wurde ihre letzte CD kritisiert, aber Carlos Santana holte sie 2007 zum Jazz-Festival von Montreux und versicherte ihnen, sie säßen an der Quelle, aus der Muddy Waters, Jeff Beck und Buddy Guy getrunken hätten.

Ähnliches sagte der 2005 verstorbene Ali Farka Touré, der zusammen mit dem amerikanischen Gitarristen Ry Cooder für »Talking Timbuktu« einen Grammy Award bekam. Vielleicht war es nur Höflichkeit, die ihn dazu brachte, die Frage nach der Herkunft des Blues, die ihm auf der Pressekonferenz von Essakane 2004 gestellt wurde, noch einmal zu beantworten. Der Blues? Was sollte das sein? Er hielt es für einen schlechten Witz, dass er gefragt wurde, ob er sein Gitarrenspiel bei John Lee Hooker gelernt habe. Gewiss, er hatte ihn 1968 zum ersten Mal gehört und war tief beeindruckt – aber nicht, weil er seinen Meister gefunden hatte, sondern weil ihm schien, dass der amerikanische Bluessänger etwas spielte, was eigentlich aus Afrika stammte [→ Rift Valley 21], vom Ufer des Niger. »Ihr kennt die Zweige, wir in Mali haben die Wurzeln und den Stamm. Ich weiß selber, was ich spiele, niemand braucht mir das zu erzählen«, beschied Ali Farka die weißen Journalisten. Ali Farka transportierte mit seiner Musik keine Klageschreie über die Sklavenarbeit auf den Baumwollplantagen, kein Stöhnen über Whiskey and Women – er war kein Underdog, sondern ein Grundbesitzer, der auf sein Land stolz war.

Nicht jeder in Europa scheint das begriffen zu haben. Die eigentliche Weltmusik werde von Madonna und den Beatles gemacht, erläuterte der neue Musikchef Detlef Diederichsen sein Programm, als im Herbst 2007 das frisch renovierte Berliner Haus der Kulturen der Welt wiedereröffnet wurde – Stammesgesänge aus Mali und peruanische Zupfinstrumente erklängen doch nur an der Peripherie. Die Botschafterin von Mali lachte nur, als sie den Artikel in der lokalen Stadtzeitung las: »Vielleicht sollte man diesen Mann einmal nach Mali einladen, damit er die Wiege kennen lernt, in der die Urgroßeltern der Weltmusik gelegen haben!«

■

AUTORIN Sabine Koller

YIVO, New York

Die untergegangene Welt des Ostjudentums

Die Prozedur wiederholt sich Tag für Tag: Nachdem man die schwere Glastür aufgestoßen hat, wird man von massigen Sicherheitskräften durchleuchtet, ob man nun Besucher ist oder Teil des Personals, die Mesusa berührt oder nicht, die traditionelle Schriftkapsel am Türrahmen.

Jeden Morgen verfluche ich meinen altersschwachen Laptop, den ich bei den Sicherheitsvorkehrungen, die man eigentlich vom Flughafen kennt, hochfahren muss. Jeden Morgen hinterlege ich meinen Personalausweis, um in Besitz eines Schließfaches zu kommen – und um endlich den Lesesaal betreten zu dürfen. Er beherbergt die Bibliothek und das Archiv des YIVO,des Jiddischen Wissenschaftlichen Instituts in New York. Der Gang ins YIVO ist ein »rite de passage« der besonderen Art.

Das YIVO beherbergt heute die weltweit größte Sammlung jiddischer Bücher und Archivalien zur Geschichte der Ostjuden. Zwischen 4000 und 5000 Besucher pilgern jährlich aus aller Welt hierher. Hier findet sich die größte Sammlung ostjüdischer Musik. Hier liegen die umfangreichsten Dokumente zum ostjüdischen Theater. Hier befinden sich seltene Exemplare einzigartiger Werke der jiddischen Moderne, die vom Reichtum einer untergegangenen Welt künden. Besucher aus aller Welt sitzen in einem gediegenen Saal an Arbeitstischen und werden von Archivaren mit angeforderten Materialien versorgt,die in der Welt Ihresgleichen suchen: Hier kann man beispielsweise Marc Chagalls Briefe im Original lesen. Das YIVO birgt viele derartige Schätze, ist aber dennoch eine der am wenigsten bekannten wissenschaftlichen Einrichtungen – wohl auch bedingt durch die Sprachbarriere: Wissenschaftssprache ist bis heute vornehmlich Jiddisch.

Es herrscht Aufbruchsstimmung in der ostjüdischen Welt der Literatur, Kunst und Wissenschaft, als das YIVO, 1925 in Berlin gegründet wird – noch vor der Hebräischen Universität in Jerusalem.

Das YIVO ist Ausdruck und Produkt dieses Aufbruchs: Auf in die Moderne, auf in ein säkulares Leben, weg vom Mief des Stetls, von überkommenen religiösen Vorstellungen und dem Schrecken der Pogrome, die dokumentiert werden im Ostjüdischen Historischen Archiv in Berlin, der Vorläuferinstitution des YIVO.

Man sei zwar im Exil, aber doch eine Kulturnation, dieses Bewusstsein breitet sich damals aus unter dem Eindruck der Haskalah, der jüdischen Aufklärung. Das Identitätskonzept einer Diaspora-Nation ist eng mit dem Namen Dubnow verbunden: Simon – oder jiddisch: Shimen – Dubnow, der von 1860 bis 1941 lebte und als der wohl größte Historiker und Geschichtsphilosoph des Ostjudentums gilt. Im Zentrum dieses Selbstverständnisses steht eine Spannung zwischen Tradition und Moderne, zwischen Wurzeln und Aufbruch: Assimilierte jüdische Aufklärer und Zionisten wettern damals oft gegen das Jiddische als Inbegriff der Rückständigkeit. Doch können sie nicht verhindern, dass die jiddische Sprache zum Wesenskern dieser ostjüdischen Diaspora-Nation wird – und damit auch des YIVO. Die wissenschaftliche Erforschung des Jiddischen und der jiddischen Literatur sowie die wissenschaftliche Vermitlung der ostjüdischen Kultur *in* Jiddisch ist eines seiner Hauptanliegen.

Damals sucht eine ostjüdische Intellektuellengeneration unter dem Eindruck realen Unbehaustseins Schutz unter dem Dach der Wissenschaft.

Formal in Berlin gegründet, beziehen wichtige Teile des YIVO wenig später in Vilnius Quartier, dem »litauischen Jerusalem« und Zentrum der osteuropäisch-jüdischen Intelligenz. Weitere Zentren befinden sich in Warschau und Berlin, Zweigstellen in Paris, Buenos Aires und New York.

Die YIVO-Zentrale in der Wiwulski-Straße wird immer wieder von finanziellen und politischen Krisen bedroht. Die Stimmung ist in Vilnius extrem aufgeheizt, mal sozialistisch, mal antisozialistisch, teils zionistisch, teils antizionistisch. Derlei Polarisierungen machen es des dem YIVO nicht leicht, als akademische Instanz des Ostjudentums eine politisch und ideologisch neutrale oder autonome Position einzunehmen. Diese innerjüdischen Konflikte werden schließlich durch den nationalsozialistischen Aggressor ›gelöst‹. Zunächst wird als Folge des Hitler-Stalin-Pakts ganz Litauen und damit das YIVO dem sozialistischen Ungetüm einverleibt. Am 24. Juni 1941 besetzen deutsche Truppen Vilnius. Das ungeheuerliche Vernichtungswerk beginnt und macht vor dem Kulturschatz des YIVO nicht halt.

Eine sogenannte »Papier-Brigade« versteckt unter Einsatz ihres Lebens Bücher und Dokumente bei christlichen Freunden, schmuggelt Unterlagen ins Ghetto, verzögert Transporte. Ohne den Einsatz der Papierbrigade, der auch der im Januar 2010 verstorbene jiddische Dichter Abraham Sutskever angehörte, wäre der gesamte Bestand des YIVO unwiederbringlich verloren. Doch ein Teil der Dokumente überlebt den, so Benjamin Harshav, »doppelten Holocaust« – den der Menschen und ihrer Kultur.

Nach einer Zwischenlagerung im »Archival Depot« in Offenbach und in Paris werden gerettete Bestände noch während des Zweiten Weltkriegs nach New York versandt, nunmehr rechtlich anerkannter Hauptsitz des YIVO. Ein anderer Teil, der im litauischen Staatsarchiv verstaubte, ist erst seit 1989 wieder zugänglich. Das YIVO in New York ist heute gemeinsam mit dem Leo Baeck Institute und der American-Jewish Historical Society im Center of Jewish History in der 16th Street in Manhattan untergebracht.

Auch Marc Chagall, das Aushängeschild jüdischer Kunst, fand während des Krieges in New York Zuflucht. Doch nicht nur deshalb steht er mit dem YIVO in Verbindung. Den weltberühmten Künstler und die unbekannte Institution verbindet das Jiddische. Mehr als einmal übersetzt Chagall seine Muttersprache, seine »mameloshn«, ins Medium der Malerei. Er weiß um den hohen Wert des Jiddischen für die ostjüdische Kulturrenaissance – und um die Vernachlässigung der jüdischen Kunst.

1935 setzt er sich anlässlich des zehnten Jahrestages des YIVO in Vilnius für die Einrichtung einer Kunstsektion ein. Traditionell ist das YIVO nämlich in vier Abteilungen aufgeteilt: in eine historische, eine ökonomisch-statistische, eine psychologisch-pädagogische und in eine philologisch-ethnologische. Neben der deskriptiven Tätigkeit, die erst auf der Grundlage umfangreicher Sammlungen möglich wird, verfolgt das YIVO auch präskriptive Ziele: Eine Kommission für Orthografie [→ San Millán 45] versucht eine einheitliche jiddische Schreibweise einzuführen.

Marc Chagall reicht das nicht. Die Eröffnung eines jüdischen Museums in Vilnius, die Chagall vornehmen darf, ist für ihn nur ein Auftakt. Wider die Bilderfeindlichkeit des Judentums bemüht er

sich um eine wissenschaftliche Auseinandersetzung mit der jüdischen Kunst. Für Chagall stellt sich die Sache so dar: Zwar gebe es Fachleute für jiddische Literatur, aber wo seien die Kunsthistoriker zur Erforschung der jüdischen Malerei? Bis heute gibt es am YIVO keine eigenständige Kunstsektion. Vielleicht bedarf es ja derartiger Utopien, um weiter zu existieren im Kampf gegen die Zeit und das Vergessen.

Ich blättere in vergilbten Büchern, Briefen und Manuskripten, deren Existenz von zwei Diktaturen bedroht war und die nun nur noch einen Überlebenskampf führen: denjenigen mit der Zeit.

Für den realen Fortbestand der YIVO-Bestände stehen dem Menschen mittlerweile wunderbare technische Möglichkeiten zur Verfügung. Für ihr Weiterleben im kulturellen Gedächtnis sind die verantwortlich, die sich dem Archiv verschreiben. Jaques Derrida schreibt 1997: »Die Frage des Archivs ist nicht eine Frage der Vergangenheit, nach einem Begriff von Vergangenheit, über den wir ›bereits‹ verfügten, ›einen archivierbaren Begriff des Archivs‹. Es ist eine Frage von Zukunft, die Frage der Zukunft selbst, die

Frage einer Antwort, eines Versprechens und einer Verantwortung für morgen. Wenn wir wissen wollen, was das Archiv bedeutet haben wird, so werden wir es nur in zukünftigen Zeiten wissen.«

Für Derrida ist das Archiv an Verantwortung gebunden, an ein Versprechen [→ Arolsen 68]. Kein Versprechen ohne Sprache. Die Fortexistenz des YIVO *versichern*, das kann man in vielen Sprachen. Die Fortexistenz des YIVO zu *sichern*, braucht es die jiddische Sprache.

AUTOR Christopher Schrader

34

ORT Hawaii

BÜHNE CO_2-Kurve

SZENE Laboratorium

Mauna Loa, Hawaii

Eine Kurve verändert die Welt

Hawaii! Palmen, Strände, Wellen, Wärme, bunte Cocktails, Bikinis, Surfbretter – die Liste der positiven Assoziationen ist lang, sobald der Name der Inselkette im Pazifik erwähnt wird. Doch von dem tropischen Flair der Küstenorte ist auf dem Gipfel des Mauna Loa wenig zu spüren. Der Vulkan auf der Hauptinsel ragt 4169 Meter in die Höhe, auf Satellitenbildern kleidet er sich gern in Schnee. Etwas darunter, auf 3400 Meter stehen an der Nordflanke des Berges einige schmucklose Gebäude. Sie schützen Forscher und Instrumente einer meteorologischen Station vor der Witterung. Hier oben kann es im Februar sowohl minus 17 als auch plus 27 Grad Celsius haben. Bisweilen pfeift starker Wind über das kahle Plateau, aber meist säuselt er nur, wenn er von Süden kommt. Der Blick auf die Nachbarinseln ist phantastisch, weil das »Mauna Loa Observatory« häufig über den Wolken liegt – und vor allem: Die Luft ist klar [→ ESO 52].

Das ist auch der Grund, warum hier seit mehr als 50 Jahren Messgeräte verfolgen, wie viel Kohlendioxid die Atmosphäre enthält. Sie sind im Keeling Building installiert, benannt nach dem Initiator der außergewöhnlichen Messreihe, dem Chemiker Charles David Keeling von der Scripps Institution of Oceanography in La Jolla, einem Vorort von San Diego in Kalifornien. Neben der Tür ist die Messkurve auf einer Bronzetafel eingraviert. Sie zeigt den unaufhaltsamen Anstieg der CO_2-Werte seit Beginn der Messungen 1958, überlagert vom jährlichen Ein- und Ausatmen der Natur: Von Mai bis Oktober sinken die Werte, wenn Bäume und andere Pflanzen auf der Nordhalbkugel Kohlendioxid verbrauchen, weil sie wachsen und neue Blätter bekommen. Den Rest des Jahres steigen die Werte wieder: Einjährige Pflanzen sterben, Blätter fallen und verrotten und geben das CO_2 frei; die Südhalbkugel hat weniger

Vegetation, ihr Vegetationszyklus fällt deshalb kaum ins Gewicht. Und jedes Jahr erreicht die Kurve im Mai einen neuen Höhepunkt, weil die vielen Milliarden Menschen der Erde Kohlendioxid aus ihren Auspuffen und Schornsteinen geblasen haben.

Weil dieser Verlauf den Einfluss von Natur und Menschheit auf die globale Umwelt dokumentiert, ist die Keeling-Kurve ein zentrales Symbol des Klimawandels. »Die Messreihe belegt, dass die Menschheit ihre planetarische Unschuld verloren hat: Sie verändert die Erde«, sagt Hans Joachim Schellnhuber, Leiter des Potsdam-Instituts für Klimafolgenforschung. Keelings Kollegen von der Wetterbehörde NOAA, die das Mauna-Loa-Observatorium betreibt, nennen seine Daten den »unbestreitbaren Grundstein der Klimaforschung«. Und als der Chemiker 2005 starb, rief ihm sein letzter Chef Charles Kennel nach: »Die Messungen sind der wichtigste Datensatz der Umweltforschung im 20. Jahrhundert.«

Von all dem war wenig zu ahnen, als Kollegen von Keeling am Morgen des 27. März 1958 die kontinuierliche Messung des CO_2 in der Luft auf dem Mauna Loa starteten. Keeling selbst hatte von seinem damaligen Chef keine Reisegenehmigung bekommen; er kam im November 1958 zum ersten Mal nach Hawaii. Er hatte schon in den Jahren davor wichtige Vorarbeiten geleistet, die Apparatur zusammengestellt, vor allem für das Messprogramm gekämpft und Geld dafür besorgt.

Die Wissenschaft wusste damals wenig über das Treibhausgas. Zwar hatte der Schwede Svante Arrhenius 1895 die Rolle von CO_2 in der Atmosphäre theoretisch erklärt, aber verlässliche Messungen gab es nicht. Viele Experten glaubten darum, die Werte schwankten stark nach Ort und Zeit, durchgehende Trends gebe es nicht. Keeling jedoch war überzeugt, eine kontinuierliche Messung an einem repräsentativen Ort habe große Aussagekraft. Seine Kurve zeigte dann bald, und zeigt das bis heute, dass sich das Treibhausgas mit den anderen Atmosphärengasen weltweit vermischt, und dass etwa 57 Prozent des freigesetzten CO_2 in der Luft verbleiben.

Die erste abgelesene Zahl hatte Keeling ziemlich genau vorhergesagt: 313 ppm (parts per million). Unter jeweils einer Million Luftmoleküle befanden sich 313 Moleküle Kohlendioxid, also etwas weniger als ein Drittel Promille. Später merzte Keeling einen kleinen systematischen Fehler am Gerät aus, sodass der Durchschnittswert für die letzten Märztage 1958 korrigiert wurde und nun als 315,71 ppm in den Annalen steht. Knapp 52 Jahre später, im Dezember 2009, ist er auf 388,09 ppm gestiegen. Aus Messungen an Luftbläschen, die in Eis eingeschlossen waren, wissen Klimaforscher zudem, dass vor der Industrialisierung viele tausend Jahre lang etwa 280 ppm Kohlendioxid in der Luft schwebten. Die Menschheit hat also in weniger als 200 Jahren dazu beigetragen, diesen Wert um 39 Prozent zu erhöhen, weil sie in Industrie und Verkehr Kohle, Öl und Gas verbrennt. Zwei Drittel der Zunahme sind erst seit Beginn der Messungen eingetreten.

Die ersten Indizien dafür hatte Keeling schon nach zwei Jahren gesehen. 1960 veröffentlichte er in der skandinavischen Fachzeitschrift »Tellus« die ersten Daten vom Mauna Loa. Darin beschrieb er die beiden zentralen Eigenschaften der eben erst gestarteten

Kurve: Zum einen den Anstieg von Jahr zu Jahr. Zum anderen die Variation über das Jahr hinweg. Keeling war davon selbst überrascht. Die April-Werte von 1958 waren höher als die März-Zahlen, die Mai-Daten lagen noch darüber. Dann gab es Stromausfälle, sodass es für Juni jenes Jahres überhaupt keine Resultate gab. »Als die Messung im Juli weiterging, waren die Ergebnisse unter die März-Werte gefallen«, schrieb Keeling in seiner Autobiografie. Und: »Ich begann mir Sorgen zu machen, dass die Daten hoffnungslos sprunghaft sein könnten.« Er fürchtete wohl, dass er sich doch zu weit aus dem Fenster gelehnt hatte.

Doch dann begann sich der Zyklus im zweiten Jahr der Messungen zu wiederholen. Bald konnte der Forscher anhand von Vorstudien auch schlüssig erklären, was passierte – und warum die Schwankungen ihr Maximum im Mai erreichten. Pflanzen waren für den Effekt verantwortlich, wie Detailanalysen am aufgefangenen Kohlendioxid belegten. Das stützte den plausiblen Gedanken, dass von diesem Monat an auf der gesamten Nordhalbkugel der CO_2-Bedarf schlagartig zunahm, weil die Natur erwachte. Besonders in den ausgedehnten Wäldern von Sibirien und Kanada schlugen die Bäume aus. Die Vegetation auf der Südhalbkugel hinterließ ab November einen deutlich geringeren Effekt, weil dort die Landmassen viel kleiner sind.

Von lokalen Effekten waren die Messungen weitgehend frei, ragt der Mauna Loa doch weit von jeglicher Industrie über die Wetterlagen am Boden, die die Vermischung des dort ausgestoßenen CO_2 zeitweise bremsen. Der Wert dieser Messung auf dem Vulkangipfel mitten im Pazifik war vor allem den Geldgebern nicht immer klar. Besonders schwierig wurde es 1964, als der US-Kongress die Wetterbehörde NOAA zum Sparen zwang. Schnell wurde die von ihr finanzierte Stelle von Keelings Techniker auf Hawaii gestrichen. Drei Monate lang gab es keine Daten, bis die National Science Foundation Geld auftrieb. Später stand Keeling unter dem Druck, die als unwissenschaftlich betrachtete Langzeit-Beobachtung Regierungsstellen zu überlassen – und verteidigte seine Arbeit.

Nur für acht Monate während der knapp 52 Jahre hat Keelings Apparatur keine Daten geliefert. Er hat sie immer wieder warten lassen und sich gegen eine Modernisierung der Geräte gesträubt. Seit 1974 läuft darum parallel zu seinem Experiment ein Messprogramm der Wetterbehörde NOAA, für das heute Steve Ryan zuständig ist. Er beschreibt in einer Mischung aus Hochachtung und Frustration, wie Keeling seine Instrumente verteidigte. »Er bestand darauf, den alten, anfälligen und relativ lauten Analysator zu behalten, der noch mit einer Vakuumröhre arbeitete. Er bestand darauf, dass die Daten per Hand von den Papierrollen übertragen wurden, wo Tintenschreiber die Messwerte aufgezeichnet hatten.«

Doch Ralph Keeling verteidigt seinen Vater; auch er ist Professor am Scripps-Institut. »Mein Vater hat gewusst, wie wichtig Kontinuität ist, wenn es um die Präzision einer Langzeitmessung geht.« Wer Komponenten austausche, müsse vorher mit altem und neuem Gerät aufwendige Doppelmessungen machen, um sicher zu gehen, dass die Daten zusammenpassen. »Außerdem hat er kurz vor seinem Tod noch selbst begonnen, die Apparatur umzurüsten. Es war keine Sturheit.« Keeling Senior hatte einfach zu oft für den Fortgang seiner Messungen kämpfen müssen, um leichtfertig den Aufbau zu ändern.

Keeling Junior hat inzwischen die Leitung des CO_2-Programms auf dem Mauna Loa übernommen; er ist in den Job im wahrsten Sinne des Wortes hineingewachsen. Was sein Vater Wichtiges tat, wurde dem Sohn erst im Lauf der Zeit klar. Als er ungefähr zehn Jahre alt war, wusste er nur, dass sein Vater »irgendwas mit der Luft maß«. Darüber wunderte sich der Junge, der wusste, dass der Vater an einem ozeanografischen und nicht an einem Atmosphären-Institut arbeitete. Doch seine Liebe zur Wissenschaft wuchs an solchen Rätseln, sodass er bald ein ähnliches Fach wie der Vater studierte.

Dann wagte sich Ralph Keeling sogar an eine komplementäre Messung: die des Sauerstoffs in der Luft. Das verschlug ihn schließlich an das gleiche Institut wie seinen Vater; die Stelle, so erzählt er, habe er eher trotz als wegen der Verwandtschaft akzeptiert. Und weil er nun dort war und etwas Ähnliches machte, übernahm er schließlich das CO_2-Programm auf dem Mauna Loa, als sein Vater starb. Diese Erbfolge ist in der Wissenschaft eher selten.

Bis heute muss das Scripps-Programm die Mittel zum Weiter machen auf dem Markt der Forschungsförderung einwerben. Immer wieder wird die Arbeit als reines Monitoring abqualifiziert, das nicht als Forschung gelten könne. Ralph Keeling entgegnet darauf stolz: »Bei den Mauna Loa-Messungen hat es nie einen Punkt gegeben, von wo an die wissenschaftlichen Produktivität abgenommen hat.«

■

35 AUTOR Hilmar Schmundt

Ibn Battuta Mall, Dubai

Schaufenster einer anderen Aufklärung

Die ganze Welt ein Warenhaus, ein Tempel des Konsums, ein Mekka der Moderne: Über eintausend Jahre des Wissens gepaart mit 275 Geschäften, 50 Restaurants und 21 Filmleinwänden. Willkommen in der Ibn Battuta Mall in Dubai, dem größten Kaufhaus seiner Art, gleichzeitig Freizeitpark, Museum und Zukunftslabor für die globalisierte Gesellschaft.

Draußen verfinstert sich der Himmel, ein Sandsturm zieht herauf, der Staub knirscht zwischen den Zähnen, die Luft ist schwül, doch drinnen herrscht ewiger Frühling, vollklimatisiert. Mildes Licht umfängt die Besucher, Pop aus China dudelt seicht: *Shopping in Dubai means shopping in Paradise, 70 Percent off, Sale, Great Bargains, Café de Paris, Happy Valentine, Prayer Room.*

In Andalusien ist der Haupteingang, der Andalucia Court, überspannt von einer Holzdecke, die fast an die Alhambra erinnert. Das höchste Fest des Jahres ist das Shopping Festival im Januar. Die Ware als Fetisch, jenseits aller Religionen und Kontinente und Kulturen, ein kleinster gemeinsamer Nenner. Die Weltwirtschaft ist eingetrübt, die Immobilienpreise in Dubai sind zwischenzeitlich kollabiert. Doch die Show in der Mall muss weitergehen. Die Ibn-Battuta Mal ist ein West-Östlicher Diwan, wie ihn einst Goethe besang [→ Weimar 2], nur eben nicht aus Poesie gemacht, sondern aus Produkten. Weiter über den Hof von Tunesien, eine Fressmeile, in der sich die Gerüche aus allen Küchen der Welt mischen: *Starbucks, Costa Coffee, Noon o Kabap, McDonalds, Baskin Robbins, Lemon Grass Express, Kentucky Fried Chicken, London Fish 'n' Chips.*

Dann kommt Ägypten. Doch was in der Halle verkauft wird, ist keine herkömmliche Ware, sondern ein immaterielles Produkt: »The Travels of Ibn Battuta«. Eine Ausstellung über Abu Abdullah

Muhammad ibn Battuta, den Korangelehrten, der im 14. Jahrhundert von Marokko aus quer durch die islamische Welt reiste: *Andalusien, Alexandria, Delhi, Malediven, Hangshou, Konstantinopel, Timbuktu, Sansibar.*

Über 40 Länder hätte er gemäß heutigen Landkarten betreten, über 100.000 Kilometer zurückgelegt, weite Teile davon zu Fuß, auf kleinen Segelschiffen oder auf Kamelrücken. Sein lebenspraller Reisebericht, verfasst im Jahr 1350, erzählt von einer Wissensgesellschaft, von Globalisierung und von Handelsströmen lange vor Marco Polo oder Kolumbus. Als 21-Jähriger war er zum Hadsch nach Mekka aufgebrochen, mit fast 50 Jahren kam er wieder nach Hause – und musste von seinem Herrscher am Weiterreisen gehindert werden, um seine Erlebnisse einem Hofschreiber zu diktieren. Viermal war er insgesamt in Mekka. »Rihla« hieß sein Bericht trocken: Reise.

Battutas Reise geriet in Vergessenheit, aber Auszüge wurden zitiert, paraphrasiert und plagiiert in hunderten von Berichten, lange bevor die Grand Tour auch in Europa Mode wurde. Deutsche und Schweizer Gelehrte trugen im 19. Jahrhundert diverse Fragmente zusammen, die besterhaltene Version seines Buches lagert in der Bibliothèque Nationale in Paris. Diesem Ibn Battuta also ist die Mall gewidmet, eröffnet 2004 zu seinem 700. Geburtstag.

Nach anderthalb Kilometern Fußweg erreicht man China, dekoriert mit einer roten Dschunke im Originalformat, dazu Asia-Restaurants und ein Megaplex-Kino. Draußen der Parkplatz P8 in unwirklich gelbem Mittagsdämmer, die Palmen geschüttelt vom Sandsturm, überragt von Stromleitungen. Dahinter das große Nichts, die Wüste. Wie eine Fata Morgana liegt die Ibn Battuta Mall im Niemandsland vor Dubai, zwischen Ausfahrt 5 und 6 der Sheikh Zayed Road.

Die Ibn Battuta Mall ist mehr als ein Warenhaus, sie ist Programm und Vision einer modernen Idealstadt [→ Second Life 75]. Die Ibn Battuta Mall, abgekürzt, IBM, war das erste Projekt des Baukonzerns Nakheel, der wiederum der Holding Dubai World gehört, geleitet von Familienmitgliedern der herrschenden Maktum-Familie. Nakheel liegt auch im Epizentrum der Finanzkrise und verschuldete sich 2009 so tief, bis der Nachbarstaat Abu Dhabi mit einer milliardenschweren Finanzspritze aushelfen musste, begleitet von hämischen Kommentaren in westlichen Medien: *Auf Sand gebaut, Auf Tand gebaut, Gipfel des Größenwahns, Turmbau zu Dubai.*

Nakheel wollte schon immer mehr sein als nur ein Baukonzern. Der Name bedeutet Palme auf Arabisch, ein uraltes Symbol des Reichtums und Wissens seit den Ägyptern [→ Alexandria 14], auch der griechische Gott Apollo soll unter einem Palmenbaum geboren worden sein. »More than a company – it is a belief«, lautet dann auch das Firmenmotto von Nakheel: »When conventional wisdom says no, we say yes and make it happen.« Die moderne Machbarkeits-Hybris trifft auf Tausendundeine Nacht. Die IBM war das erste Projekt des Konzerns. Doch ist der arabische Aufbruch nur Kopie und Abklatsch westlicher Disneyworldformate?

»Die Europäer haben kein Copyright auf die Aufklärung«, sagte Hans-Magnus Enzensberger 2008 bei einem Besuch in Dubai: »Bei den zahlreichen Versuchen vieler Europäer, die Aufklärung für sich zu beanspruchen, handelt es sich in der Tat bestenfalls um Halbwahrheiten.« Scheich Muhammed bin Raschid Al Maktoum, Regent von Dubai und Premierminister der Vereinigten Arabischen Emirate, hatte zum »arabisch-deutschen Kulturdialog« eingeladen, mit ausgerichtet von einem Verein namens »West-östlicher Diwan«, Enzensberger hielt den Eröffnungsvortrag. Der Scheich dichtet selber gerne, und fördert die Künste wie ein aufgeklärter Renaissancefürst. Zehn Milliarden Dollar hat er aus seinem Privatbesitz einer Stiftung vermacht, die unter anderem die Übersetzung von 50 deutschsprachigen Büchern ins Arabische finanziert, darunter: *Kant* [→ Königsberg 23], *Adorno, Habermas.*

»Ihr Intellektuellen seid mir wichtiger als die Politiker«, hatte der Scheich zur Begrüßung gesagt. Dubai ist modern, aber nicht im westlichen Sinne. Überholen, ohne einzuholen ist das Motto. Al Maktoum gibt sich als Herrscher des aufgeklärten Absolutismus, intellektuell interessiert wie einst Friedrich der Große, reformfreudig wie Kaiser Joseph II. von Österreich. Mit einer Überfülle von Programmen will er Dubai zum Schaufenster einer arabischen Renaissance machen: *Arab Incubators' Network, Best Employers in Middle East Study 2009, Oktun Programme, Arab Library, Reading Strategy, Dubai International Poetry Festival, Book in a Capsule, Cross-Cultural Initiatives, Arab Narrative Encyclopaedia, Al Ghani Al Zaher Dictionary, Arab Teachers Training, The Arab Knowledge Report.*

Dubai gilt als Eldorado für Zukunftshungrige und Geldgierige aus aller Welt. Vor fünfzig Jahren noch war es ein staubiges Nest mit einem Brackwasserhafen, doch dann wurde Öl gefunden, 1971

folgte die Unabhängigkeit von Großbritannien, seitdem erfindet es sich neu als Herzstück der Weltwirtschaft, als Handelshafen und Wirtschaftsknoten zwischen China und Europa, Indien und Afrika. Jedes Zeitalter träumt von dem ihm folgenden [→ Schanghai 18]. Und Dubai fiebert einer postnationalen Globalkultur nach.

Wer von der IBM in Richtung Altstadt fährt, reist durch eine surreale Brache, ein Pastiche aus Baustellen und Hochaustürmen mit expressiven Formen, mit Giebeln, mit Löchern in der Mitte, in Pyramidenform, mit Doppelspitze, gebaute Chiffren der Erlebnisökonomie, unverbunden mit dem Rest, als wären sie wie im Computerspiel Sim City per Copy and Paste zusammengeklickt worden. Vorbei an der größten Mall der Welt, mitsamt einer Skipiste im Innern, und einem gigantischen Aquarium. Um 18 Uhr ruft der Muezzin per Lautsprecher, und die strenggläubigen Touristen aus Saudi-Arabien knien sich in Ski-Overalls zum Beten in den Schnee. Man hat gelernt von Las Vegas – und das Vorbild bei weitem übertroffen.

Hier soll der größte Flughafen der Welt entstehen mit Namen »World Central«. Der größte Hochhausturm mit über 800 Metern Höhe wurde Anfang des Jahres eröffnet. Der größte Freizeitpark der

Welt wird folgen, mit einem Nachbau des Big Ben, der Pyramiden und des Eiffelturms – nur größer. Hier übertrifft die Kopie das Original. Zwar gilt hier offiziell das islamische Recht, doch Alkohol wird freizügig ausgeschenkt, und die Prostituierten aus Osteuropa bieten ihre Dienste in Nachtclubs an. Über 80 Prozent der Einwohner sind Ausländer, die Emiratis sind eine Minderheit im eigenen Land, die alle entscheidenden Posten besetzen.

Hinzu kommen über sechs Millionen Besucher pro Jahr, angelockt von niedrigen Steuern, den einzigartigen Einkaufsmöglichkeiten oder einfach der Neugier. Einen derartig radikalen Kosmopolitismus können sonst nur Flughäfen bieten. Wie in einem Supermarkt der Weltkultur sammelt das Scheichtum exklusive Markennamen ein: *Harvard Medical School, Kowloon University, Kennedy Center, Michigan State Institute, Rochester Institute of Technology.* Auch der Louvre hat eine Dependance in der Region, als nächstes ist ein Universalmuseum geplant, mit Artefakten, die die Gemeinsamkeiten diverser Regionalkulturen unterstreichen.

Denn nicht das Öl soll den Reichtum von morgen schaffen, schließlich werden die hiesigen Vorkommen in ein paar Jahrzehnten aufgebraucht sein, sondern Wissen. Davon künden die Namen der neu geplanten Stadtteile: *Knowledge City, IT City, Health City, Logistics City.* IBM war nur der programmatische erste Punkt im Konsumistischen Manifest der Firma Nakheel. Nach der Mall schüttete sie eine Investoren-Insel namens »The Palm« im Meer auf – sozusagen ihr eigenes Firmenlogo, eine Palme. Die künstliche Sandbarre vervielfachte die Länge der privaten Stände der Stadt auf einen Schlag um 70 Kilometer. Nach demselben Prinzip funktioniert »The World«, eine Ansammlung von Privatinseln in Form einer Weltkarte – Israel ausgenommen. Doch auch die Welt ist nicht genug, als nächstes plant man »The Universe«, eine Inselgruppe, die dem Firmament nachgebildet sein soll, mit Sonne, Mond und Planeten.

Der Kosmopolitismus hat seinen Preis. Auf den Baustellen schuften Heere von verstaubten Gestalten, Tagelöhner aus der gesamten Großregion, viele aus Indien [→ Bangalore 27], Bangladesch, Pakistan. Sie hausen draußen in der Wüste in Containerlagern und werden von alten Bussen kollektiv auf die Baustellen gekarrt. Verlieren sie ihren Job, verlieren sie die Aufenthaltsgenehmigung – eine Regel, die auch für die hochbezahlten Profis aus Europa gilt. Die Autokratie gibt sich großzügig, wenn es um Konsum geht, viele Firmen sind von Steuern befreit. Ein unabhängiges Rechtssystem aber gibt es nicht, ebenso wenig wie Wahlen, eine Opposition, eine freie Presse oder Gewerkschaften. Und Israelis ist die Einreise verboten.

Das sind nur einige Probleme von vielen. »Studenten aus arabischen Ländern schneiden in Wissenschaft und Mathematik schlechter ab als der globale Durchschnitt«, kritisiert der Arab Knowledge Report 2009 unverblümt: »Etwa ein Drittel der erwachsenen Bevölkerung kann weder lesen noch schreiben. Das bedeutet, dass etwa 60 Millionen Analphabeten in arabischen Ländern leben, zwei Drittel von ihnen Frauen«. In den letzten zehn Jahre sei es durch Spekulation zu einer »nie dagewesenen Zentralisierung von Einkommen und Reichtum gekommen in der arabischen Welt, was zu einer Entkoppelung von Leistung und Belohnung« geführt habe. Überraschender Hoffnungsschimmer: »Die derzeitige Krise könnte dazu führen, dass das Ansehen von ehrlicher Arbeit und ernsthafter Anstrengung gestärkt wird«. Diese schonungslos kritische Studie wurde gemeinsam durchgeführt von dem Entwicklungsprogramm der Vereinten Nationen. Und der Stiftung des Scheichs. Der Rückstand als Chance, um Dubai als Bildungsmetropole zu profilieren.

Die Ibn Battuta Mall inszeniert die Vision einer arabischen Renaissance. In Andalusien wurden die ersten Flugmaschinen entwickelt, erläutert die Ausstellung inmitten der bunten Warenwelt. Eine riesige Standuhr in der Indien-Halle ist einer Uhr aus dem 15. Jahrhundert nachempfunden, bei der ein robotischer Drache zur vollen Stunde goldene Kugeln in die Hände eines Elefantentreibers plumpsen ließ, um die Stunden des Tages anzuzeigen. »Suche das Wissen«, so ein geflügeltes Wort, das Mohammed zugeschrieben wird, »selbst wenn du dafür bis nach China gehen musst.«

»Das, was der sogenannte Westen gerne vergisst, ist die Tatsache, dass viele Jahrhunderte, bevor Hume und Locke, Diderot und Kant ihre epochalen Werke schrieben, die islamische Zivilisation im arabischen Andalusien in voller Blüte stand«, sagt Enzensberger.

»In den Pariser Passagen denkt man mit den Füßen«, schrieb Balzac einst. Das gilt auch für die Ibn Battuta Mall. Am Ausgang von Andalusien drängeln sich die Kunden: Gruppen aus Indien, Saudis in weiß wallenden Dischdaschas, Amerikaner in Shorts. »Hier kriegen wir nie ein Taxi«, sagt eine schwer mit Tüten beladene Britin: »Komm, wir laufen rüber nach China.«

F-67075 Strasbourg

Das jüngste Gericht

Drei gläserne Türme scheinen sich ineinander zu schieben, sie überlagern und durchkreuzen sich. Wie eine Kunsthalle oder ein Theater beschwören sie Flexibilität und Offenheit, aber auch Erhabenheit und Erbauung. Wenn das universelle Menschenrecht einen Sitz hätte, dann vielleicht noch am ehesten hier, direkt am Wasser im Europaviertel.

Der Europäische Gerichtshof für Menschenrechte, kurz: EGMR, in Straßburg ist kein Justizpalast der alten Schule, wie etwa der IGH, der Internationale Gerichtshof im »Friedenspalast« in Den Haag. Keine trutzige Burg des Rechts, das mit steinerner Einschüchterungsarchitektur seine Souveränität unterstreicht. Der EGMR in Straßburg will offensichtlich anders sein, weltoffen, modern und seine Richtersprüche eher Vorbild und Lockung, weniger Strafe und Drohung. Tagsüber spiegelt die Glasfassade den hohen Himmel wieder, bei Sonnenuntergang zeigt sie bisweilen romantische Rottöne. Dies soll ein Ort der Klärung sein, der Hoffnung, der Aufklärung. Hier wird eine höhere Gerechtigkeit verkündet als die der Staaten: Naturrecht, Menschenrechte.

Weil der EGMR anders sein will, schmückt er sich nicht mit der üblichen Heraldik: Keine Justitia, keine Waage, kein Buch. Als Logo dient ihm stattdessen eine Abbildung des Gebäudes selbst. Stolz trägt es seine architektonische Modernität vor sich her – sozusagen das jüngste Gericht.

Der Verhandlungssaal, im mittleren der drei runden Glas-Silos, ist noch erstaunlicher als die Fassade: Hier sitzen die Vertreter von Anklage und Verteidigung, und dazu das riesige Gremium von Richtern: Fünfzig Sitze an einem endlos langen gerundeten Tisch, jeweils einer für jedes Land, das die Menschenrechtskonvention des Europarates unterzeichnet hat. Das jüngste Gericht sieht innen

weniger wie ein Gericht aus, sondern eher wie der Tagungssaal des Europarates, der auf der anderen Seite des Kanals liegt.
Der EMGR ist der juristische und moralische Arm des Europarates: Gerichtsstand, Schaufenster und Bühne für das Drama der Menschenrechte.

Vom EGMR aus gesehen wirkt Straßburg wie eine Inselwelt, ein Archipel der Machtarchitektur wider Willen. »Straßburg, das jahrhundertelang ein Zankapfel zwischen Deutschland und Frankreich war, ist nunmehr Stadt aller Europäer«, schwärmte 2004 der damalige französische Staatspräsident Jacques Chirac: »Es ist in Europa die Hauptstadt der Menschenrechte«. Eine Vorladung in die Stadt der Menschenrechte ist oft eine politische Blamage vor der Weltöffentlichkeit. Im riesigen runden Gerichtssaal des EGMR werden ausschließlich Staaten angeklagt, und zwar von ihren eigenen Bürgern, die ihre Menschenrechte verletzt sehen. Hier werden die fundamentalsten moralischen Normen eingeklagt, der Schutz der Bürger vor Eingriffen in Familienleben, Religionsfreiheit, Meinungsäußerung, der Schutz vor Folter, Sklaverei, Gerichtswillkür, Benachteiligung.

In Straßburg lässt sich die Verrechtlichung moralischer und politischer Kontroversen beobachten, die Ausdehnung der Justiz tief hinein in ein Terrain, das früher zu Ethik, Moral, Philosophie oder Politik gerechnet wurde. Deutschland zum Beispiel wurde gerügt, nachdem eine niedersächsische Lehrerin gegen die Berufsverbote geklagt hatte. Auch der Kindermörder Magnus Gäfgen hatte Klage eingereicht, weil ihm im Polizeiverhör 2002 »massive Schmerzen« angedroht worden waren. Die Klage wurde jedoch abgewiesen: Die durch die Folterdrohung erwirkten Geständnisse seien im deutschen Strafprozess schließlich nicht verwertet worden. Was ist Recht? Was ist Gerechtigkeit?

Vor allem aber stehen hier immer wieder osteuropäische Staaten vor Gericht. Fast vierzig Prozent der Beschwerden kommen allein aus Russland. Das liegt auch daran, dass viele Russen der landeseigenen Justiz misstrauen und den EGMR als eine Art Berufungsinstanz missverstehen. Oft klagen Russen in Straßburg wegen Rentenzahlungen, Sozialleistungen oder Wohnraum. Die meisten Klagen werden als unzulässig abgewiesen.

Die politische Wirkung des EGMR geht weit über seinen formalen Zuständigkeitsbereich hinaus. Er kann keine nationalen Urteile aufheben, sondern nur eine Verletzung der Menschenrechte feststellen und einen Staat zu Schadensersatz verpflichten. Dennoch genießt er höchstes Ansehen. Oder gerade darum.

Das Völkerrecht ist eigentlich gar kein Recht, sagen manche Kritiker, sondern Bekenntnislyrik, die nicht durchsetzbar ist. Hier lässt sich vor allem in Europa ein fundamentaler Wandel beobachten. Früher hingen viele Staatsrechtler der »Zwangstheorie« an, also der Vorstellung, dass Recht immer auch mit einem großen Knüppel erzwingbar sein muss. Besonders extrem war in dieser Hinsicht der umstrittene Staatsrechtler Carl Schmitt [→ Plettenberg 37]. In seiner »Politischen Theologie« schreibt er: »Die Autorität beweist, dass sie, um Recht zu schaffen, nicht Recht zu haben braucht.« Diese Zwangstheorie gilt heute als erledigt, vor allem im Europarat hält man sich eher an die sogenannte Anerkennungstheorie: Staaten erkennen das Völkerrecht ohne Zwang an, weil sie selbst anerkannt werden wollen.

Doch dem jüngsten Gericht in Straßburg droht derzeit der Kollaps durch Überlastung. Es könnte Opfer seines eigenen Erfolgs werden. Denn seit der Gründung im Jahr 1959 steigert sich die Flut der Beschwerden, jährlich sind es rund 40.000. Der EGMR hat sogar gemeinsam mit dem Europarat eine eigene Postleitzahl: F-67075 Strasbourg.

So leicht es für Staaten ist, nach F-67075 vorgeladen zu werden, so schwierig ist es für Privatbürger. »Die Besuche sind reserviert für ein Fachpublikum (vor allem Juristen, Anwälte, Jurastudenten)«, heißt es streng auf der Website, »Schülergruppen ab 16 Jahren werden nach einer Auswahl akzeptiert, wenn sie eine Arbeit über den Gerichtshof nachweisen können.« Besucherrummel ist nicht erwünscht. Verständlich angesichts der Überlastung.

Ganz anders geht zum Beispiel der Internationale Gerichtshof IGH in Den Haag mit Besucheranfragen um. Er wird als touristisches Mekka der Menschenrechte inszeniert. Regelmäßig schieben sich Besuchergruppen durch den »Palast der Menschenrechte« mit seinem theatralischen Turm und dem manikürten Garten. Die Bibliothek des IGH hat sogar ein eigenes Profil auf Facebook.

Nach dem Ersten Weltkrieg sollte der IGH weitere Kriege verhindern, aber es fehlte die Durchsetzungskraft, die Beschlüsse waren nicht bindend. Der IGH, schon immer ein zahnloser Tiger, aber üppig ausstaffiert mit all den Insignien der Überheblichkeit, mit einem Palast und einem Wappen, auf dem eine blinde Justitia über einer Weltkugel schwebt.

Spätestens der Zweite Weltkrieg führte die Hoffnungen auf eine einzelne Zentralinstanz für den Weltfrieden ad absurdum. Heute ist der Internationale Gerichtshof zwar das Hauptrechtsprechungsorgan der Vereinten Nationen, hat aber kaum noch eine Bedeutung. Außer als Touristenattraktion.

Der Vergleich zwischen Straßburg und Den Haag verdeutlicht ein Grundparadox bei der Suche nach einem Mekka der Menschenrechte: Bisweilen steht die tatsächliche Wirksamkeit in umgekehrt proportionalem Verhältnis zur Sichtbarkeit. Die Vorstellung einer hierarchischen Zentralinstanz ist heute nicht mehr zeitgemäß. Vielmehr mutiert das Europarecht immer stärker zu einem multizentrischen Gebilde, ausdifferenziert und räumlich verteilt, eine Konföderation der Werte und Instanzen, verteilt auf viele Standorte wie Den Haag, Straßburg, Luxemburg.

Luxemburg zum Beispiel beherbergt den Europäischen Gerichtshof (EuGH). Die Richtersprüche des EuGH besitzen Gesetzesrang. Das aber nur für die 26 Mitglieder der Europäischen Union. Im Gegensatz zum Internationalen Gerichtshof in Den Haag ist der EuGH in Luxemburg durchaus ein Tiger mit Zähnen – aber er sitzt in einem viel engeren Käfig.

Eine fast schon globale Zuständigkeit dagegen maßt sich der Internationale Strafgerichtshof (IStGH) an, ebenfalls mit Sitz in Den Haag, formal zuständig für Delikte des Völkerstrafrechts, vor allem Völkermord, Kriegsverbrechen und Verbrechen gegen die Menschlichkeit [→ Solferino 7]. Im Gegensatz zum Internationalen Gerichtshof ist er kein Organ der Vereinten Nationen, sondern eine unabhängige Organisation, die mit der Uno lediglich durch ein Kooperationsabkommen verbunden ist. Seine Rechtsgrundlage ist das sogenannte Rom-Statut. Anders als in Straßburg werden hier nicht Staaten angeklagt, sondern ausschließlich Individuen.

Schon das Gebäude des Internationalen Strafgerichtshofs spricht eine deutliche Sprache: ein riesiger Monolith, eine Mischung aus

Bürohochhaus und Triumphbogen. Doch genau dieser globale Anspruch bedingt auch gleichzeitig seine relative Hilflosigkeit. In der Praxis konnte die Forderung nach universeller Zuständigkeit nicht durchgesetzt werden. Zur Rechenschaft gezogen werden kann ein Täter grundsätzlich nur dann, wenn er einem der über hundert Staaten angehört, die das Statut seit 1998 ratifiziert haben. Oder wenn die Verbrechen auf dem Territorium eines solchen Vertragsstaates begangen wurden. Auf der Weltkarte hinterlässt diese Rechtsgrundlage riesige weiße Flecken, unter anderem die größten Länder der Welt: Russland, China, Indien, die USA, sowie ein Großteil der arabischen Welt.

Das Patchwork der transnationalen Gerichtsbarkeiten in Europa ist unübersichtlich. Um die Verwirrung komplett zu machen, kommen seit ein paar Jahren noch die Internationalen Strafgerichte (ICT) hinzu, umgangssprachlich auch als »UN-Kriegsverbrechertribunale« bezeichnet. Ihr Auftrag ist eingängig und knapp: »Bringing war criminals to justice. Bringing justice to victims«. Kriegsverbrecher vor Gericht und Gerechtigkeit für die Opfer.

Diese Tribunale sind jeweils in eigenen Gebäuden untergebracht. Das Kriegsverbrechertribunal für das ehemalige Jugoslawien (ICTY) tagt ebenfalls in den Haag, das Tribunal für Ruanda in Arusha in Tansania. Die Tribunale stützen sich lediglich auf einzelne UN-Resolutionen, erheben aber keinen weiter reichenden Anspruch. Sie sind Unterorgane des UN-Sicherheitsrats. Die großen Militärmächte wie Russland, China oder USA brauchen also nicht zu befürchten, in einem dieser Tribunale zur Verantwortung gezogen zu werden – denn sie können im Sicherheitsrat der Vereinten Nationen einfach eine Resolution blockieren. Keine Resolution, kein Tribunal. Internationales Recht ist immer auch Interessenpolitik, Machtpolitik, und die Tribunale tragen dem Rechnung. Sie sind flexibler, überschaubarer, bescheidener als die Gerichtshöfe. Das Tribunal für das ehemalige Jugoslawien zum Beispiel, Bühne im Prozess gegen den mittlerweile verstorbenen ehemaligen serbischen Präsidenten Slobodan Milošević und den Serbenführer Radovan Karadžić könnte bescheidener kaum sein. Es ist nur für eine bestimmte Zeit in einem ehemaligen Versicherungsgebäude untergebracht, grau und nichtssagend, kaum einen Kilometer entfernt vom prunkvollen, aber fast funktionslosen »Menschenrechtspalast« des IGH. Small is beautiful: Je kleiner der Ort, desto größer der Einfluss, so scheint es. Je temporärer der Auftrag, desto langfristiger die Wirkung. Derlei Tribunale mit begrenztem Mandat könnten sie sich zu den wahren Mekkas der Menschenrechte entwickeln. Natürlich im Plural. Wegen ihres Plurals.

Es gab auch Beschwerden gegen die Zuständigkeit des ICTY. Das Tribunal sei nicht zuständig für Serbien, es diskriminiere, es übe Siegerjustiz, bemängelten Kritiker. Als eine solche Klage jedoch vor dem EGMR in Straßburg landete, wurde sie abgewiesen. Das Tribunal sei rechtens. Das Universalitätsprinzip ist eben kein Beliebigkeitsprinzip. Die diversen transnationalen Instanzen stützen und bestätigen sich gegenseitig. Nicht trotz ihrer formalen Unabhängigkeit voneinander. Sondern wegen ihr.

Wie kann es sein, dass das Durch-, Neben- und Übereinander von EGMR, EuGH, IGH, IStGH und ICTY nicht zu permanenten Kompetenzstreitereien führt? Wie kann es sein, dass die Verhandlungen, die an fünf und mehr Gerichten in zwanzig und mehr Sprachen geführt werden, nicht zu einer babylonischen Sprachverwirrung im Elfenbeinturm führen? In transnationalen Gerichten Europas lässt sich ein interessantes Paradox beobachten. Die Sprachenvielfalt führt nicht zum gegenseitigen Unverständnis, sondern im Gegenteil zu einer Stärkung der gemeinsamen Grundwerte. Die Erklärung ist einfach. Frühere Rechtstraditionen setzten teils auf Rhetorik und Gewohnheitsrecht. Doch verbale Finten und historische Spitzfindigkeiten funktionieren nicht, wenn sie mehrfach übersetzt werden müssen. Nicht nur zum Beispiel vom Englischen ins Russische. Sondern zum Beispiel auch vom angelsächsischen Common Law in die kontinentale Rechts-Systematik. So muss man in Straßburg über Grundwerte streiten, nicht über die Feinheiten. Es ginge gar nicht anders. Ein babylonisches Sprachenwirrwarr muss nicht zu Entfremdung führen, sondern kann auch die Basis stärken für einen universellen Katalog der Grundwerte.

In gewisser Weise kommt die moderne Rechtsauffassung damit zu ihren antiken Wurzeln zurück. Straßburg liegt nah bei Athen. Das antike Recht beruhte auf topischem Denken. Das Wort kommt aus dem Griechischen. Topos heißt Ort oder Platz. Man könnte auch sagen: der Gemeinplatz [→ Hier und Jetzt 73]. Oder das »Problemdenken«. Im Gegensatz zum neuen »Systemdenken« der Begriffsjurisprudenz. Um es in einem Bild zu verdeutlichen: Es werden keine geraden Straßen mehr durch den Sumpf der Probleme gezogen, sondern einzelne feste Inseln gebaut, verbunden durch schmale Brücken. An die Stelle der Norm tritt so der Grundsatz.

Die Gesamtheit dieser Grundsätze, das ist der zweite wichtige Gedanke, ergibt ein überstaatliches Naturrecht. Das ist der Gedanke der Allgemeingültigkeit, das Universalitätsprinzip.

Inseln statt Straßen. Diese Idee wurde passenderweise besonders im Seerecht verfolgt, insbesondere in den Niederlanden. 1609 veröffentlichte Hugo Grotius sein Werk »Mare Liberum – Von der Freiheit der Meere«, ein Büchlein von nur 36 Seiten Umfang, aber riesigem Einfluss. Grotius wollte das Monopol der Spanier und Portugiesen auf den Kolonialhandel zurückweisen, und das Recht des jungen niederländischen Staates auf freien Handel verteidigen. Das Meer gehöre niemandem, jeder könne es befahren und nutzen. Der Papst stellte es sofort auf den Index. 1625 weitete Grotius seine Ideen vom Meer aufs Land aus, auf Krieg und Frieden: »De Jure Belli ac Pacis«, das Recht des Krieges und Friedens, wurde die Grundlage der Völkerrechtsordnung – und ist es in gewisser Weise bis heute geblieben. Seine Begründung basiert auf dem Universalitätsprinzip. Alles und nichts wird als Rechtsgrundlage herangezogen, alte Historien, literarische Texte, Philosophie, Antikes. Zusammengehalten durch Zweifel und Hoffnung. In der Moderne gehört auch das vielleicht zusammen. »Zum Beweis dieses Rechts habe ich auch Zeugnisse von Philosophen, Historikern, Dichtern und sogar von Rednern benutzt«, schreibt Grotius. »Man kann ihnen zwar nicht unbedingt trauen. Denn sie schreiben im Dienst ihrer Theorie, ihres Themas, eines bestimmten Falles. Aber wenn viele dasselbe sagen, zu verschiedenen Zeiten und an verschiedenen Orten, dann kann man schon annehmen, dies sei ein universales Prinzip.«

Grotius schrieb das vor fast 400 Jahren. Es brauchte erst zwei Weltkriege, um dem Universalitätsprinzip zum Durchbruch zu verhelfen. Mit den Nürnberger Prozessen setzte ein größerer Umbau des Rechtssystems ein. Die Uno wurde gegründet und kurz darauf der Europarat mit seinem Gerichtsorgan: dem Europäischen Gerichtshof für Menschenrechte in Straßburg. Vielleicht bedingt sich das auch gegenseitig: Die rechtsstaatliche Katastrophe und die Katharsis. Und durch das babylonische Gerichtsmischmasch an runden Richtertischen kristallisiert sich so etwas heraus wie ein Esperanto der Werte und Normen. So kommt es, dass Europa, der größte Kriegsexporteur des 20. Jahrhunderts, heute ein anderes Exportprodukt herstellt: Menschenrechte en gros und en détail.

An welchem Ort genau befindet sich die europäische Manufaktur für Topik und Menschenrechte? Beim EuGH? Beim IStGH? Beim

IGH? Beim ICTY? Die Frage ist falsch gestellt. Es gibt keine zentrale Hierarchie mehr. Inseln statt Straßen. Das europäische Rechtssystem wird nicht mehr begrifflich verstanden. Es wird beweglich, eine Art Baukastensystem. Es wird offen, ist nicht mehr fest geschlossen, nicht mehr logisch zwingend, sondern wandelbar, ein Gedankengebäude, von allgemeinen Rechtsprinzipien, nicht mehr wie ein Justizpalast, sondern eher wie eine moderne Theaterbühne. Man kann sie je nach Bedarf umbauen.

Genau diese Haltung vermittelt das eigenartige Gebäude in Straßburg, das vielleicht jüngste Gericht der Welt, in dem doch immer wieder die uralten Dramen verhandelt werden. Drei gläserne Silos, die sich ineinander zu schieben scheinen, transparent und doch unnahbar: F-67075 Strasbourg.

37 AUTOR Dirk van Laak

Plettenberg

Der Ort als Gesetz

Auf dem katholischen Friedhof am Rande des sauerländischen Städtchens Plettenberg trägt der Grabstein eines Verstorbenen mit dem eher geläufigen Namen »Schmitt« eine seltsame Inschrift: KAI NOMON EГNΩ. Gelegentlich verlieren sich Personen, die in einem engeren Sinn nicht zu den »Hinterbliebenen« gerechnet werden können, zur Andacht dorthin. Die besondere Atmosphäre der Provinz wie die enigmatische Botschaft scheinen jedoch nachhaltig auf sie zu wirken. Doch was soll der Spruch bedeuten? Und was macht den Ort zu einem Anziehungspunkt? Ist es seine Mischung aus Verschlafenheit und Verkanntheit? Ist es seine geradezu aufreizende Abwesenheit von Aufregendem? Ist es seine Ferne von den prätentiösen Zentren der großstädtischen Intelligenz? Tatsächlich besitzt der verschlafene Ort in Südwestfalen nur wenig Spektakuläres – außer eben Carl Schmitt.

Freilich dauerte es lange, bis der Geburts- und Sterbeort der »Größe« seines Einwohners überhaupt gewahr wurde, geschweige denn zu würdigen verstand. Erst nach kontroversen Debatten sollte der international bekannte Jurist und politische Theoretiker anlässlich seines 90. Geburtstags immerhin den Ehrenring der Stadt erhalten.

1888 in Plettenberg geboren, hatte Carl Schmitt die Stadt im Jahr 1907 bereits verlassen. Nach 1945 war der Ort zunächst ein Notbehelf gewesen, nachdem Schmitts Berliner Haus im Zweiten Weltkrieg teilweise zerstört und der »Kronjurist des Dritten Reiches« von den Alliierten verhaftet worden war. Während seiner anderthalb Jahre im Nürnberger Untersuchungsgefängnis waren seine Frau und seine Tochter vorübergehend zu den Schwestern Schmitts ins Sauerland gezogen. Aus dem Provisorium wurde jedoch – ganz wie parallel die Bundesrepublik – ein stabiler Zustand. Die ersten Jahre waren beengt und nicht nur von materiellen Sorgen, sondern auch vom Tod Duschka Schmitts begleitet. Carl Schmitt entfaltete parallel hierzu eine zunächst anonym bleibende Publikationstätigkeit, die außer der verspäteten Veröffentlichung von »Der Nomos der Erde« (1950) aber kein Hauptwerk mehr hervorbrachte. Vielmehr umfasste sie Gelegenheitsschriften, literarische und literarhistorische Versuche, vor allem jedoch weitläufige Kommentierungen seiner früheren Schriften. Schmitts Tätigkeit wurde zu einer autopoietischen Auseinandersetzung mit seinem Werk, seiner Wirkung und seinem »Ruf«. Dennoch begann er sich nach und nach in die politische Geistesgeschichte der frühen Bundesrepublik einzuschreiben. Doch verstand sich die Kontaktaufnahme von Freunden und ehemaligen Schülern mit dem »Meister« in Plettenberg zunächst vornehmlich als eine Demonstration des Trotzes.

Das hartnäckige Verharren an einem Ort folgte dabei einer symbolischen Logik: In zahlreichen Texten der Nachkriegszeit spürte er der Etymologie der Wörter »Raum« und »Nomos« nach. Dabei argumentierte er, nicht frei von begriffsmagischen Zirkelschlüssen, dass Raum und Gesetz, Grenze und Regel historisch immer aufeinander bezogen gewesen seien. »Nomos« verweist im Griechischen sowohl auf den »Bezirk« als auch auf das »Gesetz«. Raum und Regeln sind nicht zu trennen. Seine Grabinschrift ist daher in zweierlei Weise zu verstehen: »Er kannte das Gesetz« und »er kannte den Ort«.

Das Zentralmotiv des Raums war schon deswegen von Gewicht, weil die Anfahrt hinter die »sieben Berge« des Sauerlands, das Schmitt 1954 in einem »Merian«-Heft als eine »Welt großartigster Spannung« beschrieb, meist einen erheblichen Aufwand bedeutete. So muss man es der persönlichen Faszinationskraft, der unstillbaren Neugier, dem weiten interdisziplinären Horizont, dem »pädagogischen Eros« und nicht zuletzt seiner geschickten Selbstinszenierung zuschreiben, dass dennoch viele Besucher diese Strapazen auf sich nahmen. Der Verdacht geistiger Einflussnahme aus der Provinz, der »Plettenberg« zu einem Synonym werden ließ – später wurde sogar von einem »System Plettenberg« gesprochen – traf aber nicht allein die Sympathisanten Schmitts.

Im Dezember 1966 berichtete die »Frankfurter Rundschau« über die Aussprache zur ersten Regierungserklärung der damals gerade frisch installierten Großen Koalition. »Wie ein Orkan«, so meldete das Blatt, hätte dabei die Frage des FDP-Abgeordneten Thomas

Dehler eingeschlagen, wer eigentlich der Schutzpatron dieses Kabinetts sei? Vor allem mit der Erwähnung Carl Schmitts provozierte er im Plenum, und namentlich bei Bundeskanzler Kurt-Georg Kiesinger, erstaunte Gesichter. Nein, er meine nicht Carlo Schmid, stellte Dehler klar, sondern den »Kronjuristen« des »Dritten Reiches«, den vormaligen Präsidenten der NS-Akademie für Deutsches Recht, den juristischen Chefideologen des Naziregimes, der die berüchtigte Tagung über das »Judentum in der Rechtswissenschaft« geleitet habe. Kiesinger, selbst Mitglied der NSDAP seit 1933, werde sich dazu äußern müssen, ob er bei Schmitt in Plettenberg im Sauerland in Klausur gegangen und nun als sein heimlicher staatsrechtlicher Berater anzusehen sei.

Carl Schmitt selbst hat über diese Zuschreibung Plettenbergs als mutmaßlichem Pilgerort für Politprominenz einige Jahre darauf in einem Interview laut, wenn auch mit verhohlenem Stolz, gelacht. Doch hatte sich nicht nur Kiesinger der Nachbarschaft seines Namens zu erwehren. Auch das Konzept einer »formierten Gesellschaft« seines Vorgängers Ludwig Erhard war immer wieder mit Schmitt in Verbindung gebracht worden. Die Anrufung des Juristen besaß in den Jahren der demokratischen Neuorientierung der Bundesrepublik eine prägnante polemische Qualität: Wie eine Ikone stand er für wendehälsische Charakterlosigkeit und intellektuellen Opportunismus [→ Fuggerstadt 57].

Kein Geringerer als Theodor Heuss hatte Schmitt schon in den frühen fünfziger Jahren mit der vorangegangenen Epoche einer elementaren Politik und ihrem verhängnisvollen »Freund-Feind-Denken« identifiziert. Der reagierte schon damals larmoyant, aber geschmeichelt: »Ich bin fürwahr ein alter Mann, mich spucken Präsidenten an.« Denn niemand war erfinderischer in überhöhenden Zuschreibungen seiner Person als Carl Schmitt selbst: mal sah er sich als »christlichen Epimetheus«, mal als deutschen »Hamlet«, mal als Sündenbock, mal in Analogie zum verfemten Kirchenvater Eusebius, mal als letzten Vertreter des Jus Publicum Europaeum oder als ein Partisan des Weltgeistes [→ Gelehrtenrepublik 22]. Sein 1991 ediertes Tagebuch »Glossarium« dokumentierte posthum das ganze Spektrum dieser inszenatorischen Bemühungen.

Viele seiner Bewunderer bestätigten den Anspruch Schmitts, repräsentativ für ein geschlagenes und von den Alliierten »umerzogenes« Deutschland zu stehen. Diese Ikonografie hatte sich seit langem angebahnt: Als Lehrstuhlinhaber in Berlin und als im

In- und Ausland vielleicht bekanntester Staatsrechtler des »Dritten Reiches« hatte Schmitt nach 1933 die Entwicklung von Politik und Recht affirmativ kommentiert. Im polykratischen Kampf um Macht, Posten und Deutungsmonopole hatte Schmitt zahlreiche Gelegenheiten genutzt, um sich Feinde zu machen. Der Übertritt des aufstrebenden und stilistisch überaus versierten Staatsrechtlers ins »Dritte Reich« wurde von vielen Beobachtern bereits als hoch symbolischer Akt verstanden. Viele seiner früheren geistigen Weggenossen empfanden ihn als »schockierend«, manche seiner Gegner hingegen als bezeichnend. Gerade von Exilanten, die er 1933 »Landes- und Volksverräter« verunglimpft hatte, wurde er enttäuscht zu den »Karrieristen«, »Opportunisten« und »Steigbügelhaltern« gezählt. Sein Ruf als Person war auf dem Tiefpunkt angelangt, und als *der* deutsche politische Denker zu gelten, war nun alles andere als eine Empfehlung.

In der Nachkriegszeit – und das verweist auf eine zweite Phase der Überhöhung – wurde Schmitt mit einer Heftigkeit angegriffen wie auch verteidigt, die sich weder bei Ernst Jünger, noch bei Gottfried Benn, vielleicht nicht einmal bei Martin Heidegger, finden lässt. Hier wurde er zu *dem* Anti-Demokraten und opportunistischen Wende-Intellektuellen schlechthin stilisiert, dort erhob man ihn zu einer über kleinliche Kritik erhabenen Persönlichkeit von europäischem Rang. Am Fall Carl Schmitt schien sich das Verhältnis von Recht und Politik, ja von Geist und Macht zu exemplifizieren. Der notorische Verweis auf Schmitts geistige Brillanz verwies zugleich auf die eher peinliche Erinnerung an die Attraktivität, die Faschismus, Nationalsozialismus und Kommunismus auch für Intellektuelle haben können. Auch die gehobenen Geister eines Knut Hamsun, eines Louis-Ferdinand Céline, eines Gabriele d'Annunzio oder eines Maxim Gorki hatten sich als anfällig für die totalitären Versuchungen des 20. Jahrhunderts erwiesen.

Die Vehemenz, mit der Carl Schmitt zu einer Unperson wurde, ist aber auch ein Hinweis auf die Unsicherheiten, mit denen posttotalitäre Staatswesen wie die Bundesrepublik anfangs zu kämpfen hatten so dass seine Schriften – wie es der Historiker Hans-Peter Schwarz formulierte – »von einer beunruhigten Öffentlichkeit tief im Giftschrank verschlossen« wurden. Schmitt wurde zu einer Chiffre in den politischen Auseinandersetzungen um die Vergangenheit, sein Name zu einem Stellvertreterbegriff, der Elemente einer symbolischen Stigmatisierung des Extremismus und Totalitarismus der ersten Jahrhunderthälfte enthielt.

Der von Schmitt früh verspottete Thomas Mann hatte es immerhin vermocht, sich aus den »Betrachtungen eines Unpolitischen« zu einem »Vernunftrepublikaner« fortzuentwickeln. Anders als in seiner Anschmiegsamkeit an die braunen Machthaber zog Schmitt es diesmal vor, sich als »haltende Macht« zu sehen. Schon eine Volte zurück ins Unpolitische wurde von ihm ironisch kommentiert, wenn sie, wie etwa im Falle Gottfried Benns, mit Bundesverdienstkreuzen honoriert wurde.

Die von Schmitt repräsentierten Themen wurden in der frühen Bundesrepublik zunächst mit Tabus belegt: die Frage nach der Souveränität und nach der Macht in all ihren Verkleidungen und Verstellungen, nach dem Not- und Ausnahmezustand oder nach einem Verständnis von Politik entlang des Kriteriums der Unterscheidung von Freund und Feind. Schmitts scharfer Blick auf die Schwächen von Verfassung und demokratischer Grundordnung stand in diametralem Gegensatz zu den beiden politischen Leitkategorien der bürgerlich-konservativen Nachkriegs-Ära: Sicherheit und Stabilität [→ Panthéon 67]. Dennoch – oder gerade deshalb: Wo immer fortan über die Grundlagen von Politik und Verfassung nachgedacht wurde, saß er als unsichtbarer Gast immer irgendwie mit am Tisch.

Schon deswegen wurde in der Nachkriegszeit fast notorisch die Vermutung geäußert, Schmitt übe einen geheimen Einfluss aus, er streue seine Theorien womöglich abseits der Öffentlichkeit und vornehmlich in die Köpfe der politisch unbedarften Jugend. Die kritische westdeutsche Publizistik nahm »Plettenberg« folglich als Mekka einer antiliberalen Kontinuität in der deutschen Nachkriegszeit wahr. Doch gerade das politisch Inkorrekte der Verknüpfung mit Schmitt bildete eines der wesentlichen Attraktionsmomente für solche Gelehrten, die sich – aus welchen Gründen auch immer – in Distanz zum neuen Staatswesen wähnten. Es beeindruckte sie, dass im allgemeinen Wendeklima der frühen Bundesrepublik jemand ostentativ beanspruchte, seine gedankliche Souveränität zu bewahren. Haben Intellektuelle *jeder* Couleur doch stets eine spezifische Gratifikation aus der Vorstellung gezogen, dass der wahre Denker sich vor allem durch seine »Unzeitgemäßheit« auszeichne.

Schmitts Kontakt zu jüngeren Gelehrten verbreiterte sich seit den fünfziger Jahren durch persönliche Initiation, durch gelegentliche Auftritte in der Öffentlichkeit sowie durch Einladungen zu den Ebracher Seminaren seines Schülers Ernst Forsthoff oder zum Collegium Philosophicum des Münsteraner Philosophen Joachim Ritter. Hier kam mit dem Gelehrten eine Generation in Berührung, die sich von den politischen Prägungen der ersten Hälfte des 20. Jahrhunderts verabschiedet hatte, die aber davon überzeugt war, dass sich auch die zweite Hälfte des 20. Jahrhunderts den von Schmitt aufgeworfenen Fragen stellen müsse.

Unter denjenigen, die mehr oder weniger regelmäßig nach Plettenberg pilgerten, finden sich einige der klügsten und später einflussreichsten

Denker der ersten bundesrepublikanischen Intellektuellen-Generation. Schmitt, der über viele Jahre hinweg ein zuverlässiger Korrespondenz-Partner sein konnte, wirkte in diesem Sinne wie eine »Fernuniversität«. Dabei war es weniger die Aneignung seiner Theorien und auch nicht seiner politischen Optionen, sondern eher die *konstruktive Abwendung* von ihm, die eine Konfrontation mit Schmitt so ertragreich machen konnte. Solche Bemühungen, Carl Schmitt »liberal zu wenden«, wie Hermann Lübbe es ausdrückte, lassen sich an den Werken von Ernst-Wolfgang Böckenförde und Roman Schnur ebenso exemplarisch belegen wie an Reinhart Koselleck, Dieter Groh, Robert Spaemann, Rüdiger Altmann, Johannes Gross, Nicolaus Sombart oder Christian Meier.

Nach einem Umzug in ein Haus im Plettenberger Vorort Pasel begann Carl Schmitt irgendwann in den frühen sechziger Jahren damit, seinen Wohnsitz nach jenem von Niccolò Machiavelli zu benennen. Briefköpfe und ein Schild an seinem Haus verwiesen jetzt auf das toskanische »San Casciano«; und Plettenberg akquirierte auf diese Weise eine Aura von Refugium, Reduit und Asyl, ähnlich wie etwa Malmesbury bezogen auf Thomas Hobbes, Todtnauberg bezogen auf Martin Heidegger oder Lippoldsberg bezogen auf Hans Grimm. In all diesen Fällen stand ein – meist freilich unfreiwillig vollzogener – Schritt »von der Tat zur Gelassenheit« dahinter, so Daniel Morat. Wer einst derart groß hat denken dürfen, dann jedoch nur noch geistig herumkam, mochte in der Pose des über »Feldwege« (Martin Heidegger) wandelnden »Waldgängers« (Ernst Jünger) die ihm angemessene Verortung gefunden haben. Carl Schmitt jedenfalls, der vormalige Theoretiker einer »völkerrechtlichen Großraumordnung« für Europa, spekulierte nach 1945 in seinem Plettenberger »Exil« ausgiebig über den »Ort« und die »Ortung« als Vorbedingung und Ausgangspunkt des Rechts.

In Schmitts Nomos-Theorie fand sich darüber hinaus manche Facette der expressionistischen Sprachmagie wieder, die ihn als jungen Gelehrten in die Nähe eines Hugo Ball oder Theodor Däubler geführt hatte [→ Kraftwerk Autobahn 61]. Sie suggerierte, dass man wirklich weiträumig nur dann denken könne, wenn man dies von einer sicheren räumlichen Verwurzelung aus betreibe. Peter Brückner, dessen 1967 mit Johannes Agnoli konzipierte »Transformation der Demokratie« immer wieder in die Nähe Schmitts gerückt wurde, beschrieb 1980 auch für linke Intellektuelle das »Abseits als sicheren Ort«. Und in der Tat tauchten seit den sechziger Jahren auch solche Bewunderer in Plettenberg auf, die wie Jacob Taubes oder der französische Philosoph Alexandre Kojève der festen Überzeugung waren, Carl Schmitt sei in Deutschland einer der ganz wenigen Personen, mit denen zu reden sich überhaupt lohne.

Zwar hat Schmitt hier und dort auch in hohem Alter noch publizistische Minen zu legen versucht. Anders aber als etwa der Jurist Theodor Maunz hat er kein Doppelleben mehr geführt und hinter der unscheinbaren Fassade kleinbürgerlicher Lebensart rechtsradikalen Kräften in die Hände gespielt. Als Aushängeschild reaktionärer Gesinnungen hat Schmitt sich nie vereinnahmen lassen; er war kein Ideologe sondern ein intellektueller Abenteurer. Während einige seiner älteren Freunde gegen die Windmühlen-Drehungen eines sich ändernden Zeitgeistes fortgesetzt Sturm liefen, waren ihm anregende Gespräche mit Maoisten oder aufmüpfigen Studentenführern zu diesem Zeitpunkt bereits wieder wichtiger als politische Geradlinigkeit. Manche Freunde konstatierten, Pointen seien Schmitt wichtiger gewesen als Freunde. Dabei war es ihm schon immer eine geläufige Überzeugung gewesen dass derjenige die Zukunft gewinnt, der zu seiner Zeit die Begriffe prägt.

Das Verschwörerische und Geheimnisvolle der Anrufung Plettenbergs, die sich in der Zeit nach 1945 etablierte, ist mittlerweile einer offenen Faszination gewichen. Hatte in den frühen fünfziger Jahren etwa Marion Gräfin Dönhoff [→ Königsberg 23] noch demonstrativ die Redaktion der »Zeit« verlassen, weil dort ein Essay Schmitts über die Macht abgedruckt worden war, scheint es heute eher zu stigmatisieren, wenn man es in intellektuellen Deliberationen *nicht* vermag, den Namen des, wie Bernhard Willms jedenfalls meint, »jüngsten Klassikers des politischen Denkens« irgendwo unterzubringen. Schmitt, der am Ostersonntag 1985 starb, hat die meisten seiner Kritiker und selbst manche seiner Schüler überlebt. Von den geistigen Enkeln fährt gelegentlich noch einer nach Plettenberg hinaus, um sich dort zu »verorten«. Das Nachleben des politisierenden Juristen und intellektuellen Stilisten betreut unterdes ein Förderverein, der sich darum bemüht, Plettenberg als einen Schmitt verpflichteten »Erinnerungsort« in Ehren zu halten. Das Logo des Fördervereins: KAI NOMON EΓNΩ. ■

AUTORIN Martina Kölbl-Ebert

Lyme Regis, Dorsetshire

Fossiliensammeln am Strand des Lebens

In Lyme Regis, dem kleinen, etwas verschlafenen Badeort an der englischen Südküste flanieren Kulturtouristen die weit ins Wasser hinausragenden Hafenmauer entlang auf der Suche nach literarischem Lokalkolorit. Hier auf dem Cobb, der Lyme Regis gegen die Herbststürme sichert, war es, wo Jane Austens Heldin aus »Persuasion«, Louisa Musgrove, so folgenschwer stürzte. Hier, wo die Geliebte des französischen Leutnants aus John Fowles gleichnamigem Roman die Bühne der Handlung betritt. Und noch immer haftet dem Stadtbild mit seiner langen, sich den Hügel hinab ziehenden Hauptstraße ein Hauch von 19. Jahrhundert an, teilweise eine Folge von »Rückbaumaßnahmen« für die BBC-Verfilmung des Romans von Fowles.

So wird es auch der zweiten Art von Pilgern leichter gemacht, die ihre ganz persönliche Erfahrung mit dem Ort ihrer Träume suchen, denn in Gedanken reisen auch sie in die erste Hälfte des 19. Jahrhunderts zurück, um dort keine fiktive, sondern eine reale historische Persönlichkeit zu treffen: Mary Anning, die berühmte Fossilienhändlerin. Ihre Spuren sind bis heute zu finden in der Kirche mit ihrem Friedhof, im kleinen Museum und entlang der dunklen, zu Rutschungen neigenden Klippen, die zu beiden Seiten des Städtchens hoch aufragen.

Im Jahr 1844 lernte Dr. C. G. Carus, seines Zeichens Leibarzt Seiner Majestät Friedrich August, König von Sachsen, den er auf dessen Englandreise begleitete, Mary Anning eher zufällig kennen, ohne dass er sich ihrer Berühmtheit bewusst war. Er schilderte diese Begegnung, die knapp drei Jahre vor ihrem Tod stattfand, in seinem Reisebericht: »... wir erreichten endlich Lyme-Regis, den merkwürdigen an der Küste zwischen hohen Felsmassen gelegenen Ort, wo sich so viele Versteinerungen und insbesondere große

Lager jener sonderbaren fossilen See-Eidechsen gefunden haben, denen man den Namen der Fisch-artigen oder der den Eidechsen ähnlichen (Ichthyosaurus und Plesiosaurus) gegeben hat. – Man fährt erst tief nach dem Strande hinab, und in der kleinen Stadt selbst wieder einen steilen Berg hinan! – Wir waren ausgestiegen und gingen den Weg voran, als mir ein Laden auffiel, in welchem die merkwürdigsten Versteinerungen und fossilen Überreste, ein Kopf eines Ichthyosaurus, schöne Ammoniten u. s. w. am Fenster lagen. Wir traten ein, und fanden den kleinen Raum und anstoßende Zimmer ganz mit fossilen Produkten dieser Küste erfüllt.

Für diese Sammler ist es ein besondrer Segen, wenn gegen die Winterszeit starke Regengüsse fallen und große Ufermassen losweichen, welche dann herabstürzen und fast ohne Arbeit die prächtigsten und seltensten Sachen zu Tage kommen lassen. In dem verfloßnen Winter waren keine sehr günstigen Erdstürze gewesen und die Ausbeute blieb geringer, doch fand ich im Laden eine große Platte des schwärzlichen Letten mit einem vollständigen eingebetteten Ichthyosaurus von mindestens 6 Fuß Länge. Das Präparat wäre eine schöne Acquisition für manches Naturaliencabinet des Continents gewesen, und ich fand den geforderten Preis von 15 Pfund Sterling sehr mäßig. Jedenfalls wollte ich mir die Adresse notiren, und die Verkäuferin – denn es war eine Frau, die sich diesem wissenschaftlichen Handel gewidmet hatte – schrieb mir mit fester Hand in die Schreibtafel: ›Mary Annins‹ [sic] und setzte hinzu, als sie mir die Tafel zurückgab: ›I am well known in whole Europe!‹«

Sie hatte keineswegs übertrieben. Bis heute ist sie eine der ganz wenigen Frauen, die in der Geschichte der Paläontologie einen festen Platz inne haben, denn die Fossilienhändlerin Anning verschaffte der neuen Wissenschaft den Stoff, aus dem ihre Träume gemacht waren. Paläontologie war noch eine junge Wissenschaft, kaum den Kinderschuhen entwachsen, und jeder Steinbruch, jeder Aufschluss an der Küste konnte neue, bisher unbekannte Lebewesen enthüllen. Ein Paläontologe war bis zu einem gewissen Grad so gut wie seine Fossiliensammlung. Bürgerlicher oder gar nationaler Stolz konnte daher auf den Besitz besonderer Stücke oder Sammlungen gegründet sein [→ Meishan 69].

Damals schon regten große »Urweltungeheuer« die Phantasie der Leute an. Was heute die Dinosaurier, das waren damals die Meeresreptilien, Ichthyosaurier und Plesiosaurier, und die »Pterodactylen«

[→ Eichstätt 43], Flugsaurier, die den Himmel über dem jurazeitlichen Meer beherrschten. Sie bestimmten das populäre Bild einer Urzeit, lange bevor es Menschen gab. Ihre Entdeckung fällt in die Jahre zwischen 1811 und 1829. Die Typusexemplare stammen alle aus dem gut 190 Millionen Jahre alten Gestein zwischen Lyme Regis und Charmouth, wo Mary Anning die wichtigsten Exemplare sammelte.

Lyme Regis an der Küste Dorsets war damals zu einem modischen Ferienort geworden, und der außerordentliche Fossilienreichtum des Blauen Lias, der dunklen Gesteinsschichten, die an der Küste hervorragend aufgeschlossen sind, machte es für Fossiliensammler und Geologen zu einem regelrechten Eldorado, welches sie oft, vor allem in den Sommerferien, besuchten. Mary Anning gehörte zweifellos zu den Hauptattraktionen des kleinen Städtchens. In ihrer fließenden Kleidung und mit Haube und Hammer war sie eine bekannte Gestalt an den Stränden von Lyme.

So darf es nicht verwundern, dass viele der berühmten Pioniere der neuen Wissenschaft Geologie [→ Weimar 2] die Kuriositätenhändlerin aus Lyme Regis persönlich kannten, sie häufig in der kleinen Fossilienhandlung in der Broad Street aufsuchten, sie auf ihren Exkursionen begleiteten, mit ihr über Felsen und durch Fluttümpel kraxelten und lebhaften Anteil an ihren Entdeckungen nahmen. Damals, noch weit mehr als heute, war Lyme Regis das Mekka der Paläontologen.

Natürlich zieht es die Besucher von heute auch hinaus auf die Jagdgründe der Mary Anning. Am Fuße der Klippen, außerhalb des Städtchens, da sind sie dann: die Fossilien. Ammoniten dicht an dicht, groß wie Wagenräder. Ein ganzer Friedhof dieser ausgestorbenen Tintenfische mit dem gekammerten, spiralig aufgewundenen Gehäuse. Die Ebbe legt sie frei, regelmäßig wie ein Uhrwerk, und Scharen der Fossilbegeisterten schwärmen im Sommer über den dunklen, glitschigen Felsen bis die Flut wieder zurückkehrt und einen nassen Schleier darüber zieht. Das Glück, auch den Knochenrest eines Ichtyosauriers zu erspähen, haben die wenigsten. Doch wer am Abend, erschöpft vom

vielen Schauen und Klettern, vom Cobb aus über das Meer blickt, der kann spüren, dass das Bild unversehens eine merkwürdige Tiefe bekommen hat, eine weitere, zeitliche Dimension [→ Grünsteingürtel 3]. Da ist plötzlich auch das andere Meer, das der Jurazeit, und nun liegen die Ammonitenschalen nicht mehr tot im hart gewordenen Schlamm, sondern schweben in der Wassersäule. Und irgendwo dazwischen, da muss er sein, der Ichthyosaurier.

Lyme Regis ist so ein Ort, an dem diese Art der Schau besonders leicht fällt, und vielleicht zieht er deshalb auch heute noch so viele Paläontologen und andere Urzeitenthusiasten an. Einmal wenigstens muss man dort gewesen sein; vielleicht um hier, an diesem historischen Ort wieder ein Gefühl dafür zu bekommen, welch ein Umbruch im Weltbild es gewesen sein musste, da Menschen zu erkennen begannen, dass auch die Erde eine Geschichte hat, unabhängig von ihrer eigenen Menschheitsgeschichte, und wie schwindelerregend der Abgrund der Zeit war, der sich da hinter ihnen auftat.

39 **AUTOR** Christian Fleischhack

Oberwolfach

Der Welt entrückt im Paradies der Mathematiker

Pfingstsonntag im Bahnhof Offenburg. Ein Fernsehteam steht an der Bahnhofsmission. Ich wundere mich, bis mein Blick auf die Anzeigetafel von Gleis 1 fällt. Punkt 17 Uhr fährt dort der Euro-Express nach Lourdes ab, gechartert von der Erzdiözese Freiburg. Ein Wink des Schicksals? Pilgere ich doch selbst. Doch mein Mekka liegt nicht im Département Hautes-Pyrénées, sondern tief im Schwarzwald, etwas oberhalb des Kinzigtals an der malerischen Wolf. Ich will nach Oberwolfach.

Oberwolfach – das sind vor allem 44.000 Monografien, 30 Wandtafeln und ein Steinway. Es ist das mathematische Forschungszentrum schlechthin. Jede Woche, immer von Sonntagabend bis Sonnabendvormittag, treffen sich hier 48 der besten Mathematiker eines bestimmten Gebietes, um sich miteinander, ganz der eigenen Wissenschaft zu widmen, Fragen zu stellen, Ideen zu finden. Die notwendigen Einladungen sind rar und sehr begehrt. Ein amerikanischer Kollege meinte gar, dass er in diesem Falle ausnahmsweise nicht einmal seine Frau fragt, bevor er zusagt.

Zur Begrüßung wird man über die Regeln des Hauses aufgeklärt: All inclusive, aber Kassen des Vertrauens für Kopien oder spätabendliche Extras. Keine Schlüssel, dafür eine offene Liste mit den Zimmernummern.

Und dann ist da noch die Sache mit den Serviettentäschchen. Diese sind nämlich mit einem Namensschildchen versehen und werden mittags wie abends vom Küchenpersonal neu über die Sechsertische verteilt. Zweimal täglich sieht man dann 48 Leute durch den Speiseraum irren, bis sie endlich ihren Platz gefunden haben. Auf diese Weise werden die sonst eher als Solisten verschrienen Mathematiker zwangsweise sozialisiert. Und schon vom ersten

Abendessen an diskutieren junge Postdocs mit den Koryphäen ihres Gebietes, oft bis weit in die Nacht hinein.

Überhaupt ist die ganze Atmosphäre auf Kommunikation ausgerichtet. Es gibt keinen Fernseher, kein Radio, kein Kino, kein WLAN auf den Zimmern. Oberwolfach liegt sehr abgeschieden, man muss einfach miteinander reden [→ Pol der Unerreichbarkeit 76].

Das eigentliche Herz von Oberwolfach ist das Institutsgebäude mit den zwei Seminarräumen und der Bibliothek. Wir stellen uns kurz vor, und schon werden die Vorträge verteilt. Nicht alle auf einmal, oft nur für Montag. Wohin sich ein Workshop entwickelt, kristallisiert sich meist erst im Laufe der Zeit heraus. Und so heißt es durchaus: »Komm, erzähl uns morgen mal was über koquasitrianguläre Hopfalgebren!« Man sollte also ehrlich sein, wenn man Spezialgebiete angibt …

Kaum ist das Treffen vorbei, diskutieren schon die ersten Grüppchen. Andere stürmen die Bibliothek, eine der besten weltweit. Hier herrscht Schlaraffenland, vor allem weil die meisten Verlage ihre Mathebücher kostenfrei nach Oberwolfach schicken.

Ich lege das jüngst erschienene Buch eines Kollegen zurück ins Regal und gehe in einen Nebenraum der Bibliothek. Sofort werde ich gefragt, wie es mit chinesisch sei – Tischtennis versteht sich. Es dauert ein Weilchen, bis die Bewegungsabläufe wieder flüssig sind. Die Runden werden schneller, und man muss aufpassen, nicht nach einem vergeblichen Hecht im Regal der Dissertationen zwischen M und P zu landen. Dabei stellen diese Monografien noch eine weitere Gefahr dar. Fliegt man zu früh raus, so greift man schnell irgendwo ins Regal, fängt an zu lesen – und schon ist der nächste Einsatz verpasst.

In dieser Idylle vergisst man schnell, dass Oberwolfach eine sehr schwierige Kindheit in dunklen Zeiten überstehen musste. Zu entstehen begann das Institut 1944, als die Nationalsozialisten angesichts der zunehmend aussichtslosen Kriegslage verzweifelt nach jeder erdenklichen Rettung suchten. Entgegen ihrer eigenen Ideologie, nach der Mathematik und Wissenschaft allgemein als nachrangig einzustufen waren, sollten nun auch Forschung und Entwicklung zum Endsieg verhelfen. Der damalige Vorsitzende der Deutschen Mathematiker-Vereinigung, Wilhelm Süss aus Freiburg, ergriff die Gelegenheit beim Schopfe und konnte die schon einige Zeit geplante Gründung eines »Reichsinstituts für Mathematik« erwirken. Die Wahl der Villa am Lorenzenhof in Oberwolfach (das »Schloss«) als Institutssitz hatte rein pragmatische Gründe: Der Boden war in badischem Besitz, und Luftangriffe erschienen unwahrscheinlich.

Auch wenn Oberwolfach explizit der direkt kriegsrelevanten Forschung dienen sollte, so haben sich die letztlich dort tätigen Wissenschaftler offensichtlich nicht mit anwendungsbezogener, sondern mit Reiner Mathematik beschäftigt. Insgesamt konnten etwa 20 Personen das Kriegsende in relativer Sicherheit erleben. Zugleich hatten sie allen Widrigkeiten zum Trotz gespürt, wie zuträglich räumliche Nähe mathematischer Forschung ist.

1945 stand das Schicksal von Oberwolfach schließlich auf Messers Schneide. Wenige Wochen nach Kriegsende war der Wettlauf der Alliierten um deutsche Wissenschaftler in vollem Gange. So war der irische Numeriker John Todd, seinerzeit in Diensten der britischen Admiralität, gerade in Oberwolfach, als eine Truppe marokkanischer Soldaten das Gebiet besetzen wollte. Diese waren offenbar auf der Suche nach Ess- und Brennbarem. Todd ahnte Schlimmstes, vor allem für die nach Oberwolfach ausgelagerte Bibliothek der Universität Freiburg. Als die Marokkaner das »Schloss« erreichten, streifte er sich sofort seine Uniform über und verkündete: »Dieses Haus steht unter dem Protektorat der British Navy.« Die Truppen zogen ab. Und Todd sprach lebenslang von seiner »wichtigsten Leistung für die Mathematik«.

Die Rettung von Oberwolfach markiert zugleich die Wiedergeburt der Mathematik in Deutschland. Diese lag am Boden, vor allem weil sie ihrer brillantesten, häufig jüdischen Köpfe bereits kurz nach der Machtübergabe an die Nationalsozialisten beraubt worden war [→ Bad Arolsen 68]. Auch wenn sich die Mathematik hierzulande bis heute nicht vollständig von diesem Aderlass erholt hat, so spielte Oberwolfach nach dem Krieg bei der Reintegration der verbliebenen Wissenschaftler in die weltweite Gemeinschaft eine ungemein wichtige Rolle.

Die Keimzelle bildeten der französische Funktionentheoretiker Henri Cartan und sein deutscher Kollege Heinrich Behnke, der das Kriegsende in Oberwolfach verbracht hatte. Ihre enge Freundschaft hatte den Krieg überdauert, obwohl ein Bruder Cartans von den Nazis umgebracht worden war. Cartan war von Oberwolfach fasziniert und zog bald Landsleute wie die späteren Fieldsmedaillengewinner René Thom und Jean-Pierre Serre in den Schwarzwald. Schnell kamen Schweizer, Engländer hinzu und Oberwolfach ent-

wickelte sich – unabhängig von politischen Agenden – zum Inbegriff des europäischen, ja weltumspannenden Gedankens in der Wissenschaft [→ Dubna 44].

Entscheidend unterstützt wurde diese Entwicklung durch den Übergang von einem Institut mit festen (wenngleich unbezahlten) Mitgliedern zu einem Treffpunkt ständig wechselnder Spezialisten. Die ersten kleinen Konferenzen gab es 1949. Ab 1953 ermöglichten Gelder aus dem Haushalt der Bundesregierung dann etwa zwölf Workshops im Jahr.

Zunehmend sprengten die Treffen die Grenzen der Villa, so dass zwischen 1965 und 1973 das komplette Gelände umgestaltet wurde. Das mittlerweile stark sanierungsbedürftige »Schloss« wurde geschleift. Stattdessen wurden ein Gästehaus sowie das Tagungs- und Bibliotheksgebäude errichtet. Seither kann Oberwolfach Woche für Woche bis zu 50 Wissenschaftlern Raum und Zeit zum gemeinsamen Forschen geben. Heutzutage kommt etwa ein Drittel der Gäste aus Deutschland, ein Drittel aus dem restlichen Europa sowie ein Drittel aus dem außereuropäischen Ausland.

Dass die Besucher viel über die Menschen und ihre Arbeiten am Institut wissen, ist vor allem den vollständig erhaltenen Vortragsbüchern zu verdanken, in denen jeder einzelne Redner seit Herbst 1944 seine vorgestellten Resultate handschriftlich zusammengefasst hat. Anfangs wurden nicht nur diese verzeichnet. So erfährt man etwa, dass vor dem ersten nicht deutschsprachigen Vortrag – Cartan erläuterte am 1. November 1946 die Galoistheorie von Schiefkörpern – ein kleines Klavierkonzert stattgefunden hat. Der Vortragende und Hermann Boerner spielten aus dem Wohltemperierten Klavier und Beethovens drittletzte Klaviersonate. Auch heute noch gibt es ein Musikzimmer [→ Weimar 2].

Oberwolfach ist aber schon deswegen kein Steuergeld verschleuderndes Wellnesscenter für urlaubssüchtige Mathematiker, weil die Zimmer mit Bett, Tisch, Stuhl, Bank und Nasszelle bis heute spartanischen Jugendherbergscharme versprühen. Zudem legen die Vortragsbücher ein beredtes Zeugnis davon ab, dass viele mathematische Durchbrüche in Oberwolfach erzielt oder hier erstmals öffentlich diskutiert wurden. Das prominenteste Beispiel ist sicher der Große Satz von Fermat. Bereits 1983 hatte Gerd Faltings hier seinen Beweis der Mordellschen Vermutung uraufgeführt, für den er dann die Fields-Medaille erhielt. Auf einem Oberwolfacher Zahlentheorieworkshop kurz darauf präsentierte Gerhard Frey einen möglichen Zusammenhang der Fermatschen Vermutung mit der Taniyama-Shimura-Weil-Vermutung, den der damals im Publikum sitzende Kenneth Ribet Ende der achtziger Jahre zeigen konnte. Seitdem diese Vermutung 1994 von Andrew Wiles (mit Richard Taylor, allerdings dies außerhalb von Oberwolfach) bewiesen ist, ist der Große Fermat geknackt.

Dafür, dass in Oberwolfach weiterhin die wichtigsten – und nur die wichtigsten! – mathematischen Themen behandelt werden, sorgt das Wissenschaftliche Komitee. Aus der Vielzahl der Anträge komponiert es zusammen mit dem Institutsdirektor die Tagungen. Der Institutsdirektor lädt alle Teilnehmer persönlich ein, ohne jedoch mitzuteilen, wer sonst noch auf der Liste steht. Aber das ist auch gar nicht notwendig. Jeder Eingeladene kann darauf vertrauen, dass die anderen Hochkaräter eine entsprechende Nachricht bekommen – und pilgern werden. Auch wenn sie die Fahrtkosten selbst tragen müssen. Während eines Workshops findet dann eine erneute Auslese statt: Nicht alle Teilnehmer tragen letztlich vor. Das wäre auch kaum möglich bei 48 Leuten und nur fünf vollen Tagen, da doch die überwiegende Zeit Diskussionen vorbehalten bleiben soll. Vorbereitet sein sollte jeder, aber wessen Expertise sich dann als entscheidend herausstellt, ist vorher oft nicht klar.

Ein strukturelles »Problem« von Oberwolfach lässt sich bei alldem bereits erahnen. Mag sein, dass eine montags aufgestellte Vermutung schon am Donnerstag ein Theorem ist. Aber: Oberwolfach ist nur eine Art Durchlauferhitzer. Hier wird kaum ein Artikel geschrieben, keine Diplom- oder Doktorarbeit betreut, hier gibt es weder Gremiensitzungen noch Sprechstunden. Hier geschieht das, was evaluationspolitischen Kategorien [→ Bologna 10] nicht zugänglich ist: Hier sprudeln Ideen, Fragen, Kreativität.

Zähl die Institutskopien, um den Erfolg von Oberwolfach zu ermessen! Die erste war 1979 das »Oberwolfach français« (offiziell:

CIRM) in Luminy bei Marseille. Später kam Będlewo in Polen hinzu, Banff in Kanada. Im saarländischen Dagstuhl gibt es das »Oberwolfach der Informatik«; hier ließen die Gründer gar die Stühle kopieren. Erreicht wurde das Original freilich nie. Dies erklärt auch, warum Oberwolfach 2003 die erste ausländische Institution war, die direkt durch das NSF – das US-amerikanische Pendant zur Deutschen Forschungsgemeinschaft – gefördert wurde. Kein Wunder, erzählte doch David Eisenbud, damals Präsident der American Mathematical Society, wie karriereentscheidend sein erster Besuch in Oberwolfach als blutjunger Postdoc gewesen sei.

Aber auch Paradiese kann man noch verbessern. Universitätsplaner würden vielleicht auf die Idee kommen, endlich die zahlreichen Wandtafeln – ja, genau diese hoffnungslos antiquierten Bretter, auf die man immer noch mit Kreide schreibt – durch moderne Whiteboards, Beamerprojektionsflächen oder Flipcharts zu ersetzen: Je globalesischer, desto innovativer. Mögen wir davor bewahrt bleiben! Es gibt einfach nichts Besseres zum Diskutieren als Tafeln. Je mehr, desto besser. Je größer, desto besser [→ Bologna 10].

Oberwolfach ist anders. Sein Spektrum wurde vor allem inhaltlich immer wieder geschärft und erweitert. So gibt es neben den Workshops seit 1995 das Programm »Research in Pairs«, in dem zwei bis vier Personen für insgesamt bis zu drei Monate gemeinsam an einem Projekt arbeiten. Gern wird dies zum Konzeptionieren oder Fertigstellen von Büchern verwendet. Seit kurzem können sich junge Postdoktoranden auch um sogenannte Leibniz Fellowships bewerben, um maximal sechs Monate lang in Oberwolfach zu forschen. Der Förderung des mathematischen Nachwuchses dienen außerdem die Oberwolfach-Seminare: An drei Wochen im Jahr findet kein Workshop statt. Dafür werden 50 herausragende Doktoranden und Postdocs an aktuelle Forschungsthemen herangeführt. Die jüngsten Mathematiker in Deutschland fiebern schließlich alljährlich dem Juni entgegen. Dann steigt in Oberwolfach für 16 von ihnen die letzte Auswahlrunde zur Internationalen Mathematik-Olympiade. Auch das eine Pilgerreise – und vielleicht noch exklusiver als Oberwolfach selbst.

Cold Spring Harbor, Long Island

Wohnzimmer mit Wissenschaft

Kaum jemandem ist es zu verdenken, wenn er von Laurel Hollow noch nie etwas gehört hat. Knapp 2000 Einwohner leben offiziell in dem kleinen Nest an der Nordküste von Long Island, gut vierzig Meilen von Downtown Manhattan entfernt. 2000 nicht eben Not leidende Einwohner. Mit einem Jahreseinkommen von 200.000 Dollar pro Haushalt rangieren sie weit über dem US-Durchschnitt. Ein beschaulicher Ort mit einem hübsch anzusehenden Strand.

Nun ist es so, dass die Leute an diesem Strand, dem Cold Spring Beach, sich zu einem nicht geringen Teil von jenen unterscheiden, die man sonst auf Long Island an den Sommerfrische-Hot Spots der New Yorker antrifft. Am Cold Spring Beach geht es in den Gesprächen – wie an allen Stränden – zwar auch um Kinder, Krisen und Karrieren, darüber hinaus aber um Chromosomen, Humangenomprojekte, quantitative Biologie, Viren. Nicht ohne Grund: Weniger als fünf Minuten Fußweg sind es vom Strand zum Cold Spring Harbor Laboratorium, einem der weltweit führenden Forschungs- und Bildungseinrichtungen im Bereich der biologischen Wissenschaften. 400 Wissenschaftler arbeiten derzeit auf dem 43 Hektar großen Laboratoriums-Gelände. Mit weitem Blick über das Meer …

Das Cold Spring Harbor Laboratorium auf dem Areal oberhalb des Strandes, an der Ortsgrenze zum Nachbarort Cold Spring Harbor, kann dabei auf eine über hundertjährige Geschichte zurückblicken. 1890 wurde hier zunächst eine kleine zoologische Forschungsstation gegründet. Damals kamen nicht nur in den USA, sondern weltweit viele solcher Einrichtungen an den Küsten zustande [→ Neapel 41], weil man hoffte, im Meer die Evolution des Lebens genauer erkennen und verstehen zu können, die seit dem Erscheinen von Darwins großem Buch 1859 zum Leitgedanken der meisten Biologen geworden war [→ Galápagos 5]. Die »Community« auf Long Island akzeptierte das Unternehmen, und einige Familien, die im nahen New York reich geworden waren, stellten ausreichend Geld zur Verfügung, so dass man schon früh den Lehr- und Forschungsbetrieb aufnehmen konnte. Es waren vor allem die Sommermonate, die Studenten und Lehrer anlockten und nach der Fertigstellung der ersten Laboratorien auch prominente Wissenschaftler nach Long Island brachten. Im Sommer 1898 kam Charles Davenport von der Harvard Universität zu Besuch [→ Sāmoa 8]. Er blieb 25 Jahre. Und etablierte die nach 1900 aufsteigende Wissenschaft der Vererbung – die Genetik mit ihren Mendelian Laws und den Mendelian Diseases – in Cold Spring Harbor.

Schon in seinen ersten Berichten, die Davenport als Direktor an das Kuratorium des Laboratoriums schickte, beklagte er die Tatsache, dass es neben den Sommerkursen kein ganzjähriges Forschungsprogramm gebe. Ohne solch ein Angebot könne man kaum erwarten, wissenschaftlich ergiebige Beiträge zu liefern. Die Herren sahen das ein, und sechs Jahre später gelang es ihnen, die wohlhabende Carnegie-Institution in Washington dazu zu bewegen, mit ihren Geldmitteln eine Station for Experimental Evolution in Cold Spring Harbor zu betreiben. Zu den Eröffnungsfeierlichkeiten am 11. Juni 1904 reiste sogar der berühmteste Genetiker seiner Zeit an, der als Wiederentdecker der Mendelschen Gesetze gefeierte Hugo de Vries aus Amsterdam. Er beschloss seine Rede mit dem Wunsch, die Wissenschaft in Cold Spring Harbor möge »ein Segen für die Menschheit« werden. Leider hat Davenport dies allzu wörtlich genommen, denn in den folgenden Jahren begann er damit, sich intensiv um die Verbesserung des menschlichen Erbguts zu kümmern und konkrete Vorschläge für eine Eugenik zu machen – ein inzwischen gut dokumentierter Missbrauch von Wissenschaft [→ Moskau 70].

Zur Geschichte der Forschung in Cold Spring Harbor gehört aber auch, dass sich nach und nach die Bewohner von Long Island für das Laboratorium zu interessieren begannen – und sich engagierten. 1924 gründeten sie zur Unterstützung der Einrichtung die Long Island Biological Association. Man baute neue Laboratorien und Wohnungen für die Wissenschaftler, die das ganze Jahr – und nicht nur den Sommer über – hier arbeiten und leben wollten.

Das Laboratorium brachte es derweil zu internationaler Reputation. Dies wiederum ist Davenports Nachfolger Reginald Harris zu verdanken, der 1933 zu dem ersten der inzwischen legendären

Symposien nach Cold Spring Harbor einlud. Sie hießen offiziell Cold Spring Harbor Symposia on Quantitative Biology. Die gehaltenen Vorträge wurden von Anfang gesammelt [→ Oberwolfach 39] und in einer eigens dafür eingerichteten Druckerei in Buchform umgewandelt. Dabei handelte es sich um hohe rote Bände mit goldenen Lettern, an deren Titeln sich die ungeheuer dynamische und spannende Geschichte der Lebenswissenschaften seit diesen Tagen ablesen lässt. Längst legendär sind die Bände der Jahre 1941 und 1951, als erst »Gene und Chromosomen« detailliert verhandelt und dann »Gene und Mutationen« in allen damals bekannten Feinheiten erörtert wurden.

Die besondere Qualität der Symposien steckt in dem heute ungebräuchlichen Ausdruck einer »Quantitativen Biologie«, mit dem Harris genau das meinte, was heute als Molekularbiologie Triumphe feiert. Harris' Idee hatte über seinen frühen Tod im Jahre 1936 hinaus Bestand und setzte sich langfristig in dem Sinne durch, dass die gesamte Institution Anfang der sechziger Jahre den Namen übernahm, der ursprünglich nur den Symposien gegeben worden war. Aus dem Biologischen Laboratorium und der von der Carnegie-Stiftung unterhaltenen Zweigstelle für Experimentelle Evolution wurde 1963 das Cold Spring Harbor Laboratory for Quantitative Biology, 1970 zu Cold Spring Harbor Laboratory vereinfacht, kurz: CSHL. Seit dieser Zeit ist es auch üblich, die Buchstaben CSH oder CSHL mit einer Doppelhelix zu umrunden. Schließlich gehörte der damalige Direktor, James D. Watson, zu den Entdeckern der berühmten Molekülstruktur des Erbmaterials. Die Doppelhelix sollte und soll dabei die durchgehende Aufgabe deutlich machen, die hier verfolgt wird und die Watson in einem Satz zusammenfasste: »Cold Spring Harbor's main intellectual goal has been the gene.«

Fürwahr: Schon nach dem Tod von Harris übernahm ein Genetiker die Direktion, Milislav Demerec. Er arrangierte dann auch das erste Symposium zu seiner Wissenschaft und sorgte dafür, dass sich chemisch orientierte Wissenschaftler, die an der DNA interessiert waren, mit biologisch orientierten Forschern trafen. Auf diese Weise entdeckten beide Parteien, dass es Fragen gab, die nur im gemeinsamen Bemühen eine Antwort finden können.

Entscheidend für die Qualität eines Symposiums sind sicher nicht die Rasanz oder die Rhetorik der Vorträge. Entscheidend ist eher die Gestimmtheit, die sich auf die Teilnehmer überträgt, und darin hat sich Cold Spring Harbor von Anfang meisterhaft bewährt.

Die wissenschaftliche und intellektuelle Atmosphäre war und ist ansteckend an diesem Ort. Deutlich zeigte sich das etwa, als im Anschluss an das Symposium von 1941 viele Genetiker auf dem Gelände des Laboratoriums blieben, um Experimente mit Drosophila oder mit Mais durchzuführen. Zu denen, die damals blieben, gehörte auch Barbara McClintock aus Missouri. Sie wollte auf Long Island verstehen, welche Mechanismen bei der Vererbung der Maispflanzen all die Besonderheiten hervorbringen, die sie auf den Kornfeldern beobachten konnte. Hier in Cold Spring Harbor entwickelte sie ihr »Gefühl für den Organismus« – so der Titel einer Biografie –, ohne dessen Hilfe ihr die Einsichten in mobile Genelemente nicht gelungen wäre, die ihr am Ende ihres Lebens noch den Nobelpreis einbringen sollte [→ Stockholm 6].

Dass Cold Spring Harbor der Ort für die neue Genetik werden konnte, verdankte das Laboratorium maßgeblich der Entscheidung von Max Delbrück, vom Sommer 1945 an einmal pro Jahr einen Kurs anzubieten, in dessen Verlauf interessierten Studenten die Fortschritte vermittelt würden, die ihm und anderen Wissenschaftlern in den Jahren des Zweiten Weltkriegs gelungen sind. Sie hatten ihren genetisch orientierten Blick von komplizierten Organismen wie Fliegen und Pflanzen weg und hin zu einfachen Gebilden wie Bakterien und Viren gewendet. Seit 1939 wusste man, dass man quantitative Biologie mit den kleinsten Gebilden des Lebens treiben konnte, den Viren, die Bakterien fressen und daher Phagen heißen.

Wenn man nach 1945 die Genetik möglichst rasch voranbringen und den gerade erreichten Schwung der Forschung beibehalten wollte – so Delbrücks Überlegung –, mussten möglichst viele Leute rasch lernen, mit Bakterien und Viren zu experimentieren. Da es an den Universitäten dafür noch keine Kurse gab, musste eine andere Art der Lehre kreiert werden. Die Möglichkeit dazu schienen ihm Sommerkurse in Cold Spring Harbor zu bieten. Schon in Kriegszeiten hatte sich Delbrück mit Salvatore Luria hier auf Long Island getroffen, um – weit abseits der großen Welt – mit den kleinen Experimenten fortzufahren, mit denen sie hofften, der Natur der Gene auf ihre biophysikalische Spur zu kommen. Dabei wussten beide genau, dass sie mit ihren unscheinbaren Fortschritten langfristig mehr in der Welt bewegen würden als alle Politik und Kriegstreiberei zusammen. Und sie konnten diesen Einfluss gewinnen, ohne ihr Laboratorium zu verlassen, ja ohne auch nur kurz vom Schreibtisch aufzusehen, an dem sie ihre genetischen Ergebnisse notierten und zur Veröffentlichung vorbereiteten.

Delbrück und seine Sommerkurse zeigten, welch mannigfaltigen Möglichkeiten ein Ort wie Cold Spring Harbor bot – Unterhaltungen über Forschungsergebnisse ohne Zeitdruck und ohne Ablenkung, bei warmen Abenden an weiten Stränden. Ein Ort, an dem sich eine Familie der Wissenschaft bilden kann, in deren Rahmen Altersunterschiede keine Rolle spielen und soziale Hierarchien unbekannt bleiben [→ Santa Fe 13, Oberwolfach 39, Aspen 55]. Man nutzte Cold Spring Harbor wie ein Wohnzimmer mit Wissenschaft und fühlte sich berauscht.

Als die Molekularbiologie Mitte der sechziger Jahre dann ihre großen Triumphe erlebte, traf sich alles, was Rang und Namen hatte, auf den Cold Spring Harbor Symposien. Als zentrales Ereignis galt das Symposium des Jahres 1966, auf dem »Der Genetische Code« vorgestellt und verhandelt wurde, wobei sich die Gemeinde der Molekularbiologen die Gelegenheit nicht entgehen ließ, den 50. Geburtstag von Francis Crick zu einem besonderen Ereignis zu machen. Und sich darin übte, wissenschaftliche Treffen mit Feiern zu würzen. Das Interesse war so groß, dass selbst die größte Lecture Hall nicht ausreichte und es nötig wurde, das Geschehen auf Fernsehschirme in alle anderen verfügbaren Räume zu übertragen. Die Bände mit den Ergebnissen der Symposien fanden reißenden Absatz und brachten auf diese Weise dringend benötigtes Bargeld in die ansonsten immer noch nicht sehr vollen Kassen von Cold Spring Harbor.

Die magere finanzielle Situation änderte sich entscheidend, als James Watson 1968 Direktor wurde. Zwanzig Jahre zuvor war Watson erstmals nach Long Island gereist, um an einem Kurs über

Bakteriophagen teilzunehmen. Er kehrte von da an immer wieder zurück, etwa im Sommer 1953, als er seinen ersten öffentlichen Vortrag über die Doppelhelix hielt. Watsons wahrlich historischer Auftritt – mit flatterndem Hemd und offenen Turnschuhen – fand in einem neu gebauten Hörsaal statt, mit dessen Konstruktion man begonnen hatte, nachdem immer mehr Menschen zu den Kursen und Symposien kommen wollten und sich die anfängliche Zahl der Teilnehmern inzwischen verzehnfacht hatte.

Als Direktor erwies sich Watson, der bis heute in Cold Spring Harbor lebt, dann nicht nur als genialer Wissenschaftler, sondern auch als fleißiger und geschickter Meister des Geldeintreibens. Er nutzte alle Gelegenheiten, um in den wohlhabenden Golfklubs der Umgebung die Sache seiner Wissenschaft zu vertreten und um Unterstützung für die Forschung zu bitten. Gerüchten zufolge soll er bei diesen ihn überall auf Long Island bekannt machenden Auftritten seinen nuschelnden Tonfall besonders gepflegt und sogar äußerst leise gesprochen haben, um bei den Zuhörern auf diese Weise – also völlig anders, als man es von den Medien her gewohnt ist – Aufmerksamkeit zu wecken und schon ohne Worte deutlich zu machen, dass er etwas zu sagen hat.

Um die öffentliche Unterstützung langfristig zu gewährleisten, richtete das Laboratorium 1988 im Dorf selbst ein sogenanntes DNA Learning Center ein, in dem es Gene zum Anfassen gibt und jeder lernen und zusehen kann, wie mit DNA experimentiert wird und sich die elementaren Vorgänge des Lebens verstehen lassen. Darüber hinaus brachte Cold Spring Harbor ein Programm auf den Weg, das, mit finanzieller Hilfe von Banken, einfach Busse in fahrende DNA-Laboratorien umwandelte und damit Schulen in den ganzen USA besuchte.

Die Grundidee eines solchen Angebots an und für die Öffentlichkeit besteht nicht nur darin, das Verständnis von Menschen für die Wissenschaft zu verbessern, die nicht in ihr tätig sind. Sie besteht auch darin, junge Menschen zu einem Studium der Biologie zu bewegen, ihnen Mut zu machen für eine Karriere in der Forschung.

Wenn Watson und seine Kollegen an etwas glauben, dann an die Bedeutung der Wissenschaft und an die Rolle, die der Nachwuchs in jeder Generation spielt, um die Sache der Wissenschaft voranzubringen. Watson hatte erst im britischen Cambridge geforscht, danach in Harvard gelehrt und zuletzt 30 Jahre lang das Cold Spring

Harbor Laboratorium geleitet, das er dabei von einer nahezu bankrotten Einrichtung zu einer richtungsweisenden Stätte des wissenschaftlichen Lebens machte, an der die Forschung ebenso blüht wie die Lehre. Der Aufstieg von Cold Spring Harbor zu einer weltweit geachteten und führenden Institution verdankt sich unter anderem der konsequenten Umsetzung des Plans, die Laboratorien und den Betrieb das ganze Jahr hindurch in Gang zu halten. So formuliert, wird leicht verständlich, was zu Watsons Glück am Ende des 20. Jahrhunderts noch fehlte, nämlich die Ausweitung der Lehre auf eine ganzjährig durchgeführte Unternehmung.

Konkret ging es darum, ob man dem Laboratorium nicht eine universitäre Einrichtung an die Seite stellen oder hinzufügen könnte, an der Studierende im Rahmen eines fortgeschrittenen Studiums eine Doktorarbeit anfertigen würden, die sie anschließend zum Führen des Adelstitels der akademischen Schicht berechtigen würde. Umgesetzt wurde das Vorhaben im September 1999, als die dann auch nach Watson selbst benannte Ausbildungsstätte ihre Tore öffnete, um die ersten sechs Studierenden [zwei Mädchen und vier Jungen aus insgesamt vier Ländern) aufzunehmen, die unter weit mehr als 100 Bewerbern ausgewählt worden waren.

Das Konzept der Watson School of Biological Sciences geht unter anderem von der Einsicht aus, dass die Fortschritte auf diesem Gebiet vor allem durch interdisziplinäre Ansätze gelungen sind. Hinzu kommt, dass es allein in der Biologie mehr wissenschaftliche Kenntnisse gibt, als ein Einzelner meistern kann. Die Ausbildung muss also nicht unbedingt dafür sorgen, dass die Studenten viel lernen. Vielmehr müssen sie beigebracht bekommen, wie man es anstellt, zu lernen und sich zu informieren. Das »pursuit of happiness« der amerikanischen Verfassung wandelt die Watson Schule in ein »pursuit of knowledge« um, das man durch Methodentraining und durch Ermutigung zur Kritik so gut wie möglich gelingen lassen möchte. Schließlich gab und gibt es noch eine besondere Veranstaltungsreihe, die vermittelt, wie man die erworbenen wissenschaftlichen Kenntnisse an den Mann bringt – schriftlich wie mündlich – und welche ethischen Fragen sich stellen, wenn die biologische Forschung sich so weiter entwickelt, wie dies in den letzten Jahren der Fall war und dabei einige Rätsel löst, die das Leben nach wie vor umgeben.

Die Qualität der Watson School lässt sich vielleicht schon am so einfach wirkenden Namen der Forschungsrichtung erkennen. Die beiden bescheidenen Worte von den biologischen Wissenschaften haben sich wohltuend vom dem grübelnden Getöse ab, mit dem in Deutschland der Begriff der »Lebenswissenschaften« propagiert wird. Er soll zwar nur eine Übersetzung der amerikanischen Wendung von den »life science« sein, aber »Leben« meint nun einmal mehr als das, was Biologen erforschen, und es ist nicht einzusehen, warum die griechischen Silben für das Leben – also »bios« – nicht ausreichen. Ein »biologos« ist amtlich ein Erforscher von Lebensvorgängen in der Natur. Wenn man will, kann man das Wort auch mit »Lebenskundiger« übersetzen. Tatsächlich ist nicht zu übersehen, dass die Biologie immer mehr Bereiche des alltäglichen Lebens erreicht und beeinflusst. Und wir brauchen mehr geeignet geschulte Biologen, um darauf angemessen reagieren zu können.

La Stazione Zoologica di Napoli

Wo die Seeigel ihre Eier legen

Schon Goethe fuhr dorthin. Spätestens seit dem 18. Jahrhundert gilt Italien als der Inbegriff deutscher Sehnsucht, als gelobtes Land, als Pilgerstätte des Bildungsbürgertums. Doch waren es nicht die blühenden Zitronen, die speziell Neapel ab 1874 zum biologischen Mekka aufstiegen ließen; sondern die Seeigel, ihre Eier und Embryonen.

Die Vision entstand in den sechziger Jahren des 19. Jahrhunderts. »Ich beabsichtige, zoologische Stationen zu gründen, welche den an das Meer gehenden Zoologen alles Handwerkszeug, Boot, Schleppnetz, Taue, ferner Aquarien und schließlich sogar ein Haus mit Wohn- und Arbeitszimmer bieten, wofür nur eine geringe Summe von jedem Benutzenden zu zahlen sein soll«. So schrieb der bis dahin nahezu unbekannte deutsche Naturforscher Anton Dohrn am 30. Dezember 1869 an den ungleich berühmteren Karl Ernst von Baer. Drei Jahre später hatte die Stadt Neapel ihm kostenlos ein Grundstück zum Bau einer solchen Forschungsstation zur Verfügung gestellt – in feudalster Lage inmitten des königlichen Stadtparks, direkt am Meer. Dort entstand ein angemessen feudaler Bau: ein Palast aus Stuck und Marmor, dessen Bibliothek nicht nur hervorragend sortiert war, sondern auch geschmückt mit eindrucksvollen Fresken.

Im September 1873 kamen die ersten Gäste: zwei aus Deutschland, drei aus Großbritannien, zwei aus Russland, zwei aus Italien und einer aus Holland. Neapel war für dieses Unternehmen eine überzeugende Wahl: Nicht nur bestach der Golf durch seine marine Artenvielfalt; die Lage der Stazione in einer der schönsten Großstädte der Zeit war ein bestechendes Argument für einen Besuch. Man bedenke, dass Rom zu dieser Zeit nicht mehr als 50.000 Einwohner zählte; Neapel hingegen zehnmal so viel, wozu im Sommer noch etwa 40.000 Touristen hinzu kamen [→ Weimar 2].

Von diesen Einwohnern und Touristen lebte auch die Stazione: Angeregt durch das Berliner Vorbild richtete Dohrn eines der ersten öffentlichen Aquarien ein. Der finanzielle Überschuss der Eintrittsgelder sollte den allgemeinen Betrieb der Forschungsstation decken sowie die Personalkosten für einen wissenschaftlich-technischen Angestellten.

Diese Rechnung ging nicht nur auf, der Erfolg übertraf alle Erwartungen. Einerseits entwickelte sich das Aquarium zu einem echten Publikumsmagneten; bis heute ist es weitgehend original erhalten und immer noch das einzige Aquarium, das sich ausschließlich der Mittelmeerfauna widmet. Andererseits stieg die Stazione Zoologica selbst zum ersten internationalen Forschungszentrum höchsten Ranges auf. Wer immer in der Biologie einen klangvollen Namen trug (oder einen solchen erwerben wollte), tummelte sich von Zeit zu Zeit in Neapel. Grün und gelb vor Neid wurden insbesondere die amerikanischen Kollegen, wenn sie das Glück hatten, auf ihrer obligatorischen Bildungsreise durch Europa einen der »Tische« in der Station zu ergattern.

Dieses Tischsystem war Dohrns Erfindung: Gegen eine jährliche Gebühr konnten sich Staaten, Institutionen oder Privatpersonen

einen oder mehrere »Tische« in der Stazione Zoologica mieten und dann eine entsprechende Anzahl Wissenschaftler entsenden. Jeder Tisch war bestens ausgestattet, mit Instrumenten in höchster Qualität sowie je einem eigenen Aquarium, das nach Wunsch bestückt werden konnte. Zu diesem Zweck stand ein Korps von Fischern bereit, die täglich das bestellte Material frisch und reichlich lieferten. Die Laboratorien waren Tag und Nacht geöffnet, die Räume im Winter beheizt – eine durchaus erwähnenswerte und in Neapel keineswegs selbstverständliche Qualität.

Vorschriften gab es keine. Wer kam, erhielt alle Ressourcen zur freien Verfügung und durfte forschen, wonach es ihn oder sie – denn es fanden sich auch einige Frauen hier ein – gelüstete. Doch bildeten sich mit der Zeit Arbeitsschwerpunkte heraus, wie etwa die Experimentelle Embryologie, die in den Jahren zwischen 1890 und 1930 in Neapel ihr Zentrum fand. Hier führte Hans Driesch seine berühmten Experimente durch, in denen er Seeigel-Embryonen in frühesten Stadien teilte und so die ersten künstlichen Klone erzeugte. Damit begann der Aufstieg der Eier und Embryonen der Seeigel zu einem der besterforschten Systeme in der Zoologie. Die Reihe namhafter Embryologen, die wesentliche Teile ihrer Arbeit in Neapel durchführten, ist beeindruckend. August Weismann war darunter, und Jacques Loeb, Thomas H. Morgan, Charles O. Whitman und Curt Herbst, Theodor Boveri und Hans Spemann, um nur einige zu nennen. Aber auch Physiologen fanden sich hier ein, Biochemiker, Bakteriologen, Phykologen, später Ökologen. Sie kamen unter anderem aus Deutschland, Italien, Russland, England, Frankreich, Ungarn, Amerika. Sie fanden sich hier ein, und sie fanden einander: das war der wesentliche Teil des Erfolgsrezeptes [→ Oberwolfach 39].

Der Aufenthalt in der Stazione Zoologica ähnelte einem monatelang währenden Kongress, in dem die Forscher jedoch keine Vorträge hielten, sondern nebeneinander das taten, was ihnen am liebsten war: beobachten, experimentieren, denken, schreiben. Ganz ungezwungen entwickelten sich auf diese Weise internationale Bekanntschaften, Freundschaften und Kooperationen. Es war dieses fruchtbare Neben- und Miteinander, weswegen Whitman 1883 die Forschungsstation als »eine Art internationales Auffangbecken von Entdeckungen und Verbesserungen« bezeichnete. Diese würden hier in intensiver Arbeit »gesichtet, geordnet, getestet, weiter ausgearbeitet und erneut verbreitet.« Nirgendwo war das »peer-reviewing« der experimentellen Arbeit so direkt, so intensiv und so effektiv: »For Methods go to Naples!«, hieß es insbesondere in den USA nicht von ungefähr. »Isoliert von großen Teilen der neuen, gegenwärtigen Stimmung, wie wir es in Amerika sind«, schrieb Morgan 1896, »können wir in Neapel wie in keinem anderen Labor der Welt die besten zeitgenössischen Arbeiten kennen lernen.«

Dohrn hatte dies nicht im Detail geplant. Vielmehr hatte er eine sehr schlichte Vision davon, wie Wissenschaft am besten funktioniert: Ein schöner Ort, bestmögliche Infrastruktur, anregende Gesellschaft – und Freiheit [→ Bologna 10]. Die Freiheit, frei von anderen Pflichten zu forschen; sowie die Freiheit, sich das Thema und die Gesellschaft selbst zu wählen. Der Erfolg spricht für sich. Bereits 1890 waren 36 Labortische »vermietet«, an Repräsentanten von insgesamt 15 Staaten; und bis ins Jahr 1909, als Anton Dohrn starb, hatten 2020 Forscher und Forscherinnen in der Stazione Zoologica einen (oder mehr als einen) Gastaufenthalt absolviert.

Schon bald wollten andere Staaten auch so ein Mekka haben. Doch konnten es Jahrzehnte lang weder die existierenden Vorläufer, noch die zahlreichen Nachahmungen – etwa die meeresbiologische Station Woods Hole in Massachusetts – mit dem Renommee und der Attraktivität der Stazione Zoologica aufnehmen. Die Stazione setzte Standards und blieb etwas Besonderes.

Der Anfang vom Ende dieser Blütezeit kam 1914, als man mit Kriegsbeginn den damaligen Leiter Reinhard Dohrn, Anton Dohrns Sohn und Nachfolger, zum Staatsfeind erklärte und ihn des Landes verwies. Das ließ sich nach 1918 zwar noch einmal einrenken, denn Reinhard Dohrn übernahm erneut die Leitung und eine zweite, wiederum höchst produktive Phase setzte ein; doch dann brachte der Faschismus den Totalzusammenbruch. Nur mühsam wurde nach 1945 der Betrieb reaktiviert. Und selbst wenn heute in Neapel wieder die Forschung floriert, geschieht das doch unter ganz anderen Vorzeichen als um 1900, mit anderen Zielen und Schwerpunkten und ohne den Nimbus der Unverwechselbarkeit. Aus dem einstigen Mekka wurde eine Forschungsstätte unter vielen.

Nature, Crinan Street 4, London

Plaudern, Rauchen, Picheln

Die Wissenschaftsgalaxis kreist um ein Schwarzes Loch. Eine Uni braucht einen neuen Professor, ein Institut einen neuen Dekan. Die Kommission tagt, die Kandidaten »singen vor«. Ein ungeladener Gast ist meist mit dabei. Dieser Zahlengeist ist unsichtbar, stumm und doch so beredt, dass er oft über Forschungsvorhaben und Millionenbeträge mitbefindet. »Citation Index« und »Impact Factor« wird er genannt. Als eine Art Kopfnote für Forscher, die feststellt, wie oft jemand zitiert worden ist, und wo er publiziert hat, spukt er im Zentrum des globalen Wissenschaftsbetriebs herum. Er ist mächtig. Und schwer zu greifen.

Spurensuche. Eine enge Seitenstraße in London unweit des Bahnhofs King's Cross. Die Crinan Street ist eine schmale Gasse, in der man auch einen Krimi drehen könnte: dunkle Mauern, eine Autowerkstatt, kaum Verkehr. Die Nummer 4 ist unscheinbar, ein ehemaliges Lagerhaus aus gelbem Klinker, umgebaut zu einem Bürogebäude. Dies ist eine der weltweit mächtigsten Manufakturen von wissenschaftlichem Prestige.

Crinan Street 4, das ist die Adresse von »Nature«, für viele die Wissenschaftszeitschrift schlechthin. Gemeinsam mit der amerikanischen Konkurrenz »Science« bildet sie den Doppelgipfel des wissenschaftlichen Olymps. Gegründet wurde »Nature« 1869 unter Beteiligung von Heroen der Wissenschaftsgeschichte wie Herbert Spencer, Thomas Henry Huxley, John Tyndall [→ Matterhorn 56]. Jeder von ihnen wohl ein Kandidat für den Nobelpreis – wenn es den damals schon gegeben hätte. Hier haben Einstein [→ Institute for Advanced Study 49], Röntgen, Crick [→ Cold Spring Harbor 40] publiziert. Nur wer glaubt, einen ganz großen Wurf gemacht zu haben, wagt es normalerweise, seine Arbeit einzusenden. Das Konkurrenzblatt »Science« wurde erst 1880 gegründet, ist aber im Gegensatz zu »Nature« nichtkommerziell. Für beide gilt: Wer hier publiziert, wird weltweit gelesen und im Schnitt rund dreißigmal zitiert, was »Impact Factor« genannt wird: Einschlägigkeitsfaktor. Einigen Forschern sind die beiden Großen zwar durch ihre bunt gemischte Leserschaft quer durch viele Disziplinen zu oberflächlich. Dennoch gilt ein »Nature«-Artikel als Ritterschlag. Im Foyer eine Büste von William Shakespeare. Der Anspruch ist klar: Hier entsteht Weltliteratur der anderen Art. Wo soll ich publizieren? Diese Frage wird unter Forschern oft lakonisch beantwortet: »No Nature, no impact.«

Der Olymp wirkt banal. Geschäftiges Treiben wie in jedem Großraumbüro. Besucher haben normalerweise keinen Zutritt, warum auch. Die Öffentlichkeit wird schließlich im Blatt hergestellt, nicht vor Ort in der Redaktion. Ein Lichthof verbindet vier offene Stockwerke gleichsam zu einem vertikalen Größtraumbüro. Fachredakteure blättern durch Manuskripte und angeln nach Telefonen zwischen Teetassen und Sedimenten von Fachliteratur. Unter der Dachmarke der Nature Publishing Group sind über 30 Fachmagazine versammelt. Eine ganz normale Redaktion, könnte man denken. Doch hier sind Manuskripte zwar willkommen, aber nur die wenigsten. »Nature« ist zunächst eine Ablehnungsmaschine. Von hundert Manuskripten gehen über 90 mit einem knappen Kommentar per E-Mail zurück an den Absender: »... tut es uns leid, Ihnen mitteilen zu müssen ...«

Die Auswahl ist mehrstufig. Die Redakteure haben oft nur wenige Minuten Zeit, um zu entscheiden, ob sie sofort ablehnen oder erst später. Im letzteren Fall mailen sie den Text an eine Gruppe von ehrenamtlichen Gutachtern weiter, die im sogenannten »Peer Review«-Verfahren Kommentare und Empfehlungen abgeben. Das bedeutet banges, oft monatelanges Warten für die Autoren, die in der Zwischenzeit nicht mit der Presse über ihre Ergebnisse sprechen oder sie andernorts anbieten dürfen, um sich nicht zu disqualifizieren. Der freie Geist des akademischen Austauschs kollidiert hier mit den Regeln kommerzieller Verlage.

Das »Peer-Review«-Verfahren ist aufwändig und soll das Fundament des Wissens bewahren vor brüchigem Baumaterial: Schlamperei, Hochstapelei, Methodenfehler, Doppelungen. Seit über 140 Jahren arbeitet dieses System, und das – dem Anschein nach – sehr erfolgreich. »Nature« gilt kurz gefasst als älteste Zeitschrift ihrer Art, die über Fachgrenzen hinaus die Wissenschaftswelt zusammenhält.

Doch jedes System hat eine Eigendynamik, und so wird der Verlag in der Crinan Street immer wieder zur Zielscheibe erbitterter Kritik gegen etablierte Wissenschaftsverlage allgemein. Autoren schließen sich, so munkelt man, zu Zitierkartellen zusammen, die gegenseitig auf ihre Aufsätze verweisen, um ihre Statistik aufzubessern. Professionelle Schreiblabors formulieren oft mehrdeutige Ergebnisse so lange um, bis sie sich wie bahnbrechende Sensationen lesen. Erkenntnisse werden oft nicht im Zusammenhang veröffentlicht, sondern in möglichst viele kleine Faktoide zersplittert, damit sich eine größere Anzahl an Veröffentlichungen ergibt. Und schlimmer noch: Der »Peer Review« sei Opfer seines eigenen Erfolgs geworden, so eine Klage. Er stabilisiere zwar das Gebäude des Wissens, behindere aber auch radikale neue Durchbrüche. Der Wissenschaftsbetrieb »unterdrückt fundamentale Neuheiten, weil diese notwendigerweise subversiv sind«, schrieb der Physiker und Wissenschaftshistoriker Thomas Kuhn schon 1962. Er löste eine erbitterte Debatte aus, die bis heute andauert und die in Zeiten von Evaluation [→ Bologna 10] erheblich an praktischer Relevanz gewonnen hat, da diese sich nur zu gerne auf Bibliometrie stützen.

Wie aber funktionieren Impact-Factories wie »Science« oder »Nature«? Über den Alltag ist wenig bekannt. Das ist erstaunlich. Die große Monografie über Geschichte und Alltag in der Crinan Street 4 muss erst noch geschrieben werden. Querelen, Personalien, Richtungskämpfe bei »New York Times«, »Der Spiegel« oder »Le Monde« werden sehr viel genauer durchleuchtet als bei »Nature« oder »Science«, den Zentralorganen der Informationsgesellschaft. Ausgerechnet Wissenschaftsjournale scheinen an einem blinden Fleck der Selbstaufklärung zu sitzen. Zu den besten Quellen, man glaubt es kaum, gehören die Jubiläumsausgaben, mit vielen Anekdoten, aber wenig kritischer Analyse. Überspitzt gesagt: Die Wissenschaftsgalaxis kreist um ein Schwarzes Loch.

Ein Ortsbesuch ist oberflächlich, aber ein Anfang. Erste Überraschung: Auch in der Crinan Street 4 sieht man sich unter Druck. Die Treiber sind Getriebene. Timo Twin, ein Mann mit freundlichem Harry-Potter-Gesicht, irrt leicht orientierungslos über den Strand, dann zickzack den Hang hinauf zum Logo seines Unternehmens, weiß auf rotem Grund: »Nature«. Timo Twin ist in seinem neuen Reich angekommen, auf einer Insel im Online-Rollenspiel »Second Life« [→ Second Life 75]. Der Avatar sieht dem Timo im realen Leben entfernt ähnlich – dieser ist ein großer Mann Ende dreißig. Er heißt Timo Hannay. Und er ist so etwas wie der Vertreter von »Nature« in der virtuellen Welt. »Second Nature« heißt diese Spielwelt. »Nature« in »Second Life«? Das wirkt fast so, als zöge die Queen nach Las Vegas – how utterly shocking.

Timo Hannay kennt derlei Einwände – und er liebt es, der Kritik noch eins draufzusetzen: »Das Kerngeschäft von ›Nature‹ ist nicht, eine Zeitschrift zu machen«, sagt er. Sondern? »Sondern den Austausch zwischen Wissenschaftlern zu ermöglichen.« Und der finde

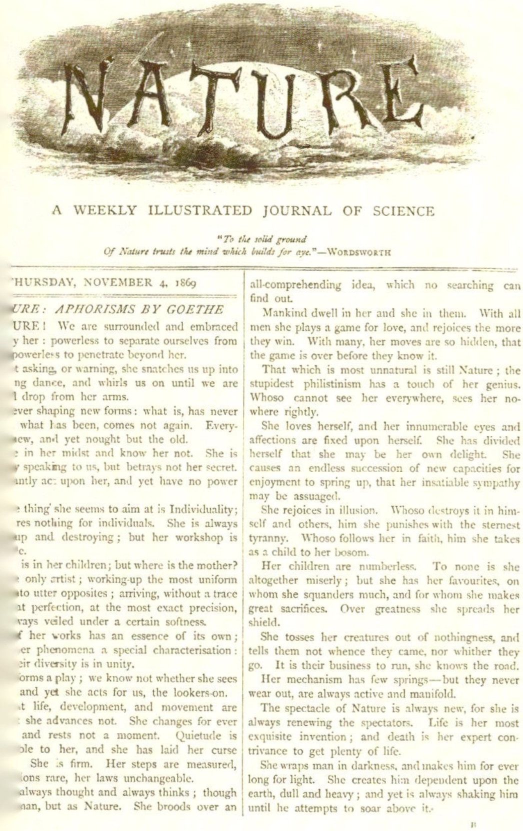
NATURE

A WEEKLY ILLUSTRATED JOURNAL OF SCIENCE

"To the solid ground Of Nature trusts the mind which builds for aye."—WORDSWORTH

'HURSDAY, NOVEMBER 4, 1869

URE: APHORISMS BY GOETHE

URE! We are surrounded and embraced y her: powerless to separate ourselves from powerless to penetrate beyond her. t asking, or warning, she snatches us up into ng dance, and whirls us on until we are l drop from her arms. ever shaping new forms: what is, has never what has been, comes not again. Everynew, and yet nought but the old. in her midst and know her not. She is speaking to us, but betrays not her secret. ntly act upon her, and yet have no power

thing' she seems to aim at is Individuality; res nothing for individuals. She is always up and destroying; but her workshop is c. is in her children; but where is the mother? only artist; working-up the most uniform to utter opposites; arriving, without a trace at perfection, at the most exact precision, ways veiled under a certain softness. f her works has an essence of its own; er phenomena a special characterisation: eir diversity is in unity. orms a play; we know not whether she sees and yet she acts for us, the lookers-on. t life, development, and movement are she advances not. She changes for ever and rests not a moment. Quietude is ble to her, and she has laid her curse She is firm. Her steps are measured, ons rare, her laws unchangeable. always thought and always thinks; though man, but as Nature. She broods over an

all-comprehending idea, which no searching can find out.

Mankind dwell in her and she in them. With all men she plays a game for love, and rejoices the more they win. With many, her moves are so hidden, that the game is over before they know it.

That which is most unnatural is still Nature; the stupidest philistinism has a touch of her genius. Whoso cannot see her everywhere, sees her nowhere rightly.

She loves herself, and her innumerable eyes and affections are fixed upon herself. She has divided herself that she may be her own delight. She causes an endless succession of new capacities for enjoyment to spring up, that her insatiable sympathy may be assuaged.

She rejoices in illusion. Whoso destroys it in himself and others, him she punishes with the sternest tyranny. Whoso follows her in faith, him she takes as a child to her bosom.

Her children are numberless. To none is she altogether miserly; but she has her favourites, on whom she squanders much, and for whom she makes great sacrifices. Over greatness she spreads her shield.

She tosses her creatures out of nothingness, and tells them not whence they came, nor whither they go. It is their business to run, she knows the road.

Her mechanism has few springs—but they never wear out, are always active and manifold.

The spectacle of Nature is always new, for she is always renewing the spectators. Life is her most exquisite invention; and death is her expert contrivance to get plenty of life.

She wraps man in darkness, and makes him for ever long for light. She creates him dependent upon the earth, dull and heavy; and yet is always shaking him until he attempts to soar above it.

B

eben zunehmend elektronisch statt. Viele Printmedien sehen sich durch das Internet [→ Cern **11**] bedroht, doch für Blätter wie »Nature« ist das Problem besonders brisant. Denn seit es im Netz kostenlose Archive wie die »Public Library of Science« oder »Arxiv« gibt, sind Forscher nicht mehr auf Verlage angewiesen. Der russische Mathematiker Grigorij Perelman zum Beispiel wurde 2006 mit der Fields-Medaille geehrt, so etwas wie dem Nobelpreis für Mathematiker. Sein legendärer Aufsatz, der erstmals die sogenannte Poincaré-Vermutung beweist, wäre der perfekte Scoop für »Nature« gewesen, und hätte ordentlich Zitate gebracht – Treibstoff für die Impact

Factory. Das Genie jedoch stellte sein Werk einfach ins Netz, frei abrufbar im Web-Journal »Arxiv.org«. Ein Frontalangriff auf die Crinan Street 4.

Damit Perelmans Beispiel nicht Schule macht, treibt sich Timo Hannay mit seinem Team unter anderem in Online-Spielwelten herum, um das altehrwürdige Magazin ins Internet-Zeitalter zu begleiten. Sie entwickeln interaktive Himmelskarten, begehbare Zellen, digitale Molekül-Simulatoren, virtuelle Globen, Podcasts und allerlei andere Experimente. Seine Mitarbeiter wirken in dieser stockseriösen Institution leicht exotisch mit ihren Kapuzenshirts und Turnschuhen. Wenn Hannay verreist ist, vertritt ihn bisweilen ein Plüschhase auf dem Chefsessel. Zwischen Programmierhandbüchern und japanischer Fachliteratur steht ein Terrarium mit afrikanischen Riesenschnecken. Auch manche seiner Innovationen wirken wie Spielereien – und doch sind es wichtige Evolutionsschritte für den Wissenschaftsbetrieb. Der »Peer Review« zum Beispiel ist die Basis für die Glaubwürdigkeit von »Nature«. Dennoch ging das Blatt dem deutschen Physik-Hochstapler Jan Hendrik Schön auf den Leim. »Science« ging es ähnlich mit dem südkorea-

nischen Klonfälscher Hwang Woo Suk. Dessen Betrug fiel erst auf, als ein Informant per E-Mail darauf hinwies. Also entschloss man sich bei »Nature« 2006, die Internet-Begutachtung auszuprobieren, den sogenannten »Open Peer Review«: Ausgewählte Artikel sollten von der Web-Öffentlichkeit vorab diskutiert und kritisiert werden. Die Teilnahme war enttäuschend, nur fünf Prozent der Autoren machten mit, weshalb der Test vorerst beendet wurde. Auch die Dependance in Second Life liegt seit 2010 auf Eis, ein Opfer medialer Selektion, von Werden und Vergehen.

Der erste Versuch, so heißt es, sei unter anderem daran gescheitert, dass Forscher sich ungern in ihre unveröffentlichten Manuskripte sehen ließen, aus Angst vor Ideenklau. Nach wie vor setzt man in der Crinan Street große Hoffnungen auf das Internet. Eine wichtige Hürde sind dabei Kopfnoten wie Citation Index, Hirsch-Index, Eigenfaktor: Das, was im Internet veröffentlicht wird, taucht bislang meist nicht im offiziellen Indices auf, die doch für die Karriere vieler Forscher so wichtig sind wie für Moderatoren die Quote. Hannay sucht daher nach einer zuverlässigen Methode, wie sich auch informelle Beiträge in einem Internet-Forum zuverlässig erfassen lassen. »Wir könnten die Forschung beschleunigen, wenn Wissenschaftler nicht mehr aus Angst, dass ihnen jemand zuvorkommt, ihre Ergebnisse zurückhalten«, sagt er. »Diesen Prozess wollen wir auf den Kopf stellen: Wenn ein Forscher davor Angst hat, könnte er extra einen schnellen, ungeprüften Vorbericht bei uns ins Netz stellen, um zu belegen, dass er der erste war.«

Ausgerechnet die Datennetze sollen die Forschung wieder persönlicher machen. »Aufgabe von »Nature Online« ist es, neue Leute und Ideen zusammenzubringen«, sagt Hannay, »wir stellen sozusagen den Pub, den Türsteher und den Barmann – aber ob es ein lustiger Abend wird, hängt von den Gästen ab.« Der digitale Pub mag futuristisch wirken. Und doch erinnert er stark an die Gründergeneration von »Nature«. Damals, vor über hundert Jahren, tobte ein erbitterter Verdrängungswettbewerb zwischen diversen jungen, meist unterfinanzierten und kurzlebigen Wissenschaftszeitschriften. Das Konkurrenzblatt »Science« wäre mehrfach fast eingegangen und wechselte häufig die Besitzer. Doch »Nature« war anders. Von Anfang an legte man Wert auf thematische Breite, Allgemeinverständlichkeit, Streitlust, gesellschaftliche Relevanz. Ein weiterer Vorteil: Der Verleger Alexander Macmillan liebte Partys. Regelmäßig lud er die klügsten Denker seiner Zeit zu sich nach Hause ein zu »Talk, Tobacco and Tipple« – Plaudern, Rauchen, Picheln. Auf dies solide Fundament stellte er seine Zeitschrift: Wissenschaft sollte gesellig sein, kreativ, unterhaltsam, überraschend.

Jahrzehntelang traf sich die Gründergeneration von »Nature« am jeweils ersten Donnerstag im Monat in einem Pub zum Schlemmen, Trinken und Palavern, insgesamt 240 Mal. Die Clique nannte sich X-Club, weil sie nur eine Regel akzeptierte: keine Regeln. Am Donnerstag deswegen, weil man nach dem Essen hinüberschlenderte zum Treffen der Royal Society, deren Vorsitz über ein Jahrzehnt bei Mitgliedern des X-Club lag. Scherzhaft nannten sie sich »the Xperienced Hooker«, »the Xalted Huxley«, »the Xcentric Tyndall«, »the Xhaustive Spencer«. Die X-Clubber kämpften für die Ideen Darwins [→ Galápagos 5], für die Professionalisierung der Wissenschaft. Und für ihr eigenes Fortkommen. Die vielleicht wichtigsten Mitstreiter bei der Durchsetzung der Evolutionslehre gehörten dabei zu einer Gruppe von liberalen Anglikanern, beseelt vom Glauben an Gott – und an die Wissenschaft [→ Eichstätt 43]. Wie hätten die »Nature«-Gründer wohl reagiert auf das Ansinnen, Wissenschaftler zu bewerten durch Zitatezählen, Hirsch oder Eigen? Sie hätten gelacht und abgelehnt. Es sei denn, der Hirsch wäre lecker zubereitet, mit ordentlich Preiselbeer-Sahnesauce.

Einige der X-perimentellen X-Zentriker gründeten eine Zeitschrift und nannten sie »Nature«. Ebenso eigenwillig und kreativ wie ihr Club geriet die erste Ausgabe vom 4. November 1869, fast auf den Tag genau fünf Jahre nach dem ersten Treffen des Clubs, ebenfalls an einem Donnerstag. Am Donnerstagstermin hat sich bis heute nichts geändert. Thomas Huxley, der streitbare Biologe und Agnostiker, auch bekannt als »Darwin's Bulldogge«, lobt in der ersten Ausgabe Goethe als Wissenschaftler [→ Weimar 2]. Und überlässt ihm den Aufmacherartikel, ein Gedicht in voller Länge, eine überschwängliche Ode namens »Die Natur«:

Natur! Wir sind von ihr umgeben und umschlungen – unvermögend, aus ihr herauszutreten, und unvermögend, tiefer in sie hineinzukommen. Ungebeten und ungewarnt nimmt sie uns in den Kreislauf ihres Tanzes auf und treibt sich mit uns fort, bis wir ermüdet sind und ihrem Arme entfallen.

Sie schafft ewig neue Gestalten; was da ist, war noch nie; was war, kommt nicht wieder – alles ist neu und doch immer das alte.

Wir leben mitten in ihr und sind ihr fremd. Sie spricht unaufhörlich mit uns und verrät uns ihr Geheimnis nicht. Wir wirken beständig auf sie und haben doch keine Gewalt über sie.

Sie scheint alles auf Individualität angelegt zu haben und macht sich nichts aus den Individuen. Sie baut immer und zerstört immer, und ihre Werkstätte ist unzugänglich.

Ein passendes Programm für die Zeitschrift aus der Crinan Street 4.

■

43 AUTOR Oliver Rauhut

Eichstätt

Mit Schwanz und Krallen in kirchliche Obhut

Im Süden Deutschlands, zwischen den Regierungsbezirken Oberbayern und Mittelfranken, fließt ein kleiner Fluss zur Donau hin, die Altmühl. Sie mäandriert durch ein idyllisches Tal in der südlichen Frankenalb und ist ein beliebtes Ausflugs- und Urlaubsziel für Natur- und Sportfreunde, die hier in der fast unberührten Natur wandern, radeln oder Kajak fahren. In der Mitte des Altmühltals liegt die Stadt Eichstätt, die trotz ihrer nur etwa 13.000 Einwohner einer der ältesten bayerischen Orte mit Stadtrecht ist und sogar eine eigene Universität besitzt. Die Stadt wurde im 8. Jahrhundert als einer der ersten Bischofssitze in Deutschland gegründet, und auch heute noch dominiert die große bischöfliche Residenz und das Kloster das Stadtbild; auch bei der Hochschule handelt es sich um eine katholische Universität. Auf einer Anhöhe thront die Willibaldsburg über Eichstätt. Die Burg beherbergt eine Sensation der Wissensgesellschaft: das Jura-Museum, eine weltberühmte naturwissenschaftliche Sammlung, die von der katholischen Kirche getragen wird.

Um die Bedeutung des Jura-Museums zu verstehen, muss man den Strom der Zeit ein ganzes Stück hinaufschwimmen. Vor etwa 145 Millionen Jahren, zur Zeit des Jura, sah es in Süddeutschland noch ganz anders aus als heute. Die Alpen existierten noch nicht, sie sollten erst viele Millionen Jahre später durch die Kollision der europäischen mit der afrikanischen Kontinentalplatte entstehen. Statt dessen überschwemmte das Ur-Mittelmeer, die Tethys, weite Teile des südlichen Europa. Süddeutschland war von einem Flachmeer bedeckt, das sich zwischen dem Rheinischen Land im Norden und der Böhmischen Insel im Osten erstreckte. Nach Süden war dieses Flachmeer durch einen mächtigen Riffgürtel von den Weiten der Tethys abgeschirmt. Zwischen einzelnen Riffen waren Wannen eingesenkt, in denen sich über hunderttausende von Jahren sehr feiner Kalkschlamm ablagerte, der die Reste der im Meer lebenden oder von den umliegenden Inseln eingeschwemmten Lebewesen bedeckte und so konservierte.

Wenn man heute durch das Altmühltal fährt, sieht man an den Hängen des Tales häufig auffällige, zum Teil hoch aufragende Gesteinskörper. Es sind fossile Riffe aus der Jurazeit, die im Gegensatz zu heutigen Riffen jedoch überwiegend nicht aus Korallen sondern aus Resten von Kalkschwämmen bestehen. Zwischen diesen Riffkörpern findet man harte, fein laminierte Kalkplatten, die in zahlreichen Steinbrüchen entlang des Altmühltals abgebaut werden. Diese sogenannten Solnhofener Plattenkalke repräsentieren die Füllung der ehemaligen Wannen zwischen den Riffen. In ihnen finden sich zahlreiche fossile Reste der Lebewelt des Jura-Meeres, die die Gegend um Eichstätt weltweit berühmt gemacht haben und in zahlreichen Museen auf der ganzen Welt zu sehen sind.

Die Geschichte der wissenschaftlichen Erforschung der Solnhofener Plattenkalke begann im ausgehenden 18. Jahrhundert. Dafür waren hauptsächlich zwei Umstände verantwortlich. Zum einen führte die Erfindung der Lithografie als Druckmethode zu einer verstärkten Nachfrage nach geeigneten Gesteinsplatten – und die Solnhofener Plattenkalke sind bis heute das beste Gestein für diese Technologie. Indirekt ist es also dem Buchdruck zu verdanken, dass die Solnhofener Plattenkalke ihre sensationellen Fossilien preisgegeben haben. Doch oft sieht man nur, was man weiß: Die Funde konnten nur deshalb als wichtig erkannt werden, weil die Aufklärung bereits die Grundlagen gelegt hatte, um Fossilien nicht nur als »Spielereien der Natur« anzusehen, sondern sie ernsthaft als Reste ehemaliger Lebewesen zu untersuchen.

So war es Alessandro Collini, von Hause aus Jurist und viele Jahre Leiter des Naturalienkabinetts am Mannheimer Hof, der schon 1784 den Rest eines sehr ungewöhnlichen Tieres aus den Solnhofener Plattenkalken beschrieb. Obwohl es sich offenbar um ein Reptil handelte, war es doch ganz anders als alles, was Collini bis dahin gesehen hatte. Insbesondere auf die sehr verlängerten Arme, die hauptsächlich aus einem sehr stark verlängerten Finger zu bestehen schienen, konnte sich Collini keinen Reim machen. Die Nachricht von dem ungewöhnlichen Fund und eine Ausgabe der Arbeit von Collini erreichten den bedeutenden französischen Anatomen Georges Cuvier, der als Begründer der wissenschaftlichen Paläontologie gilt. Basierend auf anderen Funden hatte Cuvier bereits die für die damalige Zeit revolutionäre, ja geradezu ketzerische Vermutung gehegt, dass es in vergangenen Zeiten Tiere gegeben habe, die vollständig ausgestorben seien. Der ungewöhnliche Fund Collinis bekräftigte Cuvier in dieser Annahme, da es sich hier eindeutig um ein Wesen handelte, das ganz anders war, als alles, was man kannte. Er erkannte das Tier richtig als ein fliegendes Reptil, das eine Flughaut entlang dem verlängerten vierten Finger gespannt hatte und nannte es daher folgerichtig *Pterodactylus* – Flugfinger. Somit halfen die Fossilien der Solnhofener Plattenkalke schon früh, eine neue Wissenschaft aus der Taufe zu heben – die Paläontologie [→ Lyme Regis 38].

Erst 1861 jedoch sollten die Solnhofener Plattenkalke dann endgültig unsterblichen Ruhm in der Wissenschaft erlangen. Zwei Jahre vorher hatte die Veröffentlichung eines englischen Gelehrten die Fachwelt aufgeschreckt, und viele Forscher ahnten bereits, dass dieses Buch das Weltbild der ganzen Menschheit erschüttern sollte: Charles Darwins »Die Entstehung der Arten durch natürliche Auslese« [→ Galápagos 5]. Darwin war sich der Bedeutung der Paläontologie für seine Theorie bewusst. Er schrieb: »Wenn meine Theorie wahr ist, müs-

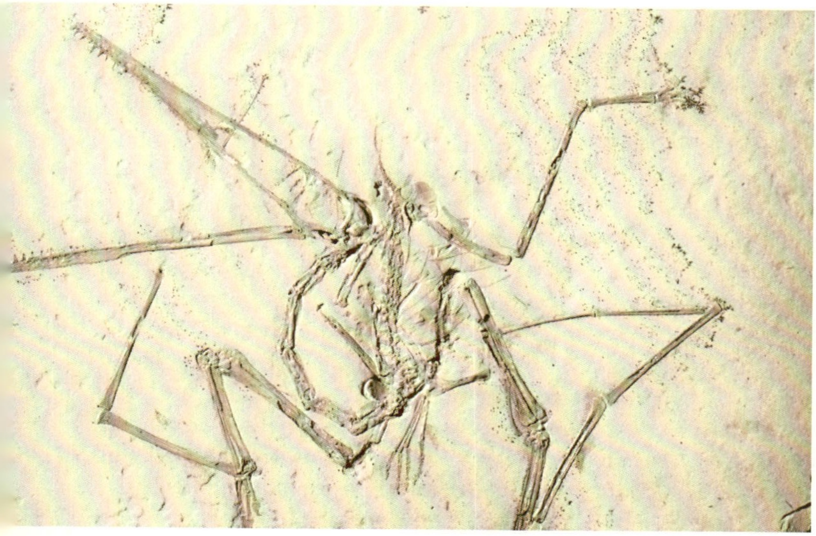

sen unzählige Übergangsformen existiert haben. Beweise für ihre ehemalige Existenz können nur unter den fossilen Resten gefunden werden.« Allerdings waren eindeutige Übergangsreptilien zu jener Zeit nicht bekannt. 1861 wurde nun in den Solnhofener Plattenkalken endlich ein Fossil gefunden, das Darwins Voraussage auf das Beste erfüllte.

Das Tier hatte krallenbewehrte Hände und einen langen Schwanz wie eine Eidechse, aber andererseits einen »Wünschelknochen« und verlängerte Arme, wie ein Vogel. Zudem waren entlang der Arme und des Schwanzes Abdrücke vorhanden, die nur von Federn stammen konnten. Diese bemerkenswerte Übergangsform ist unter dem Namen *Archaeopteryx* – alter Flügel – bekannt geworden; dieser Name war ursprünglich für eine einzelne Feder vergeben worden, die im selben Jahr in den Solnhofener Plattenkalken gefunden wurde.

Interessanterweise wurde *Archaeopteryx* zuerst von zwei Gegnern Darwins bearbeitet, die sich natürlich sofort der Brisanz dieses Fundes bewusst waren. Andreas Wagner von der Bayerischen Staatssammlung für Paläontologie in München veröffentlichte die erste Beschreibung dieses Tieres. Allerdings hatte er es nie persönlich gesehen, sondern kannte es nur von einem Bericht und einer Zeichnung seines Assistenten, der das Fossil bei vergeblichen Verhandlungen für einen Ankauf durch das Königreich Bayern untersucht hatte. Wagner verneinte, dass dieses Tier eine Übergangsform darstellte und kam zu dem Schluss, dass es sich eindeutig um eine Eidechse handelte. Erst der Brite Richard Owen bekam die Gelegenheit, das Original im Detail zu untersuchen. Owen war zweifelsohne einer der bedeutendsten Anatomen des 19. Jahrhunderts und betreute die naturwissenschaftliche Sammlung des British Museum, die später im Museum of Natural History aufging [→ British Museum 12]. Wie Wagner vor ihm sprach auch Owen dem Tier den Status eines Übergangsfossiles ab, kam jedoch zu dem Schluss, dass es sich eindeutig um einen Vogel handelt.

Natürlich ergriffen andere Wissenschaftler, allen voran »Darwins Bulldogge« Thomas Henry Huxley [→ Nature 42], sofort die Gelegenheit, und deuteten *Archaeopteryx* im Sinne der Evolutionstheorie richtig als Übergangsform zwischen Reptilien und Vögeln. So wurde *Archaeopteryx* einer der zentralen Pfeiler auf Seiten der Paläontologie, die der Evolutionstheorie zum Durchbruch verhalfen. Der Darwinismus ist somit nicht nur eine englische Erfolgsgeschichte, sondern auch eine bayerische.

Der mythische Urvogel, auf dem die moderne Biologie ruht, lockt noch heute viele Touristen in das Altmühltal. Gleich mehrere Besuchersteinbrüche bei Solnhofen, Mühlheim bei Mörnsheim und auch bei Eichstätt bieten dort Besuchern die Gelegenheit, Reste eines Lebewesens zu finden, die noch kein Mensch zuvor erblickt hat. Die Entdeckungsgeschichte des Lebens zwischen den Riffen im Ur-Meer Tethys, das hier einst schwappte, ist noch längst nicht abgeschlossen. Seit dem ersten Fund sind neun weitere Exemplare von *Archaeopteryx* gefunden worden. Dadurch ist die bemerkenswerte Anatomie dieses Tieres inzwischen fast vollständig bekannt. Eines der schönsten dieser Exemplare kann man in der Willibaldsburg in Eichstätt bewundern, in diesem Naturkundemuseum, dessen Träger eben jene Kirche ist, deren Weltbild zu erschüttern *Archaeopteryx* einst eine große Rolle spielte.

AUTOR Meinhard Stalder

44

ORT Dubna | BÜHNE Kernforschungszentrum | SZENE Technik

Kernforschungszentrum Dubna, Russland

Atom rabotschij

Wenn man vom Moskau International Airport entlang des Moskwa-Kanals 100 Kilometer nach Norden fährt, dann kommt man an den Ort, an den der Kanal in die Wolga mündet. Ein paar Kilometer weiter östlich befindet sich die Mündung eines weiteren Flusses. Der dadurch entstehende Landzipfel ist also an drei Seiten von Wasser umgeben und zusätzlich nach Süden durch Sümpfe abgeschirmt. An diesem militärisch leicht kontrollierbaren Ort haben die Sowjets im Jahre 1956 die Stadt Dubna gegründet, als Teil eines landesweiten Systems von Wissenschaftsstädten.

Davor existierte Dubna schon einige Jahre als verbotene Stadt. Hier wurde auf Geheiß Stalins kurz nach dem Zweiten Weltkrieg ein Kernforschungszentrum errichtet. Zwar wurden in Dubna weder die erste sowjetische Uranbombe noch die Wasserstoffbombe entwickelt. Dafür wurden wichtige kernphysikalische Basisdaten experimentell ermittelt. Erst 1956 wurde das Institut als Antwort auf die Gründung des Cern in ein internationales Kernforschungszentrum umgewandelt [→ Cern 11].

Architektonisch gesehen präsentiert sich Dubna-I, der älteste der drei Stadtteile, mit dem Antlitz des kommunistischen Spätbarock: die Straßen sind rechtwinklig und großzügig, die Gebäude fast durchwegs dreistöckig und reich mit Stuck verziert. Hie und da ranken eingemauerte Sprüche an den Häuserfassaden, etwa: »Atom ne soldat, atom rabotschij«. Das Atom ist kein Soldat, sondern ein Arbeiter. Viele Grundstücke haben einen stattlichen Garten. Der alte Baumbestand wurde zum Teil gleich stehen gelassen. Manchmal wurden sogar die Wege einfach drum herum verlegt.

Alles in allem recht herrschaftlich. Zum Teil ist dies Ausdruck des Dankes an den »Towarischtsch Fisik«, den Genossen Physiker, dem es gelungen war, das amerikanisch-imperialistische Atomwaffenmonopol zu brechen. Keine andere Wissenschaftlerspezies stand bei Volk und ZK so hoch im Kurs, nicht einmal der »Towarischtsch Geolog«, der dem sowjetischen Volk als Pionier die immensen Rohstoffe Sibiriens erschloss.

Ich gehe eine kleine Allee hinunter, die an einer übermannshohen Betonmauer mit Torbogen endet. Links daneben ist ein kleines Wachhäuschen. Dort zeige ich den bewaffneten Wachen meinen Passierschein. Weiter geht's einen Kilometer durch das Institutsgelände zum Reaktorgebäude. Drinnen postiere ich mich vor der Überwachungskamera und drücke die Klingel. Die Tür zur Personenschleuse geht auf, ich muss den Passierschein erneut zeigen und meinen Reisepass abgeben. Die Reaktorwache ist mit einer Kalaschnikow bewaffnet, ein etwas mulmiges Gefühl, besonders nachts.

Der Reaktor ist in seiner Bauart weltweit einmalig. Er ist im Normalfall unterkritisch, da durch ein »Fenster« im Reaktormantel gezielt so viele Neutronen entweichen, dass es nicht zu einer Kettenreaktion reicht. Nur wenn das Fenster durch zwei schnell gegenläufig rotierende Metallscheiben periodisch abgedeckt wird, werden für den Bruchteil einer Sekunde so viele Neutronen in den Reaktorkern zurück reflektiert, dass die Aktivität lawinenartig zunimmt: eine gepulste Neutronenquelle.

Forschungsreaktoren sollen – anders als die als »Atomkraftwerke« bekannten Leistungsreaktoren – nicht Energie liefern, sondern Neutronen. Diese werden dann für wissenschaftliche Experimente genutzt. Meist handelt es sich dabei entweder um die Wechselwirkung von Neutronen mit einem bestimmten Isotop oder – unter Ausnutzung der Wellennatur der Teilchen – um die Strukturanalyse dicker Materialproben. Da in beiden Fällen die Energie der Neutronen bekannt sein muss, werden in kontinuierlichen Reaktoren zunächst Neutronen mit genau einer Energie aussortiert. Dabei geht viel an Intensität verloren. Anders ist das bei dem hier vorliegenden gepulsten Reaktor. Hier kann man die Tatsache ausnutzen, dass energetischere Neutronen schneller fliegen als energiearme. Das nennt man Flugzeitmethode. Auf Flugwegen von zum Teil über hundert Meter Länge kann das breit aufgefächerte Neutronenspektrum voll genutzt werden.

In der Reaktorhalle betrete ich die Balustrade, von der aus man auf rund ein Dutzend Betonbunker herabschaut, in denen die Neutronenleiter aus dem Reaktorkern enden. Hier werden alle möglichen Proben – von Zementstückchen über neue Komposit-Materialien bis hin zu geologischen Proben – mit Neutronen durchleuchtet. Vom Experiment im Bunker laufen massenweise Kabel zu jeweils einem Baucontainer, in dem während der Strahlzeit zu fast jeder Tages- und Nachtzeit ein Wissenschaftler sitzt. Wenn der Strahl läuft, und das tut er im zweiwöchigen Turnus, dann läuft er rund um die Uhr. Da gilt es, nichts zu verschenken.

Die anfangs strengen militärischen Zufahrtskontrollen wurden nach und nach gelockert. Bereits Ende der siebziger Jahre existierte ein reger wissenschaftlicher Austausch mit den sozialistischen Brudernationen, mit Polen, der Tschechoslowakei, Kuba und der DDR, hier vor allem mit Wissenschaftlern aus Dresden. Die deutsche Gruppe umfasste in ihrer besten Zeit bis zu fünfzig Familien.

Dubna war auch zu Sowjetzeiten eine lebenswerte Stadt mit relativ wenig russischen Problemen. »Wir hatten hier ein sehr hohes Niveau an den Schulen. So viele Akademiker, so gute Umgangsformen und eine sehr gute Atmosphäre zum Lernen«, sagte mir eine Russischlehrerin. Während einer Konferenz traf ein Kollege vor etlichen Jahren im Bus die Schwägerin des Physikers und Friedensnobelpreisträgers Andrei Sacharow [→ Moskau 70]. Sie sprach ihn auf gebrochenem Deutsch an und lud ihn zum Tee nach Hause ein.

Noch einmal zurück zur Wissenschaft. Ein paar Kilometer außerhalb des Ortes befindet sich noch eine weitere Mega-Anlage: das Synchrophasotron, der schwerste Magnet der Welt. Mit seiner Hilfe werden Kernreaktionen im Hochenergiebereich untersucht, indem Teilchen im Ringbeschleuniger auf nahezu Lichtgeschwindigkeit beschleunigt und dann zur Kollision gebracht werden. An einem anderen Beschleuniger, dem Zyklotron, werden leichte Ionen auf ein Transurantarget geschossen, um dann neue, schwerere Kerne entstehen zu lassen. Auch wenn viele von diesen dann praktisch sofort wieder zerfallen, so ist doch ihre bloße Existenz, für Bruchteile von Sekunden von Spezialdetektoren aufgezeichnet, eine wertvolle Informationsquelle zur Verbesserung von Kernmodellen.

Neben den 92 natürlich auf der Erde vorkommenden Elementen sind auf diese Weise weltweit zwei Dutzend Elemente künstlich erzeugt und nachgewiesen worden. Da die verschiedenen Institute lange um deren Namen stritten, standen die Elemente ab Ordnungszahl 104 seit den siebziger Jahren mit einem generischen lateinischen Namen wie Unnilquadium, Unnilpentium im Periodensystem der Elemente. Erst im Jahr 1997 konnte man sich auf einer Konferenz über die Vergabe von »bürgerlichen Namen« einigen. Seitdem heißt das Element 105, vormals als Unnilpentium bekannt, nach dem Städtchen an der Wolga: Dubnium.

AUTOR Jakob Strobel y Serra

45

San Millán de la Cogolla

Wiege der spanischen Sprache

Eines Tages im 11. Jahrhundert hatte ein namenloser Mönch des Eremitenklosters San Millán de la Cogolla die Nase voll. Er war es leid, ständig seinen ungebildeten Mitbrüdern beim Lesen der Liturgien, Heiligenvitae und all der anderen lateinischen Texte helfen zu müssen. Deshalb fing er an, für die begriffsstutzigen Gottesmänner, die zwar die Sprache des Volkes, nicht aber die Senecas beherrschten, Übersetzungen und Kommentare in der damaligen Umgangsprache sozusagen als Lernhilfe an den Rand der Originaltexte zu schreiben. Die Mühe war umsonst, mittlerweile kann kaum jemand mehr Latein. Ein Trost bleibt dem Mönch im Himmel immerhin: Mit seinen pädagogischen Kritzeleien, den »Glosas Emilianenses«, hat er das früheste schriftliche Zeugnis des Spanischen geschaffen – das erste, zarte Lebenszeichen einer Sprache, die zu den erfolgreichsten und kraftvollsten überhaupt werden sollte, inzwischen von mehr als 400 Millionen Menschen gesprochen wird und als einzige dem Englischen als Weltidiom Paroli bieten kann.

Mehr als tausend »Glosas Emilianenses« sind erhalten, doch ihre ungeheure Bedeutung erkannte die Wissenschaft erst im 20. Jahrhundert. Ein Architekturhistoriker, der eine Arbeit über das Kloster schrieb, transkribierte die Glossen und schickte sie 1911 dem großen Sprachwissenschaftler Ramón Menéndez Pidal. Der konnte gar nicht fassen, welche Sensation er in den Händen hielt, erkannte, dass das Spanische in den Glossen den entscheidenden Emanzipationsschritt vom Vulgärlatein zu einer eigenen Sprache vollzogen hatte, und prägte für San Millán den Begriff von der Wiege des Spanischen. Deswegen ist das Kloster auch der Startpunkt des »Camino de la Lengua Castellana«, einer touristischen Route auf den Spuren der spanischen Sprache, die weiter nach Valladolid, Salamanca, Ávila und Alcalá de Henares führt – sprachhistorischen Schlüsselorten, an denen Antonio de Nebrija die erste Grammatik des Spanischen verfasste, die Heilige Theresa und San Juan de la Cruz die betörendste Mystik des Spanischen schrieben und mit Miguel de Cervantes der universellste Dichter des Spanischen geboren wurde.

Die vor zehn Jahren konzipierte Route gehört zu den schönsten und schlüssigsten der vielen touristischen Straßen des Landes, und man ist gerne auf ihr unterwegs, weil sie es schafft, so etwas Abstraktes wie Sprachgeschichte lebendig werden zu lassen.

Das gilt vor allem für die Wiege. Sie steht an einem so poetischen Ort, dass man glauben könnte, die Dichter hätten sich ihn als Verneigung vor ihrem Werkstoff erdacht. Es ist ein versteckter Logenplatz inmitten einer verschwenderischen Natur, ein friedvolles Refugium fern allen Lärms, hoch über einem fruchtbaren Tal voller wogender Weizenfelder, die mit leichtem Schwung gegen die Flanken der Berge schwappen. Hier oben ruht wie selbstvergessen das alte Kloster von San Millán, umgeben von einem duftenden Wald aus Steineichen, Buchen, Pinien und Nussbäumen, parfümiert von Wacholder, Kreuzkümmel, Rosmarin und Thymian, wohlbehütet von fürsorglichen, milde gerundeten Gipfeln, die weder den Menschen einen Schrecken einjagen noch den Finken, Amseln und Singdrosseln, den bunten Schmetterlingen und schillernden Eidechsen, die sich zwischen Bergbächen und Ginsterbüschen tummeln.

Früher war das Tal im Grenzgebiet der Regionen La Rioja und Kastilien auch die Heimat von furchtlosen Einsiedlern. Der erste und wichtigste von ihnen, der Heilige Millán, erwarb sich im 6. Jahrhundert einen gewissen Ruf als Satansbezwinger und Wundervollbringer und brachte es später zum Patron Kastiliens. Er hauste die meiste Zeit seines Lebens in einer Felshöhle, was ihm nicht schlecht bekam, denn er wurde einhundertundein Jahre alt. Nach seinem Tod siedelten sich rund um sein Erdloch weitere Eremiten an, und mit der Zeit entstand dort als Patchwork aus westgotischen, mozarabischen und romanischen Stilelementen das bescheidene Kloster, in dem sich heute die Knochen heiliger Männer stapeln und es ganz der Imagination überlassen bleibt, sich die Geburtsstunde des Spanischen im Scriptorium des Konventes zu vergegenwärtigen [→ Pantheon 67].

Im zweiten Kloster von San Millán will man die Sprachpflege nicht der Einbildungskraft überlassen. Es wurde im 11. Jahrhundert errichtet, und auch dafür ist der heilige Millán verantwortlich. Als nämlich ein prestigesüchtiger König seine Knochen fortschaffen lassen wollte, weigerten sich die Ochsen standhaft weiterzugehen, nachdem sie den Talgrund erreicht hatten. Das wurde allgemein als Willensäußerung des Toten gewertet, und so entstand an dieser Stelle ein Kloster, in dem unter anderen Gonzalo de Berceo wirkte, der erste namentlich bekannte Poet der spanischen Literaturgeschichte. Heute harrt noch immer eine Handvoll Mönche in dem imposanten Gebäudekomplex aus, der seit ein paar Jahren auch ein Institut für philologische Studien beherbergt. Es beschäftigt sich mit den vielen noch ungelösten Fragen der Sprachgeschichte. So versucht man, den Namen des namenlosen Mönches herauszubekommen oder den Datierungsstreit der ältesten Dokumente des Spanischen zwischen San Millán und dem nahen Kloster Santo Domingo de Silos, in dem mit den »Glosas Silenses« ähnliche Texte gefunden wurden, definitiv zu klären.

In ihrer besten Zeit, im hohen und späten Mittelalter, konkurrierten die beiden Konvente um die geistige Vorherrschaft in der Region. Heute dreht sich der Wettstreit vor allem um Touristen, wobei Silos im Vorteil ist, denn hier gibt es einen Ort, dessen schlichte Schönheit und vollendete Proportionen sich tief ins Gedächtnis einprägen. Es ist der doppelstöckige romanische Kreuzgang, dessen symmetrische Strenge eine suggestive Aufforderung ist, die eigenen Gedanken zu ordnen [→ Bauhaus 26]. Deshalb bleibt man lange und lässt sich vom Wechselspiel der sich jedem Ornament verweigernden Rundbögen und der Kapitelle an den Doppelsäulen verzaubern, die von Löwen, Greifen und Flamingos bevölkert sind und manchmal ganze Geschichten aus der Bibel erzählen. Und als spielerischer Kontrast, der das weiche, makellose Gelb des Kalksteins umso strahlender erscheinen lässt, ragt als grüne Lanze eine fünfundzwanzig Meter hohe Zypresse aus der Mitte des Kreuzgangs empor. Sie ist von hunderten Dichtern besungen worden und am schönsten von Gerardo Diego in einem berühmten Sonett, das fast jeder Spanier kennt und das mit seinen Metaphern – dem »Mast der Einsamkeit«, dem »Pfeil des Glaubens«, dem »Zeiger der Hoffnung« – zu den literarischen Kronjuwelen des Spanischen gehört [→ Kiefer 19]. So ist Silos zu einer Wallfahrtsstätte der Spanier geworden, die ihre Dichter ebenso heftig verehren wie ihre Heiligen und ihre Fußballvereine, kein entrückter Ort wie San Millán, sondern ein lärmender mit Souvenirshops, Massenrestaurants und Busparkplätzen, mit schnatternden Großfamilien, kaugummikauenden Teenagern und dauertelefonierenden Cabriofahrern. Trotzdem fühlt man sich hier wohl, denn spätestens im Kreuzgang verstummen alle, und man begreift, dass man unter lauter Menschen ist, mit denen man etwas Wunderbares teilt: die Liebe zur Sprache.

Es hätte allerdings auch ganz anders kommen können. Denn es ist nichts als die Folge vieler Zufälle und glücklicher Fügungen, dass sich die Sprachliebhaber in San Millán und Silos treffen, dass sich Diego und seine Schriftstellerkollegen der spanischen Sprache und keiner anderen bedienten [→ Wolfgangsee 53].

Am Tag der heiligen Fredeswitha und des heiligen Paul vom Kreuz, am 19. Oktober des Jahres 1469, schlossen die katholische Isabel von Kastilien und der katholische Fernando von Aragón vor Gott in Valladolid die Ehe. Wenige Jahre später bestiegen die beiden, obwohl in der Rangfolge nicht an erster Stelle stehend, den Thron ihrer jeweiligen Königreiche. Damit war nach Jahrhunderten der Bruderkriege die Einigung Spaniens unter der Hegemonie Kastiliens vollendet. Und in diesem Moment war auch der Sprache Kastiliens, dem »castellano«, wie das Spanische im Spanischen heißt, die Vorherrschaft auf der Iberischen Halbinsel endgültig sicher. Wie sehr die sprachliche mit der politischen Entwicklung auf der Halbinsel verknüpft war, zeigt das Schicksal der vier anderen romanischen Idiome, die es zur Entstehungszeit der Zeugnisse von San Millán und Silos gegeben hatte. Während das Asturisch-Leonesische und das Aragonesische in dem Maße zurückgedrängt wurden, wie die Krone Kastiliens die Macht in den Nachbarreichen usurpierte, konnte sich das Galicische im Nordwesten der Halbinsel behaupten und im Zuge der Reconquista nach Süden ausbreiten, um dort schließlich zum Portugiesischen zu reifen und als eigenständige Sprache fortzubestehen. Dem Katalanischen im Nordosten hingegen gelang es nicht, sich im Gleichschritt mit der Rückeroberung der maurisch beherrschten Gebiete auszudehnen, weil ihm Kastilien mit seiner eigenen Expansion den Weg abschnitt. Deswegen ist das Katalanische eine Regionalsprache geblieben, während das Spanische zur Weltsprache wurde. Und deswegen ist San Millán heute der Anfang von allem, ein Pilgerort der Poesie. Unser Mönch im Himmel wird es mit Wohlwollen sehen.

■

AUTORIN Hildegard Westphal

46

Stevns Klint, Dänemark

Der Ort, an dem die Welt unterging

Rødwig auf der dänischen Insel Seeland – ein schmucker kleiner Ort an Dänemarks Ostseeküste. Außerhalb der Stadt zieht sich ein Kliff kilometerweit die Küste entlang: »Stevns Klint«, die Klippen der Halbinsel Stevns. Am Strand hebt sich der strahlend weiße Kalkstein idyllisch vom graublauen Meer und dem hellblauen Himmel ab. Doch Eingeweihte erkennen an diesem Ort die Spuren einer Apokalypse, verursacht von einem gigantischen Meteoriten, der wie ein glühender Feuerball ins Meer stürzte, die Fluten auftürmte zu haushohen Wellen, Großbrände auslöste und die Erde mit Trümmern und Staub übersäte.

Die Besucher, die mit diesem Szenario vertraut sind, erkennt man leicht. Sie wandern in kleinen Gruppen am Kliff entlang. Bleiben stehen, diskutieren. Auch bei Sommerhitze tragen sie schwere Bergstiefel. Sie fahren mit ihren Fingern vorsichtig über das Gestein, insbesondere dort, wo sich ein grauer Streifen durch die Wand zieht. Sie gehen so nah heran, dass sie es fast mit der Nasenspitze berühren, wie kurzsichtige Leser, die geheimnisvolle Zeilen in einem uralten Folianten entziffern.

Dieser graue Streifen im Gestein – Fischton oder auch »Fiskeleret« genannt – ist weltberühmt. Hier, genau in diesem Moment, sind die Dinosaurier ausgestorben, und mit ihnen Ammoniten und etliche andere Tiergruppen. Man kann den Finger auf den Augenblick des Verschwindens legen, zumindest, wenn man, wie Geologen sich das näherungsweise gestatten, Gestein und Zeit gleichsetzt. Doch man sieht keine Dinosaurierknochen und auch sonst keine direkten Anzeichen einer Katastrophe. Wer die Zeichen an der Wand entschlüsseln will, muss sich auf die Finessen feinsinnigster Detektivarbeit einlassen: Unter und über dem grauen Fischton-

Streifen liegt mariner Kalkstein mit gut erhaltenen Fossilien wie Seeigel und Moostierchen [→ Neapel 41]. Fachleute erkennen hier, dass der Kalk unterhalb des grauen Streifens sich aus anderen kalkabscheidenden Organismen gebildet hat als der Kalk oberhalb. Aber von Drama zunächst keine Spur.

Stevns Klint wirkt unspektakulär, und vielleicht macht gerade dieses Understatement sogar seinen Reiz für die Fachwelt aus. Es handelt sich um eines der seltenen Vorkommen, wo Ablagerungen aus zwei geologischen Erdzeitaltern sauber und ordentlich übereinander lagern wie in einem Buch: Dies ist die sogenannte Kreide-Tertiär-Grenze, im Fachjargon K/T-Grenze genannt [→ Bremen 48]. Die K/T-Grenze markiert den Zeitpunkt vor etwa 65 Millionen Jahren, als plötzlich viele Tiergruppen wie etwa die Dinosaurier ausstarben, und eine neue Zeit begann: der Aufstieg der Säugetiere. Die dünne, graue Lage aus Fischton trennt Erdmittelalter und Erdneuzeit, ist gleichzeitig Totenschein einer versunkenen Epoche und Geburtsurkunde für die heutige Lebewelt. Doch wo sind die Hinweise darauf in dem unauffälligen grauen Fischton versteckt? [→ Kriminalmuseum 64]

Stevns Klint ist der Ort, an dem erstmals dramatisch erhöhte Iridiumgehalte an dieser Epochenschwelle nachgewiesen wurden. Iridium gelangt ständig in geringen Konzentrationen in Sternenstaub aus dem Weltall auf die Erde. Iridium ist ein Metall, das weit seltener auf der Erde vorkommt als Gold oder Platin. 1980 publizierte der Nobelpreisträger Luis Alvarez, Physikprofessor im kalifornischen Berkeley, gemeinsam mit seinem Sohn Walter Analyseergebnisse, die 160-fach erhöhte Gehalte in Proben von Stevns Klint nachwiesen. Solch hohe Konzentrationen ließen sich schlecht durch das kontinuierliche Rieseln von extraterrestrischem Material auf die Erde erklären. Die Forscher schlugen als Erklärung vor, dass Iridium durch den Einschlag eines großen Meteoriten schlagartig in großen Mengen auf die Erde gelangt sei. Dieser Meteoriteneinschlag habe auch das Aussterben der Dinosaurier zu verantworten. Diese sogenannte Impakt-Theorie, das plötzliche Aussterben durch einen glühenden Feuerball, gilt seither als wahrscheinlich, wenn sie auch keineswegs unumstritten ist.

Das Iridium lässt sich nicht mit bloßem Auge sehen, sondern nur durch Labormessungen nachweisen. Aber Vorstellungskraft ist eine der Stärken von Geologen. Manch einer erschauert angesichts der Vision einer vorgeschichtlichen Katastrophe, er erblickt den Meteo-

rit mit seinem Feuerschweif vor dem inneren Auge, er ahnt die Wucht des Einschlages und seine epochalen Folgen.

Dieses Drama hatte globale Wirkungen, aber eine punktuelle Ursache. Sie liegt weit entfernt von Dänemarks beschaulicher Küste. Der Einschlag fand nämlich rund 10.000 km südwestlich von Stevns Klint statt, auf der Halbinsel Yucatan in Mexico. Dort wurde in den neunziger Jahren die Struktur entdeckt, die heute als der Krater des Meteoriteneinschlags anerkannt ist: Wissenschaftler fanden eine Gravitationsanomalie auf der Halbinsel Yucatan und schlossen auf einen Einschlagkrater mit rund 300 Kilometern Durchmesser, verursacht durch einen Meteoriten mit etwa zwölf Kilometern Durchmesser. Nach einem nahe gelegenen Küstenflecken wurde dieser unsichtbare Einschlagsort Chicxulub-Krater getauft, was man »Tschickchulúb« ausspricht.

Im Gegensatz zum Fischton von Stevns Klint lässt sich der Chicxulub-Krater nicht besuchen, denn er liegt begraben unter einer viele hundert Meter mächtigen Sedimentschicht. Aber es gibt viele Hinweise auf seine Existenz: Zertrümmertes Gestein im Untergrund von Yucatan, das man seit den fünfziger Jahren aus einigen Erdöl-

Bohrungen kannte, gilt heute als Trümmergestein des Meteoriteneinschlages. Und je länger man forscht, desto mehr Hinweise finden sich: Trümmergesteine in Guatemala gelten heute als Auswurf, der beim Aufprall empor geschleudert wurde. Und eigenartige Sandablagerungen im Süden der USA werden als Spuren einer gigantischen Flutwelle gedeutet.

All diese Indizien und Hypothesen laufen in dem grauen Band aus Fischton auf der Insel Seeland zusammen. Ob der Meteorit tatsächlich für das Massensterben zwischen dem Erdmittelalter und der Erdneuzeit verantwortlich war, bleibt das fortgesetzte Thema einer leidenschaftlichen Kontroverse. Ein Grundproblem ist die Datierung: Geschah das Massensterben tatsächlich direkt nach dem Meteoriteneinschlag? Unbestritten ist immerhin, dass die Kollision mit dem Himmelskörper tatsächlich stattgefunden hat. Und die Vorstellung dieses Dramas fasziniert überzeugte Anhänger wie entschiedene Gegner der Impakt-Theorie des Aussterbens gleichermaßen.

Darum kommen sie aus aller Welt herbeigepilgert: Geologen, Geophysiker, Ökologen, Paläontologen, Paläoklimatologen, Paläozeanografen, Aussterbestatistiker und andere. Sie kommen, sie legen die Hand auf die Grenze, zerbröseln etwas Fischton zwischen den Fingern und sind ergriffen. Exkursionen von unzähligen Fachtagungen statten dem Kliff einen Besuch ab. Die Chance ist hoch, hier Kollegen aus aller Welt zu treffen. Das dünne graue Band am Strand verbindet die Wissenschaftler trotz aller Meinungsdifferenzen zu einer Gemeinschaft. Zu einer Zunft von Erdgeschichts-Forschern, mitsamt einer eigenen Kleiderordnung. Stevns Klint: ein Treffpunkt, ein Ort der Wissenschaftsgeschichte, eine Pilgerstätte der Erdgeschichte.

■

AUTOR Justus Cobet

47

Troia

Schauplatz einer dichterischen Phantasie

Am Anfang war Homer, erster Dichter des Abendlandes; Troia war der Schauplatz seiner dichterischen Phantasie um einen Konflikt mythischer Helden und das exemplarische Schicksal der schließlich zerstörten Stadt. Das Wissen um diese groß erzählte Geschichte ging nie verloren. Am vorläufigen Ende sehen wir moderne Archäologen und Altertumswissenschaftler untereinander im Streit um Ort und Geschehen und um die Frage, ob wir dem Publikum mit den Ruinen einer vorgeschichtlichen Burg mehr Wirklichkeit bieten können als es das herrliche Wort des Dichters für über zweieinhalb Jahrtausende vermochte. Der Dichter und jüngste Übersetzer der Ilias, Raoul Schrott, goss Öl ins Feuer mit neuen Thesen zur Person des ursprünglichen Erzählers und zur Lage des Ortes, dessen man sich seit Heinrich Schliemanns Ausgrabungen ganz sicher wähnt. Daran jedenfalls wird auch der neueste Streit vermutlich nichts ändern, wohl aber an unseren Vorstellungen für die Quellen der Inspiration des homerischen Dichters.

Keine wehrhafte Mauer, sondern ein übergroßes hölzernes Pferd begrüßt am Eingang der wohlbehüteten Ruinenstätte die modernen Touristen, die in großer Zahl in einer Tagesreise von Istanbul hierher gefahren werden. Das Pferd ruft den Mythos wach: Der troianische Prinz Paris raubte einem Griechenfürsten die schöne Helena. Die Griechen zogen gegen Troia, doch erst eine List brachte nach zehn Jahren die Stadt zu Fall. Scheinbar waren die Angreifer abgezogen; die Krieger verbargen sich jedoch im Bauch eines hölzernen Pferdes, angeblich eine versöhnende Weihgabe an die Stadtgöttin; mit dem Pferd zogen die Troianer ihre Feinde in die Stadt und gaben sie dem Verderben preis.

Vielen ist die Sage um Troia seit Kindheit vertraut; den einen durch Schwabs »Schönste Sagen des Klassischen Altertums«, die Homers Epos seit dem 19. Jahrhundert handlich nacherzählen, den andern durch Cerams »Götter, Gräber und Gelehrte«, 1949 erster großer Sachbucherfolg der jungen Bundesrepublik, wo Troias Ausgräber und Entdecker des von ihm sogenannten Priamos-Schatzes Heinrich Schliemann zum Gründungshelden der modernen Archäologie gemacht wird. Das hölzerne Pferd vor dem Eingang in die Ruinen ruft die Sage auf und mag manche Enttäuschung auffangen, die aufkommt, wenn die Besucher auf die ergrabenen Fragmente der Burgmauern aus verschiedenen Perioden hinabsehen, deren verwirrende Grundrisse auf Tafeln geordnet werden.

Mit der Ilias legte Homer in den Jahrzehnten nach 700 vor Christi Geburt den Grundstein für die Literatur und die geschichtliche Erinnerung der Griechen [→ Weimar 2]. Könige inszenierten das Gedenken an die homerischen Helden, Touristen suchten ihre Grabhügel auf, Kaiser statteten den Ort der Sage mit Prachtbauten aus. Römer und mittelalterliche Fürstenhäuser leiteten sich von troianischen Flüchtlingen ab; noch Franz I. von Österreich ließ sich als Nachkomme Hektors feiern. In der Zeit des Kaisers Augustus entstand Vergils Äneas-Epos, lateinischer Rivale der Ilias. Der Krieg um Troia war gemeineuropäisches Gut geworden. Dieses Wissen lenkte den Blick von Pilgern und Kaufleuten bei der Fahrt durch die Dardanellen auf die troianische Ebene. Bisweilen stiegen sie aus, und ihre Nachfragen erzeugte bei den einheimischen Hirten und Bauern das Wissen, Brocken römischer Mauern stammten von Priamos' Palast. Dieses Wissen gaben sie den nächsten Reisenden weiter.

Eine moderne Wallfahrt in die historische Landschaft ganz anderer Art beginnt um die Zeit der Französischen Revolution – und mit ihr auch ein Krieg ganz anderer Art. Die Zahl der Reisenden wuchs, und zu den revolutionären Veränderungen in Europa gehörte auch ein neuer Sinn für Realität. Die einen wollten wissen: Wo genau liegt der Ort der Sage? Die anderen bezweifelten, ob es einen solchen Ort überhaupt gibt; die Sage müsse nicht Geschichte sein, reale Mauern brauche das Lied des Dichters nicht. Ein neuer Krieg um Troia galt der ersten Frage; Schliemanns Ausgrabungen brachten diesen nach drei Generationen zu einem Ende. Sein Sieg schien auch die zweite Frage zu erledigen. Doch flammen die Kämpfe darum bis heute immer wieder wie von neuem auf. Verbürgen Troias

Mauern denn nicht die Geschichtlichkeit der Sage? Und darüber hinaus: Führte der Spaten nicht näher an die Realität als es der Text, geleitet von der Phantasie des Dichters, vermochte?

Eindrucksvoller als die Ruinen selbst erscheint vielen Besuchern der mächtige Graben, den der Kaufmann Heinrich Schliemann 1871 quer durch den Siedlungshügel treiben ließ. Er tat das ohne besondere Rücksicht auf die jüngeren Schichten auf der fieberhaften Suche nach dem Palast des Königs Priamos, den er ganz in der Tiefe erwartete. Hier fand er einen reichen Hort von Metallgefäßen und Schmuck aus Gold und Silber, und er glaubte, den Schatz des Priamos in Händen zu halten. Später stellte sich heraus, dass Schliemanns Funde tausend Jahre tiefer lagen als die Mauern, die von seinen grabenden Nachfolgern bis heute mit der Sage verknüpft werden.

Bald wurden Troia und Schliemann zum weltweiten Gesprächsstoff dank spektakulärer Funde wie des Priamosschatzes 1873, vor allem aber dank seiner beispiellosen Publikationstätigkeit in Zeitungen und Büchern um die von Jahr zu Jahr wieder fast gelösten Rätsel, die die Mauern Troias bargen. In diesen Publikationen stilisierte er publikumswirksam seine Biografie vom armen Pfarrerssohn, der seinen Traum, einst Troia wieder ans Licht zu holen, nur über den Umweg der Geschäfte zu verwirklichen gemocht habe. Von der Frau seiner Zeit als Kaufmann in St. Petersburg trennte er sich, heiratete eine junge Griechin, »meine homerische Frau«, und führte in Athen ein großes Haus. Das Ehepaar empfing 1881 Schliemanns Ehrenbürgerwürde der jungen Reichshauptstadt Berlin, nachdem sie die Troianischen Schätze dorthin verbracht hatten – vieles davon hüten heute Sankt Petersburg und Moskau.

»Möge diese Forschung mit Spitzhacke und Spaten mehr und mehr beweisen«, schrieb Schliemann 1880, »daß die in den göttlichen Homerischen Gedichten geschilderten Ereignisse keine mythischen Erzählungen sind, sondern auf wirklichen Thatsachen beruhen«. Die Handgreiflichkeit der archäologischen Beweise – auch damit gewann Schliemann sein Publikum – müsse die »Kathederweisheit« der Gelehrten besiegen. Die Ausgräber Troias nach Schliemann folgten ihm in seiner Grundannahme und stehen darum mit Philologen und Historikern im Streit. Denn die durch Schliemanns Spaten beschämten Gelehrten waren auf einer erfolgversprechenden neuen Spur. Der Dilettant hatte sich und das staunende Publikum mit seiner naiven Gleichung von Text und Ruine in eine methodische Falle gelockt. Die aufgeklärte historisch-philologische Kritik an den geschichtlichen Erzählungen des Alten Testaments war vorangegangen und ist inzwischen, im 21. Jahrhundert, so weit fortgeschritten, dass sie nur noch Fundamentalisten eins zu eins lesen [→ Hier und Jetzt 73]. Auch Homers Epos ist seitdem immer mehr als eine vielschichtige Erzählung aus kunstvoll verknüpften Motiven unterschiedlicher Herkunft analysiert worden. Dass die Ilias in den zu des Dichters Zeit mächtig anstehenden Ruinen der spätbronzezeitlichen Mauern Troias spielt, beweist nicht, dass diese Mauern einst erlebten, was er erzählt. Auf welche »Tatsachen« der Stoff der Ilias zurückgreift, darüber streiten sich die Gelehrten bis heute.

Raoul Schrotts 2008 herausgebrachtes Troiabuch verlegt den Ort der Sage nach Kilikien ganz im Südosten der Türkei. An der Lage Troias an den Dardanellen, dem antiken Hellespont, lässt die Ilias allerdings keinen Zweifel zu. Doch hat die von Schrott entfachte Debatte nicht zu jedermanns Gefallen die Bezüge der Ilias zu Texten aus den Keilschriftbibliotheken Mesopotamiens, auch dem Alten Testament, ins grelle Licht unserer Aufmerksamkeit gerückt: orientalische Inspirationen unseres griechischen Dichters? Der Text gewinnt gegen den Spaten Terrain zurück.

Ganz anders vereinnahmt die moderne Türkei, ihren EU-Beitritt im Blick, die bronzezeitliche Ruine. Vordergründig setzt sie Ort und Dichtung gleich, um »die Wiege Europas« für sich zu reklamieren. Seit 1996 ist Troia ein Historischer Nationalpark, seit 1998 Weltkulturerbe. Noch finden sich im Gelände Spuren der Schützengräben von 1915; der Militärposten an der Einfahrt in die Meerenge wurde erst in den letzten Jahren abgezogen. Eine Brücke über die Dardanellen steht in Aussicht. Troia würde nach Verlassen Europas zur ersten Raststätte in Asien.

AUTORIN Hildegard Westphal

48

Das Bohrkernlager in Bremen

Lesen wie in einem Buch

Aus der acht Meter hohen Halle schlägt einem vier Grad kalte Luft entgegen, unabhängig von der Jahreszeit. Die 1100 Quadratmeter große Halle wirkt geräumig und luftig, obwohl sie einen Kompaktus beherbergt – Regale, die bis unter die Decke reichen, die zur Platzersparnis auf Schienen verschoben werden können.

In diesen Regalen ruht das umfassendste aller Klimaarchive des Atlantiks, des Mittelmeeres und des Nordmeeres: 140 Kilometer Bohrkerne von über 80 Expeditionen des Integrated Ocean Drilling Program IODP, zu deutsch: Integriertes Ozeanbohrprogramm. Der Begriff Lithothek veranschaulicht die Parallele zur Bibliothek: Diese Gesteinsbohrkerne beinhalten für den, der sie lesen kann, detaillierte Informationen über Klima und Umwelt der Erdvergangenheit. Der Blick in das Bohrkernlager ist überwältigend: rund 190.000 halbierte, anderthalb Meter lange Bohrkernabschnitte werden hier bei konstanter Temperatur in weißen, ordentlich beschrifteten und mit Barcodes versehenen Plastikröhren verwahrt. Die Bohrkerne stammen von den Meeren um die Bahamas, die Bermudas, Brasilien, Namibia, Irland und aus der Arktischen See. Dies ist das BCR, das Bremen Core Repository. Zwei weitere Bohrkernlager des internationalen Bohrprogrammes gibt es, in College Station, Texas – dort liegen die Bohrkerne aus dem Golf von Mexico, der Karibik, dem östlichen Pazifik und dem Südmeer – und in Kotschi in Japan – hier werden die Bohrkerne aus dem westlichen Pazifik, dem Indik und der Beringsee aufbewahrt.

Insgesamt hat das Bohrprogramm weit über 300 Expeditionen in allen Weltmeeren durchgeführt; jedes Jahr kommen weitere zwei bis vier Expeditionen hinzu. All diese Bohrkerne werden nach ihrer ausgiebigen Bearbeitung aufbewahrt, zur Dokumentation und zur weiteren Bearbeitung mit neuen Methoden, die heute noch keiner kennt, und für Fragen, die noch keiner gestellt hat. Sie sind von unschätzbarem Wert für die Wissenschaft – wie eine Bibliothek von uralten Büchern mit Schriften, die zum Teil noch nicht entziffert sind [→ Alexandria 14].

Einige der Bohrkerne, die in Bremen lagern, sind legendär, wie etwa die Bohrkerne, die den Beleg für die Kontinentaldrift geliefert haben, oder jene, die die Kreide-Tertiär-Grenze durchteufen, jenen Einschnitt in der Erdgeschichte, an dem die Dinosaurier und viele andere Lebewesen von der Erde verschwunden sind [→ Stevns Klint 46].

Aber noch viel tiefgreifender haben Erkenntnisse, die anhand des Bohrkernmaterials gewonnen wurden, das Bild des Klimas der letzten Millionen Jahre grundlegend geändert. Während man vor Beginn der gemeinschaftlichen rein wissenschaftlichen Ozeanbohrungen in den späten sechziger Jahren – damals hieß das Programm noch Deep Sea Drilling Program – davon ausging, dass Klima sich langsam und kontinuierlich verändert, haben Untersuchungen der Bohrkerne des Programms wesentlich dazu beigetragen, dass man heute weiß, dass rasche, abrupte Veränderungen ein natürliches Charakteristikum von Klima sind [→ White Mountains 19]. Bohrkerne vor der Küste von Santa Barbara, Kalifornien, die heute in Texas lagern, brachten zutage, dass die Klimazyklen, die in Eiskernen von Grönland gefunden wurden, auch im Pazifik in niedrigen Breiten abgebildet werden. Das Klimasystem ist global – und agiert abrupt. Und das bildet sich nicht nur an Land sondern auch in großen Ozeanen ab. In den folgenden Jahren wurden entsprechende Muster auch im Indik oder der Arabischen See gefunden. So zeigten sich nach und nach die großen Zusammenhänge: Wenn es in Grönland und dem Nordatlantik relativ warm ist, zeigt der Südwest-Monsun eine hohe Aktivität, was zu großer biologischer Produktivität und Sauerstoffverarmung am Meeresboden der Arabischen See führt. Diese Forschungen an Bohrkernen aus den verschiedenen Weltmeeren haben die Bedeutung von Tele-

konnektionen, also Verbindungen über weite Distanzen, bei denen etwa die Atmosphärenfeuchte eine große Rolle spielt, aufgedeckt.

Für Außenstehende mag das BCR nicht wie ein Mekka wirken, für Geowissenschaftler und Paläoklimatologen ist es das. Das Bremer Kernlager ist ein überwältigender Ort für den, der sich klarmacht, dass hier das Buch der Erdgeschichte aufgeschlagen ist als Bibliothek der globalen wissenschaftlichen Gemeinde. Es ist kein Ort der Kontemplation, kein Ort der Reflexion, es ist ein Ort der konzentrierten Arbeit. Hier findet Wissenschaft in ihrer ureigensten Form statt. Routinierte, umsichtige Handgriffe. Nur das kreischende Geräusch der Gesteinssäge zerreißt ab und zu die stille Geschäftigkeit.

Etwa 200 Wissenschaftler aus aller Welt zieht es Jahr für Jahr nach Bremen, um die hier gelagerten Gesteinsbohrkerne zu untersuchen und für weitere Analysen in den eigenen Labors zu beproben. Rund 50.000 Gesteinsproben werden jedes Jahr von den Bohrkernen genommen. Das Integrated Ocean Drilling Program ist gelebter Idealismus. Die systematische Erfassung von Archiven der Erdgeschichte, die über Umweltveränderungen und Klimaschwankungen durch die Zeit erzählen, ist ein einzigartiges akademisches Unterfangen, das nur durch den Zusammenschluss der wissenschaftlichen Gemeinschaften vieler Nationen realisiert werden konnte. Bohrkerne, Untersuchungsergebnisse, Präparate stehen der Scientific Community offen zur Verfügung. Auch Jahrzehnte nach Beendigung der Expeditionen sind die Bohrkerne und die Begleitinformationen und Daten der wissenschaftlichen Öffentlichkeit zugänglich; Open Access nicht nur zu den Veröffentlichungen, sondern auch zu den Basisdaten.

Da Wissenschaft auf dem Popperschen Prinzip der Falsifizierung beruhen sollte, ist dieses Modell vom Prinzip her eine wissenschaftsstrukturelle Errungenschaft höchster Güte. Und der wissenschaftliche Erfolg des Programms beweist, dass das Erringen von Erkenntnis hier tatsächlich ein Hauptantrieb ist.

Und es bleibt spannend – auch wenn die Expeditionen wissenschaftsstrategisch geplant werden – keiner kann erahnen, welche unerwarteten Erkenntnisse sich in Zukunft aus dem Bohrprogramm ergeben werden. Das Bremen Core Repository ist somit kein Mekka, das an wissenschaftliche Durchbrüche der Vergangenheit erinnert, es ist ein Mekka, das Durchbrüche der Zukunft verspricht.

AUTORIN Anna Wienhard

49

ORT Princeton | BÜHNE IAS | SZENE Denkort

Institute for Advanced Study, Princeton

Ein Eden auf Zeit

Wer zur täglichen »Tea Time« zwischen drei und halb fünf den Common Room im IAS, dem Institute for Advanced Study in Princeton, betritt, wird Zeuge angeregter Gespräche zwischen Mathematikern, Physikern, Biologen, Historikern, Wirtschaftwissenschaftlern, Psychologen und Soziologen. Bei Tee, Keksen und Obst sind viele von ihnen in interdisziplinäre Diskussionen vertieft, oder in Gespräche allgemeiner Natur. An die zwanzig Zeitungen in Englisch, Deutsch, Französisch, Arabisch, Hebräisch, Chinesisch oder Koreanisch stehen im Zeitungsständer; an der gegenüberliegenden Wand sind nochmals so viele Zeitschriften aufgereiht, darunter der »New Yorker«, »Harper's Magazine«, »The Economist«. Verlässt man den Common Room in der Fuld Hall, dem Hauptgebäude des IAS mit seinem markanten Uhrenturm, steht man vor einer großen Wiese, die zu einem kleinen idyllischen Teich reicht, an dem vorbei ein Weg in den Wald hinein führt. Hier sieht man derweil kleine Grüppchen oder Einzelgänger, die in Richtung Wald schlendern, um bei einem ausgiebigen Spaziergang ihre Gedanken zu ordnen – oder sie durcheinander zu bringen.

Hier spielt sich das wissenschaftliche Leben an einem der außergewöhnlichsten wissenschaftlichen Zentren der Welt ab. Es ist ein Paradies, in dem Forscher in absoluter Freiheit ihren Interessen nachgehen können, und stand als solches Modell für zahlreiche andere Forschungsinstitute, so auch für das Wissenschaftskolleg in Berlin.

Dass dieses Paradies entstehen konnte und sich in den 80 Jahren seit seiner Gründung zu einem wissenschaftlichen Mekka und Modell entwickelt hat, ist dem Einsatz zahlreicher Menschen zu verdanken, vor allem jedoch der Idee des Gründungsdirektors Abraham Flexner.

Louis Bamberger und Caroline Fuld, die Witwe seines verstorbenen Geschäftspartners, waren Inhaber einer führenden Warenhauskette, die sie 1929 kurz vor dem Börsencrash für 25 Millionen Dollar verkauft hatten. Gemeinsam wollten sie mit einem Teil ihres Vermögens eine Ausbildungsstätte für jüdische Mediziner in New Jersey gründen. Ihre Anwälte wandten sich mit diesem Anliegen an die einflussreichste Person auf dem Gebiet der medizinischen Ausbildung, Abraham Flexner. Doch Flexner reagierte mit unverhohlener Ablehnung auf die vorgestellten Pläne. Er sah keinen Sinn darin, eine weitere medizinische Ausbildungsstätte zu gründen. Stattdessen stellte er den beiden Anwälten seinen Traum vor: Eine auf Forschung und Lernen ausgerichtete Institution, in der die Professoren keinen Lehr- oder sonstigen Verpflichtungen unterliegen, und ihnen die Möglichkeit gegeben wird, zweckfrei zu den Grenzen des Wissens vorzustoßen. Wichtige Impulse für diese Idee hatte Flexner übrigens bei seinen Aufenthalten in Europa und auch an deutschen Universitäten erhalten. Es dauerte nicht lange, bis Flexner die beiden Geldgeber Bamberger und Fuld von seiner Idee überzeugt hatte. So wurde im Mai 1930 das Institute for Advanced Study mit Flexner als Direktor gegründet.

Auf der Suche nach einem geeigneten Ort, um seine Idee in die Tat umzusetzen, fiel Flexners Wahl schnell auf Princeton. Da das Institute for Advanced Study klein und mit nur wenigen ausgezeichneten Wissenschaftlern beginnen sollte, war die Nähe zu einer exzellenten Universität von zentraler Bedeutung.

Im September 1931 präsentierte Flexner seine genaueren Pläne. Er wollte mit dem Aufbau einer School of Mathematics beginnen und dann sukzessive weitere Abteilungen – etwa eine School of Economics und eine School of History – hinzufügen. Im April 1932 wurde die Gründung der School of Mathematics des Institute for Advanced Study offiziell bekannt gegeben. Als einer der ersten Professoren wurde Oswald Veblen ernannt, ein Professor für Mathematik an der Princeton University, der unabhängig von Flexner Ideen für ein mathematisches Forschungsinstitut entwickelt hatte. Der zweite war kein Geringerer als Albert Einstein, der schon bei seiner ersten Begegnung mit Flexner »Feuer und Flamme« für die Gründung des Instituts war. In den nächsten Jahren kamen weitere herausragende Forscher dazu, darunter Weyl, von Neumann, Gödel und Siegel, später auch Dirac, Pauli und Oppenheimer, der das Institute for Advanced Study schließlich lange Zeit als Direktor führen

sollte. Dieser Zuwachs war nicht zuletzt auch ein Resultat der politischen Verhältnisse in Deutschland. Das Institute for Advanced Study wurde zu einem wichtigen Ort für Wissenschaftler, die aus Deutschland und Österreich emigrierten [→ Oberwolfach 39]. Weniger als fünf Jahre nach seiner Gründung löste Princeton Göttingen dann auch als das Weltzentrum der Mathematik ab.

In den kommenden Jahren vergrößerte sich das Institut, eine School of Economics and Political Sciences sowie eine School for Humanistic Studies kamen hinzu. In einer Zeit der Rezession entwickelte sich das Institute for Advanced Study zu einer weltweit führenden und modernen Forschungsinstitution. Noch bevor Frauen zum Promotionsstudium an der Princeton University oder anderen führenden Universitäten zugelassen waren, besuchten Emmy Noether und Anna Stafford das Institut. Im Jahr 1936 wurde in der School of Humanistic Studies die erste Professorin ernannt.

Dass es dem Institute for Advanced Study gelang, Forscherpersönlichkeiten von Rang, Strahlkraft und Eigenart wie Einstein, Goedel, von Neumann oder Oppenheimer zu gewinnen, trägt bis heute zu seinem Ruhm und Ruf bei. Im Laufe der Jahre hat sich vieles geändert, das Institut ist gewachsen, es zählt heute inklusive der Emeriti 44 permanente Professoren. Doch nur ein kleiner Teil der am Institute for Advanced Study tätigen Forscher sind permanent hier, die Mehrheit gehört zu den jährlich 190 internationalen Mitgliedern, die für einen Zeitraum zwischen sechs Monaten und fünf Jahren eingeladen werden. Aber es ist erstaunlich, wie nah das IAS an der ursprünglichen Vision Flexners und dem paradiesischen Zustand der ersten Jahre geblieben ist.

Der Campus umfasst auch ein Areal mit Wohnhäusern, die von Marcel Breuer entworfen wurden [→ Bauhaus 26]. In den möblierten Wohnungen sind die Mitglieder während Ihres Forschungsaufenthaltes untergebracht. Zur Wohnanlage gehört ein Gemeinschaftszentrum, ein Kinderspielplatz, Tennisplätze, ein kleines Fitness-Center, die institutseigene Kindertagesstätte und der Wald, der auch der Öffentlichkeit zugänglich ist. Es ist eine ruhige Umgebung, doch überaus anregend, da man sich in Gesellschaft zahlreicher Forscher aus den unterschiedlichsten Disziplinen befindet. Es passiert recht häufig, dass sich ein Mitglied, einmal angekommen, dann mit einem ganz anderen Vorhaben beschäftigt. Was an anderen Orten misstrauisch beäugt werden würde, gilt hier als gute Tradition.

Über 20 Nobelpreisträger und die Mehrheit der Fields-Medaillisten waren im Laufe ihrer Karriere mit dem Institute for Advanced Study assoziiert. Manch ein Kritiker, wie der Physiker Richard Feynman in den vierziger Jahren, moniert, dass die Freiheit von jeglicher Verpflichtung vor allem für die permanenten Professoren die Gefahr birgt, keine neuen Ideen mehr zu haben, träge, uninteressant und deprimiert zu werden. Doch das ist eher die Ausnahme, nicht die Regel. Aktuelle Gegenbeispiele sind Eric S. Maskin, der 2007 mit dem Nobelpreis in Wirtschaftswissenschaften ausgezeichnet wurden; oder Ed Witten, der wohl immer noch der führende String-Theoretiker ist; oder Robert MacPherson, der vor kurzem einen Artikel in der Zeitschrift »Nature« veröffentlichte, ein für einen reinen Mathematiker recht seltenes Erlebnis [→ Nature 42]. Die permanenten Professoren nutzen ihre Freiheit, nicht nur um neue Wege in der Forschung zu gehen, sondern auch um Doktoranden, Postdoktoranden und jungen Forscher auszubilden. Und die Mitglieder, die diesen paradiesischen Zustand nur für einen begrenzten Zeitraum genießen, kehren letztlich mit neuer Energie an ihre Heimatuniversitäten zurück.

Während des gemeinsamen Mittagessens in der Dining Hall und beim nachmittäglichen Tee entspinnen sich oft interfachliche Gespräche. An drei Abenden in der Woche bieten die »After Hours Conversations« Gelegenheit, sich zu einem kurzen interdisziplinären Austausch an der Bar zu treffen. Jedes Mal gibt ein Mitglied einen zehnminütigen Vortrag, um das Gespräch zu eröffnen. Hinzu kommen gemeinsame Ausflüge, und etwa alle sechs Wochen lädt das Institut zum Konzert ein. Seit den neunziger Jahren gibt es jedes Jahr einen »Artist in Residence«, meist einen Komponisten oder Musiker, der für ein Jahr am Institut lebt.

Das Institute for Advanced Study ist eine private Einrichtung, an keine Universität angebunden. Immer wieder engagieren sich viele einzelne Personen für diese real existierende Utopie und unterstützen das Institut mit Spenden. Das Institut ist einzigartig und trotzdem ein wichtiges Modell. Zahlreiche Forschungsinstitute weltweit wurden nach seinem Vorbild gegründet [→ Tokio 22], manche davon haben sich zu dem Konsortium »Some Institutes for Advanced Study« zusammengetan. Peter Goddard, der derzeitige Direktor des IAS, betonte anlässlich eines Vortrags am Dublin Institute for Advanced Study, dass die Bedeutung solcher Forschungsinstitute in einer Zeit wachse, in der Lehrverpflichtungen und Verwaltungsaufgaben an Hochschulen und Universitäten steigen. Er erwarte die Gründung weiterer Institute, die die Freiheit zur Forschung bewahren.

■

Senior Common Room, Oxford

Dinner zwischen Disziplinen

Mein erster Tag im Senior Common Room des New College in Oxford: Leicht ungläubig bediene ich mich am Schweizer Cappuccino-Automaten neuester Generation, nehme die Bandbreite der ausliegenden internationalen Tageszeitungen zur Kenntnis.

Dann lausche ich einem Gespräch zweier Professoren, das für in der deutschen Universitätslandschaft geprägte Ohren seltsam genug anmutet. Es ist ein sich über eine geschlagene halbe Stunde hinziehender Austausch über einen Studierenden, den – schon dies wäre etwa im Massenbetrieb deutscher Jurafakultäten undenkbar – offenbar beide Professoren mit Namen kennen. Ich erfahre aus dem Gespräch, dass die Studienpläne in Oxford für jeden einzelnen Studierenden individuell zugeschnitten werden. Ich erfahre weiterhin, dass es offenbar zum Selbstverständnis der Professoren gehört, diese Aufgabe wahrzunehmen. Ich schlussfolgere, dass die Betreuung der Studierenden an einem Oxforder College nur mit dem Ausdruck »intensivst« richtig beschrieben ist. Dies ist natürlich vor dem Hintergrund zu sehen, dass die Studierenden in einem aberwitzig aufwändigen Auswahlprozess aus einer weltweiten Konkurrenz von eben jenen Professoren, die sie später unterrichten, ausgewählt wurden. Und es liegt natürlich auch daran, dass das New College etwa im Fach Jura pro Jahr sieben Studierende aufnimmt, und zwar bei einem Lehrkörper von zwei Juraprofessoren, die durch drei weitere Lehrassistenten unterstützt werden.

Oxford – ein Ort der Tradition als Mekka der Moderne? Das scheint ein Widerspruch zu sein, wie er fundamentaler nicht sein könnte. Der Name der alten, ehrwürdigen südenglischen Universitätsstadt ruft Eindrücke hervor, die vielfältig und lebendig sein mögen – modern sind sie nicht. Fällt der Name Oxford, so denken wir an altmodisch, elitär, traditionsbewusst, vergangenheits-

orientiert. Eine akademische Institution, in der die Professoren bis heute schwarze Talare tragen und in der viele der 38 Colleges, aus denen die Universität Oxford gebildet ist, mit größter Selbstverständlichkeit eine eigene Kirche unterhalten, in der allabendlich ein Abendgottesdienst abgehalten wird, mag selbstbewusst sein oder pittoresk – aber nicht modern.

Ein zweiter Blick offenbart allerdings recht schnell, warum Oxford, das seit 1901 immerhin 50 Nobelpreisträger [→ Stockholm 6] hervorgebracht hat, mit vollem Recht zu den Mekkas der Moderne gezählt werden darf. Betrachten wir nur eines der Colleges, das New College. Zwar irrt, wer meint, schon im Namen dieser Lehr- und Forschungsinstitution etwas Modernes identifiziert zu haben. Tatsächlich ist das New College eines der ältesten in Oxford, es wurde 1379 gegründet, und zwar von einem Bischof, von wem sonst? Betreten wir innerhalb der klösterlichen Mauern des Colleges den sogenannten Senior Common Room, gemäß der britischen Vorliebe für Abkürzungen schlicht SCR. Hierbei handelt es sich um ausladende Clubräume für die Professoren, die mit Antiquitäten, Holzvertäfelungen und alten Gemälden vollgestopft sind. Und bevor jetzt jemand derartige Privilegien und Pfründe erneut als hoffnungslos unmodern brandmarkt, sei darauf hingewiesen, dass das College ebenso einen Middle Common Room für die Graduate Students sowie einen Junior Common Room für die Undergraduate Students unterhält – auch wenn diese weniger gediegen und eher mit Billardtischen und Cola-Automaten möbliert sind.

Der SCR ist die Begegnungsstätte der Wissenschaftler eines Colleges. Es ist ein institutionalisierter Rahmen, der einfach da ist, ein kleiner Kosmos des verdichteten Gesprächs. Überflüssig zu sagen, dass die Mitglieder des SCR nahezu alle akademischen Fächer repräsentieren – wir reden von gelebter Interdisziplinarität. Jeder Professor hat einen Schlüssel, der Butler und sein Team kümmern sich morgens um den Kaffee, mittags um das Lunch und abends um das Dinner. Alles ebenso vorzüglich und kostenlos wie der mit annähernd 40.000 Weinflaschen ausgestattete, hauseigene Weinkeller (die genaue Zahl weiß nicht einmal der Steward of the Wine Cellar). Und wie die gemeinsamen Festgelage jeglicher Couleur, die in einer Regelmäßigkeit und Häufigkeit stattfinden, die ihresgleichen sucht [→ Cold Spring Harbor 40]. Die charakteristische Besonderheit eines SCR ist die Möglichkeit zu einem intellektuellen Austausch und zu einem interdisziplinären Gespräch in angenehmster Atmosphäre – und zwar eine Möglichkeit, die keinerlei Organisation, Absprache oder sonstigen Vorlaufs bedarf, weil sie einfach schlicht immer präsent ist.

Der Begegnungscharakter wird auch dadurch gefördert, dass die Dinner im SCR traditionell eine ausgesprochen beliebte, hoch angesehene und stark genutzte Möglichkeit sind, externe Gäste wie wissenschaftliche Kooperationspartner oder Vortragende zu bewirten. Eine Universität, die sich wie Oxford 50 Philosophieprofessoren leistet, ist eine Pilgerstätte des Wissens. Daher ist man nicht allein wegen des vorzüglichen Essens wegen versucht, am Dinner teilzunehmen, sondern vielmehr wegen der Neugier darauf, mit welchem weltweit führenden Wissenschaftler welchen Faches man an diesem Abend die Freude des intellektuellen Austausches haben wird. Da passiert es, dass man neben dem Direktor eines bekannten Instituts für Weltwirtschaft sitzt. Oder neben einem Richter des House of Lords. Oder neben einem ehemaligen Präsidenten der Europäischen Investitionsbank. Oder einfach neben dem bedeutendsten Sprachphilosophen des letzten Jahrhunderts. Für derartige Anlässe, vor allem um diese Gäste entsprechend zu bewirten, hat übrigens jeder Professor ein eigenes Budget. Haben Sie schon einmal versucht, an einer deutschen Universität Bewirtungskosten geltend zu machen?

SCR – diese drei Buchstaben stehen aber nicht nur für Räumlichkeiten, sondern sie sind auch als Bezeichnung für die Gruppe der Professoren gebräuchlich. Hier kommt ein Gemeinschaftsgefühl zum Ausdruck, das in Zeiten von W-Besoldung, zunehmendem Ressourcenkampf in den Fakultäten und der Exzellenzrhetorik im deutschen Wissenschaftssystem in Windeseile zerstört wäre, wenn es denn je existiert hätte. In Oxford habe ich den Ausdruck »Exzellenz« nie vernommen. Dort redet man nicht über Exzellenz, man ist es einfach.

Erstaunlich modern zeigt sich die altehrwürdige Institution auch darin, dass sie das, was in Deutschland gerade mühsam erarbeitet wird, immer schon zu ihren grundlegenden Selbstverständlichkeiten zählt, nämlich ein deutliches Engagement und eine entsprechende Wertschätzung für die universitäre Lehre. Studierende werden an den

Oxforder Colleges intensiv betreut, ein Großteil der Lehre findet in sogenannten Tutorials statt, bei denen zwei, maximal drei Studierende und ein Professor ein intellektuelles Gespräch pflegen, das nicht auf gelerntes Wissen, sondern eigene kreative Gedanken fokussiert.

Um es auf den Punkt zu bringen: Die Gemeinschaft von Lehrenden und Lernenden, wie sie an einem Oxforder College herrscht, und bei der oft auch gar nicht klar ist, wer eigentlich zu welcher Gruppe zählt, das heißt, in der es von vorneherein angelegt ist, dass auch der Professor zum Lernenden wird und der Studierende zum Lehrenden, all dies ist ein Gärkessel, der kreatives Denken auf die schönste Weise stimuliert. Ein Selbstverständnis akademischen Unterrichts und akademischer Gemeinschaft, wie es moderner nicht sein könnte.

Wundert es noch jemanden, dass in diesem Klima seit Jahrhunderten intellektuelle Großtaten vollbracht werden? Um es mit dem ehemaligen Warden des New College zu sagen: The disgrace is not that Oxford is not like everywhere else, but that everywhere else is not like Oxford.

AUTOR Jürgen Kaube

51

ORT Trobriand-Inseln | BÜHNE Teilnehmende Beobachtung | SZENE Gesellschaft

Kiriwina, Papua-Neuguinea

Verschont die Trobriander!

Was Darwin für die Naturkunde und Robinson Crusoes »Más a Tierra« für die Geschichte des modernen Romans sind, das ist Kiriwina für die Sozialwissenschaften: die Insel, wo der Mythos vom Ursprung begann. Auf Kiriwina und ihren Nachbarinseln im westlichen Pazifik wurde die berühmteste Feldforschung in der Geschichte der Ethnografie durchgeführt. Am 20. September 1914, sechs Wochen nach Beginn des Ersten Weltkriegs, langte Bronisław Malinowski, Student der Anthropologie an der London School of Economics, in Port Moresby (Neu-Guinea) an. Er war noch im Frieden aufgebrochen, hatte als Pole einen österreichisch-ungarischen Pass und wurde von den britischen Kolonialherren über Ozeanien als Kriegsgegner dort festgehalten, wohin er sowieso wollte. Eine produktivere Internierung hat es danach nie wieder gegeben. Sein Ziel wurde die nördlichste Inselgruppe der Milne Bay, die Trobriand-Inseln, deren größte Kiriwina ist, und ihre Bewohner. Zwei Jahre, mit einer längeren Unterbrechung, verbrachte er dort.

Zurück kam er mit der Beschreibung einer ganzen Gesellschaft. Malinowski berichtete vom Kult der Yams-Wurzel, den die Eingeborenen betrieben, und von der Magie der sogenannten Korallengärten, in denen mehr und anders angebaut wurde als es das bloße Ernährungsbedürfnis geboten hätte. Für sich selbst seien die Trobriander zuallererst Gärtner, schrieb Malinowski, und sie verwandelten die Landschaft, in der sie lebten, fortwährend in Geschichten. Er beschrieb ihr Geschlechtsleben, vom Mutterrecht, in dem die Frauen die Vorrechte vererben und die Männer sie ausüben, bis zur Art, wie man sich in Melanesien verliebt – »obwohl die Romantik von der sozialen Ordnung nicht begünstigt wird« – und miteinander schläft: »vor allem verachten die Eingeborenen die europäische Stellung als unpraktisch und unschicklich«. Er analysierte den Kula-

Tausch als eine Form der Gabenökonomie, die sich Halsketten und Armreifen bediente, um neben dem Austausch lebensnotweniger Güter zeremoniell die gegenseitige Abhängigkeit der Händler zu bekräftigen. Und er überführte all diese Beobachtungen zuletzt in eine Theorie der Kultur, die auf den Beitrag des zunächst Unverständlichen zum Bedürfnishaushalt des Menschen abstellte.

Weshalb aber wurden gerade diese Forschungen und mit ihnen die Trobriand-Inseln legendär? Der wichtigste Grund war nicht der »Funktionalismus«, den er aus seinen Notizen als Lehre davon entwickelte, dass Gesellschaft ein System von Problemlösungen ist. Wichtiger war wohl, dass Malinowski behauptete, eine fremde Welt zu verstehen heiße, in sie einzutauchen [→ Chicago 25]. Malinowski war der Sozialpsychologe unter den Anthropologen. Er wollte Gefühle studieren und nicht in erster Linie Verwandtschaftstabellen, Strategien, Diätpläne oder Bedeutungsgewebe. Er gab der Anwesenheit des Forschers somit einen besonderen Sinn, der weit über die Garantie hinaus reichte, alles selbst gesehen und gehört zu haben. Der Ethnologe sollte mehr sein als ein Tourist, dem man zuvor gesteckt hatte, in den Seitenstraßen spiele das eigentliche Leben. Auf Kiriwina gab es nicht einmal Hauptstraßen, und was Malinowski zu erreichen suchte, war nicht nur Ortskenntnis, sondern »Horizontverschmelzung«. Das Erlernen einen neuer Kultur, schrieb er, gleiche dem Erlernen einer neuen Sprache an dessen Ende die vollkommene Ablösung von der ursprünglichen stehe [→ Röcken 72]. Der erste Aufsatz, den er überhaupt verfasst hatte, galt zehn Jahre vor seiner Pazifikfahrt Friedrich Nietzsches »Geburt der Tragödie«, die sich mit demselben Problem herumschlug: Wie kann man einer Welt gerecht werden, an der man nicht selber teilhaben kann? Doch, man kann es, meinte Malinowski und unternahm »die paradigmatische Reise zum Paradigma ›Anderswo‹« (Clifford Geertz), in eine Welt, von der er im ersten Satz seines kaum zufällig nach der archaischen Legende der Griechen benannten Buches über die »Argonauten des westlichen Pazifik« 1921 notiert, sie schmelze mit hoffnungsloser Geschwindigkeit einer Wissenschaft weg, die soeben erst bereit sei, sie zu erschließen.

Man könnte die Dörfer, die Malinowski besucht hatte, nach seinen Skizzen, Karten und Fotografien wiederaufbauen, die Riten neu aufführen, die Stammesökonomie erneut in Schwung bringen, fischen wie die Trobriander und heiraten wie sie. Wer heute zu ihnen fährt, dem begegnet eine folkloristische Aufführungskultur, deren Skript Malinowski geschrieben hat. Außerdem darf man diese Melanesier überforscht nennen. Es gibt Monografien über ihre ödipalen Konflikte ebenso wie Studien zu ihrer Höhlenkunst, ihrer Version von Cricket oder zur Linguistik ihrer Mahnreden, und auch »Die vertikale Gebärhaltung am Beispiel der Trobriander« scheint nach einem Beitrag in »Gynäkologische Praxis«, Band 9, 1985, geklärt. Nur die im selben Jahr gestellte Frage nicht: »Was soll aus den Inseln der Liebe werden?«, wie der Untertitel eines Beitrags über »Die natürliche Erotik der Trobriander« lautet, der in »Peter Moosleitners interessantes Magazin« am 18. Oktober 1985 erschien. Wer die inzwischen mehr als 1500 Einträge der Bibliografie zu den Trobriandern durchgeht, in dem mag der Wunsch nach Verschonung dieser zwölftausend Leute aufkommen.

Die Tropen haben ihre traurigen Aspekte; das hat auch Malinowski erfahren. 1966 erschien aus dem Nachlass des 1942 verstorbenen Forschers das »Tagebuch im strikten Sinne des Wortes«, das er neben seinen ethnografischen Notizen führte. Und eine große Verlegenheit ergriff die Wissenschaft. Denn das Tagebuch zeigte, dass in das Bild der ethnografischen Arbeit im Feld mehr gehört als die Trobriander und ihre Gewohnheiten: Die Isolation des Forschers, seine schlechten Launen, die Verachtung für die Eingeborenen, die ihm ebenso wie das Kolonialpersonal auf die Nerven gehen, die Südsee als ästhetischer Trost, seine Erregung durch die halbnackten Wilden, seine Hypochondrie, die Sehnsucht nach den zurückgelassenen Frauen, sein Brüten.

So also war es um die Objektivität bestellt, auf die sich Malinowskis Forschungsethos und der Gründungsmythos einer ganzen Disziplin beriefen. Mittels dieser Legende hatte die Ethnologie geglaubt, sich von den älteren »Schreibtischanthropologen«, den Tylors und Frazers, mit ihren aus der Luft englischer Studierstuben gegriffenen Konstruktionen endgültig abgewendet zu haben. Und nun dieses Tagebuch, das zeigte, wie ein Objekt entsteht, indem das Subjekt herausgekürzt wird – und wie weit es mit der Horizontverschmelzung war, nämlich gar nicht weit. Seitdem diskutiert die Ethnologie, ob sie eine Forschung ist oder eine Literatur [→ Troia 47]. Die Trobriand-Inseln sind auch insofern ein symbolischer Ort für die moderne Sozialwissenschaft. Denn hier stieß sie zum ersten Mal auf die Frage, ob es teilnehmende Beobachtung im strikten Sinne des Wortes überhaupt geben kann.

■

52 **AUTOR** Dirk H. Lorenzen

Europäische Südsternwarte, Chile

Nach den Sternen greifen

Die Landschaft erinnert an Aufnahmen der Marsoberfläche: ockerfarbene, sanft geschwungene Hügel, regellos verteilte Gesteinsbrocken, kein Strauch, kein Halm – Wüste so weit das Auge reicht [→ Mars 74]. Gnadenlos brennt die Sonne vom tiefblauen Himmel über dem rötlichen Niemandsland, bis zum Horizont durchschnitten von einer schnurgeraden Autopiste. Schließlich zweigt von der Panamericana rechts eine asphaltierte Straße ab, windet sich steil zwischen nackten Bergen hindurch, bis sich plötzlich der Blick öffnet: Aus der öden Wüstenlandschaft ragt ein Berg mit symmetrischen Flanken heraus, Cerro Paranal. Auf seinem Gipfelplateau thronen vier silbrige Gebäude, gigantische Kästen, Skulpturen gleich, die im Sonnenlicht wie Diamanten glitzern. Fast scheint es, als sei eine Flotte außerirdischer Raumschiffe in dieser Einöde gelandet.

Mit dem Weltall hat dieser Ort tatsächlich viel zu tun. Mag die Atacama im Norden Chiles auch kein gastliches Refugium zum Leben sein, so ist sie doch der weltweit beste Ort, um Astronomie zu betreiben: In dieser Wüste ist der 2635 Meter hohe Cerro Paranal dem Himmel ganz nahe. Nirgendwo sonst auf der Erde ist die Luft ruhiger, nirgends ist es klarer und trockener als hier. Die Atacama ist das astronomische Paradies auf Erden. Auf dem Cerro Paranal, nur zwölf Kilometer vom Pazifik entfernt und doch trockener als fast jeder andere Ort auf der Welt, holen sich die Astronomen die Sterne vom Himmel.

Dazu nutzen sie die vier Großteleskope, die in den silbrigen Kästen stecken – ein jeder 30 Meter hoch. Die Teleskope haben Spiegel mit einem Durchmesser von über acht Metern. Mit gut 53 Quadratmetern Fläche sind sie so groß wie eine kleine Drei-Zimmer-Wohnung [→ Fuggerstadt 57]. 23 Tonnen bringt ein Spiegel, der aus einem Stück Glaskeramik besteht, auf die Waage. Ein komplettes Teleskop wiegt mehr als 400 Tonnen. Und davon gibt es gleich vier Stück auf dem Berg. Keine Verschwendung, sondern ein Geniestreich: Zum einen lassen sich die Teleskope bei Bedarf zusammenschalten, um noch genauer hinaus ins All zu blicken. Zum anderen verfügen alle vier über ganz unterschiedliche wissenschaftliche Geräte, die für verschiedene Aufgaben optimiert sind. So ist das Wüstenobservatorium auf Paranal mit seinem Very Large Telescope, wie die vier Instrumente offiziell heißen, die vielseitigste Sternwarte der Welt.

Hausherr ist Europas Astronomieorganisation ESO, zu der 14 Staaten Europas und Chile gehören. Weil Europa in der Flut künstlicher Lichter untergeht und Wolken und Dunst kaum jemals einen ungetrübten Blick an den Himmel gestatten, sind die Forscher nach Chile geflüchtet. Außerdem sieht man hier den weniger erforschten Südsternhimmel. Die Wüste im Norden des Landes hat eine einzigartige geografische Lage – genau zwischen den kalten Wassern des Humboldt-Stroms im Pazifik und den bis zu 7000 Meter aufragenden Andengipfeln [→ Straße der Vulkane 58]. Dort herrschen nahezu perfekte klimatische Bedingungen für die Astronomie. Mehr als 300 Nächte im Jahr sind vollkommen klar. Das hat Ende der fünfziger Jahre Jürgen Stock entdeckt. Der aus Hamburg stammende Astronom war ein Pionier, jahrelang ritt er mit Pferden und Maultieren auf die abgelegensten Gipfel und untersuchte die Sichtbedingungen. Stock ist es zu verdanken, dass in Chile heute die größte Ansammlung astronomischer Geräte zu finden ist: mehrere US-Einrichtungen sind vor Ort. Und eben Europas Spitzensternwarte.

Nur im Weltraum herrschen noch bessere Bedingungen als auf Paranal. Im Basiscamp am Fuße des Berges halten sich die Forscher auf, wenn sie nicht direkt an den Teleskopen zu tun haben. Dort sind Büros, aber auch Werkstätten und Versorgungseinrichtungen. Die Residencia, das in den Berghang gebaute Wohngebäude, wirkt mit seinem flachen runden Glasdach nicht minder futuristisch als die Teleskope auf dem Berg. Wen wundert's, dass hier auch Szenen für den James-Bond-Film »Ein Quantum Trost« gedreht wurden.

Die Anreise aus Europa ist mühselig, sie dauert rund 36 Stunden. Doch spätestens die Offenbarung einer perfekt klaren Nacht auf Paranal lässt schlagartig alle Unbill vergessen. Etwa eine Stunde vor Sonnenuntergang nimmt die Hektik auf dem Berg zu. Die Astronomen, die in der Regel den Tag buchstäblich verschlafen, eilen zu den Teleskopen. Ingenieure nehmen letzte Kontrollen vor. Dann öffnen sie die große Beobachtungstore, durch die die Teleskope in die Tiefen des Alls blicken. Die Dunkelheit kann kommen.

Die Spiegel sind enorme Lichtsammelmaschinen. Sie fangen die Photonen aus dem Universum ein und lenken sie in die Hightech-Kameras, die die Forscher an die Teleskope anschließen. Je größer der Teleskopspiegel ist, desto mehr Licht sammelt das Instrument, desto schwächere Objekte sind zu erkennen und desto weiter blickt das Teleskop hinaus ins All. Manche Objekte, die die Forscher untersuchen, sind 13 Milliarden Lichtjahre entfernt. Das Licht war also 13 Milliarden Jahre lang unterwegs, es reiste schon durchs Nichts, lange bevor Sonne und Erde entstanden sind [→ Nuvvuagittuq 3]. Nach dieser Odyssee durch Raum und Zeit landet es dann vielleicht in einer kühlen chilenischen Wüstennacht auf dem Teleskopspiegel. Licht, das sich auf den Weg gemacht, als der Kosmos kaum eine Milliarde Jahre alt war. Licht, das also aus der Kindheit des Universums stammt. Somit sind die Teleskope auf Paranal auch unglaubliche Zeitmaschinen, die die Forscher fast zurück an den Anfang der Welt bringen.

Die Astronomen untersuchen junge Galaxien, die schon kurz nach dem Urknall entstanden sind. Sie blicken mit den Instrumenten in Chile mitten hinein in dicke Staubwolken und sehen so bei der Geburt neuer Sterne zu. Sie verfolgen, wie einige Sterne verzweifelt dem Schwarzen Loch im Zentrum der Milchstraße zu entkommen suchen. Und sie untersuchen die fernen Planeten, die andere Sterne als die Sonne umkreisen. Wird man in Chile bald eine echte Schwesterwelt ähnlich unserer Erde entdecken? Ist Leben im Kosmos womöglich etwas ganz normales? Nacht für Nacht spüren für die Astronomen auf Paranal den ganz großen Fragen nach dem Woher und Wohin, dem Stirb und Werde unserer kosmischen Existenz nach [→ Weimar 2].

Doch die Technik ist im Moment dem Verständnis weit voraus. Denn was die großen Teleskope den Forschern zeigen, sorgt meist eher für Verwirrung als für Aufklärung. Vor allem mit dem Kosmos insgesamt haben die Astronomen derzeit ihre liebe Mühe, räumt Bruno Leibundgut ein, der mindestens zweimal im Jahr mit den Teleskopen in Chile rätselhafte Objekte aufs Korn nimmt: »Die Messungen weisen darauf hin, dass 95 Prozent des Universums Dunkle Materie und Dunkle Energie sind. Und die Physik hat keine

Erklärung – für beides nicht.« Ein Lächeln huscht über das Gesicht des Astronomen. Die Natur hat es den Forschern wieder einmal gezeigt. Dunkle Materie ist in Teleskopen prinzipiell nicht zu sehen – auch nicht in den Hightechfernrohren in Chile. Sie wirkt anziehend wie normale Materie, aber niemand weiß, aus was für Teilchen sie besteht. Hier soll das Teilchenforschungszentrum Cern bei Genf vielleicht weiterhelfen [→ Cern 11]. Sternkunde und Teilchenphysik treffen sich auf der Suche nach dem Kleinsten und dem Größten, das die Welt zusammenhält.

Doch die Forscher sind auf eine weitere, noch mysteriösere Komponente des Kosmos gestoßen, die sie Dunkle Energie nennen. In den Teleskopen zeigt sich, dass der Kosmos offenbar immer schneller auseinander fliegt. Die Dunkle Energie drückt wohl kräftig aufs Gaspedal der Expansion [→ Autobahn 61]. Doch die Astronomen beobachten nur ihre Wirkung auf die sichtbaren Sterne und Galaxien. Was die Dunkle Energie genau ist und woraus sie besteht, ist ein völliges Rätsel. Die Astronomen begreifen jetzt, dass sie im All fast nichts sehen, dass fast das gesamte Universum ihnen selbst in den besten Teleskopen, ob in Chile oder im Weltraum, verborgen bleibt. Das nimmt Bruno Leibundgut aber nicht persönlich:

»Ich versuche, die Natur zu verstehen und zwar die Natur, die mir zugänglich ist. Ob das fünf Prozent sind oder 100 Prozent, überlege ich mir gar nicht.«

Was bleibt den Forschern auch anderes übrig? Sie wollen zumindest die fünf Prozent des Weltalls, die nach heutiger Theorie zu beobachten sind, so genau wie möglich untersuchen. Daraus lassen sich vielleicht Schlüsse auf den Rest ziehen. Das treibt die Astronomen Nacht für Nacht an die Instrumente. Aus diesem Grund ersinnen sie stets noch ausgefeiltere Methoden, dem schwachen Funzeln, das aus dem All in die Teleskope gelangt, möglichst viel Information abzuringen. Und sie planen längst die nächste Generation von Teleskopen. In knapp zehn Jahren soll ein Instrument wahrhaft kolossaler Ausmaße ins All stieren. Ein Teleskop mit einem Spiegel von 42 Metern Durchmesser, der aus fast 1000 Einzelteilen zusammengesetzt ist.

Einen Ausweg bieten nur gute Ideen und neue Beobachtungen. Ideen kann man überall auf der Welt haben. Aber aller Fortschritt in der astronomischen Wissenschaft braucht irgendwann eine klare Nacht an einem Teleskop. Wer nach den Sternen greifen will, wer wirklich sehen will, was da draußen im All passiert, der muss auf Berge wie den Cerro Paranal reisen. »Man richtet sein ganzes Leben nur auf eine bestimmte Sache ein, wenn auch nur für ein paar Tage«, erklärt Bruno Leibundgut: »Ich habe Sternwarten auch schon mit Klöstern verglichen.«

AUTOR Jürgen Tautz

53

Sieben Häuser am Wolfgangsee

Schwänzeltanz der Bienen

Es mag reizvoll sein sich vorzustellen, was an der Erforschung der Honigbienen anders verlaufen wäre, wenn der Altmeister der Bienenwissenschaft, der Zoologe Karl von Frisch, ein Haus in Friesland besessen hätte und nicht in der Bergwelt der Österreichischen Alpen.

Die beiden Aspekte der Biologie der Honigbienen, denen Karl von Frisch die ganze Aufmerksamkeit eines begnadeten Forschers gewidmet hat, sind deren Orientierung und Kommunikation. Von Frisch hatte erkannt, dass beides echte Schlüsselleistungen sind, ohne die weder ein gezielter Blütenbesuch noch eine Koordination des Verhaltens zehntausender Mitglieder einer Kolonie möglich wären. Beides sind zugleich Phänomene, die für kleine Insekten derart unerwartet gewesen sind, dass sie die Suche nach dem »Wie tun sie es denn?« anfeuerten. Karl von Frisch hat seine Vorstellungen und Einsichten in diese Bienenleistungen in einem Buch zusammengefasst, das 1965 unter dem folgerichtigen Titel »Tanzsprache und Orientierung der Bienen« erschienen ist.

Ausgangspunkt für eine ganze Reihe von Experimenten, die allesamt später zu großer Berühmtheit gelangt sind und die einen Großteil des erwähnten Buches ausmachen, war ein idyllisches Wohnhaus in St. Gilgen am Wolfgangsee, seit Generationen im Besitz der Familie von Frisch. Das Haus war Bestandteil einer kleinen Häusergruppe, die passend »Sieben Häuser am See« hießen. Dorthin zog sich Karl von Frisch, begleitet von seiner Frau und seinen Kindern zurück, wann immer es die Umstände zuließen. Karl von Frisch hielt als Professor für Zoologie an der Ludwigs-Maximilians-Universität in München seine sehr beliebten Vorlesungen. Seine letzte Lehrverpflichtung eines Semesters absolvierte er bereits in Lederhose und Trachtenjacke, so dass er ohne Zeitverlust in seinem Freilandbiologen-Outfit so rasch es möglich war an den Wolfgangsee aufbrechen konnte. Dort verbrachte er dann die gesamten vorlesungsfreien Wochen mit genial einfachen Verhaltensversuchen an Honigbienen.

Die alpine Umgebung und der nahe Wolfgangsee boten ideale Inspiration für umfangreiche Versuchsserien. Für deren Unterstützung wurden Studenten und junge Assistenten herangezogen. Jede noch so kleine Rolle im Versuchsalltag im Haus am Wolfgangsee und der damit verbundene Aufenthalt im »Allerheiligsten« der damaligen Bienenforschung muss den Hinzugezogenen wie eine ganz besondere Ehrung und Auszeichnung vorgekommen sein, eine Haltung, die auch heute noch bestens nachvollziehbar ist.

Das Haus der Familie von Frisch war nicht nur »Denk-Fabrik« und Basislager« für Bienenexperimente, sondern wurde im Laufe der Zeit auch zu einem Museum. Karl von Frisch hatte eine umfangreiche zoologische Sammlung zusammengetragen, die vor allem rund um die staatenbildenden Insekten angelegt war. Eine begleitende Bibliothek war selbstredend ebenfalls dort vorhanden.

Heute, Jahrzehnte nach seinen goldenen Zeiten, sind Bibliothek und Zoologische Sammlung aufgelöst und in alle Winde zerstreut. Das Haus am Wolfgangsee steht noch, aber in seiner Bedeutung für die Wissenschaft existiert es nur noch als ideelles Zentrum einer großen Zeit der Verhaltensforschung in den Köpfen Eingeweihter.

Die gebirgige Landschaft erlaubte Karl von Frisch direkt vor seiner Haustüre zu experimentieren, indem er die Landschaft als natürliches Großlabor einsetzte. So wurde ein frei stehendes Felsmassiv, der Schafberg, als gigantisches Hindernis genutzt, um das herum die Bienen zu einem Umweg zwischen ihrem Bienenstock und einem Futterplatz gezwungen wurden. In ihrem Stock angelangt, wiesen die Sammelbienen im Tanz jedoch den direkten Weg über den Berg hinweg, einer Angabe, der die rekrutierten Bienen folgten. Sie flogen auf beschwerlicher angewiesener Route über den Berg und nicht um den Fuß des Berges herum. Ein weiterer wichtiger Beleg für die Informationsnutzung des Bienentanzes war erbracht.

Durch Martin Lindauer, dem inzwischen verstorbenen unentbehrlichen Assistenten und Helfer Karl von Frischs, der rasch selbst als höchst erfolgreicher Bienenforscher weltberühmt wurde, ist folgende Begebenheit überliefert: Um Gerätschaften für seine Experimente auf einen Berg zu bringen, plante Karl von Frisch eine

Seilbahn zu nutzen, die in der Region für Bergtouristen installiert worden war. Als Frühaufsteher überraschte von Frisch den Betreiber der Seilbahn zu derart früher Stunde, dass an eine erste Bergfahrt noch nicht zu denken war, zumal außer von Frisch und seinen Apparaturen keine Kunden in Sicht waren. Kurz entschlossen kaufte von Frisch das gesamte Fahrkartenkontingent für eine Maximalauslastung einer Seilbahnfahrt und erreichte so, noch bevor die fleißigen Bienen aktiv wurden, den Gipfel des Berges. Traumhafte Zeiten für unkompliziertes Vorgehen. Man wagt sich heute, angesichts einer immer mehr ausufernder Bürokratisierung der Wissenschaftsfinanzierung, kaum vorzustellen, welcher Papierkrieg jetzt absolviert werden müsste, um den Hauch einer Chance zu haben, Reisemittel für eine starke Gruppe rückerstattet zu bekommen, wenn doch nur eine einzige Person unterwegs gewesen ist. Aber Karl von Frisch war ein derart ungewöhnlicher, genialer, kreativer und getriebener Forscher, dass man vermuten darf, dass er sich auch heute aus dem Strom der Forscher abheben würde und Mittel und Wege gefunden hätte, seine Zeit mehr im Freiland mit Bienenexperimenten als im Büro mit der Abfassung von Anträgen und Berichten zuzubringen [→ Bologna **10**].

Die Echelsbacher Brücke, eine hohe Brücke über einem tiefen, von der Ammer durchflossenen Tal, erlaubte es von Frisch, in einer weiteren klug erdachten Serie von Experimenten Bienen auf eine lange nahezu senkrecht verlaufende Flugroute zu einem Futterplatz oben auf der Brücke zu schicken. Die Erkenntnis aus diesem ebenfalls die Topografie seiner Heimat ausnutzenden Versuch: Vertikale Flugstrecken werden im Tanz nicht angezeigt.

Und ein drittes berühmtes Verhaltensexperiment wurde im Gebirge nahe des damaligen Mekka der Bienenwissenschaft durchgeführt: Flugstrecken, die zwar gleichlang, aber im Gelände unterschiedlich – hangabwärts versus hangaufwärts – angelegt waren, führten zu Tänzen, die sich in der Dauer der Schwänzelphase unterschieden. Diese Beobachtung führte zu einer der wenigen Schlussfolgerungen aus den Arbeiten am Wolfgangsee, die sich später als unzutreffend herausstellten. Man glaubte, es sei der Verbrauch der Energie während des Fluges, das als Maß für die zurückgelegte Flugstrecke den Bienen die Information über die Flugweite gibt. Heute wissen wir, dass der sogenannte optische Fluss, die im Flug vorbeiziehenden gesehenen Bilder, den Kilometerzähler der Bienen ausmacht [→ Autobahn 61].

Angesichts dieser drei Beispiele für echte Schlüsselexperimente könnte man auf den Gedanken kommen zu fragen, wie die Erforschung der Honigbienen verlaufen wäre, wenn von Frisch nicht im gebirgigen St. Gilgen, sondern im platten Friesland gelebt und ge arbeitet hätte. Dort hätte nur ein weiteres, sehr bekanntes Experiment durchgeführt werden können, bei dem eine große Wasserfläche Verwendung fand: Dressierte Bienen, die dazu gebracht werden konnten, größere Strecken über freies Wasser zu fliegen, konnten trotz Seitenwindeinfluss ihre eingeschlagene Flugrichtung exakt beibehalten, wenn sie auf dem Wasser schwimmenden Holzlatten als optische Anhaltspunkte sehen konnten. Diese Leistung der Bienen ist unter dem Begriff der Seitenwindkompensation als ein Baustein des Orientierungsverhaltens der Bienen in die Literatur eingegangen.

Das bekannteste landschaftsunabhängige Experiment, das von Frisch und seine Mitarbeiter am Wolfgangsee durchführten, war der sogenannte Ofenrohrversuch, in dem einmal mehr die Genialität des großen Bienenforschers erkennbar wurde. Nachdem erkannt worden war, dass die Ausrichtung der Schwänzelphase im Bienentanz die Richtung vom Bienenstock zum Futterplatz bezogen auf die Sonnenrichtung wiedergibt, war es für von Frisch verwunderlich zu sehen, dass selbst bei wolkenverdeckter Sonne die Tänze fehlerfrei abliefen und die Richtungsabgabe stimmte. Er verhängte daraufhin einen ansonsten offen gelegten Bienenstock mit schwarzen Tüchern und gestattete den Bienen lediglich einen Blick auf einen winzigen Himmelsausschnitt – durch die Öffnung eines Ofenrohres. Die Tänze der Bienen im Innern dieser »Himmelskanone« liefen erstaunlicherweise noch immer korrekt ab. Verschloss von Frisch die obere Öffnung des Ofenrohres mit einer Polarisationsfolie, durch die nur noch das Sonnenlicht in einer bestimmten Schwingungsebene auf die Tanzfläche eindringen konnte, kam er einer bis dahin völlig unbekannten Leistung in der Sinneswelt der Tiere auf die Spur, der Fähigkeit, polarisertes Licht zu erkennen und sogar dessen Ausrichtung zu bestimmen. Der Beweis, erbracht mit dem Ofenrohr: Wurde die Folie, die das Rohr der Himmelskanone verschloss, langsam in der Ebene der Folie gedreht, drehten die Bienen die Ausrichtung entsprechend. Lässt sich mit weniger Aufwand ähnlich weittragendes entdecken?

Für die Entdeckung der Seitenwindkompensation und der Wahrnehmungsfähigkeit für polarisiertes Licht wäre auch in Friesland geeignetes Gelände vorhanden. Aber was ist mit den anderen Versuchen und den daraus resultierten Einsichten, die durch die gebirgige Umgebung des Hauses inspiriert wurden und dort entsprechend in die Tat umgesetzt wurden? Hierzu lässt sich nur spekulieren.

Entsteht ein Mekka überall dort, wo große Geister wichtige Leistungen erbringen? Oder ergibt sich, insbesondere in den experimentellen Wissenschaften, ein Mekka nur an geeigneten Orten, an denen große Forscher tätig sind, die die Vorteile der Orte zu nutzen wissen? Beide Möglichkeiten werden je nach Lage eintreten. Egal wie: Das Haus Karl von Frischs in St. Gilgen am Wolfgangsee war und bleibt herausragendes Symbol einer großen Periode der Verhaltensforschung.

■

54 AUTOR Kurt W. Forster

Sir John Soane's Museum, London

Melancholie des Sammelns

Ein Ort, wo man von Kulturgütern Europas umringt, aber keineswegs eingeschüchtert ist: Vor vielen Jahren verbrachte ich zum ersten Mal einen stillen Samstag in Soanes Haus, als noch sein distinguierter Konservator, der Architekturhistoriker John Summerson das Häufchen Neugieriger über knarrende Treppen und durch spärlich beleuchtete Räume führte und ganz lässig dieses oder jenes Objekt – eine griechische Vase, eine Inkunabel, ein Souvenir mit dem feuerspeienden Vesuv – in die Hände nahm und den Besuchern erläuterte. Wären auch Tee und Gurken-Sandwiches gereicht worden, man hätte sich gleich unter Freunden gewähnt. Für Jahrzehnte blieb das Soane Museum an Londons großzügig abgemessenen Platz namens Lincoln's Inn Fields genau das, was sein Erbauer und Ausstatter im Sinne gehabt hatte: ein »hands-on museum« mit all seinen Schätzen an Bildern und Texten, die wie Versteinerungen in einem Tresor lagern und beim Besucher einen zwar verwirrenden, aber auch unvergesslichen Eindruck hinterlassen.

Nur ein gemächlicher Besuch des Soane Museums vermittelt einen Eindruck von den Ideen und Absichten des Architekten. Man wandert, zunächst mit einem Plan des Hauses in der Hand, durch die Stockwerke, überquert hölzerne Balkone und schlängelt sich durch enge Korridore. Plötzlich öffnen sich schachtartige Einblicke, man schaut bis ins Untergeschoss oder erblickt andere Teile des Hauses durch farbige Fenster. Eingebaute Schränke und Gestelle lassen keine Stelle ungenutzt; alles ist mit Vorbedacht und mit Hintergedanken zusammengefügt, verspiegelt und durch Oberlichter in wechselnde Beleuchtung getaucht. Kaum fasst man einen Gegenstand ins Auge, streift man auch einen anderen, kommt der Blick unter einer Flachkuppel zur Ruhe, stellt sich der Wunsch ein, die Aufmerksamkeit schweifen zu lassen. Aus vielfältigen Querbezügen und Spiegelbildern summiert sich ein zugleich ruheloses und momentan ausgewogenes Bild.

Zweifellos trägt diese Montage unterschiedlicher Dinge dazu bei, dass inmitten eines haargenauen Raumkalküls dennoch die Bewegung nie erlahmt. Wenn Kurt Schwitters seinen Merzbau in Hannover als »Kathedrale des erotischen Elends« betitelte, so darf man vielleicht das Soane Museum als eine »Kathedrale der architektonischen Trauer« auffassen, wo der Schlaf des Architekten alles aus Analogien und Rätseln gebiert, unverfroren echte Raritäten neben bloßen Gips setzt oder erstrangige Bilder mit Erinnerungsskizzen umrahmt.

Wie so häufig, ist auch die Geschichte dieses Hauses untrennbar verwoben mit der seines Bauherren: John Soane (1753–1837), bestens verheiratet mit der Tochter eines reichen Bauunternehmers und durch enorme Tüchtigkeit und gezielte Ausbildung zum Architekten der Bank of England avanciert – obwohl er aus ärmlichen Verhältnissen stammte und selbst seinen Namen durch Anfügen einer stummen Endung aufzubessern suchte.

Soane war dabei von einem Furor der Erziehung und Ausbildung besessen und trieb Mitarbeiter, Lehrlinge und die eigenen Söhne mit seinen Ansprüchen zur Verzweiflung. Zumindest bei seinen beiden Söhnen biss er in dieser Hinsicht auf Granit. Und allmählich hatte er sich damit abgefunden, dass sie nicht in seine Fußstapfen treten würden. Nicht zuletzt deshalb begann er beizeiten, den Anschauungspark aufzulösen, den er im ländlichen Westen des damaligen London angelegt und mit architektonischen Fragmenten in pittoresker Anordnung geschmückt hatte.

Schon 1792 hatte Soane ein gesichtsloses Reihenhaus erworben und Schritt für Schritt, innen wie außen umgestaltet [→ Pantheon 67]. Mit charakteristischer Zähigkeit gelangte er über die Jahre in den Besitz der beiden Nachbarhäuser, sodass er dem mittleren Gebäude eine elegante Fassade aus Portland-Sandstein vorblenden und das Innere durch brillante Durchbrüche und Übergänge vereinheitlichen konnte. Für seine Bauten schwebten ihm stets ineinander verschachtelte Räume und eine indirekte oder gar kaleidoskopisch aufgefächerte Beleuchtung vor [→ Strasbourg 36]. In den eigenen vier Wänden – in der Tat umfassen die drei Häuser über vier Stockwerke mehrere dutzend Räumlichkeiten – konnte Soane seinen Vorstellungen frönen und seine ausufernden Sammlungen einrichten. Weil er sich selten davon abhalten ließ, ein interessantes Objekt zu erwerben, eine Architekturzeichnung oder ein Bild, am liebsten gleich Pendants oder ganze Zyklen, sah er sich immer wieder zu Umbauten genötigt.

Seit seiner Italienreise von 1778 bis 1780, die er sich wie jeder gebildete Architekt seiner Generation schuldig war, hörte er nicht mehr auf, Bücher, Kunstwerke und Architekturfragmente zu kaufen, von den Münzen, Zeichnungen, Korkmodellen, Abgüssen und Kopien ganz zu schweigen [→ Weimar 2]. Schrittweise wuchsen sich die Sammlungen zu museumsreifen Beständen aus. Als Hort der Künste stellte sich Soane sein Haus denn auch vor, als er es der Nation anbot, freilich mit der Auflage, es für alle Zukunft als Museum und Studienkammer zu erhalten. Was Soane einmal eingefädelt hatte, das wusste er auch zu verwirklichen, und tatsächlich willigte das Parlament 1833 in die Bedingungen ein und sicherte dem Soane-Museum damit den Status eines nationalen Denkmals. Weil aber bis in jüngste Zeit vornehme Zurückhaltung zu den höchsten Tugenden im englischen Leben zählten – wenn auch im Windschatten schamloser Verunglimpfungen in Karikatur und Satire – blieb das John-Soane-Museum ein Geheimtipp.

Zwar wurde das Gebäude am Lincoln Inn Fields während des Zweiten Weltkriegs durch einen Bombeneinschlag leicht beschädigt, doch seine Sammlungen blieben erhalten und stecken den Rahmen eines Architektenlebens während einer Zeit dramatischer Veränderungen in der Geschichte Europas ab. In keinem anderen Land ist ein vergleichbares Objekt erhalten geblieben; längst ist das Schinkel-Museum aus der Bauakademie verdrängt worden, Piranesis Haus an der Via Gregoriana in Rom eine hohle Kapsel, das Pariser Atelier von Percier und Fontaine und die Londoner Stadtresidenz von Thomas Hope verschwunden.

Als dem Soane-Museum vor einigen Jahren eine Generalrenovierung bevorstand, waren die Trustees zum ersten Mal bereit, eine kleine Auswahl der Schätze für kurze Zeit außer Landes reisen zu lassen. Inzwischen ist alles an seinen angestammten Platz zurückgekehrt und wird neuerdings ergänzt durch aktuelle Ausstellungen und Publikationen, die eine Ahnung von der Masse des kulturellen Eisbergs unter der Wasserlinie vermitteln.

Was ist nun am Soane Museum das Eigen- wenn nicht gar Einzigartige? Vielleicht hat der Architekt auch dieser Frage schon vorgegriffen, indem er 1835 eine illustrierte Schrift über sein Haus publizierte, dessen Titelbild nicht nur einen kühnen Durchblick durch

die Sammlungsräume bietet, sondern auch noch das entsprechende Stichwort liefert: Im Sinne eines Gesamtkunstwerks beansprucht er eine »Union of the Arts« für sein Haus, sein eigenes Werk, seine Hinterlassenschaft. Viel Bemerkenswertes und Erlesenes ist hier versammelt und durch seine Darbietung in der Wirkung gesteigert, ja teils überhaupt erst zu Kenntnis gebracht.

Schon zu Lebzeiten ahnte Soane, dass Architektur erst durch ihre bildliche Erscheinung zu breiter Wirkung gelangt. Zu dieser Einsicht waren auch andere gekommen, aber an ihrer medialen Umsetzung ermisst man das Gespür eines Architekten. Wenn etwa sein französischer Zeitgenosse Claude-Nicolas Ledoux seinen Traktat unter die Fixsterne der Gesellschaft und Moral stellte, oder dessen jüngerer Adept Jean-Nicolas-Louis Durand ein Handbuch verfasste, das sämtliche Lösungen, die ein Architekt zu finden hatte, nach Strich und Faden herleitet, so ordneten sie alle ihre Materie nach neuen wissenschaftlichen Prinzipien, die Chemiker und Mathematiker umfassend und systematisch erläutert hatten. Während ein Piranesi in Rom sich noch ganz auf die Zeugen antiker Baukunst konzentrierte und die Bautechnik der Alten mit dem staunenden Auge eines Aufklärers zur Darstellung brachte, begann später Karl Friedrich Schinkel in Berlin eine Form der Publikation, die nachhaltigen Einfluss auf die moderne Architektur haben sollte: seit 1819 lieferte er seine Werke in Fortsetzung. Er rollte sie also biografisch auf, statt sie an die Fessel eines Traktats zu binden. John Soane verfolgte ähnliche Absichten, die er mit Hilfe eines befreundeten Architekten und Malers in die Wirklichkeit umsetzte: John Gandy, gut 18 Jahre jünger als Soane, malte nicht nur einzelne Projekte in delikat getönten Aquarellen, er versammelte Soanes Œuvre sozusagen auf Breitwand, indem er die ausgeführten und die unausgeführten Projekte in Form ihrer Modelle zu panoramischen Übersichten zusammenfügte und in ein dramatisches Kunstlicht tauchte. Als Traumbilder der architektonischen Phantasie umfasst dieses Inventar, was Soane Zeit seines Lebens durch den Kopf gegangen war und nun wie Fossilien in Schränken und Gestellen, in Büchern und Zeichnungen sein Haus staffiert [→ Freuds Couch 9]. Damit kündigte er sich als »Erfinder« seiner Architektur an und nicht als Handlanger seiner Klienten oder als Apostel der Nützlichkeit. Ein melancholischer Ton mischt sich in das Bild »architektonischer Visionen aus frühen Ahnungen und Träumen am Lebensabend«.

Der Umstand, dass Soane ursprünglich all das für seine Söhne und deren Zukunft im Architektenberuf zusammenzutragen begonnen hatte, hinterlässt auch im vollendeten Werk eine gewisse Melancholie. Es war aber auch eine Melancholie der Stunde, eine Trauer über die Architektur selbst. Kein Wunder, dass der Berliner Architekt Karl Friedrich Schinkel anlässlich seines sonntäglichen Besuchs am 11. Juni 1826 gleich zweimal das Wort »abenteuerlich« verwandte, um den Eindruck des Hauses in seiner schwer durchschaubaren Ordnung und seinem rätselhaften Charakter zu deuten. Man muss wissen, dass »abenteuerlich« damals bedeutete, dass eine Sache ohne ersichtlichen Zusammenhang scheinbar zufällig zusammengewürfelt vorliegt.

Da wäre etwa an eine Wand des kleinen Esszimmers zu denken, auf der ein Abguss von Michelangelos Taddei Relief hängt. Am Kamin des Speisezimmers – mit der Heizung war das im frühen 19. Jahrhundert übrigens so eine Sache, und Soane richtete nicht weniger als drei verschiedene Systeme ein und verbrannte sich dennoch die Finger an der ersten Dampfheizung – nun, an diesem Kamin brachte er jedenfalls noch ein symbolisches Eisengussstück an, das den flammenden Scheitern eine Venusmuschel vorsetzt.

Auf den marmornen Kaminsturz setzte er die überlebensgroße Büste eines eindrücklichen Kopfes. So, wie Soane felsenfest von der heroischen Bedeutung der Kunst Michelangelos überzeugt war – darin der Meinung des Akademiedirektors, des Schweizer Malers John Fuseli folgend – so hielt er sich auch beim Heroenkult um die Figur Napoléons nicht zurück, trotz Seeblockade, Sankt Helena und British Navy. Wie die meergeborene Muschel und die flammenden Scheiter die Elemente in Widerstreit setzen, so obsiegen Michelangelo und Napoléon als Elementarkräfte in Kunst und Politik.

In den Nischen und Alkoven des Soane-Museums kann man den Besuch unterbrechen, im Untergeschoss sich im halb verwunschenen Gemach eines Klosters oder im Kryptoportikus eines antiken Baus wähnen. Oberlichter und hohe Loggien lassen das Tageslicht über die Wände gleiten, mit Spiegelglas ausgeschlagene Gestelle und handbreite Rücksprünge beherbergen, was menschliche Handfertigkeit hervorgebracht und Sammeleifer bewahrt haben, schirmförmige Gewölbe laden zum Verweilen und zur Ablenkung durch sphärische Spiegel ein. Über mehrstöckige Schächte, durch Kabinette mit ungezählten Baufragmenten, aus Bilderschränken und Federskizzen, über elegante Orientteppiche, deren Knüpfkunst sich in den Bandmustern antiker Vasen spiegelt, aus den geflüsterten Hinweisen und einem gelegentlichen Blick auf bemerkenswerte Malereien verfestigt sich allmählich der Eindruck dieses anatomischen Kabinetts der Architektur. Der Eintritt ist bescheiden, die Wirkung einmalig.

55

AUTOR Ulrich Schollwöck

Aspen, Colorado

Gipfelstürme der Physik

Der Anflug in der kleinen Maschine ist nichts für Menschen mit Flugangst. In steilen Kurven geht es bergab, knapp über einige Bergkämme hinweg, danach blenden – eindrucksvoll bei Nacht oder im Schneetreiben – die Scheinwerfer des Gegenverkehrs auf dem Highway 82, in den man direkt hineinzufliegen scheint, bevor die Maschine hinter der Straße aufsetzt und an zahllosen Privatjets vorbei zum Terminal rollt. Danach Milliardärsglamour, Abfahrten im Champagnerschnee des Aspen Mountain, Après-Ski auf dem Sundeck, im Little Nell oder im Caribou Club …

Angefangen hatte es ganz anders – im ausgehenden 19. Jahrhundert als viktorianisch anmutende Bergbaustadt am Rande der größten, aber bald erschöpften Silberminen der USA gegründet, wurde Aspen in den ersten Jahrzehnten des 20. Jahrhunderts fast zur Geisterstadt, in seinem Dornröschenschlaf überragt von Wheeler's Opera House, das sich eine kulturbegeisterte Bevölkerung früh gegeben hatte. Wachgeküsst wurde Aspen nach dem Zweiten Weltkrieg: Deutsche und österreichische Emigranten hatten als Soldaten der 10. amerikanischen Gebirgsdivision, die in der Gegend stationiert war, geübten Blicks die phänomenale Qualität von Schnee und Abhängen erkannt und kehrten an diesen verwunschenen Ort zurück. In den fünfziger Jahren sprach man zumeist deutsch, alte Fotografien künden von einer bukolischen Idylle.

Doch die Faszination des Geistigen war geblieben, im Dornröschenschlaf wohlkonserviert. Die Vision einer Idylle, in der sich Natur, Kunst und Wissenschaft verbinden könnten, bewog den Chicagoer Industriellen Walter Paepcke, nachdem er 1946 die Aspen Skiing Company gegründet hatte, zu einem eher kuriosen Vorhaben: 1949 lud er zu einer 200-Jahr-Feier des Geburtstags Goethes [→ Weimar 2] in die Wildnis der Rocky Mountains ein, Eero Saarinen erbaute ein Festzelt, Jose Ortega y Gasset, Albert Schweitzer [→ Lambaréné 24] und viele andere traten die Reise – damals noch über unbefestigte Straßen und Pässe der Rocky Mountains – an. Das Aspen Institute und das Aspen Music Festival wurden geboren. Die viktorianischen Häuser aus der Bergbauzeit wiederbesiedelt. Der Wiederaufstieg begonnen, auf skifahrende Hippies folgten bald Millionäre und zuletzt Milliardäre.

Auch Physiker, vor allem solche, die sich in dem changierenden Klima von Naturverbundenheit und intellektuellem Anspruch wohlfühlten, entdeckten Aspen – und beschlossen, dort zu bleiben, zu einer Zeit, als Grund und Boden dort noch äußerst günstig zu erwerben waren. Doch dabei blieb es nicht: 1961 gründeten die Physiker George Stranahan, Michael Cohen und Bob Craig auf Grund und Boden des Aspen Institute das Aspen Center for Physics, großzügig gefördert unter anderem aus dem Privatvermögen von George Stranahan und dem Nobelpreis [→ Stockholm 6] von Hans Bethe, der, aus Deutschland vertrieben, in den USA seine neue Heimat gefunden hatte. Bis heute lebt das Aspen Center for Physics zu einem guten Teil von den wiederholten generösen Spenden seiner Freunde, von Physikern und Einwohnern Aspens zugleich.

Zum Inventar gehören: Ein baumbestandener Park zwischen Festzelt und viktorianischem Westend, neben den Villen der Stars und Superstars gelegen, mit drei niedrigen, langgestreckten Gebäuden in Bauhaustradition [→ Dessau 26]; im Park Holzbänke, Tische und Stühle. In den Gebäuden spartanische Büros, mit jeweils zwei, drei Tischen und Stühlen, auf jeden Fall aber mindestens einer Tafel. Ein Patio mit Sonnen- und Regensegel sowie einer großen Kreidetafel; verstreut die eine oder andere Kaffeemaschine, auch Kühlschränke, die jedoch abends zumeist leer sind. Denn hungrige Bären, die auch Türen öffnen können, sind in Sommernächten kein seltener Anblick, sie sollen nicht noch besonders angelockt werden.

Keine kilometerlangen Teilchenbeschleuniger [→ Cern 11], keine millionenschwere Experimente, keine hallenfüllenden Computercluster: und doch eines der großen Mekkas der Physik. Jeden Sommer, von Mitte Mai bis Mitte September, finden sich dort jeweils gleichzeitig 70 bis 80 Physiker aus aller Welt ein und bleiben etwa zwei bis vier Wochen. Die Zahl der Bewerbungen liegt um ein Vielfaches höher.

Organisiert wird (fast) nichts – keine »group meetings«, keine Definition von »workflows« und »milestones«, vielmehr eine Art wissenschaftlicher Sommerfrische. So sitzen sie dann beisammen, beim Sandwich, beim gemeinsamen Grillen (immer dienstags), auch beim gemeinsamen Kochen in Aspener Wohnungen und Häusern, die von den Besitzern im Sommer an die Physiker vermietet werden, bei erregten Diskussionen in den Büros oder spontanen Vorträgen auf dem Patio. Im Hintergrund hört man verwehte Musik von den Proben des Aspen Music Festival, denen sich der eine oder andere spontan zugesellt. Immer wieder setzen sich kleine Grüppchen ab, um gemeinsam die Viertausender zu besteigen, die Aspen umringen, oder um für eine Nacht an den höchstgelegenen heißen Quellen Nordamerikas auf über 3500 Meter Höhe zu zelten und Sternenhimmel und Sonnenaufgang im heiß sprudelnden Wasser zu erleben. »Activities outside the Center are encouraged«, so die offizielle Politik des Centers. Nichts ist besser geeignet, die segensreiche Wirkung des wissenschaftlichen Zufalls zur freien Entfaltung kommen zu lassen [→ Wolfgangsee 53].

Und das Wunder geschieht: Seit Jahrzehnten tragen viele wichtige Veröffentlichungen der theoretischen Physik im Anhang die Danksagung: »Special thanks go to the Aspen Center for Physics where this work was initiated.« So gelang es etwa im Sommer 1984 John Schwarz und Michael Green, bis dato unverstandene, abschreckende Anomalien in einer obskuren »String-Theorie« zu eliminieren – woran zuvor weltweit eine Handvoll Physiker gearbeitet hatte, versuchten sich binnen weniger Monate hunderte, wenn nicht tausende. Aspen wäre aber nicht Aspen, wenn die neuen Formeln der »ersten Superstring-Revolution« nicht bei einer Theateraufführung vorgestellt worden wären, bei der Schwarz einen Verrückten mimte, indem er die revolutionären Gedanken vortrug. In populärwissenschaftlicher Form sind diese Ideen mittlerweile in aller Welt auf den Bestsellerlisten angekommen.

Bei meinem ersten Aufenthalt in Aspen kam ich auch, wie wohl viele andere, in der festen Absicht, diverse unvollendete Projekte, die im universitären Alltag auf der Prioritätenliste immer weiter nach hinten gerutscht waren, endlich fertigzustellen. Was wäre das für eine Zeitverschwendung gewesen! Glücklicherweise habe ich sie schnell liegengelassen … Aber in Aspen kann man gar nicht anders, als im Gespräch mit herausragenden Physikern aus aller Welt, jeder mit seinem ganz eigenen Blickwinkel, aber ohne die Not des unmittelbar evaluierbaren Erfolges, schräge, unsinnige, falsche, aber eben dann und wann auch durchschlagend neue Gedanken

zu entwickeln, die einen über die eigenen Grenzen führen. Und kennt man den Stand der Forschung in den angrenzenden Gebieten nicht, in die man sich vorwitzig hineingewagt hat, so inkarniert sich dieser Stand der Forschung im Nachbarbüro oder im Nachbarzelt. Was man bei dieser Gelegenheit überhaupt erst mitbekommt.

Man kann eben, anders als so oft forschungspolitisch verordnet, neue und gute Ideen nicht erzwingen oder meinen, die in langwierigen Sitzungen imaginierten, genauer gesagt, oft geheuchelten gemeinsamen inter-, trans- oder sonst irgendwie disziplinären Forschungsinteressen, die sich einer tausend Randbedingungen unterworfenen Struktur anzuschmiegen haben, würden über den Tag der Begutachtung hinaus vorhalten und mehr als inkrementellen Fortschritt bringen [→ Bologna 10]. »Milestones« der wissenschaftlichen Erkenntnis lassen sich genau dann präzise angeben, wenn es eigentlich keine neue Erkenntnis mehr zu gewinnen gibt und Forschung zwar immer noch so komplex, aber auch ebenso freudlos wie das Ausfüllen der Steuererklärung ist. Die Muse küsst doch unerwartet, wann immer sie will, man muss es einfach auf sich zukommen und geschehen lassen. Aber ich wüsste keinen besseren Ort des Wartens als das Aspen Center for Physics.

■

Matterhorn

Vertikale Pilgerreise

1605 Meter über dem Meer. Meine Pilgerfahrt beginnt am Bahnhof von Zermatt. Menschenmassen drängen sich über den Bahnsteig. Schichtwechsel in einer Erlebnisfabrik, deren Produkte weltweit nachgefragt werden: Bergromantik, Erhabenheit, eine globale Marke, universell erkennbar, konsumierbar, käuflich.

Das Logo dieses Produkts hat einen hohen Wiedererkennungswert: das Matterhorn, ein steiler Zahn, der jäh in den Himmel ragt, der Inbegriff eines Berges, so schlicht und ergreifend, wie ihn ein Kind malen würde, egal ob in München, Moskau, Mumbai. Über 160 Berge weltweit werden »das Matterhorn von soundso« genannt. Auch Disneyworld hat ein Matterhorn. Doch hinter dieser Konsumkulisse spielten sich einst andere Dramen ab: ein technischer Wettlauf um einen Gipfel, eine Expedition zum Verständnis des Klimawandels und seiner Folgen. Und eine Pilgerreise zu einer postreligiösen Ethik.

1620 Meter über dem Meer. »Das Matterhorn! Für Unzählige ein Naturwunder, für viele ein Mythos, und für einige eine Herausforderung, einmal auf dem Berg der Berge zu stehen«. So wirbt das Alpincenter, eine Art Shoppingmall des Erlebnistourismus. Am Tresen kann man Abenteuer buchen. Die Broschüren sind mehrsprachig, die Preise pauschal inklusive Mehrwertsteuer. Die Gesamtkosten einer Matterhornbesteigung mit Bergführer, Bahnbillet und Halbpension auf der Hütte: 1370 Schweizer Franken. »Wird die Besteigung aufgrund mangelnder physischer Voraussetzungen des Gastes abgebrochen, entfällt das Recht auf eine Rückerstattung.«

Rund 3000 Bergsteiger drängen jedes Jahr auf den Gipfel des Matterhorns, insgesamt waren es bereits über 100.000. »Have you climbed the Matterhorn?«, fragt die Website www.matterhorn

climber.ch, und bietet Zugang zum »Matterhorn Climbers' Club«, inklusive einer Namensplakette am Matterhorn-Museum gegenüber des Bergsteiger-Friedhofs. Preis für den Zutritt zum Club der oberen Hunderttausend: 350 Schweizer Franken.

Ich schlendere weiter durch die Bahnhofstraße Richtung Berg. Plötzlich taucht er auf hinter einem Hausgiebel. Das Original. Der Berg thront über uns, scheinbar zum Greifen nah und doch unerreichbar, wild und entrückt. »Der Berg ruft«, heißt der bekannteste Film über das Horn. Doch was genau ruft er?

1622 Meter über dem Meer. Ich will da rauf, scheint der Blick zu sagen, und nichts wird mich aufhalten: Edward Whymper, der Erstbesteiger des Matterhorns. Eine Plakette verewigt ihn auf dem Hotel Monte Rosa, in dem er damals, im Jahr 1865, wohnte. Die Erstbesteigung gilt als Höhepunkt und Ende des »Goldenen Zeitalters« des Alpinismus. »Nothing can be more inaccessible than the Matterhorn«, schrieb Whymper. Und bewies das Gegenteil. Mind over matter.

Damals war Bergsteigen das elitäre Hobby einer kleinen Aristokratenkaste, die die Alpen als »Playground of Europe« auffassten, um das Pflichtprogramm der »Grand Tour« aufzulockern, der Bildungsreise durch Museen, Schlösser, Kirchen [→ Soane's Museum 54]. Sie reisten von Paris, dem Herzen der Aufklärung, über Genf, der Wiege des Calvinismus, nach Florenz, dem Inbegriff der Renaissance bis nach Rom, der Ewigen Stadt. Eine Zeitreise im Rückwärtsgang. Der Simplonpass markierte dabei eine symbolische Schwelle, hier mussten die Kutschen auseinandergenommen und getragen werden. Dann wurden sie neu zusammengefügt. Wie ihre Besitzer. Rites de Passage.

Nach und nach wurde dieses Schwellenerlebnis entschärft, die Grand Tour einfacher durch Brücken und Eisenbahnen. So gelangte auf halbem Weg zwischen Genf und Florenz die Arena von Zermatt in den Blick, eine Spielwiese mit rund 30 Viertausendern. Nachdem die Pässe gebändigt waren, fanden die Flaneure der Vertikalen am Matterhorn einen neuen Übergangsritus. Und damit auch eine Antwort auf einen uralten Einwand gegen die Bildungsreise. Schon Erasmus von Rotterdam hatte im 16. Jahrhundert gegen oberflächliche Pilgerreisen gewettert: »Um wieviel frömmer ist es demgegenüber, an sich selbst zu arbeiten.« Während sich die herkömmliche Bildungsreise vor allem an Kunst, Geschichte und Religion orientiert hatte, traten nun neue Dimensionen hinzu:

Willenskraft, Logik, Naturwissenschaft. Whymper arbeitete sich am Matterhorn eigentlich an sich selbst ab, an seiner körperlichen und geistigen Ertüchtigung. Und degradierte den Berg zum Sportgerät aus Stein.

Eigentlich wollte er Ingenieur werden, widerwillig übernahm er das Geschäft des Vaters. Mit der Erstbesteigung des Matterhorns wurde er weltberühmt. Er galt gar als »Robespierre der Bergsteigerei«, als der »avancierteste« Alpinist, der »am systematischsten« plante. Seine Berichte atmen den Geist der technischen Machbarkeit, Berge werden darin zu berechenbaren Hindernissen auf dem Weg nach oben. Seine Heldentaten vermarktete er in Büchern, die Bestseller wurden. Er machte aus dem Matterhorn eine Weltmarke, einen Sehnsuchtsort für Aufsteiger.

1642 Meter über dem Meer. Die Talstation der Seilbahn namens »Matterhorn-Express«, Förderleistung 370 Personen pro Stunde. Ich biege rechts ab auf den Wanderweg, ich will den Original-Spuren der Erstbesteiger folgen. Ihr Weg von damals ist zu einer Art modernem Kreuzweg ausgebaut, einem »theme path«: Breit und bequem geht es bergan. Statt Kruzifixen stehen Infotafeln am Wegesrand.

Die Erschließungsgeschichte beginnt 1855 mit technischen Utopien, so lese ich auf der ersten Tafel: Ein Ballon soll Touristen auf den Gipfel tragen, phantasierte ein Industrieller. Ein spiralförmiger Tunnel mit Ausgucklöchern, 22 Kilometer lang, soll von Pferdekutschen befahren werden, träumt ein Ingenieur. Eine Art Kletter-Dampflokomotive namens »Gemse II« war auch im Gespräch, und natürlich ein Gipfelrestaurant. Die touristische Utopie scheiterte nicht am Umweltschutz, sondern am Geld. Niemand wollte die Aktien der verstiegenen Gipfelbahnen zeichnen.

Auch Whymper scheute keinen technischen Aufwand. Um Erstbesteigungen zu erzwingen, entwickelte er mobile Mauerhaken zur Sicherung, neue Seiltechniken, ein spezielles Bergsteigerzelt. Sein Weg auf den Gipfel bleibt richtungweisend bis heute: Er rüstete nicht den Berg technisch auf, sondern den Bergsteiger. Er internalisierte die industrielle Revolution: Der Kletterer als Menschmaschine [→ Miraikan 30].

Die Outdoor-Industrie steht auf seinen Schultern, und ich mit ihr. In meinem Rucksack trage ich Material im Wert von einem Monatslohn mit mir herum. Seil, Helm, Pickel, Klemmkeile, Handy geben mir ein Gefühl der Unbesiegbarkeit. Hoch oben kreist ein Helikopter ums Horn.

2500 Meter über dem Meer. »Auf der schönen Ebene, wo sich heute der Theodulgletscher ausdehnt, stand in vordenklicher Zeit eine prächtige Stadt«, heißt es auf der Infotafel am Fitness-Kreuzweg. »Als ein Engel auf seiner Wanderung dort zum ersten Male vorbeikam, wollte ihn niemand aufnehmen. Sein Fluch hatte die Vergletscherung zur Folge. Oft sieht man in mondhellen Nächten die Seelen der untergegangenen Bewohner wie weisse Nebel über den Gletscher hinwegschweben. Manch ein Wanderer ist von ihnen schon irregeführt worden, sodass er auf den weiten Eisfeldern sein Grab fand.«

»Ach deswegen!«, lacht ein schlohweißer Herr von über siebzig Jahren, und beugt sich über die zweisprachige Tafel: »I like that theory!« Mister Tannert kommt aus Lincoln bei Boston. Vor 30 Jahren bestieg er das Matterhorn. Wir witzeln über den naiven Volksglauben und fachsimpeln über die Bergtour, stolz im Bewusstsein unseres gemeinsamen Alpinistenadels, der nicht auf Herkunft setzt, sondern auf Logik, Mut und Leistung. Ich darf ihn Herman nennen. Wir glauben zu wissen, wie Gletscher entstehen, wie das Klima funktioniert, wir haben keine Angst, schon gar nicht vor verfluchten Seelen.

Dass wir so reden, verdanken wir dem zweiten Pionier des Matterhorns. Der Selbstvermarkter Whymper ist vielen bekannt. Tyndall dagegen, seinen größten Konkurrenten, kennt kaum jemand.

Der irische Physiker und Philosoph war nicht nur einer der besten Bergsteiger seiner Zeit, sondern auch einer der Väter der Klimaforschung. Wenn Whymper als Robespierre des Alpinismus gilt, könnte Tyndall sein Rousseau sein. Drei Jahre vor Whymper schon

schaffte er es fast bis oben, auf einen Fels knapp unter dem Gipfel, ein Felssporn, der heute Pic Tyndall heißt.

Er beschrieb das Fließen der Gletscher, damals ein schwer verständliches Paradox: Wie können sich starre Kristalle bewegen? Er promovierte als erster Brite in Deutschland, verschlang die Gedichte Goethes [→ Weimar 2], war an der Gründung der Wissenschaftszeitschrift »Nature« im Jahr 1869 beteiligt [→ Nature 42]. Sogar das Blau des Himmels ist nach ihm benannt: Der sogenannte Tyndall-Effekt erklärt die Lichtbrechung in der Atmosphäre.

Vor allem aber beschrieb er als erster den heute sogenannten Treibhauseffekt: Unsichtbare Gase wie Wasserdampf und Kohlendioxid seien für Wärmestrahlung undurchlässig »wie ein Staudamm«. Heute ist das Tyndall Center for Climate Change Research an der East Anglia University in Norwich nach ihm benannt. Tyndalls Befürchtung damals galt allerdings nicht einer Erwärmung des Planeten, sondern einer neuen Eiszeit. Die Website des Tyndall Centre zitiert Tyndalls Ängste: »Dieser feuchte Dampf ist für das pflanzliche Leben in England notwendiger als es Kleidung für den

Menschen ist. Wenn man auch nur eine Sommernacht lang den Wasserdampf aus der Luft entfernt, der dies Land bedeckt, so würde man sicherlich jede frostempfindliche Pflanze zerstören. Die Wärme unserer Felder und Gärten würde sich unerwidert ins All ergießen, und die Sonne würde aufgehen über einer Insel, die fest im eisernen Griff des Eises ist.« Diese Angst vor einer neuen Eiszeit, vor einer Schneeball-Erde, ausgelöst durch Dürren und einen Mangel an schützendem Wasserdampf, dominierte über ein Jahrhundert lang den Klimadiskurs. Noch 1974 titelte das amerikanische Nachrichtenmagazin »Time«: »Eine neue Eiszeit?«

Auf den zweiten Blick liegen die Legende von der vereisten Stadt und die Einsicht des Klimaforschers gar nicht so weit auseinander. Vielleicht geht die Legende sogar auf die Erfahrungen der sogenannten Kleinen Eiszeiten zurück, als sich die Alpengletscher um 1600 und um 1700 herum bis tief in die Täler schoben.

Vor allem aber sorgte sich Tyndall um einen Temperatursturz im geistigen Klima in Zeiten des Materialismus. Was, wenn die wärmende Decke der Theologie weggezogen wird – kühlt dann die Menschheit moralisch aus? Dieser Frage gilt seine Expedition in die eisigen Höhen des Matterhorns: »Sobald sich ein Gleichgewicht in Sachen Temperatur einstellt, haben wir nicht Frieden – sondern Tod.«

Es ist nicht ohne Ironie, dass 150 Jahre später gerade die globale Erwärmung das Ringen um eine globale Klima-Ethik befeuert.

Tyndalls Antwort damals war gleichzeitig physiologisch und metaphysisch. Wer friert, braucht Bewegung: »Im Sauerstoff der Berge liegt Moral«, schreibt er, »Geist und Materie sind verbunden. Die Alpen verbessern uns total, und wir kehren von ihren Hängen stärker zurück, aber auch weiser.« Whympers Route führte über den Nordgrat, Tyndalls über den Südgrat. Eigentlich wollte ich den Berg auf dieser Route besteigen. Doch ein Bergsturz hat sie für mich unbegehbar gemacht, weil das Gipfeleis schmilzt – eine Folge eines Klimawandels, den Tyndall so nicht erwartet hätte.

2563 Meter über dem Meer. »Maria zum Schnee« heißt die geduckte Kapelle am Ufer des Schwarzsees. Hier endet die Seilbahn an der Nordflanke des Matterhorns. Doch der Gipfel ist unsichtbar, verdeckt durch einen Schuttkegel. Stattdessen spiegelt sich das Gletschermassiv des Monte Rosa im Wasser. Die Lage der Kapelle belegt: Das Matterhorn ist eine Entdeckung der Moderne. Früher sah man es nicht, selbst als der Alpentourismus längst in vollem Gange war, tauchte es auf der Liste der Sehenswürdigkeiten nicht auf, die besten Landschaftsmaler ihrer Zeit ignorierten es zugunsten des Monte Rosa: ein bräsig hingeflatschter Gletscherriese. Er steht für Autorität. Das Matterhorn dagegen für Ambition und Aufstieg.

Olymp, Kailash, Golgatha: Jahrtausende lang galten Berge als Sitz der Götter und Geister. Mit der Moderne entbrannte um ihre Gipfel ein Stellvertreterkrieg. Jean-Jacques Rousseau schrieb, dass man »auf hohen Bergen, wo die Luft dünn ist, sich körperlich leichter und geistig heiterer fühlt.« Britische Himmelsstürmer eroberten das Reich der Transzendenz ganz wörtlich: durch physische Grenzüberschreitung. Berge galten ihnen als »Sermons in stone«, Predigten aus Stein. »Das Matterhorn war unser Tempel«, schrieb Tyndall: »Wir näherten uns ihm so wie einem Schrein.« Beim Aufstieg rührte der fromme Materialist kein Essen an, »im Geiste von Fasten und Gebet.« Um die Spitze des Tempels knattert gerade wieder ein Hubschrauber.

Die Marienkapelle. Auch Whymper machte hier Rast bei seiner

Erstbesteigung: Er lagerte vor dem Altar seine Ausrüstung, 200 Meter Seil, Zelt, Mauerhaken, ein kleines Vermögen. Er wusste, dass Langfinger sich scheuen würden, unter den Augen der Heiligen Maria zum Schnee zu sündigen. Ein Ort der Andacht als Materiallager der Materialisten.

3260 Meter über dem Meer. Die Hörnlihütte ist Bühne und Zuschauerraum zugleich, hier scheiden sich Wanderer von Bergsteigern, Fußvolk von Seilschaft. Die Schaulustigen sitzen auf der Terrasse bei Rivella und Kuchen und spähen mit Ferngläsern hinauf zu Tyndalls Tempel. »Nicht jeder kommt aufs Matterhorn, trotz guter Ausrüstung«, warnt ein Zeitungsartikel hinter Glas in der Gaststube. Ich genieße es, wenn Touristen davor stehen bleiben, um zu lesen.

Dann kehrt Ruhe ein, die Tageswanderer sind weg, um die letzte Bahn ins Tal nicht zu verpassen. Rollenwechsel: Nun bin ich selbst wieder zum Tourist degradiert, ein zahlender Kunde der Erlebnisökonomie, der mit etwa hundert anderen im Gastraum auf das Essen wartet, während der Orden der Bergführer, braungebrannt und verwegen, an ihrem Führertisch direkt neben der Küche speist. Ich treffe meinen Führer Max, mit dem ich schon einmal unterwegs war. Ich bin nervös wie vor einer Prüfung.

Das Matterhorn ist großes Theater, eine moderne Inszenierung. Das Abenteurerkostüm aus Goretex, Helm und Eispickel erlaubt mir eine kleine Heldenrolle darin. Das sahen schon die Pioniere so. Whymper durchschaute früh, dass der Berg von Zermatt aus fast senkrecht erscheint, während er aus der Nähe eine eher sanfte Neigung von vierzig Grad aufweist, gestuft wie eine »natürliche Treppe«. Die Wirkung des Matterhorns beruht auf einem Trick, den auch Bühnenbildner verwenden.

Ich krame Whympers Bestseller »Scrambles Amongst the Alps« aus dem Rucksack. Seitenlang erläutert der Erstbesteiger die optische Täuschung des Scheinriesen. Seine Heldengeschichte handelt vor allem vom Sieg der Vernunft über den Aberglauben. Immer wieder erzählt er von der Angst der italienischen Bergführer, die sich fürchten vor Steinschlag und bösen Geistern und ihn anflehen: »Alles außer das Matterhorn, dear Sir.« Whymper beschreibt den Berg als Kulisse, Tyndall dagegen das geistige Drama, das sich hier im Ringen um eine postreligiöse Ethik abspielt. Um zehn Uhr abends verkrieche ich mich unter die Wolldecke im engen Matratzenlager. Ein Schnarchkonzert setzt ein.

Vier Uhr, Aufstehen. Anziehen im Schein der Stirnlampe, Brot und Tee herunterwürgen. Die Nachtluft kalt wie im Winter. Der Berg ein schwarzer Schatten, drohend, kompakt, fast senkrecht. Nur eine optische Täuschung? Mein Mund ist trocken. Max geht vor zum Einstieg. Wie eine Prozession aus Glühwürmchen schlängeln sich über hundert Lichter Richtung Berg.

3290 Meter über dem Meer. Eine Felswand taucht aus dem Dunkel auf. Ein Licht nach dem anderen ruckelt empor an einem Seil, mehr kann man nicht erkennen. Rechts und links Gedenktafeln mit den Namen von toten Bergsteigern, Gebete, Psalmen, Warnungen. Rites de Passage. Eine Warteschlange hat sich gebildet, die Bergaspiranten stehen geduldig wie vor einem angesagten Nachtclub, eine Prozession mit Lampen am Helm – die Geschichte der Aufklärung, der Lumières, wiederholt sich als Farce [→ Panthéon 67].

3400 Meter über dem Meer. Im Dunkeln durch die Ostwand, vorbei an der ersten steilen Geröllrinne, an der zweiten. Max hält mich am »kurzen Seil«, sollte ich straucheln, fängt er mich auf. Ein Tritt, ein Griff, ein Schritt, ein Karabiner. Stemmen, Schwitzen, Schnaufen, mein Körper übernimmt, der Kopf wird frei und leer. Tiefsinn und Stumpfsinn verschmelzen, Körper und Geist.

3800 Meter über dem Meer, aus schwarz wird grau, die Welt wird blass, dann blau: der Tyndall-Effekt. Ich knipse die Stirnlampe aus, die Felsen hoch droben erstrahlen wie die Spitze einer Pyramide, dann ist die Sonne da. Wir ziehen die Jacken aus. Bedrohliche Felstürme werden entzaubert zu gneisigem Schutt.

4300 Meter über dem Meer. Der Gipfelaufbau, ein Eisfeld. Wir ruckeln die Steigeisen unter die Stiefel, greifen die Pickel.

Die Schlüsselstelle. Hier kommt es bei der Erstbesteigung 1865 zur Tragödie. Auf Hybris und Gipfelsieg folgt Absturz und Katastrophe. Auf dem Abstieg gleitet einer der Bergsteiger aus, das Seil reißt die Kameraden mit, vier von ihnen rutschen auf den Abgrund zu. Whymper und drei Begleiter stemmen sich ins Seil, wollen die anderen halten, da reißt ihr Strick, die vier verschwinden über die Kante im Nichts. 2000 Meter tiefer wird man drei zerschmetterte Körper bergen, ein vierter bleibt verschollen, bis heute. Whymper findet sich damit ab. Als der fromme Materialist Tyndall aber davon hört, reist er sofort nach Zermatt, kauft über tausend Meter Seil. Er will sich vom Gipfel abseilen, um den Vermissten zu bergen, eine einzigartig ambitionierte Rettungsaktion. Das stürmische Wetter macht einen Strich durch seine mitfühlende Rechnung.

Ein eisiger Wind weht mir ins Gesicht aus der Nordwand herauf vom Furggletscher, tief unten, als sähe ich ihn aus einem Flugzeugfenster.

Whympers gerissenes Seil spaltete die Gesellschaft in Macher und Mahner. Genüsslich breiteten Zeitungen in aller Welt die Tragödie aus, Queen Victoria erwog, das Bergsteigen zu verbieten. Whymper hatte die technische Machbarkeit bewiesen, die Mythen enthüllt, den Wettlauf gewonnen. Aber er kehrte als Geschlagener zurück. Er hatte den Gipfel kartiert, den Aberglauben verjagt. Und stand für einen ethisch-moralischen Temperatursturz. Um seinen Aufstieg und Fall wucherten hässliche Gerüchte. Hatte er das Seil absichtlich durchtrennt? So wurde die Geisterseherei ersetzt durch einen modernen Topos: das menschliche Versagen. Die individuelle Freiheit, die Rousseau besingt, hat ihren Preis. Über 500 Menschen sind seitdem am Matterhorn umgekommen, die meisten beim Abstieg. Wer hochschaut ist oft konzentrierter, beim Abstieg droht Unachtsamkeit und Schwindel.

Sind meine Steigeisen auch wirklich ganz fest gezurrt? Geistig heiter und körperlich leichter, wie Rousseau meinte? Ich bin aufgekratzt, muss aber gähnen. Sauerstoffmangel.

4478 Meter über dem Meer. Der Firn knirscht unter den Eisen, ich japse, die letzten Meter bis zum Gipfel, dann sind wir oben, fast dreitausend Meter unter uns Zermatt zur Linken, Italien zur Rechten, und über uns nur noch der tyndallblaue Himmel und das All.

Mit Whympers Gipfelsieg und Todessturz galt das »Goldene Zeitalter des Alpinismus« als beendet. »Aus den Kathedralen der Erde habt ihr Rennbahnen gemacht«, wetterte der Romantiker John Ruskin. Doch er unterschätzte die Einheit von Entzauberung und Verzauberung: Geist und Materie sind verbunden. Drei Jahre später gelang Tyndall die erste Überschreitung von Süden nach Norden, vom katholischen Italien in Richtung Zermatt, damals fest in britischer Hand, der Aufklärung als Naturverklärung.

Whymper hatte am Gipfel gejohlt und Steinbrocken nach Italien hinabgestürzt, wo er seine geschlagenen Konkurrenten sah. Tyndall dagegen wurde am Ziel seines Fastens und Betens plötzlich bedrückt. »Der Anblick der oberen Felsen machte mich traurig, so geschunden und zerhackt vom Zahn der Zeit«, schreibt er. Sein Tempel – eine Ruine. Der Klimaforscher meditiert über die Trümmer seines Schreins. »Es liegt etwas Kaltes in der Betrachtung« der

Erosion, schreibt er, »deren Zerstörung durch die Zeitalter selbst das Matterhorn hinabzieht.« Was, wenn auch der menschliche Geist einst so exponiert und einsam dastünde, ungeschützt durch die wärmende Decke, den Dunst des Glaubens? Käme das einer seelischen Eiszeit gleich, der Erosion aller Werte? Seine Gedanken schweifen weiter zum Anbeginn der Erde, als der Berg noch in der Blüte seiner Jugend stand, und weiter »über geschmolzene Welten hin zu dem nebligen Dunst«, aus dem alle Materie stammt. Sternenstaub, der himmlische Ursprung der Materie: »War in diesem formlosen Nebel bereits die Traurigkeit angelegt, mit der ich das Matterhorn sah?«

Ich fröstele. Auf der italienischen Seite ein Gipfelkreuz, dekoriert mit buddhistischen Gebetsfahnen, ein neobarockes Überangebot des Glaubens. Hier auf der Schweizer Seite dagegen gibt es nur eine Schneewächte, weiß und unberührt und trügerisch. Unter ihr lauert das Nichts. Betreten auf eigene Gefahr.

Eine Dreierseilschaft stapft zu uns herauf. Der erste fängt an zu fotografieren. Der zweite isst einen Schokoriegel. Der dritte sinkt auf die Knie, reißt sich den Helm vom Kopf, fängt an zu schluchzen, und begräbt sein Gesicht im Schnee wie in einem Schweißtuch. Wir stehen betreten und berührt. Angekommen auf einem Gipfel der Moderne.

AUTOR Guido Komatsu

57

ORT Augsburg

BÜHNE Fuggerei

SZENE Gewerbe

Fuggerstadt Augsburg

Geld und Glaube

Die Fuggerei ist die älteste Sozialsiedlung der Welt – die von einem der ersten Kapitalisten errichtet wurde. Eine kleine Siedlung, in sich abgeschlossen, ein Mikrokosmos mit Wohnungen, einer Kirche, zwei Toren, die nachts verschlossen werden: eine frühneuzeitliche Idealstadt [→ Brasília 20]. Ein Mekka der sozialen Verantwortung, des christlichen Kapitalismus mit Herz und Hand. Die Siedlung erzählt eine Geschichte. Je nachdem, wer sie liest, verläuft sie anders. Zunächst einmal kreist sie um 100 bescheidene Wohnungen, jeweils 60 Quadratmeter klein. Touristen aus aller Welt gehen andächtig durch die Gassen. Sie haben jeweils zwei Euro Eintritt gezahlt. Das ist mehr als doppelt so viel wie die monatliche Miete, welche die Bewohner heute entrichten: 88 Eurocent Kaltmiete. Für Strom und Nebenkosten zahlen sie extra. Außerdem müssen sie katholisch sein und täglich für den Stifter der Privatsiedlung und dessen Familie beten.

Jakob Fugger der Reiche ließ die Fuggerei zwischen 1514 und 1523 für verarmte Bürger errichten. Am Zusammenfluss von Lech und Wertach, noch in Sichtweite der Alpen, hatten einst die Römer zu Zeiten des Kaiser Augustus ein Militärlager errichtet, aus dem die römische Stadt Augusta Vindelicum hervorgegangen war, die spätere Hauptstadt der Provinz Raetien. Aber während von der römischen Geschichte im Stadtbild Augsburgs so gut wie nichts mehr sichtbar ist, sind die architektonischen Zeugen der anderen glänzenden Epoche Augsburgs noch heute sehr präsent. In der Maximilianstraße lässt sich die wuchtige Renaissancearchitektur der Stadtresidenz der Fugger bewundern. Aber weder römische Spuren noch Residenz, sondern ausgerechnet die Sozialsiedlung gilt heute als Hauptattraktion, was vielleicht auch etwas aussagt über die Gegenwart: Nicht die Paläste erscheinen interessant, sondern die Hütten.

Die Fuggerei ist mit Liebe zum Detail geplant. An der Kirche wirkten die besten Künstler der damaligen Gegenwart mit, auch Albrecht Dürer hat ein Bild gemalt. Die »Fuckerey«, wie sie damals hieß, ist mehr als nur eine Siedlung. Sie ist ein Programm, ein gebautes Manifest [→ Strasbourg 36]. Nur »würdige Arme« durften einziehen, keine Tagelöhner und Nichtsnutze. Gleich am Eingang werden Besucher und Bewohner an eine ehrwürdige Kaufmannsdevise gemahnt: Eine Sonnenuhr trägt den Spruch »Nütze die Zeit«. Ein trügerisch einfacher Wahlspruch. Doch was genau bedeutet er? Hier geht die Geschichtsschreibung auseinander. Die Fuggerei ist kontrovers bis heute, 500 Jahre Historiografie lassen sich hier durchwandern wie in einem Buch aus Stein. »Nütze die Zeit«. Für die einen ist dies die Aufforderung, rechtschaffen und fleißig zu sein. Tugend zahlt sich aus. Wer hart arbeitet, darf auch gut verdienen. Doch die Sonnenuhr erzählt auch eine andere Geschichte – gegenläufig, subversiv zur vorherrschenden Meinung. »Nütze die Zeit«. Das kann auch bedeuteten: Schwimme mit dem Strom. Gehe mit der Mode. Wirf dich an die vorherrschenden Mächte heran,

drehe dein Fähnchen nach dem Wind. »Kauf dir einen Kaiser« heißt ein Bestseller, eine Abrechnung mit den Fuggern und dem Monopolkapitalismus.

Kurz nachdem die Fuggerei im frühen 16. Jahrhundert entstand, wurden 1530 in Augsburg die bis heute gültigen Grundlehren und Glaubenssätze der entstehenden evangelischen Kirche von Philipp Melanchthon formuliert: die »Confessio Augustana«. 1555 kam es mit dem Augsburger Religionsfrieden zur Anerkennung der Protestanten auf Reichsebene. Diese beiden Grundereignisse der Reformationsgeschichte spielten sich im Rahmen von Reichstagen ab, die in der Reichsstadt Augsburg abgehalten wurden. Augsburg ist daher nicht nur ein Erinnerungsort der Fugger, sondern auch der Reformation. Dass diese Erinnerungsorte teilweise identisch sind, zeigt die Stadtresidenz der Fugger am Weinmarkt, der heutigen Maximilianstraße. Jakob Fugger ließ sie zwischen 1512 und 1517 errichten. Heute befindet sich in dem Gebäudekomplex die Fürst Fugger Privatbank. 1518 wurde hier Martin Luther vom Kardinallegaten Cajetan verhört. In dieser Fugger-Residenz bezog Karl V. stets sein Quartier, wenn er in Augsburg weilte, in ihr saß er Tizian Portrait. Zu dieser Zeit, der ersten Hälfte des 16. Jahrhunderts, befanden sich die Fugger und die Stadt Augsburg auf dem Höhepunkt ihrer ökonomischen und politischen Macht.

Seit dem Spätmittelalter bildeten die Textilindustrie sowie die Metallverarbeitung Augsburgs industrielles Rückgrat. Ferner spielte der Fernhandel eine zentrale Rolle für den ökonomischen Erfolg. Politisch war die Stadt durch ihre Stellung im Schwäbischen Bund (1488–1534) einflussreich, der als Landfriedensbund den Handel in Oberdeutschland und damit die ökonomische Basis Augsburgs sicherte. Gemeinsam mit Nürnberg bestimmte Augsburg zudem maßgeblich die Politik der Städtekurie auf den Reichstagen. Die Fugger nahmen hingegen weder großen Einfluss auf die politische Willensbildung der Reichsstadt, noch hatten sie Ämter im Schwäbischen Bund inne; hier waren andere Augsburger Familien präsenter. Die politische und ökonomische Macht Augsburgs lässt sich daher nicht allein auf die Fugger reduzieren.

Die Fugger, genauer: die Fugger von der Lilie, agierten in einer anderen politischen Sphäre. Sie finanzierten mit ihren Krediten maßgeblich die habsburgische Politik von Ungarn bis Spanien. Herausragendes Beispiel bildet hierbei die Zahlung von 852.000 Gulden, die im Zuge der Kaiserwahl Karls V. für Lobbyarbeit bei den

Kurfürsten und für die Begleichung alter Schulden Kaiser Maximilians aufgebracht werden mussten. Diese enorme Summe organisierte Jakob Fugger den Habsburgern, 544.000 Gulden steuerten die Fugger selbst bei. Die politischen Finanzgeschäfte mit den Habsburgern begannen im Jahr 1473, als Ulrich Fugger Kaiser Friedrich III. Kredit gewährte und auf dessen Rückzahlung verzichtete. In der Folgezeit beschafften die Fugger den Habsburgern immer größere Geldsummen und erhielten immer weitere Sicherheiten in Form von Berg- und Schürfrechten, Grundherrschaften sowie Handelsprivilegien. Bald beherrschten die Fugger die Produktion von und den Handel mit Silber, Kupfer und Quecksilber in Europa. Dies gelang, weil die Fugger sowohl den enormen Kapitaleinsatz aufbringen konnten, der nötig war, um Bergwerke und Verhüttungsbetriebe zu errichten, als auch über die organisatorischen und technischen Kenntnisse verfügten, um die Bergwerke und Hütten profitabel betreiben zu können. Da die Fugger das von ihnen produzierte Metall selbst weiterverarbeiteten und vertrieben, also die gesamte Wertschöpfungskette abdeckten, waren ihre Gewinne immens. Diese konnten sie noch dadurch maximieren, dass sie Münzstätten einrichteten. Die Münzen wiederum bildeten die Grundlage des Fuggerschen Banken- und Kreditgeschäftes. Für die tausende von Bergleuten, die in den Fuggerschen Bergwerken und Verhüttungsbetrieben arbeiteten, war das Leben hingegen so unsicher und hart wie für das Industrieproletariat des 19. Jahrhunderts.

Die Fugger aber wurden die erfolgreichsten Vertreter des deutschen Frühkapitalismus. Ihre Handelsgesellschaft übernahm die Metallgewinnung und -verarbeitung in eigene Regie, um dann im Geldhandel aktiv zu werden und Bankgeschäfte anbieten zu können. So führte die Fuggerbank Einlagenkonten für ihre Kreditkunden, zu denen neben den Habsburgern auch der hohe Klerus bis hin zum Papst zählte. Die Fugger trugen außerdem maßgeblich dazu bei, den Geld- und Kreditverkehr durch Kreditbriefe und Wechsel zu flexibilisieren, die ihrerseits handelbar wurden. Der Niedergang des Bank- und Handelshauses begann, als die wichtigsten Kreditnehmer wie die Habsburger nach den Staatsbankrotten in der Mitte des 16. Jahrhunderts Zins und Tilgung nicht mehr leisten konnten. Mit dem Dreißigjährigen Krieg wurden die Geschäfte dann endgültig eingestellt. Den verbliebenen Reichtum nutzten die Fugger, um eine adelige Lebensform auf dem Lande zu etablieren. Und auch hier waren sie sehr erfolgreich: 1582/83 wurden sie in den Reichsstand, 1803 sogar in den Fürstenstand erhoben, während einzelne Familienmitglieder adelige Karrieren in der Kirche und im Hof- oder Militärdienst einschlugen.

In der heutigen Fuggerstadt gibt es wieder eine Fuggerbank, deren Hauptsitz jene alte Residenz ist, in der Karl V. abzusteigen pflegte. Das moderne Bankgeschäft begann 1954, seit 1999 gehört die Fürst Fugger Privatbank zur Nürnberger Versicherungsgruppe. Ohne Unterbrechung und Eigentümerwechsel existiert hingegen die Fuggerei am Jakobsplatz.

Aber diese kulturellen Monumente sind es nicht allein, die die Verankerung der Fugger im kollektiven Gedächtnis der Stadt und der Zeitgenossen zu erklären vermögen. Sicherlich ist die Augsburger Finanzdynastie im Laufe des politischen und wirtschaftlichen Bedeutungsverlustes der Stadt zum Synonym der goldenen Vergangenheit und zum wichtigen Bestandteil des Selbstbildes der Stadt geworden. Neben der Sehnsucht der Stadt, an den alten reichsstädtischen Glanz der Renaissance wieder anzuknüpfen, deren Symbol die Fugger sind, mag auch die Erinnerungspolitik der Fugger eine wesentliche Rolle spielen.

Die Fugger selbst beginnen bereits im 16. Jahrhundert mit dem »Geheimen Ehrenbuch« und der »Fuggerchronik« ihre Familiengeschichte in Auftrag zu geben, um den rasanten Aufstieg ihrer Familie zu erklären, und benutzen dabei die ärmere Verwandtschaft, die Fugger vom Reh, als negative Folie.

Der Startschuss für die moderne wissenschaftliche Erforschung der Geschichte der Fugger erfolgte 1877 mit der Gründung des Fürstlich und Gräflich Fuggerschen Familien- und Stiftungsarchivs. Seit 1902 existiert ein wissenschaftlicher Leiter, seit 1949 wird ein hauptamtlicher Archivar durch die Familie Fugger finanziert. Die Forschungsergebnisse werden seit 1907 in einer eigenen Schriftenreihe, den »Studien zur Fuggergeschichte« publiziert. Damit tragen die Fugger maßgeblich zur wissenschaftlichen Aufarbeitung der eigenen Familiengeschichte bei.

Erster Herausgeber der »Studien zur Fuggergeschichte« war der Münchener Wirtschaftshistoriker Jakob Strieder. Er untersuchte primär die Wirtschaftsgeschichte Augsburgs und Oberdeutschlands; daher war auch sein Zugang zur Geschichte der Fugger wirtschaftshistorisch orientiert. In seiner Studie »Zur Genesis des modernen Kapitalismus. Forschungen zur Entstehung der großen bürgerlichen Kapitalvermögen am Ausgange des Mittelalters und zu Beginn der Neuzeit, zunächst in Augsburg« von 1903 setzte sich Strieder kritisch mit Werner Sombarts im Jahr zuvor erschienenen Werk »Der moderne Kapitalismus« auseinander. Aber sowohl für Strieder als auch für Sombart verkörperte Jakob Fugger den Prototyp des modernen Unternehmers, der vom kapitalistischen Geist durchdrungen ist. Dieser Deutung schließt sich auch Götz von Pölnitz, langjähriger Leiter des Fuggerschen Familienarchivs, an, der in Jakob Fugger einen rationalen, kühl kalkulierenden Unternehmer sieht, geschult an dem Vorbild italienischer Kaufleute. Allerdings erweitert Pölnitz in seiner monumentalen, zwischen 1949 und 1951 veröffentlichten und bis heute maßgeblichen Biografie »Jakob Fugger. Kaiser, Kirche und Kapital in der oberdeutschen Renaissance« die enge wirtschaftshistorische Perspektive durch eine umfassende Einbeziehung der politischen und der Kulturgeschichte.

Für Strieder, Sombart und Pölnitz war Jakob Fugger sicherlich der Idealtypus eines Frühkapitalisten. Von dieser Deutung ist der gedankliche Schritt zu Max Weber nicht weit, obgleich weder Jakob Fugger noch seine Familie Protestanten geworden sind. Sie blieben auf Seiten der Habsburger altgläubig. Als katholische Frühkapitalisten, denen innerweltliche Askese nicht fremd war, passten die Fugger allerdings bestens in das konfessionell gemischte Augsburg. In dem Erinnerungsort der Reformation blieb nämlich ein Teil der Bürgerschaft katholisch und der größere Teil wurde evangelisch. Zudem blieb Augsburg Bistum und zugleich Reichsstadt. Grundlage des bi-konfessionellen Zusammenlebens in der Stadt wie im Reich bildete der Augsburger Religionsfrieden von 1555, der das friedliche und ruhige Nebeneinander der Konfessionen vorschrieb. Der Augsburger Religionsfrieden bedeutet die Verrechtlichung des Glaubensstreits. Nicht die religiöse Wahrheit soll entschieden, sondern die Ausübung einer anderen Glaubensrichtung im Reich zugelassen werden. Nach den Schrecken des Dreißigjährigen Krieges wird man in Augsburg wie im Reich zu dieser Form der Befriedung zurückkehren. Bestätigt wird die Bi-Konfessionalität der Reichsstadt 1648, im Westfälischen Frieden.

Zu einem Erinnerungsort der Moderne wird Augsburg also nicht nur durch die für die damaligen Verhältnisse unerhört neuen kapitalistischen Methoden (Monopolbildung, Abdeckung der kompletten Wertschöpfungskette) sowie das unternehmerische Selbst-

verständnis eines Jakob Fugger, sondern auch durch das Augsburgische Bekenntnis und den Religionsfrieden. Medienpolitisch avantgardistisch ist aber insbesondere die Erinnerungspolitik der Fugger, die im 19. Jahrhundert mit der Einrichtung, Öffnung und Finanzierung des Familienarchivs die wissenschaftliche Erschließung der Familiengeschichte ermöglichten. Dadurch wird die Geschichte der Fugger erforscht, geschrieben und popularisiert, aber auch im öffentlichen Bewusstsein verankert. Man kann das in gewisser Weise als moderne Fortsetzung spätmittelalterlicher und damit altgläubiger Memorialkultur interpretieren.

Stein gewordenes Zeugnis dieser Memorialkultur ist die Fuggerei, die Jakob Fugger für verarmte Bürger errichten ließ und deren Bewohner ihn und seine Familie noch heute, fast 500 Jahre später, in ihre Fürbitten und Gebete aufnehmen.

Die Fuggerei ist somit auch ein Lehrstück über Medienwirkung und Storytelling. Die Fuggerei ist eine steingewordene Werbebroschüre der Corporate Responsibility, wie man es heute nennen würde. Die Fugger verfügten nicht nur über eines der besten Kommunikationsnetze der damaligen Zeit, über die avancierteste Buchführung und über ein elaboriertes Archivwesen [→ Vatikan 63].
Die Geldströme der Fugger kamen und gingen, für die Zeitgenossen unsichtbar und kaum fasslich, schwarze Zeichen auf Papier. Die Fuggerei aber blieb, ein steinernes Monument und zugleich eine geringe Investition verglichen mit der Fuggerschen Wirtschaftskraft. Zugleich aber eine überaus vorausschauende Investition, die sich noch heute auszahlt. Jedenfalls verstanden es die altgläubigen Fugger bestens, die Früchte ihrer Monopole als sozial wertvoll zu etablieren und zu überliefern. Wieviel davon der religiösen Überzeugung geschuldet ist und wieviel dem Kalkül auf öffentliches Prestige, muss wohl jeder Besucher der Fuggerei für sich selbst entscheiden; stehend vor der Sonnenuhr: »Nütze die Zeit«.

Straße der Vulkane, Ecuador

Humboldt vermisst die Anden

Der Parforceritt von der Tundra in die Tropen dauert nicht länger als eine Stunde. Er beginnt 4200 Meter über dem Meer auf einem Trümmerfeld der Erdgeschichte, hinterlassen von den Vulkanen des Nationalparks Cajas in den ecuadorianischen Anden. Die gewalttätigen Berge haben sich so gründlich selbst in die Luft gesprengt, dass kein Gipfel und kein Grat, sondern nur noch eine hügelige Landschaft aus fragmentierten Felsen übrig geblieben ist, übergossen von einer pechschwarzen Lavaschicht voller Hochlandrosen und Enzian, als hätten die Vulkane ihr Zerstörungswerk schamvoll bedecken wollen.

Es ist eine totenstille, regungslose Welt jenseits der Wolken, in die sich immer mehr Leben schleicht, je steiler die Straße die Bergflanken in Richtung Pazifik hinunterstürzt. Das Blassgrün des struppigen Gräserpelzes weicht kräftigeren Farben und einfallsreicheren Pflanzen. Bald säumen die ersten Bromelien und Farne den Weg, und nach einer Serpentine öffnet sich unvermittelt der Blick auf eine gleißende Wolkendecke tief unten, unter der das Tiefland liegt. Dann taucht man in das Dickicht ein, in den gespensterhaften Nebelwald, erkennt schemenhaft Palmen, Lianen und Orchideen, bis plötzlich der Nebel aufreißt und der berauschende Moment gekommen ist, in dem der Körper mit jeder Pore spürt, dass jetzt, nach 60 Kilometern und 4000 Höhenmetern, die Tropen erreicht sind. Die Luft ist nicht mehr kalt, klar und knapp wie noch oben, sondern schwül, süß und schwer, voller Insekten und Stimmen, voller Salsa und einer ganz anderen Trägheit als der manchmal bestürzenden Melancholie der Anden. Dann schaut man ein letztes Mal zurück, hinauf zu den himmelhohen Wolken, und kann es nicht fassen, dass man eben noch über ihnen stand.

Alexander von Humboldt brauchte ein paar Tage statt einer Stunde für seinen Ritt durch ein halbes dutzend Klimazonen und Vegetationssysteme, als er während seiner Forschungsreise durch Amerika 1802 nach Ecuador kam. Doch die Verblüffung und Überwältigung war damals so groß, wie sie heute ist. Denn derart grandios wie in Ecuador sind nirgendwo sonst auf engstem Raum die größten Gegensätze der Natur aufeinandergestapelt. Dieses Land ist ein vertikaler Querschnitt des Planeten [→ Hawaii 34]. Der Westen wird vom Küstentiefland bedeckt, in dem alles im Überfluss wächst, was der Mensch zum Glücklichsein braucht; in den Mangroven werden die besten Shrimps der Welt gezüchtet, dahinter Zuckerrohr, Kakao, Mangos, Melonen, Ölpalmen und vor allem in riesenhaften Plantagen mehr Bananen als in jedem anderen Staat der Erde für den Export. Der gesamte Osten Ecuadors, der schon ein Teil des Amazonasgebiets ist, besteht aus nichts anderem als tropischem Regenwald, in dem es von endemischen Arten wimmelt. Und dazwischen liegen als steinerner, durch ein schmales Hochtal getrennter Doppelriegel die westliche und die östliche Kordillere mit dem 6310 Meter hohen Chimborazo als alles überragenden Berg.

Als Humboldt ihn gemeinsam mit seinem Gefährten Bonpland und zwei einheimischen Begleitern im Juni 1802 bestieg, galt er als der höchste Berg der Erde. Und obwohl der Forscher, der sich ganz schlicht einen Poncho über seinen preußischen Gehrock geworfen hatte, 400 Höhenmeter vor dem Ziel umkehren musste, stellte er einen Höhenweltrekord auf und war fortan wegen seines Wagemutes auf allen Kontinenten gerühmt [→ Matterhorn 56]. »Zur Linken war der Absturz mit Schnee bedeckt, dessen Oberfläche durch Frost wie verglast schien«, schrieb Humboldt schaudernd. »Zur Rechten senkte sich unser Blick schaurig in einen tausend Fuß tiefen Abgrund.« Die Gruppe litt unter der Höhe – »wir bluteten aus dem Zahnfleisch und aus den Lippen. Die Bindehaut der Augen war bei allen ebenfalls mit Blut unterlaufen« –, doch die Schmerzen lohnten sich: Auf dieser und den anderen Expeditionen in Ecuador gewann Humboldt entscheidende Erkenntnisse über die Geologie und Botanik, die er in den »Ansichten der Natur« und später im epochalen »Kosmos« veröffentlichte. Hier reiften seine »Ideen zu einer Physiognomie der Gewächse«, hier wurde er zum Begründer der Pflanzengeografie. Ebenso bahnbrechend war seine Abhandlung »Über den Bau und die Wirkungsart der Vulkane in den verschiedenen Erdstrichen«. Humboldt konnte dank seiner

Untersuchungen in den Anden nachweisen, dass das Gestein in dieser Weltgegend vulkanischen Ursprungs und keine Unterwasserablagerung war und damit die These des Neptunismus [→ Weimar 2] ins Reich der Phantasie verbannen. Dafür bewunderten ihn die Bedeutendsten seiner Zeit: »Er war der größte reisende Wissenschaftler, der jemals gelebt hat«, sagte Charles Darwin. »Alexander von Humboldt hat Amerika mehr Wohltaten erwiesen als alle seine Eroberer. Er ist der wahre Entdecker Amerikas«, urteilte Simón Bolívar apodiktisch.

Dass Humboldt eines Tages noch einen ganz anderen Rang haben würde, konnte damals niemand ahnen: Er ist in Ecuador zur touristischen Galionsfigur geworden, zum ewigen Zeugen für die Naturschönheiten des Landes, zum Übervater aller Ecuador-Reisenden – und damit zu einem der ganz wenigen Naturforscher, die als Werbeträger der Tourismusindustrie Karriere gemacht haben. Ähnliches ist in diesem Maß wohl nur Darwin mit den Galápagos-Inseln gelungen [→ Galápagos 5], und doch gibt es einen fundamentalen Unterschied zwischen beiden: Anders als Darwin war Humboldt mindestens ebenso Abenteurer wie Naturwissenschaftler, was heutigen Touristen die Identifikation mit ihm viel leichter macht. Er war ein Reisender im besten Sinne des Wortes, ein Weltenerkunder mit unstillbarem Wissensdurst, der auf Gipfel stieg, durch Schluchten wanderte, in Vulkankrater blickte, der dem akademischen Alltag in Deutschland entfloh, um die Geheimnisse der Erde zu ergründen – wer von uns wäre nicht gerne ein Miniatur-Humboldt, und sei es nur für 14 Tage. Er hat uns den Weg gewiesen und uns mit Ecuador eine Bühne bereitet, auf der wir uns ein bisschen so fühlen dürfen wie er.

Deswegen ist Alexander von Humboldt allgegenwärtig in dem kleinen Land am Äquator. Weltmeerströme, Nationalparks, Reiseunternehmen und Restaurants schmücken sich mit seinem Namen, Studienreiseveranstalter folgen seinen Spuren, jeder Trekkingtourist kennt seine Schriften, auch wenn er gar nicht auf den Chimborazo steigt.

Der emblematischste Berg Ecuadors ist ohnehin nicht der Chimborazo, sondern der knapp 6.000 Meter hohe Cotopaxi, »ein vollkommener Kegel, der schönste aller Nevados«, also aller schneebedeckten Berge, wie Humboldt meinte. Es ist ein Vulkan von fast unwirklicher Ebenmäßigkeit und perfekter Proportion, der selten seinen Wolkenschleier lüftet und, wenn es doch geschieht, ehrfurchtgebietend alle Blicke auf sich vereint. Er ist das Oberhaupt einer ganzen Prozession von Vulkanen, die sich von der Hauptstadt Quito in Richtung Süden zieht und von Humboldt »Avenida de los Volcanes«, Straße der Vulkane, genannt wurde – ein Name, der immer noch verwendet wird in ehrendem Andenken an den Naturforscher.

In seinen »Ansichten der Natur« beschreibt er dies brodelnde Stück Erde: »Auch ist das ganze Hochland von Quito, dessen Gipfel der Pichincha, der Cotopaxi und Tunguragua bilden, ein einziger vulkanischer Herd. Das unterirdische Feuer bricht bald aus der einen, bald aus der andern dieser Öffnungen aus, die man sich als abgesonderte Vulkane zu betrachten gewöhnt hat. Die fortschreitende Bewegung des Feuers ist hier seit drei Jahrhunderten von Norden gegen Süden gerichtet. Selbst die Erdbeben, welche so furchtbar diesen Weltteil heimsuchen, liefern merkwürdige Beweise von der Existenz unterirdischer Verbindungen: nicht bloß zwischen vulkanlosen Ländern, was längst bekannt ist, sondern auch zwischen Feuerschlünden, die weit voneinander entfernt liegen. So stieß der Vulkan von Pasto, östlich vom Flusse Guaytara, drei Monate lang im Jahr 1797 ununterbrochen eine hohe Rauchsäule

aus; die Säule verschwand in demselben Augenblick, als 60 Meilen davon das große Erdbeben von Riobamba und der Schlammausbruch der Moya dreißig- bis vierzigtausend Indianer töteten.«

Zerstörungswütig und launenhaft sind die Berge bis heute. Vor ein paar Jahren hatte der Tungurahua einen Wutausbruch, Zehntausende Menschen mussten für Monate evakuiert werden, viele Bauern verloren ihr Vieh und die Ernte, weil ein Ascheregen auf Weiden und Felder niederging. Heute thront der Tungurahua nicht mehr friedlich mit einem stumpfen, schneebedeckten Kegel über dem Hochland, sondern streckt den erschrockenen Betrachtern einen riesenhaften, schräg nach unten abfallenden Krater wie ein aufgerissenes Maul entgegen, einen Höllenschlund, in den man selbst vom Fuße des Berges aus schwindelerregend tief hineinblicken kann. Und doch wissen die Bauern, dass die Berge gut sind, denn die erstickende, mineraliengetränkte Asche wird bald zum besten aller Dünger werden.

Die Fruchtbarkeit ist das größte Geschenk, das die speienden Berge der Sierra gemacht haben, und vielleicht haben die Menschen im Hochland aus purer Dankbarkeit ihre Provinzen nach dem jeweils wichtigsten Vulkan benannt. In den ecuadorianischen Anden konnte so, ganz im Gegensatz zum Altiplano in Peru oder Bolivien, ein Garten Eden im Hochgebirge entstehen, ein betörend schönes, verstörend abwechslungsreiches Potpourri aus kultivierter Landschaft und gewaltiger Natur. Im Hochtal zwischen den beiden Kordilleren, auf zweieinhalbtausend Meter Höhe, reiht sich ein Feld an das andere, eine Weide an die nächste, immer getrennt von Eukalyptuswäldchen, Kiefernhainen oder Holunderbüschen. Hier gedeiht vieles besser als irgendwo sonst auf der Welt, allen voran Rosen und Nelken, die seit einigen Jahren mit großem Erfolg angebaut werden. Sie finden ideale Bedingungen und wachsen vor allem kerzengerade in die Höhe. Warum das so ist, bleibt uns Humboldt-Epigonen solange ein Rätsel, bis es uns erklärt wird. Humboldt hingegen hätte den Grund dafür sicher sofort erkannt: Sie tun es, weil die Sonne am Äquator so viele Stunden im Jahr sehr hoch am Himmel steht.

■

AUTORIN Simone Müller

59

Porthcurno, Cornwall

Die lange Leitung

Am Ende der Welt liegt einer der Knotenpunkte globaler Kommunikation. Eine schmale Bucht mit türkisblauem Wasser und feinstem Sandstrand – pittoresk eingefasst von einer felsigen Steilküste. Land's End, der westlichste Zipfel Englands, liegt nur vier Meilen entfernt. Außer in den überlaufenen Sommermonaten hat man diesen letzten Winkel Cornwalls meist noch immer ganz für sich. Vor allem in der Vorsaison verirren sich nur selten Fremde nach Porthcurno, ein Ort mit heute nicht einmal 40 Häusern, darunter viele Sommerresidenzen. Mit öffentlichen Verkehrsmitteln ist diese Siedlung noch immer eine Tagesreise von London entfernt. Sollte doch jemand den Weg in die Bucht finden, so ist er als Wanderer auf dem cornischen Küstenweg meist nur auf der Durchreise. Pausieren die Besucher dann im »Cable Station Inn«, der einzigen Gaststätte am Ort, ist ihnen selten bewusst, dass nur wenige Meter entfernt, im Sand vergraben, mehrere Glasfaserkabel Europas Internetverbindung mit der Welt aufrecht erhalten. Die entlegene Bucht steht damit für genau die Geschäftigkeit, der viele Besucher eigentlich zu entfliehen suchen.

Die unvermutete Karriere dieses Ortes am Ende der Welt begann mit der erfolgreichen Verkabelung des Atlantiks im Sommer 1866. Nach zahlreichen gescheiterten Versuchen war es endlich einer anglo-amerikanischen Gruppe um Cyrus Field, John Pender und Samuel Morse gelungen, den Atlantik mit einem Telegrafenkabel zu durchspannen und somit Kommunikation in »Echtzeitübertragung« zwischen der Alten und der Neuen Welt herzustellen. Mit einem Telegramm von 98 Worten Länge, adressiert an den amerikanischen Präsidenten James Buchanan, eröffnete Queen Viktoria ein neues Zeitalter der globalen Kommunikation. Die Queen zitierte die Weihnachtsgeschichte nach Lukas: »Glory to God in the highest, on earth peace, goodwill toward men«. Buchanan, am anderen Ende der Leitung, sah in der Telegrafenverbindung nichts weniger als ein immerwährendes Band der Freundschaft und des Friedens. Man hatte wahrlich Großes vor mit der Seetelegrafie.

Nach dem Erfolg von 1866 setzte ein regelrechter Boom der Seetelegrafen ein. Es folgten Kabel nach Indien, Asien, Australien, Lateinamerika und Südafrika, so dass ab den späten siebziger Jahren des 19. Jahrhunderts fast jeder Ort auf diesem Globus von Europa aus »via cable« erreicht werden konnte [→ Antarktis **16**]. Hatte eine Postsendung nach Nordamerika zuvor zwei Wochen, nach Australien und Neuseeland sogar 70 Tage gebraucht, betrug die zeitliche Maximaldistanz jetzt nur noch fünf Tage [→ Pol der Unerreichbarkeit **76**]. Nachrichten verbreiteten sich »per Telegraf« rasant über den gesamten Globus. Als Buchanans Vorgänger, US-Präsident Abraham Lincoln, 1865, also noch vor der erfolgreichen Atlantikverbindung, einem Attentat zum Opfer fiel, dauerte es knapp zwei Wochen, bis man in Europa »per Dampfschiff« davon erfuhr. Als dagegen 1881 Präsident James A. Garfield ein ähnliches Schicksal erlitt, wusste die Welt innerhalb weniger Stunden davon. Zeitgenossen sprachen über die Aufhebung von Zeit und Distanz und feierten das Atlantikkabel als achtes Weltwunder [→ Second Life **75**].

Auch heute noch betont die Wissenschaft den großen Wert der Seetelegrafie für die Entwicklung globaler Kommunikation, eines globalen Bewusstseins und der damit einherschreitenden Anfänge der Globalisierung.

Die ozeanische Telegrafie beschleunigte globale Kommunikation und verdichtete den internationalen Raum. Mit ihr setzte eine deutliche Homogenisierung und Zentralisierung der wirtschaftlichen und politischen Welt ein. Preisfluktuationen erfolgten zunehmend global und regionale Subzentren der Macht verloren an Bedeutung. Die größte Geschäftigkeit erlebte das Atlantikkabel stets in dem kurzen Zeitfenster, wenn die Börsen in New York und London *gleichzeitig* geöffnet hatten. In puncto Kolonialpolitik wurde der Telegraf zum Machtinstrument, das die Kolonien politisch und wirtschaftlich enger an ihr Zentrum band. Gegen Ende des 19. Jahrhunderts wurden Bau und Kontrolle von Telegraphennetzen wesentlich für die Stellung eines Staates im internationalen Machtgefüge. Weltwirtschaft und Weltpolitik wurden – folgt man der Argumentation des finnischen Historikers Jorma Ahvenainen – erst durch die Telegrafie möglich.

Das Deutsche Reich betrat den transatlantischen Schauplatz erst spät, in den neunziger Jahren des 19. Jahrhunderts. Und das, obwohl mit den Gebrüdern Siemens von Anfang an deutsche Akteure an der Herstellung und Verlegung der globalen Seekabel beteiligt waren. Doch erst die verstärkte Emigration und das gestiegene Handelsvolumen mit den USA führten zu einem erhöhten Kommunikationsbedarf. Seekabel konnten mittlerweile zu konkurrenzfähigen Preisen auch in nationaler Eigenproduktion hergestellt werden. 1882 verlegten die Vereinigten Deutschen Telegrafenkabel ein Kabel zwischen Greetsiel, Ostfriesland, und Valentia, Irland. Hier schloss es an die britische Transatlantikverbindung an. Gegen Ende des Jahrhunderts reichte dies jedoch nicht mehr aus. Zusammen mit der Reichsregierung bemühten sich deutsche Industrielle um ein nationales Atlantikkabel. Über Jahre hinweg wurden derartige Pläne jedoch von der britischen Regierung blockiert, man verweigerte die Erlaubnis für die Errichtung notwendiger Relaisstationen in Cornwall und auf den Azoren. Wirtschaftliche Zusammenarbeit war politischer Rivalität gewichen. Von deutscher Seite aus versuchte man, nun stärker aus strategischen als aus wirtschaftlichen Erwägungen, eine Kabelverbindung nach Nordamerika herzustellen und dabei britischen Boden ganz zu umgehen. Aber erst um die Jahrhundertwende gelang es schließlich der Deutsch-Atlantischen Telegraphengesellschaft und den Norddeutschen Seekabelwerken zwei Kabel nach New York in Betrieb zu nehmen.

Paradoxerweise war Porthcurno gerade wegen seiner geografischen Lage schon früh ins Zentrum der telegrafischen Kommunikation des British Empires gerückt: Die Abgeschiedenheit der Bucht, unbehelligt von Strömungen und Schiffen, war ein Standortvorteil. Physisch konnten Datenströme so weit wie möglich von Meeres- und Verkehrsströmen entkoppelt werden. 1870 fand erstmals ein Seekabel seinen Ankerpunkt in Porthcurno und etablierte die Verbindung zwischen Großbritannien und Indien. Dieses Kabel sollte

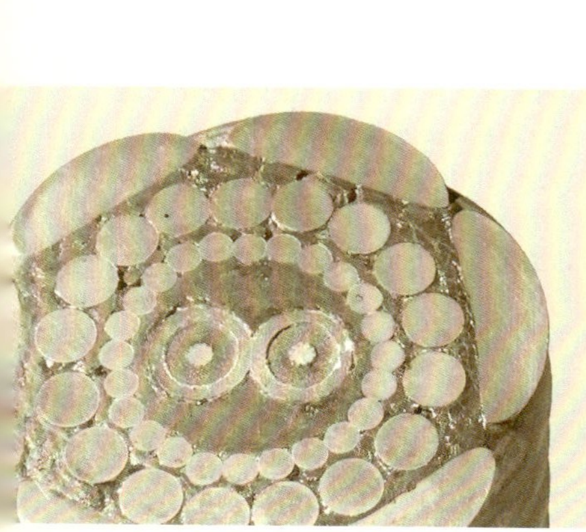

nicht das letzte bleiben. Im frühen 20. Jahrhundert landeten bereits 14 Kabel in der Bucht von Porthcurno an und verbanden den kleinen Ort, an dem außer der Telegrafenstation nur einige wenige einheimische Fischer wohnten, mit den wirtschaftlichen und politischen Zentren des europäischen Kontinents, Asiens, Afrikas, Nord- und Südamerikas. Eine Informationsflut schwappte unter dem Sandstrand entlang: Börsenmitteilungen, Rohstoffpreise, politische Informationen, Wetter- und Schiffsberichte, damals wie heute von größter Bedeutung für Händler, weshalb der Nachrichtendienst Reuters immer noch mit einer Finanzabteilung verbunden ist. Dieser entlegene Ort beherbergte die wichtigste Telegrafenstation des gesamten Britischen Weltreichs, zumal hier auch die »Telegraph Boys« für den globalen Einsatz im Dienste von Empire und Krone ausgebildet wurden.

Im Jahr 1902 spielte sich in Porthcurno unbemerkt vom Rest der Welt ein regelrechter Krimi ab. Es ging um Betriebsspionage. Guglielmo Marconi [→ Mars 74] hatte sich mit seinen Instrumenten für einen Versuch der drahtlosen Telegrafie in Poldhu, einer Anhöhe nur eine halbe Meile westlich von Porthcurno, eingerichtet. Im Winter 1901 war es ihm erstmals gelungen, eine Funkverbindung über den Atlantik nach Neufundland herzustellen, ein Durchbruch für die Radiotechnik. Aufgrund der berechtigten Befürchtung, die drahtlose Telegrafie könnte die Seekabel ablösen, war man in Porthcurno außerordentlich an Marconis Fortschritten interessiert. Man installierte einen Abhörapparat, der bis zu Beginn des Ersten Weltkrieges in Betrieb blieb. Dann wurde er aus Sicherheitsgründen beschlagnahmt. Heute existiert davon nur noch ein unscheinbarer Holzpfahl auf dem Felsen oberhalb der Bucht. Stummer Zeuge des Wettlaufs zwischen Kabel und Funk. Es ist übrigens eine Ironie der Geschichte, dass man bis heute in Porthcurno keinen Handyempfang hat.

Wie dem auch sei: Ähnlich Dramatisches wie am Anfang des Jahrhunderts spielte sich 1941 während des Zweiten Weltkrieges ab. Porthcurno war immer auch ein Ort militärischen Interesses, denn Nachrichtenhoheit ist ein Machtinstrument. Aus Angst vor der drohenden Landung der Deutschen auf der britischen Insel wurden innerhalb von zehn Monaten zwei Tunnel mit großem Aufwand in den Felsen gehauen und die gesamte Telegrafenstation unter Tage verlegt. Am malerischen Strand bemerkt man bei genauem Hinsehen heute noch die Überreste dieser groß angelegten Verteidigungs-

aktion des internationalen Kommunikationsnetzes der Alliierten. Außer ein paar verirrten Bombenabwürfen weiter landeinwärts blieb die Telegrafenstation jedoch unbehelligt.

1970, nach genau 100 Jahren, endete Porthcurnos Geschichte als Telegrafenstation. Der Morseapparat war überholt, Glasfaserkabel ersetzten die alten Seekabel [→ Second Life 75]. Nur die Telegrafenschule blieb bis 1993 bestehen. Heute beherbergen die Tunnel Teile des Telegrafenmuseums. Am Eingang hält noch immer ein britischer Soldat Wache. Für viele Besucher erweist er sich erst bei näherem Hinsehen als eine Puppe. Das Museum erinnert an die bewegte Geschichte des unscheinbaren Ortes im Westen Cornwalls. Es ist ein wahrer Pilgerort für Kommunikationshistoriker. Auch das ist eine bedenkenswerte Volte: Die Geschichte der Virtualisierung und Entörtlichung lässt sich durch die ganz besondere Mischung aus Geschichte und Geschichten am besten vor Ort erkunden. Die alten Geräte finden im Porthcurno Telegraph Museum zu neuem Leben, repariert und instandgehalten von den »Telegraph Boys« von damals. Direkt neben dem Lesesaal des Archivs befindet sich die Werkstatt, ein kleiner Raum, in der eine eingeschworene

Gemeinschaft aus Hobbytüftlern und pensionierten Telegrafisten liebevoll die alten Geräte repariert und sie vor den Augen von Besuchern und Forschern zum Leben erweckt. Innerhalb von Sekunden wird da ein Telegramm von Porthcurno an ein fiktives »Kapstadt« am anderen Endes des Raumes verschickt, und die Senioren – allesamt 75 Jahre und älter – beweisen ihre geistige Agilität, wenn sie ein Gewirr aus Punkten und Strichen verlesen wie andere eine Zeitungsmeldung. In unmittelbarer Nähe verlaufen die Glasfaserkabel, durchzuckt von Datenfluten, codiert als Lichtblitze, Nullen und Einsen [→ Google 15].

Die Befürchtungen, Marconi und seine drahtlose Telegrafie würden den Untergang der Seetelegraphie herbeiführen, sollten sich letztendlich nicht bewahrheiten. Unternehmerisch fusionierten Anfang des 20. Jahrhunderts beide Technologien zu Cable and Wireless. Und auch heute noch, im Zeitalter von Web 2.0. und Satellitentechnik, hat sich an den Routen der Seekabel wie auch an ihrer Bedeutung für die globale Kommunikation wenig verändert. Noch immer verlaufen sie 6400 Kilometer entlang einer natürlichen Trasse über den Grund des Atlantik, dem sogenannten »Telegraph Plateau«.

Die Geschichte der Verkabelung der Welt ist nicht abgeschlossen. Erst 2009 wurde erneut ein Kabel um die Welt verlegt, diesmal von der arabischen Halbinsel nach Ostafrika. Im Juli 2009 wurden fünf Staaten gleichzeitig angeschlossen, die bislang größtenteils auf teure Satellitenverbindungen angewiesen waren: Kenia, Tansania, Mozambique, Uganda und Südafrika. »Closing the final Link«, lautete der Slogan des Kabel-Konsortiums. Jakaya Kikwete, Tansanias Präsident, verglich die Verlegung des Kabels mit dem Beginn einer neuen Ära im Telekommunikationsbereich: »History has been made!« Fast 150 Jahre zuvor hatte Queen Victoria ganz ähnliche Worte gefunden.

AUTORIN Monika Dommann

60

Bahnhofkühlhaus, Basel

Wie man lagert so liegt man

Mitten in der Weltwirtschaftskrise im Mai 1933 wird auf dem Areal des Güterbahnhofs in Basel ein Kühlhaus eröffnet. An der Grenze zu Frankreich und Deutschland gelegen, steht der Flachdachbau mit Eisfabrik-Anbau wie ein modernistischer Kubus inmitten der Brache. Eine internationale Aktiengesellschaft bringt das Kapital für die hohen Kosten des mehrgeschossigen Stahlskelettbaus auf. Der mit einer Ammoniak-Kältemaschine, Ventilatoren, Kondensatoren, einer Frischluftansaugevorrichtung und Krananlagen ausgestatte und mit Korkstein isolierte Bau, »einer der modernsten Europas«, sollte 16.000 Kubikmeter Lagerraum bis minus 15 Grad Celsius schaffen – für Fische und Kaviar aus dem Weltmeeren, Bananen aus Zentralamerika, Butter aus Dänemark, Eier aus dem Balkan, Frühgemüse aus Italien oder Geflügel und Wild aus Ungarn.

Etymologisch betrachtet verweist das Lager auf jenen Ort, wo sich Menschen hinlegen und ausruhen. Das Lager ist in seiner ursprünglichsten und allgemeinsten Bedeutung der Ruheort. In der Kaufmannsprache bezeichnet das Lager jenen Raum, in dem Waren gestapelt werden und im übertragenen Sinn auch die Waren, die der Händler an Lager hat. Das Lager avanciert in der Moderne zunehmend zum Symbol für Kosten, zur Chiffre des Stillstands und zum Ausgangsort all jener ingenieurs- und betriebswissenschaftlichen Bemühungen, die auf die Beschleunigung, Verflüssigung und schließlich Eliminierung der Lagerbewirtschaftung zielen.

Lagerhäuser entstehen da, wo Verkehrswege sich kreuzen und Verkehrsmittel sich treffen [→ Auf keiner Stätte ruhn 73]. Entrepôts, Güterschuppen, Silos, Petroleumtanks, Warehouses und Kühlhäuser sind Teil einer Verdichtung und Materialisierung von Transportinfrastrukturen. Sie befanden sich seit jeher an Gewässern, seit dem

19. Jahrhundert auch an den Eisenbahnknotenpunkten und im 20. Jahrhundert schließlich an Autobahnkreuzen und Flughäfen. Lagerhäuser wurden im 19. Jahrhundert zunächst in Anlehnung an ältere Bauweisen gestaltet – als hätten die Fachwerkverzierungen und die romanischen und gotischen Fassaden den inwendig verwendeten Eisen- und Stahlbeton, die eingelagerten Massenwaren und die damit assoziierten Prinzipien des kapitalistischen spekulativen Geistes verbergen müssen. Im Inneren der Hohlräume, durch massive und feuergeschützte Mauern und unterzugslose Decken getragen, verwies bereits ein Arsenal von mechanisierten Aufzügen, Elevatoren, Förderanlagen, Kränen, Feuermeldern und Sprinklern auf jene Entwicklung, die im 20. Jahrhundert den Ruhe- und Transitraum für Waren in eine voll automatisierte Maschine verwandeln wird.

Lagerhäuser sind transitorische Räume: Sie überbrücken Ernte und Verbrauch und bilden eine Zwischenwelt zwischen Produktion und Distribution. Lager sind Kurz- und Langzeitpuffer, sie gleichen Konjunkturschwankungen aus und werden als Streikreserven, Kriegsvorsorge und Spekulationsmasse angelegt. Das Bahnhofkühlhaus in Basel ist in den dreißiger Jahren wegen Einfuhrbeschränkungen, internationalen Zahlungsschwierigkeiten und Devisenrestriktionen zunächst ein Verlustgeschäft für die Betreiber. Die erhofften Geflügel aus Osteuropa und die Butter aus dem Norden bleiben aus, stattdessen wird bloß viel kalte Luft gelagert. Ausgerechnet die Kriegswirtschaft mit staatlich gelenkter Vorratshaltung beschert der Aktiengesellschaft dann mit Fleisch gefüllte Lager. Als Zollfreilager offeriert die Bahnhofkühlhaus AG die Einlagerung von Transitgütern als Enklave innerhalb der nationalstaatlich geregelten Zollordnung.

Seit dem Merkantilismus wurden bestimmte Lagerhäuser mit Rechtsprivilegien versehen. Daraus entwickelte sich mit dem Warrantgeschäft ein neuer Geschäftszweig, der sich mit dem unverzollten Ein- und Auslagern, dem Teilen, Sortieren, Mischen, Verpacken, Etikettieren, dem Verzollen, sowie dem Belehnen, Verpfänden und Verkaufen von Waren beschäftigt. Kernstück dieses Handels ist der Lagerschein, der zum symbolischen Vertreter der Ware mutierte und damit im 19. Jahrhundert einen Börsenhandel mit Lagerwaren in Schwung brachte.

Die Ingenieurswissenschaften machten in der zweiten Hälfte des 19. Jahrhunderts durch die Entwicklung der Kältetechnik Kühl-

häuser möglich, Ende der zwanziger Jahre entdecken sie die Rationalisierung und Optimierung des Lagerns. »Material Handling« verspricht Techniken und Verfahren zur Ersetzung von Handarbeit durch technisches Handling. Materialflussingenieure arbeiten an der Ersetzung der Umschlags- und Lagerarbeit durch Maschinen, weil diese Transitzone zwischen Produktion und Distribution jenes gefährliche Nadelöhr der modernen Massenproduktion darstellt, wo Waren beschädigt und gestohlen werden, verloren gehen oder wo die Bewegung der Waren durch Streiks unterbrochen werden kann.

So wie die Volkswirte seit Adam Smith Wohlstand mit der Kapitalzirkulation verbinden, verknüpfen die Betriebsökonomen Rationalisierung mit einer Verflüssigung des Materialdurchlaufes und einer Beschleunigung der Lagerumschlagsgeschwindigkeit. Das Lager wird in den goldenen Boomjahren der Nachkriegszeit, die durch eine Multiplikation von Konsumgütern und einen Mangel an Arbeitskräften gekennzeichnet sind, zur Problemzone erklärt [→ Autobahn 61].

Die ersten mathematischen Modelle einer optimierten Lagerhaltung stammen von dem amerikanischen Ökonomen Kenneth Arrow aus dem Jahr 1950, zehn Jahre später beflügelt die Planung des »selbsttätigen«, »vollautomatisierten« Lagers die Ingenieure. Doch ohne ein hölzernes Transportbrett, das während des Zweiten Weltkriegs vom amerikanischen Militär standardisiert und von den Truppen mit dem Nachschub an die Kriegsschauplätze Europas und Asiens transportiert wird, wären die umfassenden Rationalisierungsprozesse des Lagers undenkbar. Die Palette stapelt das Lager der Nachkriegszeit grundlegend um. Paletten bilden den Standard für eine Vereinheitlichung der Verpackungen, sie sind Lade- und Lager-

einheiten und Referenzgröße für die Optimierung des Lagerraums. Auf der Basis von Paletten und Hubstaplern und mit Hilfe von Materialflussanalysen werden materialflussgerechte Lager gebaut. Auch das Bahnhofkühlhaus in Basel ersetzt 1951 die alten Handwagen durch Paletten und mechanisierte Fördermittel.

Die Paletten sind auch eine Vorbedingung für Hochregallager und eine Voraussetzung für die Automation von Lagern seit den sechziger Jahren: Je einheitlicher die Waren, desto höher die Lager und desto umfassender die Automationspotentiale. Zu Beginn der siebziger Jahre plant die Bahnhofkühlhaus AG ein neues automatisiertes Kühlhaus nicht mehr am alten Standort beim Eisenbahnknotenpunkt in Basel, sondern in Möhlin im Schweizerischen Mittelland, wo die Bodenpreise günstiger sind als in der Stadt. Im Zentrum der Schweiz, direkt an den Nationalstrassen N2 und N3 gelegen und mit Anschlussgleisen versehen, bietet das nun eingeschossig errichtete Hochregallager jederzeit Zugriff auf jede Palette. Waren zu Beginn der fünfziger Jahre am alten Standort Basel noch 40 Prozent der Waren palettisierbar, sind es 1981, zum Zeitpunkt der Eröffnung des neuen Lagerbaus, bereits 90 Prozent.

Parallel zur Neuorganisation des Materialflusses wird an der Neugestaltung des Datenstroms gearbeitet. Die Ablösung von Lagerbüchern und Kartotheken durch Lochkarten und Magnetbänder ermöglicht eine »chaotische Ordnung« des Warenlagers, die nicht mehr auf dem papiergestützten Gedächtnis des Lageristen beruht. Nach der Einführung der Computers können Waren dort gelagert werden, wo gerade Platz frei ist, ähnlich wie es Computersysteme auf Festplatten tun.»First in, First out« lautet das EDV gesteuerte Lagerungscredo des neuen Kühlwarenverteilzentrums in Möhlin. Dieses Prinzip ist umfassend und grundlegend und nicht auf die Wirtschaft beschränkt. Auch Bibliotheken folgen diesem Prinzip, und zerreißen die organische Ordnung des Wissens durch Magazine, in denen zum Beispiel ein Band mit mittelalterlicher Minnelyrik neben mathematischen Formelsammlungen steht [→ Phoenix 71].

Mit der Materialflusswissenschaft des 20. Jahrhunderts wurde das Lager zu jenem Ort erklärt, der Material zum Stillstand bringt, Kapital bindet und deshalb möglichst eliminiert werden sollte. Weltweit werden die alten Lagerhäuser in Lofts, Startup-Büros und Einkaufszentren transformiert. Wo einst Waren lagerten, gehen nun tagsüber Menschen ein und aus und legen sich abends zu Ruhe.

Auch das Basler Kühlhaus ist 2008 abgerissen worden, an der alten Stelle klafft ein Riesenloch. Um die Zukunft der alten Freilagerbrachen streiten nun Stadtplaner, Immobilienentwickler und Politiker.

Es gehört zu den Paradoxien der Moderne, dass zu Beginn des 21. Jahrhunderts, als unter dem Primat der »Just in time«-Produktion die Lager immer schlanker und die Materialflüsse immer schneller und effizienter wurden, das Risiko von Materialflussstockungen, Güterstaus und des temporären Stillstandes von Produktion und Distribution zugenommen hat. Dass die langen schlanken Materialflussketten mindestens so verwundbar sind wie Warenlager, war in den Flussdiagrammen der Materialflusswissenschaftler noch nicht vorgesehen.

■

61

AUTOR Erhard Schütz

Deutschland

Kraftwerk Autobahn

Auf der Autobahn nachts um halb eins, ob du'n Auto hast oder Karl-Heinz. Ohne Warnblinklicht, alle Scheiben dicht. Auf der Autobahn nachts um halb eins.« Soweit Mike Krüger.

Die Autobahn gehört zu den Fazilitäten, die man mehr zu frequentieren pflegt als die Institution der Beichte und deren Gehäuse. Sie gehört zu den heiligen Stätten, die der gläubig Ungläubige mindestens einmal im Leben im Geiste, spirituell erfahren haben muss.

Sie ist ihm, selbst wenn er es nicht wüsste, Allegorie seines aufgeklärten Lebens, schizoid und gordisch verknotet. Unter ihrer banalen Werktagsoberfläche mit wahlweise Stau oder zähfließendem Verkehr liegt eine magisch-mystische Ebene: Aura des Gespenstes, das von Deutschland aus in Europa umzugehen noch nicht aufgehört hat. Die Autobahn, das ist zweierlei: die geteilte Richtungsfahrbahn und das gordische Netz. Wer es diagnostischer will, sagt vielleicht: schizoid. Wer es gern literarisch hat, sagt: Dr. Jekyll und Mr. Hyde.

Macht es einen sozialisatorischen Unterschied, wie man die Autobahn erstmals erfuhr? Ob man in den fünfziger Jahren sonntags im Volkswagen, Baujahr 49, die Fahrt auf der Autobahn als selbstzweckendes Familienvergnügen erlebte, bei Herleshausen auf einem zonenrandbedingt stillgelegten Teilstück das Radfahren lernte – und mithin genau das tat, was Hitler ab 1942 den Volksgenossen erlaubte, nämlich die Reichsautobahn auch ohne Auto zu benutzen? Oder ob man in den achtziger Jahren im eigenen Golf bei der Musik von Kraftwerk oder Mike Krüger die ersten Stauerfahrungen machen durfte? In dem einen Falle wurde das Familiengefährt zum Experimentierkasten für den kleinen Soziologen, im anderen zur solipsistischen Selbsterfahrungsklause oder auch zum Grundkurs interpersoneller Kommunikation, verbal-nonverbal.

Die Autobahn ist die ICE-Trasse für Autonomiker. Dass in der publizistischen Öffentlichkeit nicht so viele Geschichten über sie kursieren, liegt wohl daran, dass es keine Adresse dafür gibt: Für die Schiene ist die Bahn zuständig. Die Beschwerden zur Autobahn müssten als Postwurfsendung adressiert werden: An alle Haushaltungen.

Die Autobahn hat kein Zentrum, kennt nicht Anfang noch Ende, genau das ist ihre Verheißung, ihre Transzendenz als unbewegter Beweger. Und genau das ist das Problem für die Historikerzunft, denn Strukturen sind schwer erzählbar. Die Autobahn als Inbegriff der Infrastrukturgeschichte entzieht sich dem Blick der traditionellen Geschichtswissenschaft: Zu viele Ingenieure, Gebietskörperschaften, Parteien, Firmen sind an Bau und Instandhaltung beteiligt. Wer sind die Helden, wer die Schurken, was die heiligen Orte, wo die Entscheidungsschlachten?

Anlasser: 1. Mai 1933. Tempelhofer Feld in Berlin. Wir befinden uns – so der Romanautor Heinrich Hauser – »im stärkste(n) magnetische(n) Kraftfeld der Welt. Je mehr man sich diesem Feld näherte, um so stärker wirkte seine Anziehungskraft. Es war unmöglich, sich ihr zu entziehen« [→ Cern 11]. Gerade verkündete nämlich Adolf Hitler die Absicht, Autobahnen zu bauen: »Wir stellen ein Programm auf, das wir nicht der Nachwelt überlassen wollen, sondern das wir verwirklichen, das Programm unseres Straßenneubaues, eine gigantische Aufgabe, die Milliarden erfordert. Wir werden die Widerstände dagegen aus dem Weg räumen und die Aufgabe groß beginnen.«

Alsbald hieß das, was da angekündigt wurde, Reichsautobahnen, »die Straßen des Führers«. Fritz Todt, der Beauftragte des Führers für das deutsche Straßenwesen, und Joseph Goebbels sorgten für die Sprachregelung des zukünftigen Verkehrswesens.

Auffahrt: Die Trasse, zu der Hitler am 22. September 1933 bei Frankfurt am Main medienwirksam und unter vielen Reden feierlich den ersten Spatenstich tat, ging auf Planungen aus den zwanziger Jahren zurück, von Eisenbahningenieuren zumeist. Die Nazis hatten sie seinerzeit abgelehnt, nun schaufelte sich der Führer für die Autobahn demonstrativ in Schweiß. Was kümmert mich mein Geschwätz von gestern, wenn man, wie Goebbels 1937 einsieht, zwar »sehr viel für die Zeit tun könne«, mehr aber noch »für die Ewigkeit tun muß.«

Überholspur: Rausch und Flug. »Jetzt schalten wir das Radio an, und aus dem Lautsprecher klingt es dann: Wir fahr'n, fahr'n, fahr'n auf der Autobahn«. Soweit Kraftwerk. Nicht nur Nazis, sondern auch distanzierte Intellektuelle waren süchtig nach Autobahn, unterwegs in einem – Zitat – »Farbfilm«. Oder doch wenigstens »wie auf den Bildern in der Wochenschau«. Autoren wie Walter Dirks, Heinrich Hauser oder Alfons Paquet ergaben sich der Autobahnlust. »Auf der Autobahn fliegt man«, schreibt der Amerikaner Stanley McClatchie. »Der Wagen fliegt aus der Stadt wie ein Geschoß«, so Alfons Paquet. Heinrich Hauser schwärmt: »Schwereloses Schweben, ganz ähnlich wie beim Fliegen, und wir können als Fahrer die Augen über die Landschaft gleiten lassen, Schönheit aufnehmen und genießen wie nie zuvor.« Die Bahnen werden für Erich Ebermayer zu »Fließbändern«, die Fahrt ein »beglückendes Erlebnis, lösend-erlösend«. Auf der Autobahn, so Walter Dirks, »scheinen wir nicht mehr selbst sehr tätig zu sein ...: es ist die Bahn, die aktiv ist: sie bewegt sich schnell und glatt, ohne Reibung und Gewalt auf uns zu und saugt den Wagen unwiderstehlich in sich hinein. ... Es ist, als ob der eigene Leib, der in seiner glatten Metallkapsel geborgen ist, an der Autobahnkurve im raschen zügigen Gleiten die Gestalt dieser Landschaftsgebilde abtastete, nachführe.« Wenn irgendwo Ernst Jüngers »organische Konstruktion« er-fahrbar war, dann hier, im narzisstischen Videoprojektil, das durch eine Filmlandschaft fliegt.

Standspur: Stau, wahlweise Crash. Dr. Jekyll autowandert, Mr. Hyde rast. Die Autobahn, das ist der Sog, eine der Grundfiguren des Jahrhunderts, der Wunsch nach Subjektentlastung, dem die Bewegung auf der saugenden Bahn die ästhetische Sensation liefert. Solche, die sich selbst nicht länger verantworten können, erfahren – nun im genauen Sinne des Wortes – die Entlastung, die »Rettung der eigenen Reinheit in der Zerstörung«, wie es Klaus Heinrich nennt [→ Freuds Couch 9].

Ein besonders drastisches Beispiel lieferte der Arbeiterdichter Heinrich Lersch 1940: »Ich bin jetzt ein Teil des Wagens .... Ich bin in Metall und Stahl eingeschlossen ... Hingepfeilt wie ein Geschoß der Wagen, voller Lauf, voller Lauf; ich bin mit meinem Gehirn beim Motor, ... mein Blut rennt als Brennstoff durch die Röhren der Adern. Ich werde automatisch mit ausgeschaltet, ich nehme Vollgas auf ... Ich verbrauche mich selber mit ... Prometheus! ... Jetzt dieser Dahinflug! Ungehemmt: wie wäre es, wenn jetzt mit Aufkrach und Hinschlag zerschellend Wagen und Mann, Brei von Blut, Öl, Gemenge von Knochen und Gestänge würde: Lebend

auffahren würden wir in die Walhall der zerschmetterten Helden, die den Tod verachten um des Kampfes willen! Schneller! Schneller, Motor, heller dein Lied! ... Da! Nun ist das Ziel erreicht und der Rausch zu Ende« [→ Phoenix 71].

Damals konnte der Propagandist Wilfrid Bade noch schwadronieren von jenen zukünftigen Zeiten, wo die Volksgemeinschaft überhaupt erst ermessen könne, »was diese Straßen des Führers dem deutschen Volke sein werden. Erst wenn sein zweites großes Geschenk an unser Volk ausgeteilt ist – der Wagen KdF., der Volkswagen – dann erst wird es ein jeder verstehen, und ein jeder wird an diesem Glück teilhaben«. Denn für die Motorisierung »der 80 Millionen Großdeutschlands ... baut Dr. Todt die Straßen des Führers«, so der Wissenschaftsjournalist und Chemiker Walter Ostwald. In den Projektionen kein Stau, nirgends.

Wie es heute ist, hat der Flinkeste unter uns, Hans Magnus Enzensberger, in einem Gedicht uns vor die bebrillten Augen geführt, »Autobahndreieck Feucht«:

»Der Stau hat sich aufgelöst, es geht zügig voran.
Nur die Federung eine Spur zu weich, die Bremsbeläge
müssen erneuert werden, dagegen die Straßenlage:
phantastisch. Alles in Stereo, auch der Trommelwirbel,
das Zischen der blauen Flamme, wenn im Graben das Wrack
aufgeschweißt wird, das Prasseln des nassen Erdreichs,
das von der funkelnden Schaufel fällt, später, genau
zwischen deine brillenlosen halb geöffneten Augen.«

Strecken-Netz: Aus dem Exil heraus spottete Ernst Bloch seinerzeit, die Reichsautobahnen seien als Monument arg flach geraten. Was der utopische Armstuhl-Wanderer nicht darin sehen wollte: die Perspektive der technophilen Überflieger [→ Matterhorn 56]. Das Netz nämlich, das sich auf das Reich legen und weitere, weite Gebiete an es heranziehen sollte. 1938 feierte man immerhin die Fertigstellung des dreitausendsten Kilometers. Da war der Berliner

Ring geschlossen, der Sicherheitsgurt um das Hitler-Speersche Germania. Und überall im Lande, so zeigten es filmische Animationen der Wochenschauen und ›Kulturfilme‹, so zeigten es die Zeitungs- und Schulkarten, lauerten Teilstücke darauf, demnächst ans Netz zu gehen, um alle Volksgenossen anzuschließen. Heimfahrten im Reich. Bekanntlich gab es allerdings erst einmal andere Prioritäten. Einstweilen fuhr man erst einmal auf Rollbahnen, Knüppeldämmen oder Sandpisten. Blitzschnell, bis es stockte und rückwärts ging. Sand, Eis, Schlamm. Blut, Knochen, Trümmer. Gas und Asche [→ Bad Arolsen 68].

Es dauerte gar nicht lange, da hieß es: Aber die Autobahnen … Hätte er das in Russland, jedenfalls »das mit den Juden« nicht gemacht, was könnten wir noch immer den Führer loben. Und unsere Autobahnen, die macht uns keiner so schnell nach.

Nun kam ja auch der Volkswagen, das andere Geschenk des Führers an die Volksgemeinschaft, die von Heinrich Nordhoff nun als die »Gemeinschaft der Volkswagenfahrer« apostrophiert wurde. So ähnlich, noch mit dem alten Paten, hatte es bereits 1938 die »New York Times« vorhergesehen: »In a short time Der Fuehrer is

going to plaster his great sweeps of smooth motor highways with thousands and thousands of shiny little beetles, purring along from the Baltic to Switzerland and from Poland to France, with father, mother and up to three kids packed inside and seeing their Fatherland for the first time through their own windshield.«

Irgendwann verkündete in der Bundesrepublik ein Minister, dass niemand mehr als 20 Kilometer von der nächsten Autobahnauffahrt entfernt wohnen solle. Selbst in der DDR wurde fleißig nach alten und neuen Plänen gebaut, wobei man sich den Transit von den Amerikaner- und Kapitalistenknechten finanzieren ließ. Als sich das Projekt »Deutsche Einheit« über die alten Autobahnen hermachte, war das Klagen groß: Inhumane Kapitalistenpisten statt der von den Nazis in Schönheit geschwungenen Bahnen, die die Trabis auf Trab hielten …

Raststätte / Tankstelle: Die Autobahn ist ja nicht nur das Straßennetz. Es sind ja auch die dazugehörigen Bauten: Brücken, Tunnel, Straßenmeistereien, Raststätten und Tankstellen [→ Basel 60]. »Willkommen auf der Autobahn – Deutschlands längster Einkaufsstraße«, dichtete vor ein paar Jahren die Tank&Rast AG. Rasten oder Tanken? Die alte Westernregel: Erst die Pferde tränken. Dann kann man auch pinkeln gehen. Bifurkation der Energieaufnahme: Schokakola, Dextropur und Marsriegel. Oder nicht doch mal wieder fettige Currywurst mit ledernen Pommes, viskositätsreduzierte Erbsensuppe, und wenn schon kein Eisbein, dann wenigstens Leberkäse zum Sauerkraut? Und anschließend im Halbdämmer der Verdauung die Frage, ob man nicht gleich hier bleiben sollte, studienhalber, im staunenden Blick auf das Terrarium humanoformer Modulationen und schließlich wachsender Panik, dass aus allen denen ja nur der Crash erwachsen könne.

Der Kulturkritiker on the road again: Siehe, sie sind alle brav in ihren gefügten Gehäusen verschwunden und mit ihnen die Sorge, das Ende sei nahe.

Autobahnkreuz: Das Wunder der kreuzungsfreien Richtungsänderung, vom Spur- zum Fahrbahnwechsel. Das Autobahnkleeblatt, ersonnen von keinem deutschen Diplom-Ingenieur, sondern von einem Schweizer Schlosserlehrling! Willy Sarbach antwortete damit 1927 auf eine Preisfrage des »Vereins zum Bau einer Straße für den Kraftwagen-Schnellverkehr von Hamburg über Frankfurt am Main nach Basel«, kurz: HaFraBa. 1928 bekam er das Patent dafür. Doch wie immer gibt es auch hier noch einen anderen ersten, der das streitig macht. Schon 1916 soll der amerikanische Bauingenieur Arthur Hale ein Patent auf nämliches Kleeblatt erhalten haben. Wie auch immer: Ein Geniestreich, eigener Andacht würdig. Aber der Glücksfall hat sich in den Ballungsgebieten längst zum gordischen Knoten verwickelt, den keiner mehr durchhaut und dem man auch nicht entkommt. Falls man doch einmal eine Ausfahrt verpasst hat, wirkt der Trost, dass man ja immerhin nicht zum Geisterfahrer geworden ist und es nur ein paar Kilometer bis zur nächsten Wendemöglichkeit sind. Wendemöglichkeiten gibt es für unsereinen immer [→ Panthéon 67].

Autobahnkirche: Inbegriff der Transzendenz. Die Suche nach dem Rechten Weg eingebettet in die Verkehrsinfrastruktur, Verdoppelung der Himmelfahrtshoffnung und der Strafandrohung. So wie die Kirche kennt auch die Straße die Exkommunikation – das Sündenregister in Flensburg. Ab vier Punkten kann man freiwillig zum Autoseelsorger, ab 14 Punkten wird man zum Aufbauseminar gezwungen, ab 18 Punkten ist der Lappen weg. Exkommunikation aus dem Medium der mobilisierten Masse. Allmählich allerdings verblasst die Magie der Schnellstraße, Stau und Crash beherrschen den Diskurs. Rausch und Flug dagegen nehmen die Ausfahrt in ein neues Medium: Das Bild von der Datenautobahn, so untechnisch und illusorisch es ist, hat ein Eigenleben entwickelt. Informationsströme ziehen an uns vorbei wie die Landschaft, prallen auf uns ein wie Regen auf die Frontscheibe, narkotisieren uns wie Schneegestöber [→ Second Life 75]. Näher mein Bit zu dir! Wir sind selbst eine Information, die dahinschießt, durch den Tunnel der Unwissenheit, des Glaubens und Aberglaubens. Und immer sehen wir Licht am Ende des Tunnels – immer wieder …

■

AUTOR Miloš Vec

62

Bureau International des Poids et Mesures, Sèvres

Der Welt Standard

Nein, sagt die Dame am Telefon, ein Besuch bei ihnen in Paris käme nun sehr unpassend. Es ist Jahresende, und im Bureau International des Poids et Mesures (BIPM) geht es emsig zu. Direktor A. J. Wallard ist vielbeschäftigt, Frau Jolly bittet um Verständnis. Im November 2007 tagte die letzte große Generalkonferenz, ihre Resolutionen bilden eine Liste von zwölf Punkten auf der mit kleinen blauen Buchstaben überfrachteten Website. 2010 und in den folgenden Jahren sollen mehrere physikalische Einheiten neu definiert werden, 2011 wird die nächste Generalkonferenz der Vertragsstaaten stattfinden, der wegen dieser Festlegungen mit besonderer Spannung entgegen gesehen wird. Standardisierer haben immer viel zu tun, und ihre Arbeit nimmt nie ein Ende.

Hier, vor den Toren der französischen Metropole liegt eine andere, eine internationale Hauptstadt. Seit 1875 residiert im Pavillon de Breteuil das BIPM. Zusammen mit drei anderen Gebäuden im westlichen Pariser Vorort Sèvres bildet es ein aristokratisch wirkendes Ensemble, dessen Ursprünge tatsächlich bis zum Sonnenkönig Louis XIV. zurückreichen. Doch die Schauseite der repräsentativen Fassade täuscht über den harten sachlichen Kern hinweg: Das BIPM besorgt für die Weltgemeinschaft die Festlegung und Verbreitung der globalen Standards von Maß und Gewicht. Sie sind die Treuhänder der Präzision und Gleichmacherei.

Dem BIPM liegt ein mehr als 130 Jahre alter »Weltvertrag« zugrunde. So bezeichneten die Zeitgenossen des 19. Jahrhunderts die 1875 geschlossene »Convention du Mètre« und bekräftigen von Anfang an den globalen Anspruch der gemeinsamen Mission. Die Mission hieß Metrifizierung aller Staaten der Erde, und der Vertrag wird bis heute als »Meterkonvention« bezeichnet. Obwohl das eigentlich ein understatement ist, denn es geht sachlich und institu-

tionell um mehr: Die Meterkonvention ist der Ausgang vielfältiger Bemühungen um Standardisierung des Messens und Zählens und sie beschränkt sich keineswegs auf Propaganda für das Metermaß. Das 1960 durch die Generalkonferenz der Meterkonvention eingeführte »SI-System« regelt sieben Basiseinheiten: Länge (Meter, Zeichen: m), Masse (Kilogramm, kg), Zeit (Sekunde, s), elektrische Stromstärke (Ampere, A), thermodynamische Temperatur (Kelvin, K), Stoffmenge (Mol, mol) und Lichtstärke (Candela, cd).

Standardisierung hat heute einen schlechten Ruf, jedenfalls abseits von Spezialistenkreisen. Als Menschen wollen wir möglichst individuell sein, als Verbraucher schätzen wir Exklusivität und Seltenheit von Produkten oder sind jedenfalls sehr vorsichtig, wem und welcher Marke wir uns in unserem konsumistischen Herdentrieb anschließen wollen [→ Dubai 35]. Dass das DIN eine »Norm des Monats« kürt, erfüllt uns mit befremdetem Amüsement. Im September 2009 war es übrigens die DIN EN 12472: »Simulierte Abrieb- und Korrosionsprüfung zum Nachweis der Nickelabgabe von mit Auflagen versehenen Gegenständen«. Herzlichen Glückwunsch, und wir hoffen, die Feier war nicht zu wild! Aber von Steckern erwarten wir umstandslos, dass sie genormt sind und passen sollen. Wir rechnen Größen ungern um, und die krummen Zahlen angloamerikanischer Flächen- und Volumenangaben, die so entstehen, lassen uns ein schweres Seufzen entweichen.

Geht man historisch nur ein wenig hinter das 19. Jahrhundert zurück, dann gelangt man in eine Welt, die in vieler Hinsicht das Gegenteil von unserer bis zum Überdruss verregelten und genormten Moderne scheint. Man trifft allenthalben auf unbekannte Maße und Größen. Selbst, wo gleiche Bezeichnungen vorliegen, bedeuten sie vielfach unterschiedliches. Scheinbar klare Angaben wie »Fuß« liegen in Dutzenden von Variationen vor, je nachdem in welcher Epoche und an welchem Ort man sich befindet. Die historische Metrologie kann ein Lied hiervon singen.

Von hier aus bis zur internationalen Pariser Meterkonvention von 1875 war es ein langer Weg. Er verlief zunächst über die Nationalstaaten, die zunehmend ein Bedürfnis nach gleichen Einheiten verspürten. Denn ohne Gleichheit, ohne einheitliche Normen, kein einheitliches Staatsgebiet, keine Herrschaft [→ Plettenberg 37]. Von den Nachteilen für Handel und Bürger ganz zu schweigen. Hätte es das Wort Verbraucherschutz damals schon gegeben, es wäre sicher oft bemüht worden, um die Missstände anzuprangern: Unklarheiten und Betrugsmöglichkeiten zuhauf.

Frankreich spielte eine Vorreiterrolle, und auch deswegen liegt das BIPM heute vor den Toren der französischen Hauptstadt. Es metrifizierte den eigenen Staat und strebte zugleich nach der internationalen Verbreitung des als segensreich begriffenen Systems. Völkerrecht, nationales Recht und technische Normen mussten zusammenwirken, um dem neuen Standard eine Chance zu geben: Die französische Metrifizierung war die Summe aus wissenschaftlicher Aufklärung und politischer Revolution.

53 Staaten sind momentan Mitglieder der Meterkonvention, 28 weitere sind der Generalkonferenz assoziiert. Die Meterkonvention war ursprünglich ein völkerrechtlicher Vertrag, geschaffen über alle politischen Grenzen hinweg, beseelt von dem Wunsch, möglichst viele Beitrittsländer zu finden, gleich welcher Staatsform und Weltgegend und welchem Kulturkreis sie angehörten. Auch im 19. Jahrhundert einigte man sich in den zwischenstaatlichen Beziehungen schwer auf gemeinsame Projekte [→ Solferino 7], aber am ehesten doch bei jenem kleinsten gemeinsamen Nenner, den die Förderung von grenzüberschreitendem Handel, Verkehr und Kommunikation bildete. Abschotten wollte sich im Zeitalter von Weltwirtschaft und Weltausstellungen kaum jemand. Man wäre ja abgeschnitten gewesen. Noch heute gelten nicht-metrische Standards als »technische Handelshemmnisse«, die es zu beseitigen gilt. Immerhin 95 Prozent der Weltbevölkerung benutzen heute von Staats wegen das metrische System.

Im Gründungsvertrag wurde das BIPM als eine internationale Behörde eingesetzt, die von den Staaten gemeinsam betrieben und finanziert wird. Zum Ende des Jahres 2010 wird mit dem Hannoveraner Physikprofessor Michael Kühne erstmals ein Deutscher ihr

Direktor sein, zuletzt war er auch Mitglied des Präsidiums der Physikalisch-Technischen Bundesanstalt in Braunschweig. Er wird das Werk seiner Vorgänger fortführen, die Meterkonvention verwalten und das metrologische Forschungsinstitut leiten. Dort werden die Standards definiert. Freilich sind die Längenmaße längst nicht mehr auf menschliche Glieder zurückzuführen, also antropometrisch, sondern orientieren sich – wo es geht – an Naturkonstanten. Das beim Urmeter sichtbare Problem, wie Dinge, Referenzen und Bezeichnungen zueinander stehen, ist aber mindestens noch für die Philosophie aktuell.

Ein Meter ist heute eine Entfernung, die das Licht in einer 299.792.458-stel Sekunde zurücklegt. Die Zeit, da es durch sinnlich erfahrbare Prototypen verkörpert wurde, gehört längst in andere Jahrhunderte. Bei seiner Einführung wurde das Meter aber vielfach auf diese Weise popularisiert, für das gemeine Volk gab es ausgestellte Maße an öffentlichen Plätzen. Für die Kollegen von der internationalen Wissenschaft wurden sogenannte Normalien in alle Welt versandt. Die DDR hatte zwei Kopien des Urmeters, Westdeutschland zunächst keines, durfte sich aber 1954 eins von Belgien kaufen. Kann man das verehrungswürdige Urmeter im Mekka der metrischen Standardisierung besichtigen?

Nein, sagt die Dame am Telefon, Sie können als Normalbürger das BIPM nicht besuchen, und es gibt keine öffentlichen Führungen; man müsste für solche Anliegen nur zum Musée des arts et métiers in die Pariser Rue Réaumur fahren, aber das sagt Frau Jolly nicht, und wir sprechen diese Möglichkeit auch nicht an. Frau Jolly bleibt auch auf Nachfrage hart. Man kann das verstehen, sie sind eine wissenschaftliche Institution mit einem Forschungsauftrag. Das Urmeter zum Anfassen für französische Schulklassen und angloamerikanische Touristen, die endlich auf »inch and foot« verzichten sollen? In den Labors wird von den Wissenschaftlern an der Verfeinerung der Standards gearbeitet und mit geradezu religiöser Inbrunst die Reinheit der Prototype besorgt. Ein Publikumsverkehr wie im Panthéon würde da nur ablenken oder anderes Unheil stiften [→ Panthéon 67]. Ohnehin ist es schwierig genug, die Prototypen so aufzubewahren, dass sie ihre Funktion erfüllen. Beim Prototyp vom Urkilo fehlen übrigens gerade 50 Mikrogramm. Aber man kann die Abschottung auch anders deuten: Den Uneingeweihten bleibt das Allerheiligste verborgen und verschlossen.

■

AUTOR Arne Karsten

63

Päpstliches Geheimarchiv, Vatikan

43 Kilometer Geschichte

Im päpstlichen Geheimarchiv? *Wirklich*?« Es gibt nicht viele Begriffe aus der Alltagsarbeit, mit deren Erwähnung ein Geisteswissenschaftler beim small-talk die Aufmerksamkeit seiner Umgebung fesseln kann. Der Hinweis, man sei kürzlich in Rom zu Recherchen im päpstlichen Geheimarchiv gewesen, wirkt immer. Die Gesprächspartner müssen nicht Dan Browns »Illuminati« gelesen haben, um mit der Erwähnung des wohl sagenumwobensten aller Archive geheimnisvoll-gruselige Assoziationen an hermetisch verschlossene, finstere Verliese im Vatikan zu verbinden, deren dunkle Geheimnisse von noch dunkleren Archivaren mit Klauen und Zähnen verteidigt werden.

Weil aber jede Epoche Mythen in die ihr entsprechende Form kleidet, bedient sich in Dan Browns überaus publikumswirksamen Phantasien das Böse avanciertester Technik, um allen Unbefugten – und wer wäre, außer höchsten geistlichen Würdenträgern, nicht unbefugt? – den Zugang zu den unergründlichen Geheimnissen der katholischen Kirche zu verwehren: »Sie passierten vier Stahltüren und zwei weitere verschlossene Türen, dann stiegen sie eine Treppe hinunter und erreichten ein Foyer. Der Gardist tippte Kodes in die Tastenfelder, und sie gingen durch eine Reihe elektronischer Detektoren, bevor sie schließlich am Ende eines langen Korridors vor eine große Doppeltür aus Eiche gelangten. Der Schweizergardist blieb stehen, murmelte etwas Unverständliches und öffnete eine in die Wand eingelassene Stahlklappe. Er tippte einen Kode auf die Tastatur dahinter, und an der Tür ertönte ein Summen«.

Sind all diese Sicherheitsschranken, deren Ausgepichtheit die Konstrukteure von Fort Knox neidvoll erblassen lassen müsste, überwunden, dann kommt man beim Anblick des Archivs selbst erst recht nicht aus dem Staunen heraus. Dem Blick des Besuchers bieten sich geheimnisvolle Glascontainer dar, die selbstverständlich in »geisterhafter Dunkelheit liegen, kaum zu erkennen im Licht der schwachen Deckenlampen. Es waren Büchertresore, hermetisch gegen Feuchtigkeit und Wärme isoliert, luftdichte Kammern, die verhindern sollten, dass das alte Papier und Pergament weiter zerfiel.« Und die Dokumente, die sich in diesen hochgerüsteten Büchertresoren befinden, sind natürlich von überlegenen »masterminds« thematisch so zusammengestellt, dass sich demjenigen, der einmal Zugang zum päpstlichen Geheimarchiv erlangt hat, die dunkelsten Geheimnisse des Papsttums gewissermaßen von selbst erschließen.

Ach, wäre es doch so einfach!

In der schnöden Wirklichkeit ist es nämlich genau umgekehrt: Zugang zum päpstlichen Geheimarchiv zu erlangen, ist höchst simpel. Und die eigentliche, mühevolle Arbeit beginnt erst dann, wenn man drin ist. Möchte man die Dokumente des Archivs konsultieren – zum Beispiel, weil man an einem wissenschaftlichen Projekt arbeitet, dass sich mit der Entstehungsgeschichte römischer Papst- und Kardinalsgrabmäler beschäftigt – so genügt ein Schrei-

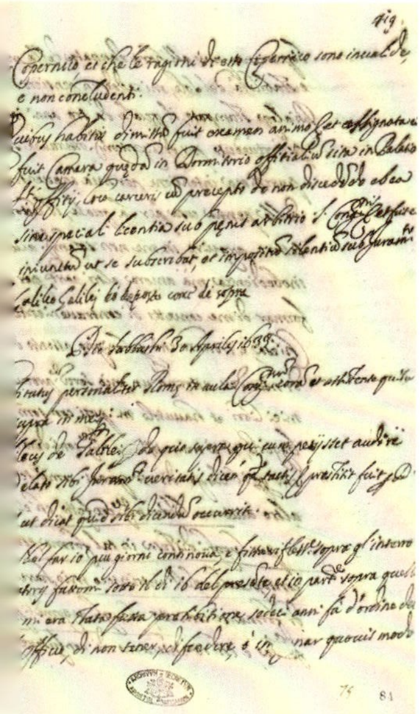

ben, in dem man seine Forschungsinteressen erklärt. Das reicht man im Büro ein, in dem die Archivausweise ausgestellt werden; bei jüngeren Wissenschaftlern hilft das Empfehlungsschreiben eines Universitätsdozenten. Es folgt ein freundliches Gespräch mit dem zuständigen Archivar, der nicht etwa nach der Konfession fragt, sondern einem mit dem einen oder anderen Tipp zu helfen versucht. Das war's. Von nun an geht es allmorgendlich (außer sonntags natürlich) von 8.30 bis 13.00 Uhr auf die Jagd nach historischen Quellen. Und die ist leider sehr viel aufwändiger, freilich mitunter auch spannender, als Dan Browns Phantasien von einem bis in alle Einzelheiten durchleuchteten Bestand von Geheimbotschaften erwarten lassen. Denn das päpstliche Geheimarchiv enthält unendlich viel mehr Dokumente, als sich selbst von den fleißigsten Archivaren zusammenfassen ließen.

Die Bestände des Archivio Segreto Vaticano reichen zurück bis in die Anfänge der Kirchengeschichte, also bis in die Spätantike. Freilich machen die aus dieser frühen Zeit stammenden Schriftstücke nur einen verschwindend kleinen Teil des Überlieferungsschatzes aus. Vieles ging über die Jahrhunderte verloren; schon weil es das Geheimarchiv in seiner heutigen Form, also als zentrale Sammelstelle kurialer Dokumente, erst seit dem Beginn des 17. Jahrhundert gibt, als Paul V. Borghese seine Einrichtung dekretierte. Bereits zuvor hatten die Päpste wichtige Urkunden, Erlasse und Briefe aufbewahrt, nur eben: in verschiedenen Sammlungen und phasenweise auch an unterschiedlichen Orten. Jetzt, im Jahre 1610, erfolgte ihre Zusammenführung im Archivio Segreto, eben dem Geheimarchiv. Der Begriff »geheim« wurde übrigens in dieser Epoche auch zahllosen anderen Archiven zuteil, in denen das diplomatische Herrschaftswissen der europäischen Staaten gesammelt wurde. Zunächst stellte das päpstliche Archiv nur eine Unterabteilung der vatikanischen Bibliothek dar, deren Räumlichkeiten noch heute in den vatikanischen Palästen an diejenigen des Archivs grenzen. Erst 1630 trennte Papst Urban VIII. Barberini die beiden Institutionen und übertrug die Leitung des Archivs einem eigenen Präfekten. Auch die Hüter der Tradition entdeckten mit dem Heraufdämmern der Aufklärung die Methoden moderner Verwaltungsapparate für sich. Und sei es, um die Aufklärer in Schach zu halten [→ Dubai 35].

Im Laufe der Zeit wuchs das Geheimarchiv beständig, weil die immer differenzierteren bürokratischen und diplomatischen Strukturen des päpstlichen Stuhls den schriftlichen Niederschlag ihrer Aktivitäten im Geheimarchiv deponierten. So entstand mehrfach die Notwendigkeit, die Depots des Archivs zu erweitern. Unter Pius XI. kamen 1933 Magazine mit 13 Kilometern Stahlregalen hinzu, Paul VI. veranlasste dann die Erweiterung durch einen 1980 von Johannes Paul II. eingeweihten, unterirdischen Neubau, in dem weitere 43.000 Regalmeter bereitstanden. Notwendig wurden diese Ausbaumaßnahmen nicht nur aufgrund des explosionsartig anwachsenden Schriftverkehrs der päpstlichen (wie ja allgemein aller modernen) Bürokratien, sondern auch durch eine ganze Reihe von Privatarchiven, die im Laufe der Zeit ihren Weg in den Vatikan fanden. Darunter befanden sich die Nachlässe von kirchlichen Würdenträgern und Gelehrten, aber auch eine Reihe von Familienarchiven alter Adelsclans und ehemaliger Papstfamilien, wie etwa der Borghese, der Boncompagni-Ludovisi oder der Rospigliosi. So kommt es, dass heute nicht nur Theologen und Kirchenhistoriker im päpstlichen Geheimarchiv ihren Studien nachgehen. Auch wer sich mit der Verwaltungsgeschichte des Kirchenstaats beschäftigt, der Kunstpatronage von Kardinalnepoten (jener päpstlichen Verwandten, die von ihrem Onkel ins Kardinalskollegium berufen wurden) oder der Korrespondenz päpstlicher Botschafter an den Höfen des frühneuzeitlichen Europa, der sucht hier seine Quellen.

Dabei braucht es vor allem zweierlei: Zeit und Geduld. Denn die unüberschaubaren Bestände des Archivs sind bei weitem nicht komplett systematisch erschlossen, viele »fondi«, also eigene Dokumentgruppen, nicht einmal inventarisiert. So heißt es denn, Tag für Tag aufs neue im Lesesaal die maximal drei Bände, die jeder Benutzer täglich bestellen darf, auf den Leihscheinen anzufordern. Etwa eine halbe Stunde später kann man dann ihren Empfang quittieren und sich an die Lektüre machen. Die gestaltet sich durch unleserliche Handschriften, zerstörerischen Tintenfraß oder fehlerhafte Beschriftungen oftmals mühsam und ebenso oft ergebnislos –

das Gesuchte ist nicht dabei. Archivarbeit schult vor allem die Frustrationstoleranz [→ Freuds Couch 9]. Selten, sehr selten sind die Glücksmomente, da man einen Volltreffer landet, eine unbekannte Quelle findet, die neue Erkenntnisse vermittelt, gar der Arbeit eine grundlegende Wendung gibt [→ Bremen 48]. Oder an überraschender Stelle ein Dokument entdeckt, das den Leser durch seine schlichte Schönheit erfreut, etwa die kostbar auf Pergament gestaltete Beschreibung einer Gemäldesammlung, dieweil man eigentlich, im besten Fall, im angeforderten Band mit einem trockenen Briefwechsel über Verwaltungsfragen gerechnet hatte.

Solche Sternstunden sind, wie gesagt, rar. Und doch übt die Arbeit im päpstlichen Geheimarchiv eine ganz eigene Faszination aus. Es mag an der klösterlich-konzentrierten Stimmung liegen, mit der die Forscher hier ihren Studien nachgehen. Auch der Reiz der Detektivarbeit spielt eine Rolle: Zwar sind die Aussichten, im Archivio Segreto die Weltformel oder zumindest Berichte über abgründige Verschwörungen zu finden, schlecht. Aber neue Erkenntnisse über historische Geschehnisse aller Art stellen sich mit der Zeit durchaus ein. Und schließlich sind das Geheimarchiv und die benachbarte Bibliothek, vor allem aber die von den Besuchern beider Institutionen gemeinsam genutzte Caffeteria im Cortile della Biblioteca, dem Bibliothekshof des Vatikan, ein wunderbarer Ort, um mit Wissenschaftlern aus aller Welt ins Gespräch zu kommen. Weniger über die Verschwörung der Illuminati, als über die Mühen und Erfolge der eigenen Arbeit, oder die unterschiedlichen Absurditäten, die der Bologna-Prozess im jeweiligen Heimatland hervorbringt [→ Bologna 10], oder die aktuellen Fußballergebnisse der italienischen Serie A.

Kriminalmuseum, Graz

Der praktische Blick am Tatort

Der Tatortkoffer des Kriminalisten Hans Gross ist nicht nur ein beliebtes Exponat, vor dem die Besucher im Grazer Kriminalmuseum lange stehen bleiben. Obwohl er geheimnisvolle Straffragen klären soll, steckt er selbst voller Fragen an den Betrachter: Was haben die Chemikalien, Schreibfedern und Reservestrümpfe gemeinsam?

Für den Betrachter ist der Koffer als Artefakt mitsamt seinen ordentlich verstauten Utensilien nicht gänzlich fremd, bezieht er sich doch auf medial vermittelte Bilder kriminalistischer Tätigkeit im Stile des Meisterdetektivs Sherlock Holmes. Die Aufklärungsinstrumente als »Little Tools of Knowledge« sind auch in anderen medialen Thematisierungen polizeilicher Ermittlungsarbeit präsent, etwa bei den amerikanischen Hitech-Ermittlern von »Crime Scene Investigation«, kurz: CSI. Sherlock Holmes und CSI sind daher zwei Elemente jenes Referenzraums, in dem sich die Besucher des Grazer Kriminalmuseums bewegen, wenn sie den Tatortkoffer bestaunen.

Das 1896 gegründete Museum war für Hans Gross kein Ort der Unterhaltung oder gar der Indoktrination, sondern ein Ort der Schulung. Dort sollte der »praktische Blick« von Kriminalisten auf Tatorte, Verdächtige und Objekte ausgebildet werden. Entsprechend komplex musste die Ordnung der kriminalistischen Dinge in diesem Raum beschaffen sein. Ein Blick auf die 32 Kategorien, mit denen Hans Gross seine Sammlung organisiert hatte, zeigt jedoch die Probleme bei der Visualisierung eines Wissens, das sich im Wandel befand. Die ersten zehn Kategorien bezogen sich auf Exponate, die im weitesten Sinne Spuren von Tat und Täter anzeigten: zertrümmerte Knochen, Blutspuren, Projektile, Fingerabdrücke und zertrümmerte Glasscheiben. Viel Raum wird dem unterschiedlichen

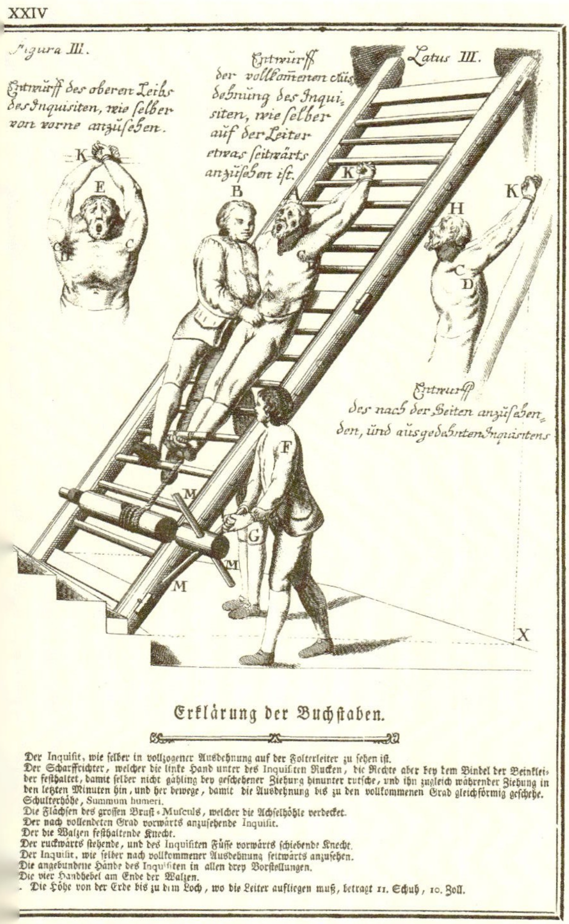

Aussehen von Blutspuren eingeräumt, weil bis zu Paul Uhlenhuths Entdeckung des experimentellen Nachweises von Menschenblut im Jahr 1901 der praktische Blick am Tatort gefragt war, um Blutspuren entdecken zu können. Später büßte diese differenzierte Vorstellung von Blutspuren ihre Bedeutung ein.

Auch die restlichen Kategorien, die den Verbrecher in seiner kulturellen, biografischen und »rassischen« Verfasstheit präsentieren, verdeutlichen, wie sich Gross zwischen Tradition und Neubeginn bewegte. Das Interesse für die kulturellen Praktiken und Biografien von Gaunern ist der Tradition geschuldet, die Präsentation von Tätowierungen und die gezielte Ausstellung von kriminellen Praktiken der »Zigeuner« zeigt seine Offenheit für Neuansätze im kriminologischen Diskurs, in dem »Degeneration« und »Rasse« eine zunehmende Bedeutung erhielten [→ Kiriwina 51].

Die Ausbildung der Untersuchungsrichter war für ihn nicht auf die Sammlung beschränkt: »… alles, was er tut, treibt, studiert und hört, muß der einzigen Idee untergeordnet werden, wie er das, was er erfahren hat, in seinem Amte verwerten könne … eben weil er alles brauchen kann, soll er sich um alles kümmern.« Das Kriminalmuseum war dennoch das Herzstück dieses Ausbildungsprojekts. In Graz lässt es sich bis ins Jahr 1896 zurückverfolgen, als Gross eine Lehrsammlung am Landesgericht für Strafsachen einrichtete. Die Übersiedlung an die Universität Graz erfolgte 1912, wo die Sammlung bis in die siebziger Jahre betreut wurde. Die Wiedereröffnung im Jahre 2003 steht im Zeichen der Neubewertung von wissenschaftlichen Sammlungen. Die ehemaligen Mekkas der Moderne werden heute zu Attraktionen für eine breite Öffentlichkeit und zu wichtigen Bestandteilen des wissenschaftlich-kulturellen Erbes.

Kriminalmuseen wurden im letzten Viertel des 19. Jahrhunderts an zahlreichen Orten errichtet. Sie waren Haltepunkte in der nationalen wie internationalen Zirkulation von kriminalistisch interessanten Objekten wie Tatwaffen, Tatortspuren und den körperlichen Zeichen von Gewalteinwirkung. Gleichzeitig waren die Museen Konvergenzpunkte kriminologischer Theorien, praktischer Erfahrung und neuer wissenschaftlicher Erkenntnisse in der Sichtbarmachung und Auswertung von Tatortspuren [→ Stevns Klint 46]. In diesen Museen strebten die Gründer und späteren Kuratoren zur Visualisierung der vielfältigen Wahrheiten über *das* Verbrechen und seine zahlreichen Erscheinungsformen. Graz war zu dieser Zeit infolge der Gross'schen Aktivitäten eines, wenn nicht das europäische Zentrum der aufstrebenden Disziplinen der Kriminalistik und der Kriminologie. Als Lehrfach an den Universitäten kaum verankert, kämpfte es um einen Platz an der Peripherie der akademischen Welt, suchte vor allem aber in Auseinandersetzung mit sozialen Herausforderungen und unter Verwendung neuer Erkenntnisse der Naturwissenschaften seinen praktischen Nutzen zu untermauern.

Kriminalmuseen stellten anschauliche Evidenz bereit, um angehenden Juristen und Kriminalbeamten das Verbrechen und den Verbrecher in ganz konkreter Weise vor Augen zu führen. Sie sollten dadurch lernen, richtig zu *beobachten*. Denn »beobachten, das bedeutet nicht ein Ansehen auf gut Glück, bedeutet nicht nur Kenntnis nehmen, was den Blick auf sich zieht, worauf der Blick ruht; es ist ein planmäßiges Nachspüren nach vorher festgelegtem Plan«, wie der französische Kriminalist Edmond Locard betonte. Das Kriminalmuseum war der Ort, an dem man die zukünftigen

Praktiker auf die zu suchenden »Sehdinge« hinweisen konnte. Gross, Gründer des Grazer Kriminalmuseums und Autor eines kriminalistischen Standardwerks, verglich den Nutzen des Museums sogar mit der klinischen Ausbildung der Mediziner am Krankenbett [→ Charité 65].

Die Kriminalmuseen der Vergangenheit üben bis in die Gegenwart hinein eine erhebliche Faszination aus. Die heutigen Kuratoren profitieren von einer durch amerikanische Serien wie CSI und ein rasch wachsendes Angebot an Kriminal- und Detektivliteratur geschürten Faszination des »Spurenlesens«. Gezeigt wird auf eine subtile und dadurch umso nachdrücklichere Weise die Lektüre der sogenannten Realien, also der materiellen Spuren eines Verbrechens. Sie erfolgt immer mit klar vorgegebener Finalität: der unausweichlichen Übermächtigung von allzu menschlichen Akteuren mit ihren sinistren Machenschaften und emotionalen Verirrungen durch den Intellekt der Kriminalisten und die von ihnen genutzten Technologien.

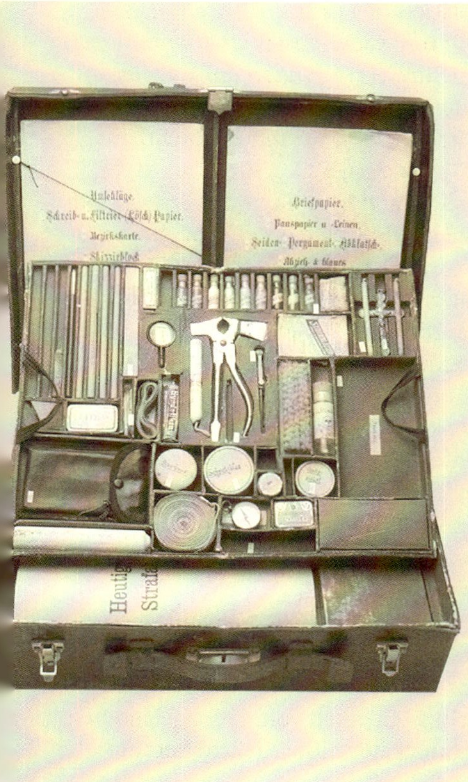

Die Vorstellung von einem Ort, an dem diese Realien gesammelt vorhanden waren, regte bereits in der Nachkriegszeit die Phantasie von breiten Schichten der Bevölkerung an. Anders lässt sich die lang dauernde Nutzung des Kriminalmuseums als dramaturgisches Instrument zur Rahmung von Kriminalgeschichten in Hörfunk und Fernsehen kaum erklären. Im Jahr 1952 wurden 39 Folgen der erfolgreichen Radiosendung »Black Museum« mit Orson Welles in den USA ausgestrahlt [→ Mars 74]. Das Programm wurde von Radio Luxemburg übernommen und bis in die achtziger Jahre im amerikanischen National Public Radio wiederholt. In Deutschland ging das ZDF mit seiner ersten Krimiserie unter dem Titel »Das Kriminalmuseum« zwischen 1963 und 1970 auf Sendung. Das Museum spielte in der Fernseh- wie Hörfunkreihe dieselbe Rolle. In einem virtuellen Rundgang wurde das Publikum mal visuell, mal akustisch mit einem Panoptikum von Straftaten und ihrer Realien konfrontiert – »they are all touched by murder«, so der Vorspann zum »Black Museum«. Jede Folge griff eine andere Realie heraus und erzählte die Geschichte einer Straftat und ihrer Ermittlung.

Die Art der Faszination, die das Kriminalmuseum auf seine Besucher ausübt, hängt von der dramaturgischen Inszenierung ab [→ Stockholm 6]. Das zeigen die unterschiedlichen Formate dieser Museen. Den Sammlungen, in denen mit mehr oder weniger historischer Präzision ein vormodernes Rechtssystem in Szene gesetzt wird, stehen die Lehrmittelsammlungen des späten 19. Jahrhunderts gegenüber, die als Orte der Lehre und Forschung in polizeilichen Zentralbehörden, kriminologischen Instituten und – wie im Fall von Graz – selbst in einem Oberlandesgericht geschaffen wurden.

Diese beiden Sammlungsformate stehen stellvertretend für die jeweils spezifische Faszination, die von diesen Sammlungen ausgeht. Im Bild gezeigte Folterszenen, wie jene aus der 1768 veröffentlichten Anleitung aus dem österreichischen Strafgesetzbuch von Kaiserin Maria Theresia vermitteln einen Einblick in eine heute fremde Gewalttätigkeit bei der Aufklärung von Straftaten. Es fasziniert hier das Fremde, das die medialen Berichte von Folter und Grausamkeit an Orten wie Abu Ghuraib mit der Geschichte unserer Rechtskultur in Beziehung setzt und dabei gleichzeitig die Differenzen verdeutlicht. Ein gutes Beispiel für diese Inszenierung findet sich im Mittelalterlichen Kriminalmuseum in Rothenburg ob der Tauber, das geschickt dramaturgische Effekte zur Präsentation einer auch fachlich gut gestalteten historischen Ausstellung nutzt.

Hans Gross' Koffer in Graz dagegen steht für den modernen Zugang zur Aufklärung von Verbrechen. Der heutige Kriminalist kommt – so man offiziellen Darstellungen glaubt – ohne Anwendung körperlicher Gewalt aus. Er ist seit dem späten 19. Jahrhundert skeptisch gegenüber den Möglichkeiten einer diskursiven Herstellung von Wissen über Straftaten eingestellt. Die Wahrnehmungspsychologie der Jahrhundertwende lehrte Kriminalisten wie Gross, dass keine Aussage eines Zeugen als ungebrochene Wiedergabe von Eindrücken gelten könne [→ Hier und Jetzt 73]. Deshalb setzten Hans Gross und seine Zeitgenossen auf die wissenschaftlich-technische Analyse der »Realien des Strafrechts«, worunter man alle Spuren verstand, die der Täter am Tatort, an seinem Körper und Verhalten, sowie am Opfer hinterlassen hatte.

Das Geheimnis, welches Chemikalien, Schreibfedern und Reservestrümpfe gemeinsam haben, wird in dem 1893 erschienenen »Handbuch für Untersuchungsrichter« gelüftet. Sie alle seien der technologische Teil eines Netzwerkes, das kompetenten Kriminalisten die Aufklärung von Straftaten ermögliche, erläutert das vielfach übersetzte und nachgedruckte Standardwerk von Hans Gross: Die Chemikalien erlaubten die Bestimmung von Giften oder Explosivstoffen, sie konnten Schriftfälschungen und andere Manipulationen nachweisen; die patentierten Schreibfedern der Firma Turnor mit ihrer dynamisch gerundeten Spitze ermöglichten ein besonders schnelles Notieren von Beobachtungen am Tatort. Und die Ersatzstrümpfe schließlich sollten garantieren, dass sich die Ermittler auch beim Einsatz in feuchtkaltem Klima auf ihre Arbeit konzentrieren konnten: Trockene Füße halten den Kopf des Kriminalisten von körperlichem Unbehagen frei. Vom Tatortkoffer geht nicht zuletzt deshalb eine Faszination aus, weil er aus vertrauten und unvertrauten Gegenständen ein neues Ensemble schafft – aus kleinen Realitätssplittern wird so eine große Erzählung von Schuld und Sühne zusammengefügt.

65 AUTOR David Wagner

Charité, Berlin

theatrum anatomicum

Eigentlich ist es gar nicht so schlimm. Das Essen kommt pünktlich alle paar Stunden. Schwestern kommen und sehen nach mir, Ärzte schauen herein, manchmal auch Besuch.

Charité Berlin, Campus Virchow, Station 18, Zimmer 12. Die Visite beginnt schon um kurz nach sieben, ich liege verschlafen im Bett. Die Ärzte haben heute drei Studentinnen dabei, zwei von ihnen tragen Turnschuhe, die dritte hat Ballerina-Slipper an den Füßen. Ich sehe das, weil ihnen unter den weißen Kitteln jeweils ein Stück Bein und die Schuhe und also ein Stück Privatleben herausragen. Ärzte tragen nicht selten Gesundheitsschuhe, nur der Oberarzt hat Schuhe mit Ledersohlen an.

Die Schwester fühlt mir den Puls und misst den Blutdruck. Fühlt sich an, als gehöre mein Körper ihr, sie nimmt meinen Arm, als wäre es ihrer, sie hat alle Zugriffsrechte.

Ich bin Patient und Forschungsobjekt zugleich. Eine Doppelrolle mit Tradition, seit 300 Jahren schon. 1710 wurde die Charité als Pest- und Sterbehaus vor den Toren der Stadt gegründet. Drei Jahre später bekam sie ein theatrum anatomicum und diente bald als Ausbildungsstätte für Militärärzte. Im Laufe des 19. Jahrhunderts wurde die Klinik nach und nach Teil der 1810 gegründeten Berliner Universität. Christoph Wilhelm Hufeland, Goethes Leibarzt, war erster Dekan der medizinischen Fakultät, die über die Hälfte aller deutschen Nobelpreisträger in Physiologie und Medizin hervorbrachte und Dank Robert Koch und Rudolf Virchow zum Vorbild von Forschungskliniken in aller Welt wurde. Heute ist die Charité eine der größten Unikliniken Europas, ein Gesundheitskonglomerat an drei Standorten mit über 15.000 Mitarbeitern. Ich bin nur einer von fast 250.000 Patienten im Jahr. Die meisten ihrer seinerzeit berühmten Ärzte, nämlich Ernst von Bergmann, Johann Lukas Schönlein und die beiden Gräfes, kenne ich nur noch als die Namensgeber von Straßen in Berlin.

Einer der jüngeren Ärzte, wahrscheinlich wird nie eine Straße nach ihm benannt, kommt hinzu und nimmt mir Blut ab, die Schwester hängt mich wieder an den Tropf. Und sagt wieder: Sie müssen trinken. Trinken wird im Krankenhaus zur Aufgabe. Wieviel haben Sie getrunken? Wie viele Becher? Die Anzahl wird aufgeschrieben. Hier wird Buch geführt über jedes Glas Wasser, jeden Stuhlgang, jede Temperaturveränderung. Die Mappe, in der alles notiert wird, heißt die Kurve [→ Hawaii 34].

Das Krankenhaus ist Geschichtenhaus. Immer wieder kommen neue. Jeder Patient bringt eine mit. Ein Teil, aber nur ein kleiner Teil davon, steht in der Krankenakte. Also, was bleibt mir anderes übrig, lausche ich den großen Krankheitserzählungen. Dem großen Krankenhausdiskurs. Den mit der Zeit unaushaltbar werdenden Krankheitsgesprächen: Was ich habe, wie ich leide, was ich schon alles hatte. Wo ich damit schon war, was die Ärzte gemacht und was sie nicht gemacht und was sie falsch gemacht haben. Und so weiter [→ Troia 47].

Meine Krankenhausfreunde und ich, wir kennen uns in Schlafanzügen, Nachthemden und Bademänteln. Wir liegen nicht weit auseinander, wir zeigen uns unsere Wunden. Erzählen uns, wie oft und wie lange wir schon hier gewesen sind. Seit wann wir warten. Wie oft wir die bescheuerten Essenskarten schon ausgefüllt haben. Manchmal erzählen wir uns auch, was vorher war, draußen. Und ich habe Zeit, das rauchgrau-blaumelierte Linoleum auf dem Boden zu betrachten.

Die Schwester geht und kommt wieder und sagt, der Transport ist da. Das Krankenhausbett ist eigentlich ein Fahrzeug, es hat vier Räder. Ich liege und gleite sanft dahin. Ich werde über lange Flure gefahren und in einen Aufzug geschoben [→ Autobahn 61]. Heute schiebt ein Schwarzer. Im Aufzug und dann auch im Durchgang unter der Mittelallee, unter den Wurzeln der Kastanien, singt er vor sich hin. Ich frage ihn, was er singe und was das für eine Sprache sei. Eine Sprache der Elfenbeinküste, sagt er, und als ich weiter nachfrage, erzählt er, dass er in Paris geboren sei, Frankreich und die Franzosen könne er aber, obwohl selbst Franzose, nicht leiden. Er habe 18 Jahre da gelebt, das reiche ihm für immer.

Die Transporteure sind junge oder nicht mehr junge Männer, die Patienten von ihrer Station auf eine andere oder zu Untersuchungen bringen. Zum Röntgen, zum MRT, zur Sonografie. Patienten sind ihr Transportgut. Die Transporteure unterscheiden Läufer und Betten. Läufer sind Patienten, die gehen können. Betten sind Patienten, die liegend in ihren Betten gefahren werden müssen. Betten sind natürlich weniger beliebt. Alle Transporteure, es gibt 26 im Frühdienst, nachmittags weniger, sind mit einem Klinikmobiltelefon ausgestattet, mit dem sie Signale geben müssen, zum Beispiel »Bin auf Station angekommen«, »Patient empfangen« oder »Bin am Zielort und wieder verfügbar« [→ Basel 60]. Es gibt auf dem Klinikgelände allerdings auch Funklöcher, in denen die Überwachung nicht funktioniert. Angeblich hat der Oberaufseher einen Schirm, auf dem er die Bewegungen seiner Transporteure überwachen kann. Auf 20 bis 25 Kilometer komme er pro Tag, erzählt mir einer, abends habe er kein Bedürfnis mehr, spazieren zu gehen. Schuhe, sagt er, halten ein halbes Jahr. Die meisten Transporteure pflegen eine rituelle Kommunikation mit dem Patienten. »Wie geht es uns heute«, »Na, denn ma' los«, »Jetzt um die Ecke«. Sie haben schon alles gehört und alles schon gesagt. Sie kennen ihre Wege [→ San Millán 45].

Die blonde Ärztin mit Pferdeschwanz schiebt die Sonde des Sonografen über meine Bauchdecke, auf der sie feuchtkaltes Gleit- und Kontaktgel verschmiert hat. Sie schaut nicht auf mich, sie schaut nur auf den Bildschirm. Sie bewegt die Sonde wie eine Computermaus, ich bin das Mousepad, das immer wieder den Atem anhalten muss, damit das Bild für einen Augenblick stillsteht. Auf dem Monitor sieht sie mich von innen. Naja, sie sieht ein körniges Muster in Grauabstufungen, sich bewegende Schatten, die sie für ein Bild meines Innern halten kann. Das ist ein Organ, hier ist ein Gefäß, hier bewegt sich was. Ein Standbild, ein Screenshot. Ich kann auf dem Bild, ich sehe ein kleines Stück Bildschirm, nichts erkennen. Und ich denke, sie könnte auch Videokünstlerin oder Bildwissenschaftlerin sein [→ Mona Lisa 4].

Im Tunnel des Magnetresonanztomografen habe ich alle Zeit um nachzudenken. Ich liege im Ofen und werde gebacken, gleich bin ich gar. Verstehe schon, dass es Patienten gibt, denen es in der Röhre nicht gefällt, und die in klaustrophobische Angstzustände verfallen. Mir macht es nichts aus. Ist doch eine schöne Höhle, ich liege tief im Schacht. Ein Kontrastmittel läuft mir in den Arm. Kann die Ärztin, eine junge, süddeutsche Frau mit sehr heller Haut, Sommersprossen und lockigem Haar, mit diesem Gerät auch meine Gedanken lesen? Kann sie auf einem Monitor sehen oder aus dem Lautsprecher des Computers, vor dem sie sitzt, hören, was ich denke? Hört sie nun, dass ich den Verdacht habe, dass sie hören kann, was ich denke? Wie toll ich sie finde [→ Freuds Couch 9]?

Als ich wieder im Zimmer bin, wird der Tropf wieder angehängt. Ich höre ihn nicht, ich sehe ihn bloß tropfen. Ich sehe nicht nur meinen Tropf, ich sehe auch wieder aus dem Fenster und in viele andere hinein. Ich sehe OP-Vorbereitungen im ersten Stock, zwei Frauen in grünem OP-Gewand stehen dort in einem Raum mit gekachelten Wänden, eine der beiden streift sich Gummihandschuhe über. Hinter dem Vorhang irgendeines dieser offenen Fenster stöhnt ein Mensch. Zehn Minuten später hört das Stöhnen wieder auf.

Die Studenten kommen um kurz vor halb zwölf. Die Charité ist ein Universitätsklinikum, hier werden Ärzte ausgebildet. Kommt her und schaut mich an. Zukünftige, was lernt ihr heute? Was darf ich euch verraten? Seht ihr, erkennt ihr, was ich habe? Seht ihr die Zeichen, die Schrift auf meiner Haut? Die Studenten lernen Fühlen, Tasten, Klopfen und Horchen. Lernen, sich ein Bild zu machen, ohne Ultraschall und Röntgen [→ Graz 64]. Hier und da malen sie mir kleine Markierungen, Kugelschreiberstriche auf die Haut. Sie sind sehr höflich und fragen immer wieder, ob sie hier und auch hier noch mal dürften. Ich lasse sie.

Sonst werde ich kaum noch berührt. Heute zählen nur noch die Werte. Blutwerte und Bilder. Stimmen die Werte nicht, werden Bilder angefordert. Angefasst werde ich selten. Nur der Oberarzt begrüßt mit Handschlag, sein Handschlag ist die Berührung des weisen Mannes, der letzte Rest des Heilens durch Handauflegen. Berühre mich, und ich werde gesund. In der Berührung meines Körpers steckt die halbe Heilung.

Sein Händedruck sagt aber auch: Ich fürchte mich nicht vor deinen Keimen. Ich berühre dich doch noch. Ich traue mich. Noch bist du nicht unberührbar. Unberührbar sind die mit MRSA, Patienten, die sich mit multiresistenen Krankenhauskeimen infizierte haben. Die werden isoliert. Trotzdem hoffe ich, dass er sich vor und nach jedem Zimmer die Hände desinfiziert. Der Sterilium-Spender hängt draußen vor der Tür. Ich benutze ihn mindestens dreimal am Tag, eher öfter. Bald verwende ich ihn jedes Mal, wenn ich etwas angefasst habe. Händewaschen, sagt eine Ärztin, kann man eigentlich auch bleiben lassen. Nur die Alkoholdesinfektion verhindert die Schmierinfektion. Nach dem Einreiben mit Alkohol lebt nur noch einer von tausend Keimen, Händewaschen reduziert ihre Zahl nur um die Hälfte.

Mein Bettnachbar, wir liegen zu zweit im Zimmer, erzählt, wie es hier vor 50 Jahren zuging. Mit 30 Mann auf dem Zimmer. Und die Schwestern verteilten Mullbinden zum Aufrollen. Das Verbandszeug wurde damals noch gewaschen und wiederverwendet. So hatten Patienten immer was zu tun. Heute landet, aber das ist mir lieber, alles im Müll.

Dann kommt das Mittagessen. Eine Kunststoffhaube, in der Mitte hat sie ein rundes Loch, bedeckt die Menüschale. Die Suppenschälchen stehen daneben auf dem Tablett und tragen einen Gummideckel. So bleibt die passierte Gemüsesuppe oder Brühe oder Champignoncremsuppe, oder was auch immer da hineingefüllt wurde, warm.

Sich über das Essen zu beklagen, gehört zur Krankenhausfolklore. Hier zu sagen »Das hat aber gut geschmeckt«, ist für die Schwester eine Sensation, die sie gleich als gute Nachricht in die Küche hinuntertelefonieren will. Sie sagt: »Da freut sich der Koch, so was hört der nicht alle Tage.«

»Ich bin runter, Zeitung holen«, sagt mein Bettnachbar und ist schon zur Tür hinaus. Ich hoffe, er bleibt nicht in einem vergessenen Aufzug stecken, wie der Patient in dem anderen Berliner Krankenhaus, der erst nach drei Tagen gefunden wurde. Da hatte er schon angefangen seinen Urin vom Aufzugsboden aufzulecken.

Später betrachte ich wieder den Krankenhausboden. Kommt mir vor, als gäbe es in seinem Muster nun ganz andere Dinge zu sehen als heute Vormittag. Dabei ist es doch der gleiche rauchblaue Farbteich aus Linoleum und mein Bett das Floß, das auf diesem See treibt, das Wasser spiegelglatt, still und klar. Bis mein Bettnachbar wieder hustet. Der Boden ist in Bahnen zu einszwanzig verlegt, seine Farbe wiederholt sich in den Kopf- und Fußteilen der Betten. Am Fuß der Wand ist der Belag über die Wand-Boden-Kante hinaufgezogen, was den meist sehr freundlichen Frauen, einmal nur in Wochen ist es ein Mann, das Wischen in den Ecken erleichtert. Ein kleines Stück Wand wird einfach immer mitgewischt. Die Reinigungskräfte haben fast alle schwarze Haare, das passt gut zum Pistazientürkis ihrer Kittel. Die Frauen leeren auch die Mülleimer, die ich mit der kaum gelesenen Zeitung fülle, und legen neue Müllbeutel ein. Sie wischen auch über den Tisch, den Lampenschirm, der dann meist noch eine gewisse Zeit hin und her pendelt, und über den Nachttisch. Was da steht, heben sie kurz hoch und fahren mit dem Lappen darunter hindurch. Manchmal, wenn zu viele Bücher auf dem Klapptablett liegen, beschweren sie sich [→ Alexandria 14]. Leere Wasserflaschen, das gehört nicht zu ihrem Aufgabenbereich, nehmen sie nicht mit. Manchmal macht das die Schwester am Abend, bei ihrem letzten oder vorletzten Gang durch die Zimmer, bevor sie an die Nachtschwester übergibt. Nicht ohne die Bemerkung, dass wer sich volle Flaschen hole, die leeren wohl auch zurücktragen könne. Ich liebe diese Erziehungsversuche.

Eigentlich ist es eine absurde Situation. Zwei Männer liegen auf einem Zimmer, und in regelmäßigen Abständen schauen Frauen herein, die fragen, wie der Stuhl war, ob wir die Essenskarten ausgefüllt und unsere Medikamente genommen hätten. Wir sind wieder fünf Jahre alt.

■

Summerhill School, Leiston

Die Weltverbesserungsanstalt

Es ist ein weiter Weg nach Summerhill, einst Vorzeigeschule der antiautoritären Pädagogik, heute so etwas wie eine Legende. Es liegt im hintersten Winkel der Grafschaft Suffolk, in Leiston, 150 Kilometer nordöstlich von London, nah am Meer.

Ein warmer Frühlingsmorgen, die Besucher sind gekommen, um zu prüfen, ob die Schule noch in die Gegenwart passt oder schon wieder. Sie biegen in die Einfahrt mit dem Schild »Achtung! Spielende Kinder!«, lassen sich »Besucher«-Sticker an die Brust kleben und betreten das Gutshaus aus rotem Backstein.

Verwohnt sieht es aus, aber gemütlich. So, wie man sich die Villa Kunterbunt vorstellt; altmodische Veranda, die Dielen knarren, die Treppengeländer sind blank gerutscht, in der Halle hängen noch Girlanden vom Valentinstag.

Summerhill ist das revolutionärste Internat der Welt: Der Unterricht ist freiwillig, die Stundenpläne sind nur zwingend für Lehrer. Die Schüler bestimmen, wie sie leben wollen und nach welchen Regeln. Noten und Zeugnisse gibt es nicht, Fluchen und Sex sind erlaubt, Religion ist tabu. Anfang der zwanziger Jahre wurde die Schule von dem schottischen Lehrersohn Alexander S. Neill gegründet, heute leben hier acht Lehrer und 81 Schüler zwischen sechs und 16 Jahren, die meisten aus Europa, ein Viertel Asiaten. Am Eingang werden Souvenirs verkauft: »Summerhill – seit 88 Jahren der Zeit voraus«.

Zoë Readhead, 64, rotes Haar, Gummistiefel, empfängt die Besucher an niedrigen Tischen im Speisesaal, sie sitzt auf einem Tisch und baumelt mit den Beinen. Readhead ist die Tochter von Alexander S. Neill, seit knapp 30 Jahren leitet sie das Internat. Sie kennt die Kritik in Zeiten von Disziplin, sie sagt: »Gutes Benehmen kommt von allein, wie auch die Lust am Lernen«, und dass ihr Internat besser in die Gegenwart passe denn je [→ Bologna 10]. »Wir haben die Wirren der antiautoritären Erziehung überlebt, Skandale in der Presse, den Prozess um die Schließung. Wir haben bewiesen, dass wir funktionieren.«

Summerhill sei eine Schule ohne Zwang, sagt Readhead, eine Schule ohne Regeln sei sie nie gewesen. »Sehen Sie, da hängen sie«, sie zeigt auf eine Mappe an einer Pinnwand. 152 Gesetze momentan, sie regeln Bettzeiten, die Höhe des Bußgelds. »Wir haben mehr Gesetze als andere Internate und kosten weniger: je nach Alter zwischen 10.000 und 17.000 Euro im Jahr. Have a look.«

9.30 Uhr, die Schulglocke schrillt, die Eltern betreten den Hof, und endlich sieht man auch Kinder. Sie düsen auf Skateboards, basteln an Baumhäusern, ein japanischer Junge kickt Bälle auf ein Tor. Miss Sixty-Jeans oder Push-up-BH, die Uniformen der Konsum-Kids, sind hier out. Summerhill-Kinder tragen lässige Mützen und Flicken auf den Knien.

Meylis, zu dem Zeitpunkt 15 Jahre alt, wartet am Pool. Sie ist im Besucherkomitee, führt zu den Klassenräumen, hell und improvisiert, zu den Schlafbaracken, Eintritt für Fremde verboten. Abseits, hinter Ligusterhecken, stehen Wohnwagen. Dort leben die Lehrer, sagt Meylis, die verdienen wenig in Summerhill, Luxus interessiere die nicht.

Meylis und ihre Mitschüler müssen niemandem gefallen, schon gar nicht Erwachsenen. Früher waren sie auf normalen Schulen und haben gelitten. Tertius, 14, ein blonder Knirps mit Skateboard, sagt: »Früher war ich hyperaktiv, jetzt bin ich ruhiger.« Er rammt das Bein eines Besuchers, lässt ihn stehen, kommt zurück und reicht Tee. Susan, 15, Koreanerin, sagt: »Für Asiaten zählt nur der Erfolg, wir sind von Versagensangst zerfressen. Ich bin lieber hier.« Meylis, Brille, altklug, sagt: »Das Wichtigste ist die Freiheit. Wir engagieren uns für die Gemeinschaft und haben immer eine Meinung.«

Der Traum von einer Schule also, Vorbild für eine bessere Gesellschaft? Man kann Summerhill altmodisch finden oder modern. Ein Relikt aus studentenbewegten Tagen [→ Sāmoa 8]. Oder ein Modell der Zukunft. Weil die Schule keine Anpasser produziert, sondern Demokraten. Weil sie statt auf Ordnung und Fleiß auf Toleranz setzt, auf Kritikfähigkeit und Mitbestimmung [→ Tokio 22].

Welchen Eindruck man mitnimmt aus Summerhill, hängt davon ab, was man mit hineinbringt – Vorurteile, Erinnerungen an die eigene Schulzeit oder die Frage, ob man es selbst hier geschafft hätte.

Summerhill, so viel ist klar, macht es Fremden nicht leicht: Kritiker erwarten verwöhnte Chaoten, kaputt geschmissene Fenster, Orgien, Anarchie. Wenig davon werden sie hier finden. Verehrer hingegen sind enttäuscht, dass nicht ständig Flower-Power herrscht und sich alle in den Armen liegen, sondern oft gar nichts passiert. Ein unspektakulärer Alltag: Geweckt wird um acht, um 9.30 Uhr beginnt der Unterricht für die, die wollen, dann Lunch, Unterricht, Abendbrot, Bettruhe. »Ombudsmen« schlichten Streitereien, »Fines Officers« kassieren Taschengeld von denen, die sich nicht an die Regeln halten. Nur Putzen, Waschen und Kochen erledigt das Personal. Der Rest kann sehr langweilig sein.

Die Kinder sind stolz auf ihre Tradition, und doch klingt vieles, was sie sagen, auswendig gelernt. Das mag daran liegen, dass Fremde immer dieselben Fragen stellen: Fühlt ihr euch vorbereitet aufs Leben? Was lernt man, wenn man nichts lernen muss?

Sie sind es gewohnt, besichtigt zu werden wie seltene Exemplare der Gattung Kind. Sie machen sich nicht viel aus Fragen, sie stellen lieber selbst welche: »Ist Erfolg wichtig? Wer bemisst Erfolg? Ob wir Sex haben miteinander? No way, das wäre ja wie Inzest. Was wir gegen Langeweile tun? Gar nichts! Wenn wir sie nicht mehr aushalten, treibt sie uns in den Unterricht, und dort manchmal zu Höchstleistungen.«

Über ihre Probleme mit der Freiheit oder den Frust mit der fremden Sprache sprechen sie nicht – keine Lust. Und wenn Summerhill-Kinder keine Lust haben, auch das ist eine Erkenntnis aus Summerhill, ist nichts zu machen. Die Kinder verabschieden sich höflich, aber bestimmt. Die Klingel schrillt, zum Unterricht geht niemand.

Wie prägt diese Schule ein Leben, wie kommt man klar hinterher? Antworten haben nur Erwachsene, Ehemalige. Viele machen Vorwürfe, fast alle aber sagen, Summerhill sei das beste, was ihnen passieren konnte, für eine Weile jedenfalls.

Alexander Rühle, 38, empfängt zur Tea-Time in einem Londoner Hotel. Er trägt Pullunder zum karierten Hemd, sein Haar ist kurz, sein Handy klingelt ohne Pause. »Ja, das machen wir so«, sagt er in geschliffenem Englisch, »aber das nächste Mal bitte strukturierter.« Auf seiner Visitenkarte steht »Fondsmanager«.

Alexander war neun, als ihm seine Mutter abends am Bett aus Neills berühmtem Kinderbuch »Die grüne Wolke« vorlas. Über das Kinderparadies in England, wo Lehrer Freunde sind und jeder tut, was er will, solange es niemanden stört. Er wollte dorthin, klar, sein Vater war dagegen. Alexanders Vater war Handelsattaché der DDR in Tunesien, später Republikflüchtling. Alexander besuchte eine strenge Schule in Paris, wenn er quatschte, bekam er ein Pflaster über den Mund.

Der Junge setzte sich durch. Er spielte viel in Summerhill, »um den Hass auf die alte Schule zu überwinden«. Aber dann sei etwas mit ihm passiert, sagt er, es war wie Aufwachen. Er lernte Englisch in wenigen Monaten, schaffte Abschlussprüfungen in drei Fächern, hatte viel aufzuholen, paukte. Mit 17 ging er auf ein College. Es war kein besonders gutes College. Seine Mitschüler waren Schnösel und Sitzenbleiber, sobald ihnen ein Lehrer den Rücken kehrte, flippten sie aus, jedes Wochenende waren sie blau oder bekifft. Rühle hatte sich längst ausgetobt, Rebellion kam für ihn nie in Frage. »Ich wusste schon damals, dass ich draußen überleben muss.«

Rühle legte drei Uni-Abschlüsse hin, arbeitete als Analyst bei einem Hedgefonds. Heute ist er selbständig, sitzt vor sechs Bildschirmen bis tief in die Nacht und liebt, was er tut. Rühle passt in die globalisierte Welt, er sagt: »Früher brauchte man Fließbandarbeiter, heute Querdenker, Kreative, Multitasker – all das bin ich dank Summerhill.«

300 Kilometer weiter westlich lebt Freer Spreckley, 64, in einem ausgebauten Rinderstall bei Hereford. Er lebt hier noch nicht lange, mit seiner Frau, einer ehemaligen Summerhill-Lehrerin, und drei Kindern. Früher suchte er seinen Weg in der Welt.

Als Kind war der Brite das Gegenteil von Rühle, dem Deutschen. Freer trug den stolzen Vornamen eines Wikingers, als wäre es ein Versehen. Er war ein trauriger Junge, seine Mutter starb an Krebs, da war er drei Jahre alt. Als er mit sechs Jahren nach Summerhill kam, spielten die Kinder vor dem Gutshaus und sagten, er solle nicht so glotzen, sondern mitspielen. »Das war der Moment, als ich lernte, Kind zu sein«, sagt Spreckley: »Ein Kind mit Familie.«

Spreckley, heute ein stattlicher Mann, Berater für Dritte-Welt-Organisationen, sagt, Summerhill habe ihn gelehrt, glücklich zu sein. Wer könne das schon von seiner Schule behaupten? Aber eigentlich sei es gar keine Schule, eher ein Ferienlager. Als man ihn entließ, war er 16 und konnte weder lesen noch schreiben.

Vor Spreckley auf einem Tisch steht ein getöpfertes Schälchen, sein Abschlusszeugnis aus Summerhill, wenn man so will. Spreckley war sehr gut im Töpfern. Zum Unterricht ging er selten, er litt an Legasthenie. Man hätte ihm helfen können, auch damals in den sechziger Jahren. Ein Lehrer versuchte es, aber er blieb nicht dran, es war nicht wichtig. Nach Summerhill reiste Spreckley fünf Jahre per Anhalter um die Welt. Lebte in Kuwait, war bekifft in Kalkutta, im US-Radio trat er auf als eines der berühmten Kinder von Summerhill. Mit Mühe schaffte er seinen Führerschein, bis heute der einzige Leistungsnachweis seines Lebens.

Spreckley versteckte sein Handicap, kritzelte Kringel, brachte Japanern Englisch bei, Buchstabieren ging nicht, nur Konversation. Als er in Australien Bulldozer fuhr, schlug ihm ein Kumpel auf die Schulter und sagte: »Einmal ein Arbeiter, immer ein Arbeiter.« Spreckley empfand das als Beleidigung, er wollte nicht so enden, auf dem Bau, als Analphabet. Er schloss sich im Wohnwagen ein, schrieb Wörter aus dem Buch »Wer die Nachtigall stört« ab und schlug deren Aussprache nach. Nach drei Monaten hatte er sich selbst geheilt. »Wenn man wirklich etwas lernen will, kann man es schaffen«, sagt Spreckley, dieser Grundsatz habe ihm damals geholfen, auch der sei ein Erbe aus Summerhill.

Glaubt er, Utopien der Linken ausgebadet zu haben? »Ein wenig schon«, sagt Spreckley. »Man hätte mehr für mich tun können.« Seine drei Kinder hat er auf normale Schulen geschickt. Manchmal tut ihm das leid.

Zu Spreckleys Zeiten war Summerhill eine unbekannte Provinzschule. Alexander S. Neill hatte sie 1921 als »Neue Schule« bei Dresden gegründet, bald darauf zog sie um nach Lyme Regis in England, in ein Haus, das »Summerhill« hieß [→ Lyme Regis 38]. Nach ein paar Jahren musste die Schule ein weiteres Mal umziehen, der Name aber blieb.

Neill, Sohn eines schottischen Schulrektors, war mit 15 bereits Hilfslehrer und musste schlagen und strafen. Sein Traum: eine sorgenfreie Kindheit, die er selbst nie gehabt hatte. Neill glaubte an »das Gute im Kind«, ähnlich wie es viele Reformpädagogen im Gefolge von Jean-Jacques Rousseau taten [→ Panthéon 67]. Seine Überzeugung: Jedes Kind ist begierig darauf zu lernen. Freiheit ist kein Versprechen, sie beginnt hier und jetzt. Zu einer Zeit, in der Schulen noch Pauk- und Prügelanstalten waren, war Summerhill, die erste freie Schule der Welt, wahrlich revolutionär.

Den Ruf einer Revoluzzer-Schule aber verpasste ihr erst die Generation der 68er. In Deutschland war Neills »Theorie und Praxis der antiautoritären Erziehung« ein Bestseller, doch als man die Studentenrevolte für gescheitert erklärte, vergaß man auch Summerhill. Was gezählt hatte, war die Idee, die Welt durch Erziehung zu verändern. Wie Summerhill funktioniert, hatte kaum jemand überprüft.

Der deutsche Buchtitel hängt bis heute wie ein Fluch über der Schule. Dabei hatte Neill den Begriff antiautoritär nie benutzt, sein Motto war »Freiheit, nicht Zügellosigkeit«. Seine Schule war kein experimenteller Kinderladen, seine Schüler kamen klar mit der Freiheit. Bis heute, betont man in Summerhill, sei kein einziges Kind schwanger geworden, drogenabhängig oder rechtsextrem. »Lasst mich bloß in Ruhe mit den deutschen 68ern«, soll Neill oft geflucht haben.

Neill war ein kauziger Typ im Cordanzug, sagt Freer Spreckley, ein schottisches Raubein, in seinem Mund steckte stets eine Pfeife. Die Kinder riefen »Neill, Neill, orange peel«, er nannte sie »bloody folks«, verdammte Racker. Er konnte wundervoll Geschichten erzählen, war charismatisch, ein Theoretiker war er nie. Eltern aus aller Welt schrieben ihm Briefe und baten um Hilfe. »In der Erziehung«, so Neills Befund, »sind alle meschugge.« Spreckley gab er »private lessons«, so etwas wie Therapiestunden, ein bisschen Psychoanalyse nach Sigmund Freud, ein bisschen Wilhelm Reich. »Meist sprachen wir über meine tote Mutter«, sagt Spreckley, schluckt ergriffen und schaut auf sein getöpfertes Schälchen.

Neill starb 1973 mit fast 90 Jahren. Sein einziges Kind wuchs hier auf, sie war mal das berühmteste Kind der berühmten Kinder von Summerhill. Zoë Readhead machte kein einziges Examen, nur eine Prüfung zur Reitlehrerin. Das war sie viele Jahre lang, bevor sie Schuldirektorin wurde, unterrichtet hat sie nie.

Auch Readhead kann gut mit Kindern, die Schüler nennen sie »Mummy«, manchmal backt sie ihnen Apfelkuchen, aber meist lässt sie die Kinder in Ruhe und kümmert sich um das Personal und die Finanzen. Sie sagt: »Kinder lernen mehr voneinander als von Erwachsenen.« Die Ideen ihres Vaters sind ehernes Gesetz, es hat sich nicht viel geändert.

Mit Erwachsenen allerdings kann Readhead sehr energisch sein. Summerhillianer nennen Besucher »die aus der Außenwelt« und behandeln sie wie Eindringlinge. Die Lehrer sagen, sie seien gebrannte Kinder, seit ein britischer TV-Sender 1993 einen Film zeigte, in dem Summerhill-Kinder ein Kaninchen schlachten und

Lehrer wirres Zeug reden. »Die schlimmste Zeit meines Lebens«, sagt auch Zoë Readhead und blickt auf ein Foto ihres Vaters auf ihrem Schreibtisch, als suche sie Trost.

Im Laufe der Jahre hat Readhead gelernt, ihre Schule gegen die Außenwelt und deren Anfeindungen abzuschotten. Die Welt von Neills Ideen überzeugen zu wollen, hat sie aufgegeben. Manchmal reist sie noch zu Reformschulkongressen nach Japan oder Deutschland, aber auch dort gilt – so radikal wie das Original ist keine andere Schule. Meist sind die Eltern das Problem. Auch einige Summerhill-Eltern, sagen die Lehrer, misstrauen der Idylle: Sie laden ihre Problemkinder hier ab, doch sobald aus ihnen soziale Menschen geworden sind, melden sie sie wieder ab und schicken sie auf Schulen mit gymnasialer Ausbildung. Summerhill als Besserungsanstalt, ist das der Trend? »Ich hoffe nicht«, sagt Readhead und lächelt müde.

14 Uhr, Vollversammlung im Gutshaus. 50 Kinder sitzen in der Halle, auf Treppenstufen und Fensterbrettern, aneinandergekuschelt, konzentriert. Sie stimmen ab, ob die Besucher teilnehmen dürfen. Sie dürfen. Tertius, der blonde Knirps mit dem Skateboard, ist Vorsitzender und ruft die Fälle auf: Wer wann übers Wochenende weg darf, ob ein Junge sein Holzgewehr mit sich herumtragen darf, obwohl das ein paar Kindern Angst macht. Die Kinder lassen einander ausreden, melden sich, argumentieren geübt, lachen viel, beschließen eigene Gesetze. Sie lernen, Demokratie zu produzieren, nicht nur zu konsumieren. Sie haben eine Stimme, Rechte, aber auch Pflichten. Wer stiehlt, lärmt oder nervt, bekommt keinen Pudding oder wäscht ab. Es ist der Höhepunkt jeder Woche, ein hartes Stück Arbeit. Aber es dauert eine Ewigkeit, mehrere Stunden lang, bis alle mit allen über alles diskutiert haben.

Wäre die Welt besser, gäbe es mehr Schulen wie Summerhill? Ehemalige sagen, sie müssten sich ein Leben lang für ihren Besuch in Summerhill rechtfertigen. Kinder haben Macht – so etwas passe nicht in die heutige Gesellschaft, das sei nicht erwünscht. Ehemalige Summerhillianer glauben an die Idee, aber sie kritisieren die Praxis. Neill war davon überzeugt, dass Kinder leidenschaftlich gern lernen. Aber er hat nie darüber nachgedacht, wie man sie mit Leidenschaft unterrichtet. Die meisten Summerhill-Lehrer seien Luschen, sagen sie, die ihre Kindheit nachholen auf Kosten der Kinder. Aber eines hätten die ehemaligen Schüler mitgenommen, davon zehren sie noch heute: Diesen fundamentalen Optimismus und den Glauben, dass die Welt es wert ist, in ihr zu leben. Aus Summerhillianern seien verantwortungsvolle Bürger geworden, sagen sie, der ehemalige Prime Minister Tony Blair könne stolz auf sie sein. Doch gerade der war einer ihrer ärgsten Feinde.

Blair war gerade zwei Jahre im Amt, der Neoliberalismus in aller Munde, es war das Jahr 1999, die Links-Regierung wollte die Privatschule, die keinen Penny vom Staat bekommt, schließen. Wie schon zu Neills Zeiten kamen Schulinspektoren Ihrer Majestät. Diesmal ging es um das Prinzip Summerhill, um die Frage: Schule ohne Unterrichtspflicht, passt das noch in die Welt? Sie wollten Summerhill schließen, ihr Befund: Die Schüler würden »Faulheit als Übung in persönlicher Freiheit missverstehen«, ihre Bildung sei bruchstückhaft.

Die Schule zog vor den High Court in London, und der Erziehungsminister lenkte ein. Er bot an, den freiwilligen Unterricht zu tolerieren, sofern Summerhill seine Schüler künftig zur Teilnahme »ermutigen« würde. Im Gerichtssaal hielten die Kinder ihr Meeting ab und stimmten dafür, den Deal anzunehmen.

Noch heute sagt Anwalt Geoffrey Robertson, 62, der damals Summerhill verteidigte: »Wir brauchen Summerhill mehr denn je.« Für viele Kinder sei das Internat keine Lösung, sie brauchten früh feste Strukturen. Aber für Kinder, die Panik haben vor Prüfungen oder auf dem Schulhof verdroschen werden, sei es die Rettung.

Am Ende des Tages stehen Sterne über Summerhill, Licht dringt aus den Klassenräumen, und ein paar Kinder sitzen im Unterricht. Geschichte bei Lehrerin Nina, Wiener Kongress als Rollenspiel. »Stellt euch vor, ihr wäret Preußen oder Österreich und müsstet verhandeln«, sagt sie und verteilt die Rollen. Maximus, MP3-Player im Ohr und schwer pubertierend, stolpert herein. »Wer soll ich sein? Fürst Metternich? Bin ich aber nicht!« Ob er wenigstens einen Krieg anzetteln dürfe, fragt er, ruft »peng, peng!« und erschießt sich. »Setz dich, mach mit, oder du fliegst!«, sagt Nina. Maximus bleibt.

Die Besucher aber müssen gehen, so sind die Regeln. Lehrerin Nina weist den Weg zum Ausgang. Sie wollen wieder unter sich sein. In ihrer Welt, auf einer Insel.

67 AUTOR Hilmar Schmundt

Panthéon, Paris

Zentralheiligtum und Zankapfel

Hin und her, hin und her. Fast unmerklich voran und immer im Kreis. Träge schwingt das Pendel, ein stummer Beweis: Und sie bewegt sich doch. Die Besucher, die eben noch schwatzten und lachten, verstummen und lassen sich von dem Foucaultschen Pendel hypnotisieren, 28 Kilo schwer, hängend an einem über 70 Meter langen Draht, der sich in der Höhe fast verliert, aufgehängt mitten im »Auge Gottes«, dem Scheitelpunkt der Kuppel im Panthéon von Paris, einem Tempel, geweiht dem Fortschritt und der Aufklärung.

Das Panthéon ist ein Tempel der Leere, eine ausgeräumte Kirche. Kein Kirchengestühl, kein Altar, keine Beichtstühle, kein Weihwasserbecken, keine Opferstöcke, keine Devotionalien, keine Kerzenständer, kein Klerikalmobiliar. Ein leerer Raum, dämmerig, hoch, überwältigend, kalt. In der Mitte das Pendel, eine Kriegserklärung an das Korsett starrer Glaubensregeln. Der Beleg, dass die Erde sich um sich selbst dreht. Der Mönch Giordano Bruno war für derlei Ketzerei vor über vierhundert Jahren auf dem Scheiterhaufen bei lebendigem Leib verbrannt worden, geknebelt, damit er den frommen Folterknechten keine Widerworte geben konnte. Das Pendel soll stumme Anklage sein. Und später Triumph.

Was genau beweist das Pendel? Die Besucher flüstern sich hilflos Erklärungen zu, wissen dann nicht mehr weiter, runzeln die Stirn. Zum Glück ist hinter den Säulen ein Terminal mit einer Multimediashow aufgestellt, die auf Englisch erklärt: Das Pendel schwingt hin und her, während sich die Erde quasi unter ihm um die eigene Achse wegdreht, weshalb das Pendel nicht an denselben Ort zurückschwingt, sondern jeweils ein paar Millimeter weiter, bis es nach über einem Tag wieder dort anlangt, wo es gestern schwang, immer im Kreis, unmerklich voran, hin und her. Wie die Aufklärung selbst.

»Die Wissenschaft erhebt unsere Seele«, schnarrt es aus den Lautsprechern: »Die Erde ist nichts als ein Atom – und wir sind nichts als Staub auf dem Atom«. Hier geht es um mehr als nur Wissenschaft, hier geht es um Wissenschaft als Religion. Ein Paradox: den kritischen Geist sakralisieren, den Verstand vergöttern. Das Panthéon wirkt wie ein Monument der Schwierigkeiten, der Ungereimtheiten, der ungewollten Komik, gnadenlos überladen in seiner dreifaltigen Bedeutung: als katholische Kirche, als Tempel der Nation und als Heiligtum der Aufklärung.

Schon morgens um zehn drängeln sich hunderte von Touristen aus aller Welt vor dem Panthéon, auf das zwei Straßenzüge mit mächtigen Blickachsen zulaufen. Hier im Quartier Latin liegen die besten Schulen der Nation, die Sorbonne ist gleich nebenan, ebenso wie das Elitegymnasium Lycée Henri-IV. Auf diesem Hügel lehrten schon Thomas von Aquin, Albertus Magnus, Erasmus von Rotterdam. Der Weltgeist würde wohl ein paar Straßen weiter wohnen, wenn es ihn gäbe. Das Panthéon war idealerweise als Herz des Staatsgebietes gedacht, und damit der französischen Staatsdoktrin des Universalismus: der Suche nach allgemeingültigen Gesetzen und Maßeinheiten für die ganze Welt [→ Sèvres 62]. Endlich angekommen auf dem Olymp des Geistes. Stolz fotografieren sich Touristen aus Japan, Spanien und der französischen Provinz.

Wie eine überdimensionierte Hochzeitstorte thront der gigantische Gemischtwarenladen hinter ihnen, mit haushohen korinthischen Säulen, einer Kuppel wie aus der Renaissance, Spitzbögen wie aus der Gotik. Vorlage war das antike Pantheon in Rom, jener polytheistische Toleranztempel, in dem die unterschiedlichen Religionen des Imperiums unter einem Dach zusammenfanden. Doch der Nachfolger in Paris wirkt eher wie eine steingewordene Identitätskrise.

Die Hauptattraktion ist unsichtbar: Der Geist, der Scharfsinn, das Denken, verknüpft mit großen Namen, die jeder aus der Schule kennt: Rousseau und Voltaire, Marie Curie und Victor Hugo. Auf engstem Raum sind über 70 Dichter und Denker, Philosophen und Forscher in der Krypta unter der Kirche versammelt. Wo sonst Heilige und Könige begraben wurden, liegen heute die Gräber der Geistesgrößen. Hier im Quartier Latin zu leben, sei schon ein Privileg, so sagt man – aber hier begraben zu sein: das Größte. Wer im Panthéon liegt, in der Krypta unter dem schwingenden Pendel, der ist unsterblich.

»Aux Grands Hommes – la Patrie Reconnaissante«, steht in riesigen Lettern über dem Eingang. Doch die dankbare Nation gibt sich erstaunlich kleinlich ihren Großen Männern gegenüber: Der Besuch im »Tempel der Nation« beginnt mit dem Schlange stehen am Kassenhäuschen, Eintritt acht Euro, fast soviel wie im Louvre [→ Mona Lisa 4]. Über der Kasse droht ein blutrünstiges Wandbild mit dem katholischen Märtyrer Saint Denis, der seinen eigenen Kopf abgeschlagen in Händen hält. »That doesn't make any sense«, kritisiert ein amerikanischer Teenager das Bild, verdreht die Augen, will wieder gehen. Aber die Eltern bestehen darauf, dies Bildungserlebnis auf ihrer Grand Tour mitzunehmen: Old Europe at its best.

Also weiter. Das Kirchenschiff beeindruckt vor allem durch seine Höhe und Leere, unterstrichen durch das Pendel, hin und her, unmerklich vorwärts und immer im Kreis. Rechts davon eine Skulptur für Rousseau, gesäumt von drei hübschen Damen namens Natur, Wahrheit und Musik. Hoch oben unter der Kuppel die Aufzählung der höchsten Werte der Nation: Vaterland, Recht, Ruhm, Tod. Der Tod? Ein höchster Wert? Derlei Ungereimtheiten begegnen einem auf Schritt und Tritt. Am Seitenschiff hängt ein Netz, um die Besucher vor bröckelndem Putz zu schützen.

Hinten links führt eine Treppe hinab in die Krypta. Diese ist zwar nicht einsturzgefährdet, aber dafür unzureichend beleuchtet: ein geducktes Gewölbe, mit Grabnischen französischer Denker und Dichter, Staatsmänner und Forscher. Wer waren noch einmal Portalis und Tronchet, haben die nicht den Code Civil mitverfasst, das Grundgesetz der bürgerlichen Gesellschaft, das Napoléon mit seinen Armeen über halb Europa verbreiten wollte? Und Jean Monnet? Der hat doch die Europäische Gemeinschaft mit aus der Taufe gehoben? Die Touristen tuscheln wieder und streiten über die Tafeln, die sie im Halbdunkel oft nur schemenhaft erkennen. »Silence, s'il vous plaît!«, ruft ein Ordner sie zur Raison. Ruhe bitte. Friedhofsruhe.

Diese Gruft gleicht eher einer Unruhestätte, einem Unfriedhof voller Grabsteine des Anstoßes, ein Zirkus des Disputs. Die Pantheonisierung, so nennt man die Überführung ins Panthéon, ist großes Theater [→ Nobelpreis 6], meist bietet sie einen willkommenen Anlass für gereizte ideologische Debatten über Verdienste und Versäumnisse der jeweiligen Persönlichkeit – und damit über die Werte in einer aufgeklärten, laizistischen, postreligiösen Gesellschaft: Streitkultur ist hier die Leitkultur.

Ein dissonanter Auftakt befindet sich gleich am Eingang der Krypta: Rechts liegt Rousseau, links Voltaire, poetischer Naturschwärmer der eine, pessimistischer Ironiker der andere, Vordenker der Aufklärung beide, zwei Pole moderner Weltanschauungen, in innigem Streit verbunden. Dies ist das heimliche Kraftzentrum des Panthéons: kein Tempel der nationalen Einheit, sondern eine lustvolle Inszenierung des Zwists. Das Schauspiel der Identitätsstiftung durch Dissens läuft seit über 200 Spielzeiten. Es begann im Ancien Régime, mit einem Kriegszug, auf dem sich Louis XV., ein Nachfolger des Sonnenkönigs, eine schwere Krankheit zuzog. Bei der letzten Beichte presste ein Pfarrer ihm per Gelübde eine Immobilie ab: Der König solle einen Neubau finanzieren für die heruntergekommene Abtei der Sainte Geneviève, der Heiligen von Paris. Der König genas, im Jahr 1744 erging der Auftrag. Der Architekt versuchte es allen recht zu machen, den konservativen wie auch den progressiven Kräften im Reich, heraus kam nach über 40 Jahren Bauzeit eine architektonische Kakophonie.

Schon damals kursierte der Plan, die Kirche nicht nur dem Herrschergeschlecht der Bourbonen zu weihen, sondern den Leistungsträgern: sogenannten Großen Männern, die sich um die Nation verdient gemacht hatten. Das Ancien Régime befand sich hinter den Kulissen auf einem Modernisierungskurs: Während der König in Versailles Rotwild und jungen Frauen nachstellte, organisierten aufgeklärte Minister den Staat, und manch ein Zensor förderte heimlich die ketzerische Encyclopédie von Diderot und d'Alembert. Die Revolution kam und mit ihr eine große Ratlosigkeit. Auf welcher Basis könnte eine laizistische Gesellschaft zusammenhalten? Der Hunger nach ersatzreligiösen Symbolen war groß [→ Baikonur 31]. So wurde die letzte Kirche des alten Regimes zum ersten Monument der Revolution. Umgewidmet im Jahr 1791 als »sichtbares Elysium«, als Tempel, nicht Herrschern oder Heiligen gewidmet, sondern »Großen Männern«.

Als erstes zog Mirabeau feierlich ein – und wurde wenig später wieder hinausgeschmissen, als herauskam, wie eng seine Verbindungen zum alten Regime gewesen waren. Diese Ausbürgerung aus dem Olymp kommt des Öfteren vor und wird »Dépanthéonisation« genannt. Dann kamen Voltaire, Rousseau und der Revoluzzer Marat. Marat wurde gleichfalls wieder depantheonisiert, als sich der politische Wind gegen ihn drehte auf dem zugigen Gipfel des Geistes. So ging es munter weiter. Von ewiger Ruhe keine Spur.

»Als sie die Lebenden getötet hatten, gingen sie daran, auch die Toten zu töten«, höhnte Victor Hugo über das Kommen und Gehen im Unfriedhof der Nation, für dessen opportunistische Gedenkpolitik er nur Verachtung übrig hatte. Sein Spott bewahrte ihn nicht davor, als er tot war und sich nicht mehr wehren konnte, selbst pantheonisiert zu werden.

Wie ihm erging es etlichen Kollegen. Rousseau zum Beispiel lag auf einer romantischen Insel im Park von Ermenonville begraben. Dann wurde die Asche des Naturschwärmers 1794 doch in die finstere Krypta verlegt. 1801 drehte sich der politische Wind wieder einmal, hin und her und immer im Kreis, und Napoleon Bonaparte ließ das Panthéon wieder als Kirche weihen, unter anderem, man muss schließlich Prioritäten setzen, dem »Heiligen Napoléon«. Rousseaus sterbliche Überreste wurden in dieser Ära heimlich entfernt. 1830 drehte sich der Wind erneut, und der Bürgerkönig Louis Philippe weihte die Kirche des Heiligen Napoleon wieder dem Weltgeist. Im Zuge dieses Streits wurde 1850 auch eine jener Wagner-Uhren im Tempel der Nation installiert, ein Zeichen des Aufbruchs, denn diese Uhren gehörten natürlich nicht in Kirchen, sondern in Bahnhöfe und Einkaufspassagen [→ Dubai 35].

Dann kam das Foucaultsche Pendel, inszeniert als Schaukampf der Physik gegen die Metaphysik: »Kommen Sie und sehen Sie, wie die Erde sich dreht«, hatte Léon Foucault im März 1851 das staunende Publikum eingeladen, um einem wohl kalkulierten Sakrileg beizuwohnen: Mitten in den höchsten Punkt der Kuppel, auch Oculum genannt, ins Auge Gottes sozusagen, hatte er seine Tragekonstruktion verkeilt. Die Eröffnungszeremonie hatte keinerlei wissenschaftlichen Erkenntniswert, sondern war einfach nur eine billige Polemik gegen die Kirche. »Entscheiden Sie sich zwischen den Worten des Priesters und der Wissenschaft«, forderte ein Festredner das Publikum auf, das gebannt auf das Pendel starrte, wie es hin- und herschwang, hin und her.

Neun Monate später kam der nächste Putsch, Napoleon III. ließ das Panthéon wieder einmal zur Kirche weihen. Auch das Pendel wurde dabei sozusagen depantheonisiert. Die Farce ging weiter. Jede Generation sah in dem Tempel der Leere etwas anderes, die deutschen Truppen zum Beispiel benutzten seine markante Kuppel 1871 bei der Belagerung der Stadt als Zielscheibe für ihre Geschütze. Die bürgerliche Regierung vertrieb sich derweil die Zeit in Versailles, verhandelte mit dem Feind, und bereitete ihr Massaker an den Revolutionären der Pariser Commune vor. Ab 1885 wurde wieder weiter pantheonisiert, nun war Victor Hugo an der Reihe. Hunderttausende feierten die Ehrung des populären Autors von »Les Misérables« laut Augenzeugenberichten mit einer ausschweifenden Straßenorgie. Auch das Pendel wurde wieder installiert hoch oben im »Auge Gottes«, und diesmal waren die Festtagsreden noch stärker ideologisch überhöht als bei der ersten Installation 1851: »Dies ist der praktische, einleuchtende, majestätische Beleg, dass unser Globus sich dreht«, sagte ein Redner, »und in dieser Erfahrung steckt eine astronomische, philosophische und soziale Lehre.« Ein anderer Redner ging noch weiter in seiner quasireligiösen Selbstüberhöhung und predigte: Der Mensch sei im Angesicht des Pendels den Beschränkungen des Erdenkreises entwachsen, und werde damit ein »Bürger des Himmels«.

Seitdem lässt es sich kaum ein Präsident entgehen, gegen Ende seiner Amtszeit die Aufklärung als Spektakel zu inszenieren. Als zum Beispiel Alexandre Dumas 1995 pantheonisiert wurde, galt das als Symbol einer farbenblinden Gesellschaft. Dumas war schließlich Enkel einer haitianischen Sklavin. Die Realität folgte dabei der Fiktion. Der Sarg des Schriftstellers wurde eskortiert von vier Männern hoch zu Ross, die kostümiert waren wie seine beliebtesten Romanfiguren: die Drei Musketiere.

Einer für alle, alle für einen. Aber was genau sind die Kriterien für den Einzug ins leere, kalte, dunkle Herz der Nation? Heutzutage drehen sich die Debatten oft weniger um diejenigen, die drin sind, als um jene, die draußen sind oder waren: Marcel Proust, Albert Camus, Simone de Beauvoir, Jean-Paul Sartre, Hector Berlioz, Claude Monet, George Sand. Der Leerstand liegt derzeit bei fast 200 Grabkammern.

Hin und wieder schleicht sich das Leben zurück auf den Gipfel der toten Genies. Es kommt heimlich, nachts und von unten, aus den Katakomben und Kloaken und U-Bahntunneln. »Untergunther« nennt sich eine Gruppe von Aktivisten, die sich 2005 Zugang zum Panthéon verschaffte. Ihr Plan: Kein Diebstahl, kein Vandalismus, sondern Reparaturarbeiten an der altehrwürdigen »Wagner-Uhr« von 1850, diesem Symbol des Aufbruchs von einst. »Wir wollten einfach nur das Nationalerbe schützen«, sagt ein Vertreter von »Untergunther« mit Dreitagebart und Bier in einem konspirativen Hinterzimmer einer Studentenkneipe in der Nähe des Panthéon. Mit seinen Freunden schlich er sich am Wachschutz vorbei aus der Unterwelt in die Kuppel. Sie ölten das Getriebe der Uhr, tauschten Zahnräder aus, justierten Federn, und nutzten den Raum derweil als improvisierte Bar. Bis die »Wagner-Uhr« wieder richtig tickte. Die Zeit hielt wieder Einzug im Tempel des ewigen Ruhmes [→ Nuvvuagittuq 7]. Feierlich ließen sie zu Weihnachten 2006 die Uhr in der leeren Halle schlagen. Doch statt warmer Dankesworte bekamen sie eine Klage wegen Hausfriedensbruchs an den Hals. Wieder tobte eine erbitterte Debatte um den richtigen Umgang mit dem Olymp der Leere. Am Ende stand zwar keine Pantheonisierung, aber zumindest ein Freispruch. »In Frankreich sieht das Gesetz keine Strafe vor für das illegale Betreten nationaler Monumente«, schrieb die Tageszeitung »Le Monde«: »Fast scheint es, als sei dies eine juristische Lücke.«

Die Kulturkämpfe zwischen oben und unten, rechts und links, laufen für die meisten Besucher im Verborgenen ab. Was also nehmen sie mit von ihrem Besuch im Tempel der Aufklärung? Am Ausgang liegt ein Gästebuch, direkt vor dem kleinen Andenkenladen, der Bücher von Zola, Hugo und Rousseau anbietet. Und natürlich das sogenannte Napoleon-Parfum, mit dem sich der glücklose Kaiser angeblich in seinem Exil auf Sankt Helena tröstete.

Das Gästebuch überrascht mit Poesiebuch-Schwärmereien an das Heiligtum der Aufklärung. Auf Spanisch, Italienisch, Französisch, Russisch preisen die Besucher die Schönheit des Pendels und berichten von Gefühlen der Freiheit, der Erhebung, des Aufbruchs. Keine Häme über den Club der toten Denker, über bröckelnden Putz, über Zwist und Widersprüchlichkeit. Es scheint, als erfülle das Panthéon noch heute den naiven Wunsch seiner Gründer nach Erbauung und Belehrung, als sichtbares Elysium des Geistes, das zukünftige Bürger des Himmels heranzieht. »I came deflated, I go inflated«, schreibt ein Besucher aus den USA: »Ich kam geknickt, ich gehe mit neuer Kraft. Danke, Panthéon, für deine Aufklärung.«

Um 18 Uhr schließen die mächtigen Pforten. Das Licht verlöscht in der leeren Halle. Nur das Pendel schwingt weiter. Hin und her, immer im Kreis, und fast unmerklich voran.

■

Internationaler Suchdienst, Bad Arolsen

Wider die Macht des Nichterzählten

Ein hübscher Ort: Bad Arolsen, rund 45 Kilometer westlich von Kassel, an der »deutschen Fachwerkstraße« und an der »Oranierroute« gelegen. 300 Jahre lang die Residenz der Fürsten zu Waldeck und Pyrmont. Ein prächtiges barockes Schloss, eine Großgemeinde mit etwa 18.000 Einwohnern, auch als »Versailles Hessens« tituliert mit dem leichten Spott, der in der Übertreibung wohnt. Heilbad, bemerkenswerte Museen, alles vorhanden. Der klassizistische Bildhauer Christian Daniel Rauch stammt von daher. Wer ein Pfeifen im Ohr verspürt, ist auch am richtigen Platz: in Arolsen wartet die größte deutsche Tinnitusklinik auf ihn.

Eine wohlklingende Adresse: Große Allee 5–9. Dort residiert seit unvordenklichen Zeiten der Internationale Suchdienst des Roten Kreuzes [→ Solferino 7]. Das Büro, 1943 in London gegründet, um die Überlebenden, die verschleppten und entwurzelten Opfer des Nationalsozialismus, wieder mit ihren Angehörigen zusammenzubringen und ihnen humanitäre Hilfe zu bieten, wanderte mit den alliierten Streitkräften über Versailles nach Frankfurt. 1946, in der Niemandszeit zwischen Befreiung und Neubeginn, kam es nach Arolsen, das erst seit 1997 das Bad im Namen führt. Die Lage des von Bomben verschonten Ortes ungefähr in der Mitte der vier Besatzungszonen gab den Ausschlag für die nordhessische Provinz.

Der »International Tracing Service« (ITS), mit guten Vorsätzen gegründet, wurde gleichwohl wie eine Verlegenheit hin- und hergeschoben, die Zuständigkeit wechselte, bis die alliierten Hochkommissare 1951 die Verantwortung übernahmen. Mit dem Ende der Besatzungszeit 1955 ergriff Adenauer die Initiative. Die Bundesrepublik verpflichtete sich, die Arbeit dieses Suchdienstes zu finanzieren, das Internationale Rote Kreuz übernahm damals die Trägerschaft, ein Ausschuss mit Vertretern aus elf Ländern die Aufsicht.

Man rechnete offensichtlich nicht mit einer langen Zeitspanne für die Arbeit. Mehrmals wurde das Abkommen verlängert, bis sich 1973 im Elferrat die Absicht durchsetzte, den Suchdienst unbefristet am Leben zu halten.

Nach deutschen nichtjüdischen Opfern wird an diesem Ort nicht gesucht. Etwa elfeinhalb Millionen von ihnen waren Kriegsgefangene oder Zivilinternierte; die Geografie *ihrer* Leiden umfasst 80 Länder. Jeder vierte Deutsche war auf der Suche nach jemandem oder wurde gesucht. Mehr als eine Million Menschen gelten noch immer als verschollen. Um sie kümmert sich jedoch eine andere, aber verwandte Organisation: das Deutsche Rote Kreuz unterhält noch immer einen Suchdienst in München und Hamburg für sie. Die beiden Heimkehrer Helmut Schelsky und Kurt Wagner haben ihn gegründet und scharfsinnige Methoden erfunden, um die blinden Stellen, die weißen Flecken, die Leere mit Gewissheiten zu füllen. So gibt es eine in Jahrzehnten bewährte Arbeitsteilung.

In Bad Arolsen ist eine Königsdisziplin des Gelingens die Statistik. Rund 30 Millionen Dokumente lagern in Stahlregalen und Hängeregistraturen unter einem sachlich flackernden Neonhimmel. Sie geben Hinweise auf rund 17,5 Millionen Menschen. Nach der Wiedervereinigung kam neues Material aus der DDR hinzu. Jedes Jahr wachsen die engen Regalgassen angeblich um 250 Dokumentenmeter [→ Päpstliches Geheimarchiv 63]. Ein institutionelles Gedächtnis der menschlichen Vergehen und der unmenschlichen Verbrechen ist diesen vergilbenden Blättern und schütteren Namenslisten eingeschrieben. Es handelt sich um Deportationslisten, Häftlingskarteien, Gestapoakten, Unterlagen von Versicherungen, Meldeämtern, Dokumente zum »Lebensborn«, auch zu Kriegsgerichtsverfahren, das Beweismaterial aus den Nürnberger Prozessen. Die Hinterlassenschaft einer Bürokratie der Verschleppung, der Ausbeutung und des Todes, eingesammelt, soweit nicht noch von der SS vernichtet, von den Stäben der Alliierten, ergänzt und erweitert durch Zufallsfunde. Darunter die Transportkarte eines Mädchens, das am 3. September 1944 vom Durchgangslager Westerbork nach Auschwitz verschleppt wurde: Anne Frank. Ein Gestapoblatt über den ehemaligen Kölner Oberbürgermeister Konrad Adenauer. Die Liste der 1200 Juden, die der Industrielle Oskar Schindler vor dem Tod bewahrte. Ein Totenbuch aus Buchenwald. Auch die Effekten, die armselige Habe von Häftlingen, die ihnen bei der Einlieferung ins KZ abgenommen wurde, finden sich in reichlicher Zahl:

4300 Umschläge mit Utensilien beispielsweise aus Neuengamme; immerhin 2700 konnten an Opfer oder ihre Angehörigen zurückgegeben werden. Für die anderen fehlt jede Spur. Schmucksachen, Lippenstifte, Kämme, Geldbörsen und was nicht alles sonst an Resten eines annullierten Lebens liegen herum und warten: auf was und auf wen?

Alle Informationen sind eingearbeitet in eine zentrale Namenskartei, die nach einem phonetischen System geordnet ist. Eine Arbeit für Tüftler: Für den Namen »Schwartz« gibt es angeblich 156 Versionen, und »Abramovitsch« kann man in 849 diversen Fassungen schreiben.

Der Internationale Suchdienst in Arolsen hat unterschiedliche Aufgabengebiete gehabt: Familien zusammenführen, Ansprüche auf Wiedergutmachung und Entschädigung sichern, Indizien über Personen zusammentragen, Lebens- und Sterbedaten mitteilen. Eine der folgerichtigen Absurditäten, die nur im Schatten der Verwaltung von Toten möglich sind: es gibt am Ort eine Behörde, die sich »Sonderstandesamt« nennt und die Totenscheine und andere Urkunden ausstellt, damit materielle Ansprüche von Angehörigen geltend gemacht oder weitere Urkunden ausgestellt werden können. Von Anfang an stand dieser Suchdienst unter dem Dilemma zweier unterschiedlicher Erwartungen: den Opfern und der historischen Forschung zu dienen. Daraus entstand eine Spannung, die von Jahr zu Jahr weitergereicht wurde: hier die Betroffenen und Gezeichneten mit ihrem Anspruch auf Persönlichkeitsschutz, dort die Erwartungen der Geschichtsschreiber auf ungehinderte Freigabe aller Akten. Die Leitung entschied sich in den siebziger Jahren für das humanitäre Mandat und wehrte Historikerwünsche weitgehend ab. Der Druck, der daraus entstand, vergrößerte sich durch personelle Engpässe. Lange Wartefristen entstanden bei der Bearbeitung, vollends als die Zwangsarbeiter-Stiftung »Erinnerung, Verantwortung und Zukunft« in Gang kam. Der Suchdienst wurde zwischen 2000 und 2007 mit etwa 950.000 Anträgen überhäuft. Überdies galt der psychologische Mechanismus: je länger die Historiker von den Akten ferngehalten wurden, desto wertvoller wurden sie. In der Öffentlichkeit mutierte die Dokumentenzentrale in Bad Arolsen zum »weltweit größten Holocaust-Archiv«. Erwartet wurden vom Suchdienst letzte Auskünfte über den Mord an den europäischen Juden. Das heißt: die Zahl, die endgültige, verbindliche Zahl. Aber dort ist sie nicht zu ermitteln, denn es handelt sich beim IST überhaupt nicht um ein Holocaust-Archiv. Vor allem wären die Völkerwanderungen unmittelbar nach dem Zweiten Weltkrieg zu rekonstruieren. Der Migrationsforschung kann mit diesem Material aufgeholfen werden – wenn diese entsagungsvolle Kärrnerarbeit überhaupt jemand betreiben will. Die Dokumente aus der Nachkriegszeit sind bereits digitalisiert und stehen zur wissenschaftlichen Verfügung. Aber die Forscherneugier ist eng begrenzt, seitdem sie befriedigt werden könnte.

Es handelt sich um acht bis zehn Millionen Menschen, die überwiegend aus dem Osten verschleppt wurden [→ YIVO 33] und das Kriegsende noch erlebten. Kopien des Materials gingen auch an das Holocaust Memorial nach Washington, an Yad Vashem nach Israel und ans Nationale Institut des Gedenkens in Warschau.

Der Dienst für die Einzelnen bleibt noch immer das hauptsächliche Erfordernis. 2008 erreichten Bad Arolsen mehr als 10.000 Anfragen aus 76 Ländern. In der Hälfte der Fälle gab das Material Auskünfte preis. Rund 80 Prozent galten den biografischen Spuren und dem Leidensweg von Gefangenen in Konzentrationslagern, Ghettos und Gefängnissen unter Gestapo-Aufsicht, den Sklavenarbeitern in der deutschen Kriegsindustrie und Versorgungswirtschaft.

Auch noch die Enkel verspüren diesen Sog, Ahnenforschung zu betreiben über mörderische Zeiten. 17 Prozent beziehen sich auf Zwangsarbeit. Früher haben sich die Angehörigen mit ihren Nachfragen zu den Verschollenen vorgearbeitet, jetzt fast ausschließlich zu Angaben über sie. Die Daten, Ortsnamen, verbürgten Umstände treten an die Stelle der gesuchten Person, hinterlassen eine ungewisse Spur, bestenfalls die Gesuchten in effigie. In einer Welt, in der die Sicherheiten immer mehr schwinden, enthält die Gewissheit, dass verschwundene oder ermordete Menschen wenigstens noch einen Umriss in den Dokumenten hinterlassen haben, dass ihre Fährten nicht ganz gelöscht sind, ein Gran Trost [→ Phoenix 71]. Der große Meister namens Vergessen, der ungezählte Opfer von der Bühne des Gedächtnisses fegen wollte, hat nicht das letzte Wort. Aber bald wird diese Geschichte nur noch in Akten vorhanden sein. Die Dokumente übernehmen die Auskünfte ganz, die Historie wird über Ausstellungen vermittelt.

Wäre man gläubig, müsste man an die Akten glauben. Wenigstens in dem Sinn, wie das Suchen und Finden in Döblins letztem Roman »Hamlet oder Die lange Nacht nimmt ein Ende« die ganze Existenz ergreift. Da sucht eine Mutter nach ihrem Sohn, einem vermissten Soldaten auf der sogenannten Siegerseite des Zweiten Weltkriegs. Auf den Ämtern wird die alte Frau mit einem geheimnisvollen Magnetismus zwischen dem Verschollenen und seinem Umriss auf dem Papier getröstet: »Wenn erst für einen Mann die Akten angelegt sind und alle Punkte schön beieinanderstehn, dann dauert es nicht lange, und der Mann stellt sich ein. Es ist kurios, Sie werden es nicht glauben, manchmal dauert es bloß ein paar Wochen, manchmal auch einige Monate und länger, aber es ist wirksam – als wenn man in eine Falle ein Stück Speck legt, und schon riecht es die Maus, und schon ist sie da.«

Ach, die Akten. In Friedland lagern Frageblätter und Auskunftsbögen von 3,7 Millionen Menschen, die dieses Grenzdurchgangslager passiert haben, um irgendwo eine neue Heimat zu finden oder in der alten sich wieder heimisch zu machen. In Berlin und Marienfelde gehen die Akten der DDR-Flüchtlinge ebenfalls in die Millionen. Und Zirndorf wäre zu nennen und ein halbes Alphabet an weiteren Namen. Wer mag sich durch diesen Montblanc an beschriebenem Papier durcharbeiten?

Die hunderte von Mitarbeitern, die in Bad Arolsen dieses abgründige Wissen verwalten, wirken rettungslos dem Dienst an einer Papier werdenden Vergangenheit verfallen, an der nichts repariert werden kann – in der Zwangsjacke der Vergeblichkeit. Aber vielleicht mehr denn je gilt der Satz von Günter Anders, in dem er zusammenfasste, was er unter dem »prometheischen Gefälle« verstand: Wir können uns nicht vorstellen, was wir herstellen. Demnach wäre die Imagination eine Kunde, die auch in Zukunft über diesem Sammelplatz der Verlorenen, Verschwundenen, Verschollenen, über diesem Geisterreich des Archivs, schwebt.

Jedes Jahr erhöht sich die Zahl der geklärten Fälle [→ Graz 64]. Auf der Waage, die eine moralisch wertende Justitia tariert, spielt das keine Rolle: das Gewicht des Verbrechens lässt sich damit nicht ausgleichen. Aber diese Aufklärungen zählen denn doch. Wer von den Nachgeborenen erfährt, was wann wo und wie den Angehörigen geschehen ist, wird zwar durch dieses Wissen kaum weniger belastet sein als er zuvor in seiner Ungewissheit war, aber er wird vielleicht nicht mehr von jenem fressenden Zweifel und von der Melancholie heimgesucht, den der Schriftsteller Hans-Ulrich Treichel markierte, als er von der Macht des Nichterzählten sprach, die sich in den Nachgeborenen einnistet. Mit anderen Worten nennt man sie »transgenerationelle Traumatisierung«. Immerhin noch drei Prozent der Anfragen in Arolsen gelten nach mehr als 60 Jahren der Suche nach Angehörigen.

Das Ende in Bad Arolsen? Nicht absehbar.

■

69

AUTOR Alexander Nützel

The Golden Spike, Meishan

Die Zeit festnageln

Im Osten Chinas gibt es einen gepflegten Park mit zunächst rätselhaft erscheinenden Monumenten. Er liegt am Hang eines Hügels nahe dem kleinen chinesischen Ort Meishan, 160 Kilometer südöstlich von Schanghai [→ Schanghai 18]. Im Zentrum eines Rondells erhebt sich auf schwarzem Sockel ein weißer Obelisk, den ein eigenartiges zahnartiges Gebilde krönt. Treppe und Weg queren den Hang, der graue, bräunlich verwitternde Gesteinschichten entblößt. Der Obelisk trägt chinesische Schriftzeichen. Auf dem polierten schwarzen Sockel ist eine goldene Inschrift eingraviert: »Global Stratotype Section and Point of Permian-Triassic Boundary«. Die englische Inschrift macht klar, wir stehen dort, wo einer der tiefgreifendsten Einschnitte der Erdgeschichte definiert ist, ein gewaltiges Massensterben: Ein Erdzeitalter namens Perm endete abrupt, und mit ihm die Ära des Paläozoikums. Das Mesozoikum begann, das Erdmittelalter. Wissenschaftler nennen diese Demarkationslinie trocken: »Perm / Trias-Grenze«. Doch dahinter verbirgt sich eine schier unfassbare Umwälzung.

Vor 250 Millionen Jahren löschte eine beispiellose Katastrophe das höhere Leben auf der Erde beinahe aus, über 90 Prozent aller damals lebenden Arten verschwanden. Wörtlich übersetzt heißt Paläozoikum: Zeitalter der Alt-Tiere. Das Ausmaß dieser Apokalypse reißt Paläontologen zu poetischen Buchtiteln wie »Als das Leben fast starb« hin, zu Formulierungen wie »paläozoische Nemesis«, »Das große Sterben« und »Mutter aller Massenaussterben«. Die bange Frage: Was ist damals passiert – und kann es wieder geschehen? Einigkeit besteht darüber, dass durch dieses weltweite Massensterben das Drehbuch des Lebens nachhaltig verändert wurde. Die Welt sähe heute anders aus ohne diese Katastrophe. Vor ihr war die Erde von Lebewesen bevölkert, die uns heute fremdartig erscheinen, obwohl es sich um Verwandte der heute noch vorkommenden Tierstämme handelt. In den Meeren des späten Paläozoikums lebten beispielsweise Runzelkorallen, die wir nur als Fossilien kennen, und Trilobiten, auch bekannt als Dreilapper-Krebse. Armfüßer waren extrem vielfältig – diese Tiere ähneln äußerlich den Muscheln, haben aber anatomisch nichts mit ihnen gemein. Im Perm gab es sie überall. Heute gibt es dagegen nur noch wenige Vertreter, die dann meistens auch noch in schwer zugänglichen Lebensräumen vorkommen. An Land lebten Echsen mit großen Rückensegeln, sowie Riesenlibellen. Diese Lebewelt wurde von der Katastrophe ausgelöscht oder an den Rand gedrängt. Man mag versucht sein zu denken, dass die Entwicklung des Lebens zwangsläufig zu der Welt führte, die wir heute kennen. Doch andere Welten wären denkbar: Was, wenn andere Arten überlebt hätten als die, die es taten? Gäbe es Menschen? Und: Wie sähen sie aus?

Es regt die Phantasie besonders an, dass man immer noch nicht weiß, wie es zu dieser Katastrophe kam. Die wahrscheinlichste Erklärung besagt, dass in Sibirien gewaltige Mengen von Lava ausflossen. Damit verbunden gelangten ebenso gewaltige Mengen Kohlendioxid in die Atmosphäre und ins Meer. Es gibt viele anderer Deutungen, ernsthafte und phantastische. Noch wogt die Diskussion, ohne dass ein Ende absehbar ist. Wissenschaftlicher Ruhm winkt dem, der herausfindet, was damals geschah.

Der Pilgerort für die Zeit der großen Wende vom Erdaltertum zum Erdmittelalter liegt hier bei Meishan. Das Denkmal im großzügigen, gepflegten Geopark trägt ein gigantisch vergrößertes Mikrofossil, jenes eingangs erwähnte zahnartige Gebilde. Es ist ein Conodont, auf gut Deutsch: ein Kegelzahn, mit dem Artnamen *Hindeodus parvus*. Das erste Auftreten dieses Conodonten bezeichnet den Beginn des Erdmittelalters und das Ende des Paläozoikums. Conodonten-Zähnchen sind kleiner als ein Millimeter und eignen sich hervorragend zur Altersfeststellung paläozoischer und triassischer Gesteine. Es sind sogenannte Leitfossilien. Ähnlich wie menschliche Zähne bestehen sie aus Kalziumphosphat. Sie werden mit Essigsäure aus Kalken herausgeätzt. Trotz ihres großen Nutzens wusste man lange nicht, zu welchem Tier die Conodonten-Zähnchen gehören, da sie stets isoliert gefunden wurden. Vor nicht allzu langer Zeit fand man heraus, dass es ein aalförmiges Tier aus der weiteren Verwandtschaft der Fische war.

Warum liegt der Referenzort des großen Zeitenwechsels in jenem Park bei Meishan, warum gerade hier? Über erdgeschichtliche Zeiten können wir nur dann etwas erfahren, wenn aus ihnen Gesteine überliefert sind. Das ist an der Perm / Trias-Grenze aber selten der Fall. Es gibt auf der Welt nur wenige Gesteinsschichtenstapel, die über die Perm / Trias-Grenze hinweg im Meer abgelagert wurden. Das Gesteinsprofil von Meishan ist eines der wenigen Vorkommen aus dieser kritischen Übergangszeit. Die grauen, bräunlich verwitternden Kalkbänke, die am Hang zu Tage treten, lagern im Wechsel mit tonigen Schichten. Die Kalke sind an einigen Stellen durchlöchert wie ein Emmentaler Käse. Paläomagnetiker und Geochemiker haben mit Bohrzylindern hunderte von Proben aus dem Gestein entnommen. In diesen Proben sind winzige, magnetische Eisenteilchen enthalten, deren Ausrichtung die Feldlinien des Erdmagnetfeldes zur Entstehungszeit der Gesteine gleichsam eingefroren haben. Die Neigung dieser kleinen fossilen Kompassnadeln zeigt, in welcher geografischen Breite sich der jeweilige Kontinent befand. Meishan lag vor 250 Millionen Jahren in den Tropen des Tethys-Ozeans [→ Eichstätt 43].

In die Gesteine von Meishan wurde im März 2001 im übertragenen Sinne ein goldener Nagel eingeschlagen. Er soll für alle Zeit (oder doch möglichst lange) die Perm / Trias-Grenze festlegen. Einen ähnlichen Nagel könnte man auch an anderen wichtigen Orientierungspunkten versenken, wie etwa in Stevns Klint in Dänemark, einer Klippe mit einer Fischton-Schicht, an der sich ein anderes Massensterben erforschen lässt: das Aussterben der Dinosaurier vor rund 65 Millionen Jahren [→ Stevns Klint 46]. In der Praxis jedoch sind derlei Entscheidungen fast so aufwändig und komplex wie die Forschung, die sie befördern sollen. Dem Golden Spike in China gingen jahrelange Diskussionen in internationalen Expertengremien voraus. Schließlich einigte man sich nach drei Abstimmungen auf Meishan, weil dort über die Zeitgrenze hinweg eine sehr vollständige Abfolge von fossilreichen Meeressedimenten abgelagert wurde. In Meishan ist die Perm/Trias-Grenze innerhalb

einer Kalkbank definiert und somit auch die Grenze zwischen Erdaltertum und Erdmittelalter, eine der markantesten Zeitenwenden der Erdgeschichte.

Wissenschaftler kennen nur ein Vaterland: die Wissenschaft. So sollte es sein – ist es aber nicht. Vom fast sympathischen Lokalpatriotismus bis zum dumpf arroganten Nationalismus, auch Wissenschaftler zeigen natürlich diese ganze Gefühlspalette. Der Zufall, irgendwo geboren zu sein, ist kein Verdienst. Gleichermaßen gibt es keinen Anlass zu Stolz, einem Land zu entstammen, in dem besonders schöne, interessante Gesteine und Fossilien zu finden sind. In den internationalen Expertengremien, die Zeitengrenzen definieren, gibt es indes diesen Nationalismus. Der goldene Nagel soll im eigenen Lande eingetrieben werden, wenn es irgend geht. Wissenschaftlich betrachtet ist das irrational, denn es sollten ausschließlich sachliche Gründe sein, die bei der Auswahl eines Stratotypen eine Rolle spielen. Vor 250 Millionen Jahren gab es weder Deutsche noch Amerikaner noch Chinesen.

Keine Frage, Meishan ist wahrscheinlich der richtige Ort für die Festlegung der Perm / Trias-Grenze. Dafür gibt es gute Gründe.

Der Stolz der Chinesen auf ihren Goldenen Nagel wird im großzügigen Geopark von Meishan überdeutlich. Auf dem Sockel des Conodonten-Denkmals ist es englisch und chinesisch eingemeißelt: »Der Paläozoisch / Mesozoische Golden Spike im Profil von Meishan ist das Ergebnis mühevoller Arbeit etlicher Generationen chinesischer Geowissenschaftler. Diese Studie ist ein bemerkenswerter Durchbruch der stratigrafischen Forschung in China und stellt eine Ehre für unser Land dar.« So deutlich würde es im Westen sicher nicht ausgedrückt werden, selbst wenn die Wissenschaftler so dächten. Aber es gibt keinen Grund sich zu überheben. Es gibt bestimmt deutsche Paläontologen, die sich freuen, dass *Archaeopteryx* aus Deutschland stammt. Und das ist mindestens genauso irrational, denn vor 150 Millionen Jahren waren dem Urvogel Nationalitätenfragen herzlich egal.

Andererseits: Wer Forschungsgelder beantragt, versucht natürlich, die Öffentlichkeit zu erreichen, die für die kostspielige Suche nach der Wahrheit zahlt. Da ist es verlockend, die eigene Forschung mit einem patriotischen Beigeschmack zu würzen – was zwar nicht sachlich ist, aber der Sache dient. Im Forschungsalltag allerdings wird diese Kleinstaaterei diverser Gelehrtenrepubliken relativiert durch ein weit verbreitetes Gefühl der akademischen Solidarität, das keine Ländergrenzen kennt. Das ist in der Paläontologie besonders ausgeprägt und äußert sich in kollegialer Hilfsbereitschaft, auch in China.

Der enorm vergrößerte Conodont im Park von Meishan mag manchen Betrachter vielleicht belustigen. Doch das Ensemble hat auch etwas Zauberhaftes. Ein großes Monument, gekrönt vom Miniaturzähnchen eines ausgestorbenen aalförmigen Tiers, das nur Eingeweihte kennen, auf einer Säule in einem eigens angelegten Park! Gewiss, da spielt nationales Prestigedenken eine Rolle, nach dem Motto: »Wir haben den tollsten Stratotyp!« Der Park von Meishan drückt aber vor allem eine tiefe Wertschätzung von Wissenschaft und Erkenntnis aus. Fragen nach dem Sinn nicht-anwendungsbezogener Grundlagenforschung verbieten sich hier. Während in Deutschland mehr und mehr paläontologische Institute geschlossen werden, blüht das Fach in China. Das Conodonten-Monument zeigt also den hohen Stellenwert, den die Wissenschaft in China genießt.

Doch zurück zur Perm / Trias-Grenze vor 250 Millionen Jahren. Was mag nur passiert sein, und wie sah die Welt damals aus? Schau-

dern überrieselt uns, wenn wir die Hand auf die Kalkbank Nummer 27 legen: Stirb und werde [→ Phoenix 71]. Der Ringfinger liegt auf dem Perm und damit dem Paläozoikum, mit seinen fremdartigen Urahnen, den Riesenlibellen und säugetierähnlichen Reptilien. Der Mittelfinger berührt bereits das Erdmittelalter, und damit die Zeit unserer näheren Verwandten. Dazwischen, nur einen Millimeter breit, die Spur des größten Massensterbens der Erdgeschichte. »Et in Arcadia ego«, so lautete an antiken Grabstätten die Inschrift – eine Mahnung an die Lebenden, dass auch sie einst sterben müssen. Ein Totenschädel mit gekreuzten Knochen, eine verwelkte Blume, eine Sanduhr – das waren einst die typischen Vanitas-Motive, die an die Kurzlebigkeit der Gegenwart erinnerten. Der arkadische Park von Meishan ist weit mehr als nur ein patriotisches Monument oder eine wissenschaftliche Markierung. Er ist ein zeitgenössisches Memento Mori, ein Grabmal für eine viele Millionen Jahre dauernde Epoche. Aus der Tiefe der Zeit raunt es uns an: nicht nur unser persönliches Leben ist vergänglich – das Leben eines ganzen Erdzeitalters selbst ist es auch.

■

Moskau 1929

Das Pantheon der Gehirne

Diesen Erinnerungsort des Wissens kann man nicht betreten, weil es ihn gar nicht gibt. Es ist aber auch kein reiner Imaginationsort, weil es ihn sehr wohl gegeben hat, in Moskau, nicht weit vom Roten Platz entfernt. Dort befindet sich auch heute noch das Institut für Hirnforschung. Zehn Jahre nach der Oktoberrevolution, im Herbst 1927, wurde es feierlich eröffnet und zunächst von dem deutschen Neuroanatomen Oskar Vogt geleitet. Das Institut diente ursprünglich der Untersuchung von Lenins Gehirn, doch die Ambitionen reichten weiter. Es ging um die Erforschung sogenannter Elitegehirne, getreu der vor allem von Leo Trotzki entwickelten Vision vom neuen kommunistischen Menschen, der zu einem »höheren gesellschaftlich-biologischen typus«, zum »übermenschen« gezüchtet werden sollte, so dass sich der »durchschnittliche menschentyp bis zum niveau des Aristoteles, Goethe und Marx erheben« wird. Trotzki phantasierte sich diese wissenschaftliche Praxis als Konglomerat aus Reflexphysiologie, Psychoanalyse [→ Freuds Couch 9] und Psychotechnik zurecht, doch zumindest für einige Jahre bildeten Züchtungsideen den biopolitischen Nerv der kommunistischen Utopie.

Hagiografie und Biopolitik – um diese Verbindung ging es im Moskau der späten zwanziger Jahre, und das sollte zu einer der bizarrsten Erscheinungen in der Geschichte der Hirnforschung überhaupt führen, dem sogenannten »Pantheon der Gehirne«. Der Begriff »Pantheon« brachte die Absichten auf den Punkt: einerseits säkularer Gedächtnisraum, der ähnlich wie das in der Nachbarschaft gelegene Lenin-Mausoleum die Massen anziehen sollte, andererseits ein durch und durch wissenschaftlicher Ort, der die Hirnforschung als Leitwissenschaft der sowjetischen Gesellschaftsutopie repräsentierte. Wenn der Besucher im einen Raum den Gipsabdruck des Gehirns von Lenin bewunderte, konnte er sicher sein, dass ein paar Räume weiter das echte Gehirn Scheibchen für Scheibchen anatomisch untersucht wurde.

Die Idee, ein öffentliches Pantheon einzurichten, stammte von Wladimir Bechterew, der schon lange vor der Oktoberrevolution zu den renommiertesten europäischen Hirnforschern zählte. Auch er interessierte sich für die Gehirne bedeutender Männer: Bereits 1909 hatte er eine Untersuchung des Gehirns von Dimitri Mendelejew vorgelegt, in der er dem berühmten Chemiker eine »Luxusausstattung der Hirnwindungen« attestierte. Die Verbindung von Elitehirnforschung und Gehirnpolitik gab es also schon vor der Oktoberrevolution, doch erst mit den neuen politischen Verhältnissen schien auch für einen älteren Hirnforscher wie Bechterew die Zeit gekommen, seine Ideen im großen Stil umzusetzen. Das Pantheon der Gehirne sollte das Pariser Panthéon übertreffen, ohne es zu imitieren [→ Panthéon 67], denn es ging darum, in diesem Raum die wissenschaftliche Forschung als Emblem für die Überlegenheit des Sozialismus sinnfällig zu machen. Gegenüber dem Lenin-Mausoleum, das ganz dem Kult gewidmet war, schien das Pantheon sogar einen Vorteil zu haben. Es vermochte nämlich zu suggerieren, dass die bolschewistischen Revolutionäre auch nach ihrem Tod für die Wissenschaft und die Fortsetzung des Klassenkampfes nicht verloren waren, indem der kostbarste Teil ihres Körpers als öffentlicher Gegenstand weiterlebte [→ Phoenix 71].

Bechterew verstarb 1927 überraschend unter bis heute nicht vollständig geklärten Umständen. Er hielt sich zu einem Kongress in Moskau auf und wurde auf Stalins Wunsch in den Kreml zitiert, um den künftigen Alleinherrscher ärztlich zu untersuchen. Bechterew diagnostizierte eine Paranoia, die er unvorsichtigerweise Stalins Leibarzt mitteilte. Eine Woche später lebte er nicht mehr, angeblich einer Lebensmittelvergiftung bei einem Abendessen in Moskau erlegen. Stalins Rache fand seine sarkastische neurologische Pointe darin, dass Bechterews Gehirn gar nicht erst die Rückreise nach Leningrad antrat, wo er jahrzehntelang gelebt hatte, sondern gleich in das Moskauer Hirnforschungsinstitut eingegliedert wurde. Seitdem waren Hirnforscher und Parteibonzen im Verbund wenig zimperlich, wenn es um die Sicherstellung von Elitegehirnen ging. Als Vladimir Majakovski 1930 Selbstmord beging, wurde sein Gehirn in einer geheimdienstlich anmutenden Blitzaktion und zum Entsetzen der Angehörigen noch auf dem Totenbett aus dem Schädel entnommen, bevor dann die sterblichen Überreste zur Beerdigung überstellt werden konnten.

Im November 1929 wurde das »Pantheon des Staatsinstituts für Hirnforschung« eröffnet. Oskar Vogt hielt einen Festvortrag, in dem er den berühmt-berüchtigten Begriff von Lenin als »Assoziationsathleten« prägte. Vogts cerebrale Hagiografie rief ebenso wie das Pantheon ein internationales Medienecho hervor. Der Korrespondent der »Düsseldorfer Nachrichten« beschrieb es folgendermaßen: »Die dreizehn Gehirne stehen in dreizehn Glaskassetten längs einer Wand in einem großen Raum, vielleicht war es einmal der Ballsaal, zur Zeit nämlich, als dieser Palast noch einem reichen Moskauer Kaufmann gehörte. Über jeder Glaskassette steht der Name des Mannes, dessen Kopf das im Schranke gehaltene Gehirn entnommen wurde, und einige Aufzeichnungen über seine Laufbahn; in einigen Fällen auch Lichtbilder des Mannes; ferner vergrößerte Photos verschiedener Querschnitte der hier aufbewahrten grauen Hirnsubstanz. Die Glaskassetten stehen auf Holzbehältern, die einige Werke des Mannes, Zeitungsausschnitte über ihn, Fotografien aus verschiedenen Lebensaltern, ärztliche Befunde, Krankheitsgeschichten usw. enthalten.« Die 13 Gehirne hatte Vogt in seinem Vortrag namentlich erwähnt. Neben dem Gehirn Lenins umfasste die Sammlung zu jenem Zeitpunkt mehrere Gehirne von Wissenschaftlern, Künstlern und Politikern.

Natürlich enthielten die Glaskassetten nur Nachbildungen der Gehirne, da diese einige Räume weiter anatomisch untersucht wurden. Aber auch so wurde der Zusammenhang von Cerebralität und Genialität offensichtlich. Lenins Gehirn war die Hauptattraktion, aber im Prinzip war das Pantheon als ein Weiheort auch der damals noch lebenden Revolutionäre angelegt, denn etliche Kassetten waren noch leer und warteten darauf, gefüllt zu werden. Die Absurdität dieser leeren Kassetten hätte sich einige Jahre später erwiesen, als Stalin sich in den berüchtigten Schauprozessen zahlreicher Genossen der Revolution entledigte. Verdiente Parteimitglieder wurden zu Unpersonen erklärt, hingerichtet und aus dem Gedächtnis der sowjetischen Ruhmesgeschichte gelöscht. Allerdings kamen die Moskauer Hirnforscher gar nicht mehr in die prekäre Situation, entscheiden zu müssen, wer im Gehirn-Pantheon ausgestellt wird und wer nicht. Irgendwann um das Jahr 1930, nur wenige Monate nach seiner glanzvollen Eröffnung, wurde es wieder geschlossen.

Die Gründe für die Schließung lassen sich nach bisherigem Kenntnisstand nicht rekonstruieren, doch liegen die Motive auch ohne Archivdokumente auf der Hand. Erstens konzentrierte Stalin nach seiner endgültigen Machtergreifung den Personenkult ausschließlich auf Lenin und auf sich selbst. Ein Gedächtnisraum für ein ganzes Kollektiv von Bolschewisten hätte dieses Vorhaben schlicht unterlaufen. Zweitens spielte die Eugenik [→ Cold Spring Harbor 40] nach 1930 keine Rolle mehr in der Sowjetunion. Das Gehirn adressierte den Menschen vorrangig als biologisches und erst in zweiter Linie als soziales Wesen, während es Stalin radikaler als den Bolschewisten der zwanziger Jahre darum ging, das Biologische sozial zu überformen. Drittens entwickelte sich das Hirnforschungsinstitut zunehmend zu einem Ort, der nicht nur die Gehirne der künstlerischen, politischen und wissenschaftlichen Prominenz, sondern auch einige der Außenseiter und Ausgestoßenen versammelte. Im Lauf der Zeit ist das Institut zu einem einzigartigen Golgatha der russischen Geschichte des 20. Jahrhunderts geworden. Neben den schon genannten Persönlichkeiten befinden sich dort die Gehirne des Symbolisten Andrei Belyj (das auf Intervention von Boris Pasternak dorthin gekommen ist), von Maxim Gorki, Konstantin Stanislawski, Sergei Eisenstein, Iwan Pawlow und Clara Zetkin, von Stalin und sogar noch von dem 1989 verstorbenen Atomphysiker und Dissidenten Andrei Sacharow. Auch die Forschungen wurden fortgeführt, die Untersuchung von Lenins Gehirn 1936 sogar zu einem vorläufigen Abschluss gebracht.

Nachdem das Gehirn als Propagandainstrument für den Kommunismus ausgedient hatte, wurde auch das Pantheon einer für Diktaturen nicht untypischen Dialektik unterworfen: zuerst Kultraum, der im Licht der Öffentlichkeit stand, wurde es fortan zur Geheimsache erklärt, und man tat so, als habe es diesen Ort nie gegeben. Verfügten wir nicht über die Augenzeugenberichte aus dem Jahre 1929, so gäbe es keinen Beweis für die Existenz des Pantheons. Nicht einmal eine Fotografie dieses Raums ist bekannt. An der Zugeknöpftheit des Moskauer Hirnforschungsinstituts bezüglich seiner Vergangenheit hat sich bis heute nichts geändert.

Mit einer Ausnahme: in den unübersichtlichen Monaten des Zusammenbruchs der Sowjetunion Anfang der neunziger Jahre gelang es einem Filmteam, Zugang zum Hirnforschungsinstitut zu erhalten. Vom ehemaligen Pantheon ist in diesem Film nichts zu sehen, wohl aber wird Einblick in den Raum 19 gewährt, in dem die Elitegehirne lagern. Ein Blick ins Regal zeigt die überall auf der Welt gleich aussehenden Glasgefäße, in denen die Gehirne schwimmen. Eine technische Assistentin hält den Gipsabguss des Leninschen Gehirns so vor die Linse, dass man nur die intakte Hirnhälfte sieht. Auch 1991 war der zermatschte Teil des Gehirns nicht öffentlich vorzeigbar. Als die Mitarbeiterin das Stalinsche Gehirn präsentiert, wird der Reporter etwas unruhig, denn dieses *Gehirn* war für den Mord an seinem Vater verantwortlich. Spätestens in diesem Moment wird deutlich, dass das Moskauer Pantheon zu den eher unheimlichen Pilgerstätten des Wissens gehört und dass es wohl nur eine Frage der Zeit ist, bis es wieder zum Gegenstand des öffentlichen Gedächtnisses wird.

AUTOR Gundolf S. Freyermuth

71

Phoenix, Arizona

Der kühle Kult der Kryonik

Der Sinkflug führt über karge Natur hinein in die sonnenverbrannte Stadtlandschaft, graue Bahnen und Blöcke, hinter denen rot die Schattenrisse befremdender Felsformationen drohen. Auf den ersten Überblick gleicht die Wüstenstadt Phoenix einer weitläufigen Raumstation auf einem bizarr geformten Planeten. Eine Raumstation, deren Klimaanlage ausgefallen ist. Das Thermometer zeigt 42 Grad Celsius. Im Schatten.

Im Air Park, dem Gewerbegebiet nicht weit vom Sky Harbor Flughafen, findet sich freilich kaum Schatten, nur kahle Flachgebäude und dazwischen kahlgeschorene Rasenflächen, auf denen Sprinkler surren. Das Acoma Building ist ein nahezu fensterloser Doppelblock aus dunkelgrauem Beton. Hinter seiner abweisenden, ein wenig unheimlichen Betonfassade verbirgt sich die Alcor Life Extension Foundation, eine gemeinnützige Einrichtung: einige Verwaltungsräume, ein gut ausgestatteter Operationssaal und ein eisgekühltes Lager [→ Basel 60], in dem einige Dutzend vom Leben suspendierter Zeitgenossen bei minus 196 Grad Celsius ihrer Rückrufung ins Diesseits harren.

Diese Hightech-Praxis – den zumindest auf den ersten Blick exotisch, wenn nicht exzentrisch anmutenden Versuch, dem Tod durch Tiefkühlung zu entkommen – treibt eine zentrale Anstrengung der Aufklärung: die Säkularisierung des Lebens und damit auch Sterbens. Christlichem Denken sicherte der Eingang ins Paradies ein Überleben nach dem Tode. Rationalem Denken allerdings kam im Verein mit der Verabschiedung aus selbstverschuldeter Unmündigkeit [→ Königsberg 23] diese uralte Gewissheit abhanden. Mit Gott verging das Jenseits. Folgerichtig betrieben weltliche Utopien – seit Campanella und Morus – die Verlagerung paradiesischer

Zustände vom Leben nach ins Leben vor dem Tode. Das von den Religionen viel geschmähte Diesseits erfuhr so im Prozess der Aufklärung eine steile Karriere: Vom irdischen Jammertal, dem man idealiter in richtiger Richtung gen Ewigkeit zu entkommen hatte, avancierte es zur finalen Destination menschlichen Seins, zum Sehnsuchtsort allen Glücks. In der Konsequenz konnte aufs irdische Streben nichts mehr folgen als das Nichts, die vollständige Auslöschung individueller Existenz.

Wenn aber, wer stirbt, dem aufgeklärten Verständnis nach endet, dann können Alter und Tod per se nichts anderes als ein zu beseitigender Systemfehler sein, der intelligente Individuen voller Sehnsüchte und Wissen, voller Leidenschaft und Gefühl, in ein Stück Müll verwandelt. »Aufklärung, nämliche fortschreitende Naturbeherrschung« (Horkheimer / Adorno) fand so ihren fürchterlichsten Gegner im Tod, dem Vernichter des einzigen Lebens, das der aufgeklärten Menschheit blieb.

Lange konnte die zeitgenössische Medizin [→ Charité 65] gegen ihn wenig ausrichten. Wo die industriellen Mittel dem Tod ein vorläufiges Schnippchen schlugen, insbesondere in der Intensivmedizin der zweiten Hälfte des 20. Jahrhunderts, geriet das Überleben nur zu oft elender als jeder Tod. Die Idee, sich vor dem Rückstand medizinischen Wissens und Könnens in ein besseres – das heißt zukünftiges – Diesseits zu retten, lag aufgeklärtem Denken insofern nahe. »Wir müssen nur dafür sorgen, dass unsere Körper nach unserem Tod in entsprechenden Kühltruhen gelagert werden, bis eine Zeit gekommen ist, in der die Wissenschaft uns helfen kann«, heißt es im Kryonik-Kultbuch »The Prospect of Immortality«: »Was immer uns heute tötet, sei es das Alter oder eine Krankheit, und auch wenn die Gefriertechniken zur Zeit unseres Todes noch sehr primitiv sein sollten, früher oder später werden unsere Freunde in der Zukunft der Aufgabe gewachsen sein, uns wiederzubeleben und zu heilen.«

Mit diesen programmatischen Sätzen des amerikanischen Physikprofessors und Science Fiction-Fans Robert T. W. Ettinger begann 1964 eine Bewegung, deren Anhänger sich Kryoniker nennen; nach »kryos«, dem griechischen Wort für kalt. Unter den Organisationen, die sich der Realisierung kryonischen Utopie eines ewigen Diesseits angenommen haben, ist Alcor in Phoenix, Arizona, die älteste und erfolgreichste. Der Name Alcor verweist auf einen der acht Sterne des Großen Wagens, und zwar auf den dunkelsten.

In der Antike diente Alcor als Augentest: Wer ihn sehen konnte, bewies damit Scharfblick und Weitsicht.

In der Eingangshalle des Acoma Building war es, als ich Alcor zum letzten Mal besuchte, klinisch kalt. Von Ferne aber schwang in der Eisluft ein zarter, süßer, verrottender Geruch, gegen den die Klimaanlage vergeblich ankämpfte. In der Lobby stand ein weißer Behälter, einem Propangastank nicht unähnlich. Über ihm hingen Erinnerungsfotos, ähnlich den Straßenrand-Schreinen, die in südlichen Ländern der Verkehrstoten gemahnen. Sie zeigten den ersten Menschen, der mit Professor Ettingers fixer Idee Ernst machte, den kalifornischen Arzt Dr. James Bedford. Am 12. Januar 1967 verstarb er an Krebs. Seine Familie begrub ihn nicht, sondern folgte seinem Wunsch und »suspendierte« ihn.

Suspension heißt laut Duden »zeitweilige Aufhebung«. Ihre kryonische Variante findet, nach vorheriger Abkühlung des »Patienten«, in einem Bad aus flüssigem Stickstoff statt. Bedfords Vorbild folgten seitdem nicht viele, doch einige. Ende 2009 zählte allein Alcor rund 1000 Mitglieder, darunter 89 Suspendierte. In der Regel freilich suchen sie, anders als Dr. Bedford, nicht mehr ihre gesamte physische Existenz für die Zukunft zu bewahren. Gerettet werden soll allein, was dem digitalen Denken menschliche Identität ausmacht: der im Gehirn gespeicherte Informationsgehalt. Für die – im übrigen auch billigere – »Neuropräservation« trennt das Alcor-Operationsteam den Schädel zwischen dem fünften und sechsten Rückenwirbel ab und packt ihn in eine Art Spaghettitopf, während der Restkörper entsorgt wird. Als Sondermüll, weil von Gefrierschutzmittel vergiftet.

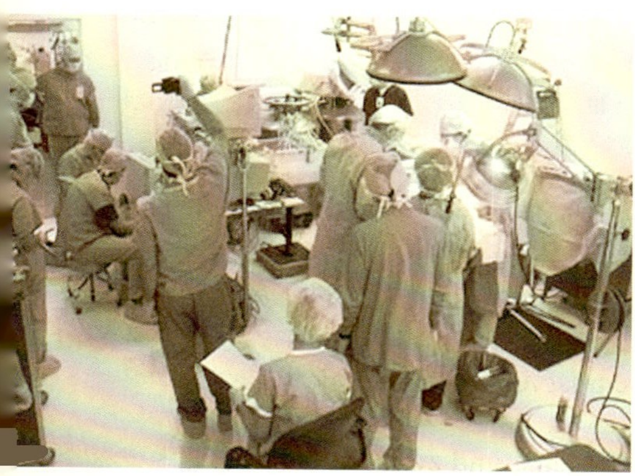

Hinter dieser Bewahrungs-Prozedur steht die digitale Eskalierung des aufklärerischen Bildes vom Menschen. Seit dem 18. Jahrhundert folgt es in radikaler Säkularisierung dem Vorbild der jeweils zeitgenössischen Technologien. Begriffen Aufklärer wie Descartes und La Mettrie den Menschen als perfekte mechanische Maschine, primär nach dem Modell des Uhrwerks, so wandelte sich diese Ansicht mit der Industrialisierung etwa bei Freud [→ Freud 9] zu weniger glücklichen, weil unfallträchtigen pneumatisch-industriellen Modellen, mitsamt den immer noch beliebten Bildern von Triebdruck oder Ventilfunktion. Zur Mitte des 20. Jahrhunderts mündete dieser Diskurs angesichts der überlegenen Qualität industrieller Maschinen und ihrer Ersatzteilkultur bei Günther Anders in die Ansicht vom Menschen als einer unzulänglichen, also imperfekten Maschine [→ Tokio 30].

Die Elite der digitalen Wissensarbeiter nun begreift den Menschen als digitale Maschine, als ein Wesen also, dessen Hard- oder Wetware von peripherer Bedeutung ist und dessen Identität in Software wurzelt: in der genetischen Programmierung einerseits, im Erinnerungswissen andererseits, gespeichert im neuropräservierten Gehirn [→ Moskau 1929 70]. Von Marvin Minskys »Society of Mind« (1986) über Hans Moravecs »Mind Children« (1988) und Gregory Stocks »Metaman: The Merging of Humans and Machines into a Global Superorganism« (1993) bis zu Ray Kurzweils »The Age of Spiritual Machines« (1999) etablierte sich die informationstheoretische Definition individueller Identität. Sie aber impliziert die Möglichkeit zur Umspeicherung auf andere Medien, etwa den biologischen Klon oder technische Medien. »Die Essenz einer Person, mein Selbst«, schreibt Hans Moravec, »ist das Muster und der Prozess, der in meinem Gehirn und Körper abläuft, nicht die Maschinerie, die diesen Prozess ermöglicht. Wenn der Prozess erhalten wird, werde ich erhalten. Der Rest ist einfach Brei.«

Unter dieser Perspektive ist die bei Alcor praktizierte Neuropräservation mit dem Ziel zukünftiger virtueller Wiederbelebung oder Umspeicherung – auf welches biologische oder technische Medium auch immer – Aufklärung pur. Die Apologeten der Kryonik, überwiegend Angehörige der an der amerikanischen Westküste konzentrierten Hightech-Intelligenz, sind sich denn auch gewiss, dass wir am Vorabend eines Evolutionssprungs stehen, einer Singularität, zu deren heute noch schwer vorstellbaren Kennzeichen die Abschaffung des Todes und damit – nach der Herstellung politischer Souveränität – auch biologische Emanzipation zählt: »Wir werden kein hilfloses Vieh mehr sein«, heißt es in einer kryonischen Broschüre, »das sich von einem gleichgültigen Universum zur Schlachtbank führen lässt.«

Vorerst jedoch, beim aktuellen Rückstand der Medizin, bedarf es pragmatischer Übergangslösungen. Das Alcor-Zwischenlager für Verwandte und Freunde, die vom unzeitigen Tod ereilt werden, verbirgt sich im hinteren Teil des Acoma-Gebäudes. Die fast fünf Meter hohe Halle dient der Aufbewahrung der Suspensions-Tanks. In den Isolierbehältern, allesamt Spezialanfertigungen aus glitzerndem rostfreien Stahl und bis zum Rand mit flüssigem Stickstoff gefüllt, treiben die derzeit »deanimierten« Alcor-Mitglieder. Die schlanken, knapp drei Meter hohen Thermosflaschen auf Rädern heißen »Bigfoot Dewars«. Sie enthalten die Ganzkörper-Patienten sowie in ihrer Mitte – wie aus Pharaonengräbern bekannt – tiefgefrorene Haushunde und -katzen, auf die ihre Besitzer auch in der Zukunft nicht verzichten mögen. Die Spaghetti-Töpfe mit den Schädeln der Neuro-Präservierten ruhen in den kleineren truhenähnlichen Kühlern.

Hoffnung auf die nicht allzuferne Wiederbelebung der Suspendierten weckt bei den Kryonikern insbesondere die Nanotechnologie, die für die tiefgekühlten Gehirne Zellreparatur Atom für Atom verspricht.

»Die Überwindung des Altersprozesses und das Ende des unfreiwilligen Sterbens«, sagt Extropianer-Vordenker und Alcor-Mitglied Max More, »sind die wichtigsten und lohnendsten Aufgaben unserer Zeit. Der Tod ist nichts Gutes, kein normaler Bestandteil des Lebens. Der Tod ist eine Krankheit, er zerstört uns gerade, wenn wir zu reifen beginnen.« [→ Stevns Klint 46]

Die heutigen Spötter, meinen denn auch die Alcorianer, werden am Ende genauso wenig Recht behalten wie ihre kleinmütigen Kollegen, die vor 100 Jahren noch Flugzeuge und Raumraketen für physikalisch unmöglich erklärten. Wie die Menschheit die Schwerkraft überwand, so werde man auch bald dem Tod ein technisches Schnippchen schlagen und damit in einer zweiten Aufklärung biologisch vollenden, was die erste einst philosophisch begann: die Realisierung des Paradieses im Diesseits.

Röcken bei Leipzig

Nietzsches trautes Dörflein

Zerfallende Knochen überall. Die Gegend südwestlich von Leipzig nahe der Autobahn 9 Berlin-München ist gezeichnet vom Tod, und zwar nicht erst, seit Menschen mit 200 Kilometern pro Stunde in rollenden Geschossen über den Asphalt heizen. Bei der Kleinstadt Lützen ruhen Soldaten des Schwedenkönigs Gustav Adolf – gefallen 1632 im Dreißigjährigen Krieg. Nur wenige Kilometer entfernt in Großgörschen haben im Jahr 1813 tausende Franzosen, Preußen und Russen ihr Leben gelassen. Napoleons Armee kämpfte gegen die Truppen Blüchers und Wittgensteins [→ Solferino 7].

Auch in der Gemeinde Röcken, gerade mal zwei Kilometer von Lützen entfernt, ist Geschichte beerdigt. Neben der Dorfkirche ruht in einer Gruft der Schädel des wohl wortgewaltigsten deutschen Philosophen: Friedrich Nietzsche. Der Verfasser von Werken wie »Also sprach Zarathustra«, »Jenseits von Gut und Böse« und »Der Antichrist« wurde im 20 Meter entfernten Pfarrhaus geboren.

Das Ensemble nimmt Besucher noch heute, mehr als 160 Jahre später, gefangen: der hübsche Garten mit den alten Bäumen, das schlichte Pfarrhaus, in dem Nietzsche am 15. Oktober 1844 zur Welt kam. Über ein Holztor gelangt man zur malerischen, aus alten grauen Steinen erbauten Dorfkirche. Protestantische Romantik pur [→ Wittenberg 28].

Gerade mal 200 Menschen leben heute in Röcken. Die einst von Helmut Kohl versprochenen blühenden Landschaften hat es hier nie gegeben, das verraten auch die einfachen Häuser. Doch trotzdem ist das Dorf zu einer Art Wallfahrtstätte geworden: Nietzsche-Verehrer aus aller Welt besuchen Röcken und schauen sich in dem kleinen Museum im einstigen Stall der Pfarrei um. Mancher kommt für einen Kurzbesuch vom nahen Leipzig, andere gehen gleich auf Nietzsche-Tour. Für sie ist Röcken nur die erste Station, danach folgen Naumburg, hier lebte der Philosoph die letzten Jahre vor seinem Tod, Schulpforta, wo Nietzsche das damals wie heute renommierte Internat besuchte, und Weimar, wo sich das Nietzsche-Archiv befindet [→ Goethe 2].

Röcken spielt unter all den Orten, an denen der Philosoph lebte und wirkte, eine ganz eigene Rolle – nicht nur wegen des Grabes. »Röcken ist sehr wichtig für die Nietzsche-Rezeption«, sagt Ralf Eichberg, der in einem Dorf auf der anderen Seite der Autobahn wohnt. Eichberg hat in den achtziger Jahren im benachbarten Halle Philosophie studiert. Thema seiner Diplomarbeit: die Nietzsche-Rezeption in der deutschen Sozialdemokratie. Heute ist er Geschäftsführer der Friedrich-Nietzsche-Gesellschaft, die in Naumburg neben dem dortigen Nietzsche-Haus ein Dokumentationszentrum errichtet hat, in dem regelmäßig Tagungen stattfinden sollen.

Röcken ist für das Verständnis von Nietzsche und seiner Philosophie ein bedeutender Ort, sagt Eichberg. Er meint damit nicht nur das christliche Elternhaus, zum dem der Philosoph nach seinem Tod zurückkehrte, obwohl er sich vom Glauben längst abgewandt hatte. Das Grab macht auch die besondere Rolle seiner Schwester Elisabeth deutlich, die Nietzsches Texte auf eine Weise deutete und vermarktete, die dem Philosophen kaum gefallen hätte. Elisabeth ist direkt neben ihrem Bruder beerdigt.

Nietzsches Vater, der protestantische Landpfarrer Carl Ludwig Nietzsche, starb 1849. Ein Jahr später musste die Familie nach Naumburg ziehen – der Abschied von Röcken fiel dem damals sechsjährigen Friedrich Nietzsche schwer. Im Alter von 13 dichtete er: »Trautes Dörflein! Wie oft gedenke ich Dein! Hätte ich Flügel, ich würde mich über Höhen und Thäler schwingen und Dir zueilen. Wenn die rosenfarbene Aurora die Bergspitzen küsst, wenn das Abendrot die düsteren Haine mahlt, in Dir weilt mein Sinn.«

Röcken war für ihn eine Idylle, ein Ort der Geborgenheit. »Wohl kann ich mich noch erinnern, wie ich einstmals mit dem lieben Vater von Lützen nach Röcken ging und wie in der Mitte des Weges die Glocken mit erhebenden Tönen das Osterfest einläuteten«, erinnert er sich später. »Aber wenn

kein Bild meiner Seele entweicht, am wenigsten werde ich wohl das traute Pfarrgebäude vergessen. Denn mit mächtigem Griffel ist es in meine Seele eingegraben.«

Das Röckener Pfarrhaus eingegraben in der Seele des Mannes, den viele nur mit dem Satz »Gott ist tot« assoziieren – auch dies macht das Ensemble aus Kirche und Geburtshaus so interessant. Nietzsche war freilich nicht der Totengräber der Religion, für den ihn manche halten. Vielmehr registrierte er als scharfer Beobachter seiner Zeit, wie die Glaubwürdigkeit des christlichen Gottes schwand [→ Lambaréné 24].

Und er provoziert mit Gedanken, wie sie kaum jemand vor ihm gedacht hat, etwa als er den Einsiedler Zarathustra sagen lässt: »Wenn es Götter gäbe, wie hielte ich's aus, kein Gott zu sein? Also giebt es keine Götter. Wohl zog ich den Schluss; nun aber zieht er mich.«

Nietzsche fand keinen Nachfolger von Rang, seine Ideen beeinflussten aber Denker und Schriftsteller wie Rudolf Steiner, Thomas Mann und Hermann Hesse. Die Nationalsozialisten griffen sich einzelne Bruchstücke aus seinen Werken heraus, als geistiger Vater des »Dritten Reiches«, darüber sind sich Philosophen weitgehend einig, kann der Philosoph jedoch nicht gelten. In den siebziger Jahren holten sich Jacques Derrida [→ YIVO 33] und Michel Foucault bei ihm Inspirationen.

Peter Sloterdijk nannte Nietzsche in einer Rede zum 100. Todestag einen »Trend-Designer« des Individualismus: »Der Trend, den er verkörperte und formte, war die individualistische Welle.« Seit der Romantik sei diese unaufhaltsam durch die bürgerliche Gesellschaft gegangen und nicht zum Stehen gekommen, sagte Sloterdijk. Nietzsche habe verstanden, dass der Mensch vor allem anders sein wolle als die Masse.

Zu Beginn des 21. Jahrhunderts bedrohten plötzlich Braunkohlebagger das Nietzsche-Grab in Röcken. Die Mitteldeutsche Braunkohlengesellschaft (Mibrag) führte Probebohrungen rund um den Geburtsort des Philosophen durch, um einen neuen Tagebau zu eröffnen. Es hagelte Proteste von Anwohnern und Nietzscheanern. Der große Denker hätte die anrückenden Monstermaschinen womöglich sogar beklatscht. Dies legt zumindest seine philosophische Gedankenwelt nahe. Tabula rasa machen, das Überwinden des Alten, die Entwertung der Werte, damit Neues entstehen kann – war es nicht auch eine Umschreibung dessen, was der Kohlekonzern Mibrag plante?

»Es gibt bei Nietzsche eine gewisse Skepsis gegenüber dem Antiquarischen«, sagt Nitzsche-Experte Eichberg. Dinge müssten dem Leben nützen. »Das rein Bewahrende, Antiquarische ist tote Materie – so auch sein Grab.« Insofern hätte Nietzsche womöglich nichts dagegen gehabt, wenn sein Grab verschwindet, erklärt Eichberg [→ Freuds Couch 9].

Die Spekulationen um Nietzsches Standpunkt zur Braunkohle fanden jedoch im April 2008 ein überraschendes Ende: Die Mibrag legte ihre Baggerpläne zu den Akten – auf Druck der Landesregierung, die um das Ansehen Sachsen-Anhalts fürchtete.

Und so können Nietzsche-Anhänger auch in Zukunft über den schönen Friedhof der Dorfkirche laufen und Nietzsche in voller Lebensgröße gleich dreimal begegnen. Im Jahr 2000, zum 100. Todestag, wurde ein Denkmal des Bildhauers Klaus Friedrich Messerschmidt aufgestellt. Dieser hat sich von einem Brief des Philosophen aus dem Jahr 1889 inspirieren lassen. »In diesem Herbst war ich, so gering gekleidet als möglich, zweimal bei meinem Begräbnisse zugegen«, beschreibt der Philosoph seinen Traum.

Oder ist es ein im Wahn verfasster Text?

Messerschmidt stellte zwei fast nackte Friedrichs um die nachgebildete Grabplatte, die den dritten Nietzsche beobachten, der zu seiner neben ihm stehenden Mutter blickt.

Um die vier weiß lackierten Bronzestatuen wird allerdings ähnlich emotional gestritten wie um die Interpretation des Nietzsche-Werks. Helmut Walter etwa kritisiert die Darstellung als »bitteres Unrecht an dem Philosophen«. Walter ist Vorstandsmitglied der Gesellschaft für kritische Philosophie Nürnberg. »Nackt und bloß, Staub zu Staub, am Arm der gottvertrauenden Mutter – ist es wirklich das, wie Nietzsche sich sah?«, fragt er.

Die Diskussion um Nietzsche und Gott geht also weiter. ■

73 AUTOR Kenichi Moriya

Hier und jetzt

Auf keiner Stätte ruhn

Dort bin ich nie gewesen. In Mekka. Mekka ist ein Ort, wo Mohammed geboren ist, wo die heilige Moschee steht. Die Wallfahrt nach Mekka hat eine lange Geschichte.

Mekka war und ist ein Name, ein nomen proprium, und nomen est omen.

Im Grimmschen »Deutschen Wörterbuch«, Band 12 von 1885, wurde das Wort noch nicht aufgenommen. Es hatte bis dahin wahrscheinlich nicht jene übertragene Bedeutung, die frühestens um die Wende zum 20. Jahrhundert entstanden sein soll. Die späte okzidentale Moderne ist es, die aus dem Eigennamen ein allgemeines nomen loci erschaffen hat. Dann ist es ein winziger Schritt, bis das Wort auch im Plural »Mekkas« verwendet wird, auch wenn man im »Duden« noch liest, der Plural sei »ungebräuchlich«. Eine diskrete Bemerkung. Warum hat niemand eine übertragene Bedeutung etwa von »Vatikan« erdacht?

»Mekkas der Moderne« – das ist vor allem ein symptomatisches Zeichen der globalisierten Moderne.

Ich bin nicht in Mekka, sondern in Frankfurt am Main. Hier liegt das Max-Planck-Institut für europäische Rechtsgeschichte. Hier findet man eine Unzahl von rechtshistorischen Büchern und auch viele rechtshistorische Experten. Ist Frankfurt sozusagen mein »Mekka«? – Nein. Frankfurt ist halt eben Frankfurt, und es geht mir vor allem um die juristischen Texte aus dem deutschen 19. Jahrhundert, die einst die japanischen Juristen beschäftigten, und die mich heute beschäftigen.

Bei der Etablierung des rechtswissenschaftlichen Diskurses seit Ende des 19. Jahrhundert in Japan spielte die begriffliche Denkweise der deutschen Jurisprudenz eine überragende Rolle. Nicht nur durch die Einführung des Gesetzeswerks, sondern auch durch die

Aneignung des Instrumentariums zur Auslegung (Praxis) und des Gesamtüberblicks (Unterricht) konnte das vom »Westen« rezipierte Recht funktionieren. Dieses Instrumentarium wurde am meisten von der deutschen Rechtswissenschaft angeboten, und zwar bis weit ins 20. Jahrhundert hinein. Im 19. Jahrhundert begann, wie es Friedrich Nietzsche [→ Röcken 72] formuliert hat, »das Zeitalter der Vergleichung«, und hiervon ist die japanische Jurisprudenz zutiefst beeinflusst worden. Viele Juristen sind damals nach Deutschland ›gewallfahrt‹, um die in Europa fortgeschrittenste Jurisprudenz kennenzulernen. Viele deutsche Bücher wurden gekauft. Erst ab den sechziger Jahren wendete sich der Blick der japanischen Juristen von Deutschland ab, hin zu den USA. Deutschland war dann kein ›Mekka‹ mehr.

Zur gleichen Zeit aber entstand vor allem durch die Rechtshistoriker Masasuke Ishibe und Junichi Murakami, beide 1933 geboren, eine neue Forschungsrichtung in Japan. Ihr zufolge gilt es nicht mehr, das deutsche Recht als Vorreiter der juristischen Moderne zu begreifen, sondern vor seinem historischen Hintergrund zu erfassen. Auf diese Weise ist eine beispielhafte Überlegung über die Grundlagen des Rechts entstanden – nicht durch irgendeine abstrakt-theoretische Reflexion, sondern durch den Zweifel an der eigenen Vergangenheit, in der das fremde Recht losgelöst vom Kontext zum Werkzeug gemacht worden war. Beispielhaft deshalb, weil die deutsche Geschichte des 19. Jahrhunderts, nachdem ihre Vorbildhaftigkeit für die japanische Jurisprudenz entschwunden ist, als konkretes Beispiel zum Nachdenken über die Verhältnisse zwischen Recht und Gesellschaft herangezogen wird [→ Strasbourg 36]. Die historische Erforschung der modernen deutschen Rechtsgeschichte gewinnt in Japan somit eine methodisch-kritische Beziehung zur japanischen Jurisprudenz, die bis heute dazu neigt, bessere Lösungen aus den Gesetzeswerken verschiedener, aber eben nicht aller, sondern internationalpolitisch und -wirtschaftlich relevanter Länder stillschweigend selektiv zu wählen und sich anzueignen. Für diese rechtsvergleichende Wahl muss man die Gesetzeswerke jeweils vom historisch-politischen Kontext lösen, um rein juristische Funktionen zu destillieren. Vielleicht ist ein solches Verfahren ja für die Gesetzgebung mehr oder weniger unvermeidlich. Dies macht aber vergessen, dass das Rechtsleben durch die Sprache, und das heißt: durch die sprachlich komponierten konkreten Ereignisse geprägt ist. Kurzum: dass das Rechtsleben nur in einer konkreten Gesellschaft stattfindet. Darauf macht die historische Forschung der deutschen juristischen Moderne in Japan beispielhaft aufmerksam. Sie versteht sich als ein Zweig der Rechtswissenschaft und verhält sich zum Trend der japanischen Jurisprudenz irritierend selbstkritisch. Und dieser selbstkritischen Tradition schließe auch ich mich an.

Selbstkritik heißt, sich selbst der Krise auszusetzen, der Krisis im ursprünglichen griechischen Wortsinn als »Entscheidung« oder »Wendepunkt«. Der französische Dichter Arthur Rimbaud hat es auf den Punkt gebracht: »Je est un autre«. Ich ist ein anderer. Sich herumirren lassen. Damit kann kein romantisches Abenteuer gemeint sein. Schritt für Schritt ins unbekannte Feld, wie die Figuren in Adalbert Stifters Werken. Es geht mir darum, die Texte der deutschen Jurisprudenz des 19. Jahrhunderts im Spannungsverhältnis zum Kontext zu lesen. Der Kontext verhält sich zu den Texten selektiv. Foucault hat einst von der Ordnung des Diskurses gesprochen. Ich begnüge mich aber mit einem naiven Wort, »Kontext«. Der Kontext erzeugt den Sinn. Texte (genau) zu lesen heißt, dem Sinn zu entgleiten, die nackte Sprache entstehen zu lassen. Ein riskantes Unternehmen [→ Kriminalmuseum 64].

Im Zeitalter der Vergleichung gibt es keine offensichtliche Terra incognita. Alles ist gelesen. Jeder Ort hat seinen Stadtplan. Nietzsche sagt: das Zeitalter der Vergleichung »bekommt seine Bedeutung dadurch, daß in ihm die verschiedenen Weltbetrachtungen, Sitten, Kulturen verglichen und neben einander durchlebt werden können; was früher, bei der immer localisierten Herrschaft jeder Kultur, nicht möglich war, entsprechend der Gebundenheit aller künstlerischen Stilarten an Ort und Zeit« [→ Plettenberg 37]. Das ist etwas vorschnell gedacht. Man vergleicht, indem man verschiedene Stadtpläne vor sich hat. Jeder Lehrer, der Vorlesungen zu halten hat, weiß, dass er Details opfern muss, um den Überblick, den Sinn, zu bieten. Jeder Wissenschaftler, der an Symposien teilgenommen hat, weiß, dass er einige Wörter vernachlässigen muss, um seine Meinung verständlich zu formulieren. Man versucht zu verdecken, dass einzelne Wörter das Denken sprengen können. *Ein* Wort ist aber *dem* Denken zuwider. Wer mit einem Stadtplan in der Hand

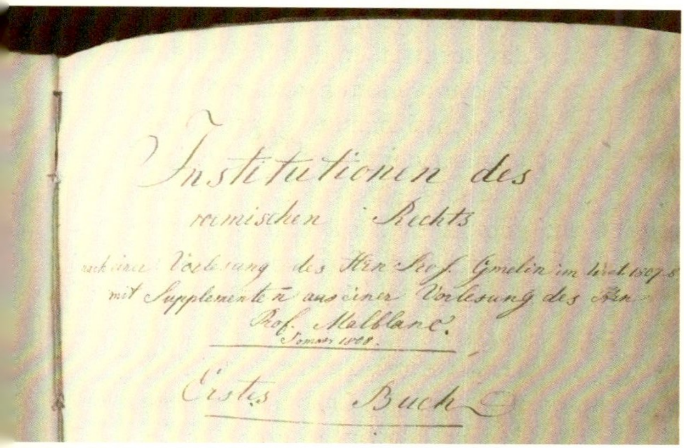

umherläuft, läuft Gefahr, über einen Stein zu stolpern. Ein solcher Stolperstein stellt eine Krisis dar. Er lenkt den Blick, der auf den Stadtplan gerichtet ist, wieder auf konkrete Realitäten [→ Bohrkernlager **48**].

Nicht nur japanische Juristen, die die deutsche juristische Literatur wegen der rein juristischen Nützlichkeit gelesen haben, unterschätzten das krisenhafte Potential einzelner Wörter, sondern auch deutsche Juristen, die selbst die Texte der deutschen Jurisprudenz des 19. Jahrhunderts produzierten. Diese glaubten nämlich, das Denken begrifflich konstruieren zu können. Daraufhin meinten auch die japanischen Juristen, die begriffliche Systematik ohne Hintergrundwissen verstehen zu können.

Dazu ein Beispiel: Georg Friedrich Puchta (1798–1846), ein einflussreicher Jurist und Romanist. Er verfasste eine wirkungsmächtige Schrift, »Das Gewohnheitsrecht«, erster Teil, 1828. Dort behauptet er, dass seit der Gründung der Stadt Rom bis ins 3. Jahrhundert im Römischen Recht eine Ansicht herrschte, das Recht entstehe nicht erst durch den »bewussten« Akt der Setzung, sondern durch die »natürliche«, unsichtbare Volksüberzeugung. Diese Ansicht sei den Römern ebenso selbstverständlich, dass sie es nicht für nötig erachten würden, sie bündig zu formulieren. Mit diesem Argument machte sich Puchta gegen jegliche kritische Fingerzeige auf die Sprache der Römer immun.

Immerhin will er in den Worten der Römer »Indizien« für seine Auffassung haben, und hat sie in einer Aussprache eines römischen Juristen gefunden, die im Justinianischen Gesetzbuch (D.1,3,35) überliefert worden ist. Dort sprach ein römischer Jurist von der »tacita civium conventio«. In diesen Worten habe sich, so Puchta, der Gedanke der unsichtbaren Volksüberzeugung sozusagen manifestiert. Die Frage, ob er mit dieser Interpretation Recht hat, interessiert uns wenig. Es geht hier nicht um eine Philosophie, sondern um Wörter, um den »toten« Buchstaben. Puchta geht nun noch weiter. Er schrieb jene Worte Modestinus, einem bedeutenden spätklassischen Juristen, zu. Die Überlieferung sagt aber einhellig, dass die fraglichen Worte nicht von Modestinus stammen, sondern von einem gewissen Hermogenianus, einem nachklassischen Juristen, der an der Schwelle zum 4. Jahrhundert wirkte, und damit aus dem Puchta interessierenden Blickfeld der klassischen römischen Jurisprudenz verschwindet.

Die Leiche der Marie hat Clavigo zur ihm unentrinnbaren Einsicht gebracht; vor der toten Überlieferung hat Puchta seine Augen verschlossen, um seinen antipositivistischen Traum in der klassischen römischen Antike bequem weiter zu träumen. Schließlich brauchten die Römer, so würde Puchta sagen, ihre natürliche Philosophie nicht zu formulieren; sie läge ihrer Weltanschauung zugrunde. Hier ist ein frühes Beispiel dafür, dass ein Eigenname (»Modestinus«) als Symbol für einen konzeptionellen Gedanken instrumentalisiert wird. Wie heute der Eigenname Mekka im übertragenen Sinn verwendet wird. Ein anderer Eigenname, Hermogenianus, wurde ignoriert.

Es verbietet sich für einen, der nicht in Mekka gewesen ist, bloß zu vermuten, was bei einem Pilger mental passiert, der tatsächlich eine Wallfahrt nach Mekka erfahren hat [→ Dubai 35].

Jede Wallfahrt sieht eine Rückfahrt vor. Ringen mit den Wörtern aber, eine wissenschaftliche, also entzaubernde und daher auch enttäuschende Tätigkeit, verschiebt einen nur – hin zu einem Ort, wo ich einem nackten Wort begegnen kann. Uns Wissenschaftlern ist gegeben, auf keiner Stätte zu ruhn. In Frankfurt am Main, wo ich bin, kann ich nichts anderes treiben als Auseinandersetzungen mit Wörtern. Auch in Osaka, wo ich meine Professur habe, kann ich nichts anderes bewerkstelligen. Hier und jetzt gilt es, der Forderung des Tages zu folgen. Das wird mich weiterbringen, wohin auch immer. Ich kann dieses Schicksal nur lieben.

AUTOREN Karlheinz und Angela Steinmüller

74

Mars

Krieg der Welten

Am Abend des 30. Oktober 1938, einem Sonntag, überfallen die Marsianer die Vereinigten Staaten. Der New Yorker Rundfunksender CBS berichtet live. Tentakelbewehrte Wesen mit riesigen Augen, V-förmigen triefenden Mündern steigen aus Raumschiffen, dann kreist ein gleißender Todesstrahl ins Rund, trifft die gaffende Menge. Autos explodieren – die Übertragung bricht zusammen. General Montgomery Smith stellt die ganze Region unter Kriegsrecht. Offensichtlich verfügen die Marswesen über marschierende Maschinen, mit Hitzestrahl-Kanonen. Ein Reporter berichtet vom CBS-Hochhaus mitten in New York: wie die Mars-Maschinen über den Hudson River heranmarschieren, über das Verkehrschaos auf den Brücken, Menschen, die sich in den Fluss stürzen. Und über eine schwarze Giftwolke, die sich dem Dach des Sendehauses nähert …

Die Sendung wird unterbrochen. Orson Welles, der Regisseur, weist darauf hin, dass es sich nur um ein Hörspiel handelt. Dennoch löst die Sendung unter den rund 32 Millionen Zuhörern eine Massenpanik aus. Tausende laufen auf die Straßen, weil sie glauben, das Ende der Welt sei gekommen [→ Meishan 69]. Auf den Straßen spielen sich dramatische Szenen ab, weil viele gleichzeitig mit dem Auto aus den Großstädten fliehen wollen, die Telefonleitungen sind überlastet, und selbst Gottesdienste werden abgebrochen. Die ganze Nacht hindurch hält die Panik an.

Freilich würde in besonneneren Minuten ein Durchschnittsamerikaner die Attacke von Marsianern durchaus als Ausgeburt einer Science Fiction-Spinnerei erkennen. Und Orson Welles hat mehrfach an diesem Abend erklärt, all dies sei nur »fiction«, »Theater im Radio«, frei nach dem Roman von H. G. Wells »Der Krieg der Welten« von 1898 gestaltet. Wie tief müssen die Zukunftsängste sitzen, wie hoch die Anspannung, dass man diese klaren Signale überhört?

Der Mars nimmt einen ganz besonderen Ort ein in der Phantasie der Menschheit. 55 Millionen Kilometer trennen uns im günstigsten Fall vom roten Planeten, dem erdnächsten Wandelstern. Dennoch haben ihn die Menschen immer wieder besucht: Zuerst nur mit ihren Blicken und Gedanken, dann mit astronomischen Instrumenten, schließlich mit Erkundungsrobotern [→ Weimar 2]. Insbesondere seit der Moderne gilt er als gleichzeitig messbar und doch ungreifbar, Projektionsfläche und Fernziel der technischen Phantasie: Warte nur Mars! Bald kommen wir selbst!

Die Geschichte beginnt mit Verleumdung und übler Nachrede. Als Verkörperung des Kriegsgottes hatte der Mars seit der Antike einen ausgesprochen schlechten Ruf. »Er blitzt mit rotem Scheine, und mit feurig rotem Lichte speit er drohende Flammen aus«, schreibt noch im 17. Jahrhundert der Jesuitenpater Athanasius Kircher. Mit rauchenden Vulkanen, Lavaströmen und einem arsenikgeschwängerten Boden erschien der Mars feindselig [→ Straße der Vulkane 58, → Südsternwarte 52].

Dies änderte sich vor anderthalb Jahrhunderten, als immer bessere Fernrohre neue Details enthüllen: helle Flächen an den Polen: mutmaßlich Eis! Dunkle Flächen: mutmaßlich Meere! Dann kamen die Marskanäle: 1877 entdeckte der italienische Astronom Giovanni Schiaparelli feine Linien auf der Marsoberfläche, hunderte Kilometer lang. Er nannte sie auf seinen Marskarten – den besten seiner Zeit – »canali«. Italienisch hieß das kaum mehr als Rillen, doch so genau hielten es die Übersetzer damit nicht: die Marskanäle waren geboren. Wie sonst hätten riesige geometrische Strukturen auf der Marsoberfläche entstehen können, wenn nicht durch die Hand vernunftbegabter Wesen? Diese filigranen Strukturen entzogen sich bisweilen den Blicken, um später wieder deutlicher hervorzutreten. Handelte es sich also um einen jahreszeitlichen Wandel? Wucherte im Marsfrühling eine üppige unirdische Vegetation links und rechts der künstlichen Wasserläufe, um am Ende des Marssommers zu verdorren [→ Hawaii 34]? Denn so viel war klar: Wasser musste auf dem stets rötlich gefärbten Planeten rar und kostbar sein. Also war anzunehmen, dass die Marsbewohner gigantische landwirtschaftliche Bauwerke errichten, mit denen sie das Schmelzwasser von den Polen in äquatoriale Regionen führen – und diese Kanäle sprachen zugleich für die hohen technischen Fähigkeiten

ihrer Konstrukteure. Da nach den damals gängigen astronomischen Theorien der Mars um Jahrmillionen älter als die Erde war, sollten auch seine Bewohner uns weit, weit voraus sein... Wieviel würden wir Menschen von ihnen lernen können!

An Vorschlägen, mit den Marsbewohnern zu kommunizieren, mangelte es nicht. Vielleicht sollte man Gräben in der Sahara ziehen, lang wie die Marskanäle, in Gestalt des Pythagoreischen Lehrsatzes, sie mit Petroleum füllen, anzünden – ein Flammenzeichen aussenden! Oder besser riesige Schneisen in die sibirische Taiga schlagen? Hier sind wir, die Erdbewohner, beherrschen $a^2 + b^2 = c^2$! Oder vielleicht sollten wir doch lieber mit gigantischen Scheinwerfern Lichtdepeschen senden? Um 1900 hieß es, Guglielmo Marconi [→ Porthcurno 59] hätte mit seinen funkentelegrafischen Apparaten Signale der Marsbewohner aufgefangen. Damals gelten die Marsianer als eine überlegene Zivilisation, die die Menschheit vor einem nahenden Kometen warnt, wie der französische Astronom Camille Flammarion in einem Roman erzählt.

1897/98 war es aus mit dem Austausch von freundlichen Grußbotschaften. Der Mars geht zum Angriff über. Überall in England und auch auf dem Kontinent schlagen die zylinderförmigen Geschosse vom Mars ein, spucken riesige dreibeinige Kampfmaschinen aus, die mit Hitzestrahl und Gas die Menschen niedermetzeln, die Städte in Schutt und Asche legen. Der erste Krieg der Welten hat begonnen, anderthalb Jahrzehnte vor dem Ersten Weltkrieg – die Vorlage für die Radiosendung, die am Vorabend des Zweiten Weltkriegs in den USA für Panik sorgen sollte. Der Planet des Kriegsgottes macht Ernst im Roman von Herbert G. Wells: Höchstentwickelte Intelligenzwesen vom Mars saugen den Menschen das Blut aus! Der Menschheit droht die Ausrottung. Doch Wells gibt uns noch eine Chance: Bakterien, längst ausgestorben auf dem Mars, infizieren die außerirdischen Blutsauger. Bald fand Wells Nachahmer diesseits und jenseits des Ärmelkanals. Urteilt man nach den Schaufenstern der Buchläden jener Zeit, dann fürchteten die Briten drei Invasorenheere: die der Franzosen, der Preußen und der Marsianer.

Der Mars dient als Projektionsfläche für die Ängste und die Hoffnungen einer wissenschaftlichen Zivilisation. Alexander Bogdanow schildert 1908 einen »Roten Planeten«, der seinem Namen politisch alle Ehre macht: Auf ihm herrscht eine kommunistische Gesellschaft. Auch Alexei Tolstoi, frisch zurückgekehrt aus dem Pariser Exil, lässt 1922 einen russischen Ingenieur und einen Rotarmisten auf den Mars fliegen. Sie platzen gerade rechtzeitig in eine Revolution, die Ausgebeuteten drohen zu unterliegen; sollte da nicht das Proletariat der Erde eingreifen? Tolstois »Aëlita« wird zum Ausgangspunkt der sowjetischen Science Fiction – und vieler Romane um die »interplanetarische Revolution«.

Kein Gestirn ist so dicht mit Phantasiewesen besiedelt worden wie der Mars. Doch irgendwann schrumpfte die fiktive Bevölkerung. Ray Bradburys Erzählungszyklus »Marschroniken« von 1950 kann als der lyrische Abgesang auf das Goldene Zeitalter der Marsianer gelten. Bald darauf sind sie nur noch eine romantische Erinnerung [→ Sāmoa 8]. Oder Witzfiguren in Gestalt kleiner grüner Männchen.

In der Zwischenzeit aber hatte sich die Wissenschaft mehr und mehr des Mars bemächtigt. Der Mars wird zu einer Wüste mit endlosen Sand- und Geröllflächen, mit den Resten riesiger Einschlagkrater, mit gewaltigen Gebirgen – wasserlos, leblos, trostlos. Und dennoch bleibt er die Endstation Sehnsucht für Forscher. 1952 entwirft Wernher von Braun [→ Cape Canaveral 1] ein grandioses »Marsprojekt«. In einem Disney-Animationsfilm fliegt eine Flottille eleganter, kreiselförmiger Raumschiffe zum Roten Planeten. Kühne Forscher in staubdichten Raumanzügen stapfen unter einem schwarzen Taghimmel über die roten Sanddünen des Mars.

Ein gutes Jahrzehnt später schickt die Sowjetunion [→ Baikonur 31] die ersten unbemannten Sonden Richtung Mars, wenig später zieht die Nasa nach. Doch die Geschichte der Marsforschung ist von Anfang an auch eine Geschichte von Pleiten, Pech und Pannen, von Sonden, die am Roten Planeten vorbeischießen, von Landekörpern, die beim Eintritt in die dünne Marsatmosphäre verstummen oder auf dem Boden zerschellen. Und selbst wenn sie ihr Ziel erreichen, bricht allzu oft nach den ersten Signalen der Kontakt ab. Fast möchte man glauben, dass die Marsmännchen alles daran setzen, nicht entdeckt zu werden [→ Kiriwina 51].

Immer wieder blüht die Mythenbildung: Angeblich zuckeln die Marsmonde Phobos und Deimos ein winziges Stück hinter den berechneten Positionen her. Sind sie hohl, also künstlichen Ursprungs? 1976 entdeckt der »Viking Orbiter 1«, der den Mars wie manche Sonde vor ihm fotografiert und kartografiert, das »Marsgesicht« – eine Formation auf der Marsoberfläche, die verblüffend an ein menschliches Gesicht erinnert. Eine Botschaft an uns? Wie die Marskanäle löst sich auch das Marsgesicht bei schärferer Beobachtung in wenig spektakuläre Details auf.

Was die »Viking«-Sonden, die 1976 im Marsboden graben, ermitteln, klingt zunächst trist: kein Hinweis auf organisches Leben, eine dünne, kalte, saure Atmosphäre, die im Wesentlichen aus Kohlendioxid besteht. Kurzum: eine grandiose, allerdings lebensfeindliche Welt. Doch die technische Eroberung des roten Planeten bedeutet nicht seine Entzauberung – im Gegenteil. Die Hoffnung auf ein Schwestergestirn der Erde erlischt nicht, sondern wird durch die Raumsonden erst recht befeuert: Vielleicht hat es früher ja auf dem Mars günstigere Bedingungen gegeben, bevor ein Großteil der Atmosphäre und das meiste Wasser in den Kosmos entwich? Uralte Gräben und Flusstäler sprechen dafür, dass der Mars einst eine feuchte Lufthülle hatte.

Als zwei Jahrzehnte nach »Viking« das Roboterauto »Sojourner« über die

Marsoberfläche rollt, befinden wir uns schon im Internet-Zeitalter. Millionen verfolgen die Fahrt des von Sonnenenergie betriebenen Rovers – die Fortsetzung der Science Fiction mit technischen Mitteln. Was für ein Drama, was für ein Cliffhanger: Uns stockt der Atem, als sich unsere Vorhut beinahe an einem Stein festfährt. Die Bilder sind in der Zwischenzeit so genau geworden, dass wir, wenn auch nur in der Simulation, über die steinige und sandige Marsoberfläche spazieren und den höchsten Berg des Sonnensystems bestaunen können: Olympus Mons mit seiner Höhe von 22.000 Metern – fast dreimal so hoch wie der Mount Everest.

Trotz aller Enttäuschungen geht die Suche nach verborgenen Oasen des Lebens fort. Vielleicht verbergen sich primitive Lebensformen im Methaneis an den Polen oder unter der Oberfläche? Wird uns der Rover »Curiosity«, den die Nasa 2011 auf den Roten Planeten transportieren will, mehr Aufschluss bringen?

Um 2030 könnten endlich Menschen erstmals den Fuß auf einen fremden Planeten setzen. Pläne und Absichtserklärungen gibt es genug. Vielleicht wird ein erneutes Space Race, diesmal mit den Chinesen, Astronauten oder Taikonauten auf den Mars befördern?

Vielleicht sollten wir froh sein, wenn auf dem Mars kein Leben entdeckt wird: Dann gibt es auch keine Probleme mit dem Naturschutz, wenn wir den Roten Planeten dereinst einmal besiedeln wollen. Terraforming heißt das Zauberwort: Wir verwandeln den Mars in eine zweite Erde! Der Science Fiction-Autor Kim Stanley Robinson hat es in der Romantrilogie »Roter Mars«, »Blauer Mars«, »Grüner Mars« beschrieben, einschließlich der Konflikte unter den interplanetarischen Kolonisten. Der Mars befindet sich noch in der habitablen Zone um die Sonne, zwar gefriert im eisigen Marswinter Kohlendioxid, doch mit sommerlichen Tageshöchsttemperaturen über dem Nullpunkt ist der Mars fast eine zweite Erde. Für die Pionierzeit bieten die Marshöhlen Schutz. Alle notwendigen Ausgangsstoffe für eine Atmosphäre finden wir im Marsboden. Mikroorganismen könnten die Umwandlungsarbeit für uns erledigen. Ein wenig Treibhauseffekt könnte dabei wohl auch nicht schaden [→ Matterhorn 56]. Wir müssten lediglich einige Jahrtausende Geduld aufbringen.

Als eine Ersatz-Erde, für den Fall, dass wir irgendwann die gute alte Terra ausgepowert haben, stünde der Mars allerdings erst reichlich spät zur Verfügung.

Second Life

Der Niedergang

Oswald Spengler hat die durchschnittliche Lebensdauer einer Hochkultur auf tausend Jahre beziffert. Danach hole die Natur sich den Raum der Geschichte zurück. »Eine neue, fremde oder einheimische Dynastie in Ägypten, eine Revolution oder Eroberung in China, ein neues Germanenvolk im römischen Reiche, das gehört zur Geschichte der Landschaft wie eine Änderung im Wildbestand oder der Ortswechsel eines Vogelschwarmes.«

In den künstlichen Paradiesen des Internetzeitalters gilt Spenglers Gesetz vom Aufblühen und Absterben der Kulturen mehr denn je – bloß dass die Sinuskurve hier »Hype« heißt und der Zyklus meist schon in wenigen Jahren durchlaufen ist. Im digitalen Nichts werden Gemeinschaften gegründet, Städte gebaut, Welten zusammengezimmert, die vor Neusiedlern nur so wimmeln. Zurück bleiben von diesen Reichen nur Geisterstädte, elektronische Bauruinen, die es in ihrer Vergänglichkeitssymbolik mit den Überbleibseln der Antike aufnehmen können.

Das jetzt schon klassische Beispiel für Aufstieg und Niedergang einer ganz neuen Welt ist das Paralleluniversum »Second Life«. Im Jahr 2003 wurde es in San Francisco auf einer Server-Farm freigeschaltet, und schon 2007 hatten vier Millionen Menschen sich dort Avatare zugelegt, die wie Cartoonfiguren aussahen. Ein paar Monate lang schien es so, als würde diese dreidimensionale Zweitwirklichkeit das erste Leben komplett in sich aufsaugen. Modeketten wie »American Apparel« machten dort ebenso Filialen auf wie das biedere Schuhhaus »Deichmann«, die Harvard Law School hielt ebenso Kurse ab wie der TÜV Nord, und es entstand sogar der Eindruck, als wäre die »Second Life«-Währung, die Linden-Dollar heißt, nicht bloß ein Spielgeld, sondern eine ernsthafte Konkurrenz für Yen, Pfund oder Euro [→ Fuggerstadt 57]. Kontinente wurden am Reißbrett aufgeteilt, man spekulierte mit Bauland und ließ Designbüros ganze Firmenkomplexe entwerfen. Die Medien waren elektrisiert von dieser Massenmigration [→ Nature 42], und die Nachrichtenagentur Reuters schickte einen hauptamtlichen Korrespondenten ins »Second Life«.

Heute pfeift der Wind durch die Geschäftszentren, Vergnügungsinseln und nachgebildeten Metropolen von »Second Life«. Natürlich gibt es nach wie vor aktive Nutzer, geschäftlicher wie sexueller Verkehr findet statt, und es werden immer noch Meetings abgehalten und Kontinente auf Auktionen versteigert. Aber all das ähnelt jenen bedeutungslosen Änderungen im Wildbestand, die Spengler erwähnt. Die Medienkünstlerin Susanne Berkenheger unternahm 2009 eine Expedition durch »Second Life« und erkundete die weiten Territorien, in denen keinerlei Avatare mehr wohnten: Es war eine archäologische Forschungsreise, wie man sie einst durch im Urwald versunkene Aztekentempel unternahm [→ Troia 47].

War »Second Life« ein großer Bluff? Warum hat das Phänomen die Nullerjahre so in Bann geschlagen, wenn es doch tatsächlich kaum jemand in dieser Online-Ausgabe der Welt aushielt? Zu kompliziert war die Fortbewegung, zu unpraktisch die Software, zu schlecht die grafische Qualität: Die meisten Neubürger, die mit ihrem frischgeborenen Digitalkörper auf der übervölkerten Willkommensinsel landeten, schafften es nicht einmal bis aufs Festland und ließen ihre Avatare irgendwo im Gewimmel stehen. Es ist ein bisschen so, als wären die meisten Auswanderer des 19. Jahrhunderts nur bis Ellis Island gekommen.

Der Sog von »Second Life« ging definitiv nicht von seiner Wirtlichkeit aus – vielmehr löste sich die Aura schnell auf, sobald man diese Welt betrat. Der Sog rührte ganz aus der utopischen Ansage, die von Anfang an mit diesem »zweiten Leben« verbunden war. Denn anders als die im Reich der Vorstellungskraft gebauten Nicht-Orte der abendländischen Tradition war dieses Utopia begehbar.

Dabei ähnelte das Eiland im Datenozean seinen im Bücherregal abgestellten Vorbildern: Sie alle spielen irgendwo im Nirgendwo, sind in unwirtlichen Durchgangsräumen angesiedelt und auf Dauer unbewohnbar wie der Mond. Schon die Frühe Neuzeit lagerte ihre Visionen, etwa Campanellas »Sonnenstaat«, in die Transitsphäre der Meere aus, die damals als weltumspannende Infrastruktur dien-

ten wie heute das Internet [→ Porthcurno 59]. Alle Utopiker der Moderne träumten davon, Bauland zu finden, auf dem die schweren Gesetze der Erde nicht gelten – und betrieben dann doch nur das uralte Geschäft der Territorialisierung, indem sie die weißen Flecken auf der Landkarte mit alten Namen und Ideen überkritzelten. Auch die Gründer Amerikas wollten in den Weiten der Prärie nur eine von allen Makeln befreite Kopie ihrer europäischen Herkunft erschaffen und bezogen sich dabei direkt auf den biblischen Mythos vom Neuen Jerusalem, das am Ende der Heiligen Schrift als heilsgeschichtliches Spiegelbild des Paradieses auftaucht. Es handelt sich dabei, der Offenbarung des Johannes zufolge, um einen in jeder Hinsicht verbesserten Nachbau des irdischen Jerusalems, eine Idealstadt also, die nach den großen Reinigungsaktionen des Jüngstens Gerichts im Himmel entstehen soll [→ Brasília 20].

»Second Life« steht als Projekt genau in dieser Tradition: Gefühlt ging es darum, die Schöpfungsgeschichte im Zeitraffer zu wiederholen, wobei der Gründer Philip Rosedale bereitwillig in die Rolle des Demiurgen schlüpfte. Tatsächlich wiederholte »Second Life« dann das ewige Drama aller Kolonisatoren und Pioniere im Schnellvorlauf. Und hinterließ verbrannte Erde.

Natürlich spielte »Second Life« auch mit dem Versprechen einer Massenbefreiung, der alten Utopie, die Menschen von ihrer physischen Last zu befreien und in ein körperloses Jenseits zu entrücken. Das war das mystische Erbe dieser Nebenwelt, und sein Inbegriff war die Fortbewegung durch Fliegen oder durch »Teleportation«, wobei der Raum ganz ohne Zeitverbrauch durchquert wurde. Auch kursierte hartnäckig das Gerücht, in »Second Life« seien abenteuerliche Existenzen möglich, wie sie die bürgerliche Welt mit Sanktionen belegt: In den frühen Jahren sollen auf abgelegenen Inseln Auktionen mit Lustsklaven stattgefunden haben, und eine zeitlang ging es in vielen Berichten nur darum, für welche Preise sich Avatare auf dem freien Markt spektakuläre Geschlechtsteile zulegen konnten.

Aber letztlich waren all das auch nur digitale Formen der üblichen Bahnhofsviertel-Industrie, und in »Second Life« formierten sich bald Bürgerbewegungen zur Durchsetzung moralischer und wirtschaftlicher Gesetze. Produktpiraterie, Umweltverschmutzung und andere Verhaltensweisen, die mit dem unwirklichen Charakter von »Second Life« ernstmachten, wurden mit Verbannung bestraft. Irgendwann waren dann nur noch die Streber und PR-Strategen übrig, und die Ingenieure von »Second Life« begannen, ihr Produkt als bessere Arbeitswelt anzupreisen, wo Firmen ihre Versammlungen abhalten und so die »Kosten und negativen Auswirkungen von Geschäftsreisen reduzieren« können.

James Joyce hat behauptet, Dublin könne mithilfe seines »Ulysses« Stein für Stein wieder aufgebaut werden, falls die Stadt durch irgendeine Katastrophe zerstört werden sollte. »Second Life« konnte den unausgesprochenen Anspruch, ein virtuelles Backup unseres Lebens zu schaffen, nicht einlösen [→ Kiriwina 51]. Die Korrespondenten sind abgezogen, die Botschaften verwaist. Vielleicht werden Historiker der Zukunft einmal versuchen, »Second Life« aus dem auf uralten Datenträgern gespeicherten Quellcode zu rekonstruieren. Vermutlich werden sie sich dann aus irgendeinem leer stehenden Ein-Linden-Dollar-Shop ein paar digitale Teekannen oder Moonboots mitnehmen, um sie im Museum des Internetzeitalters in einen Glaskasten zu stellen.

Der Unerreichbarkeitspol der Erde

Globalisierung, Vernetzung, real-time data transfer. Handyklingeln, chat, twitter und skype. Satellitentelefon, GPS und Airline-networks. Jeder Ort der Erde scheint erreichbar, jeder Winkel vermessen. Jeder Mensch ist erreichbar, unter der Dusche, im Büro, im Auto, überall. Alles ist erreichbar – immer.

Da war doch noch was? Genau, das Gegenteil davon. Ruhe, Gelassenheit, eine pfeifende Lokomotive oder selbst ein ratternder D-Zug in der Nacht. Es gab eine Zeit, noch gar nicht lange her, da war »weit weg« noch wirklich weit weg, nicht »nah dran« wie heute.

Wo ist sie geblieben, die Entfernung?

Wahrscheinlich wegrationalisiert mit der Geschwindigkeit unserer Zeit. Und doch, in unseren Gedanken und vielleicht auch in vielen Sehnsüchten gibt es noch eine Zeit zwischen Plan und Ziel, zwischen Abfahren und Ankommen. Und es gibt ihn auch noch heute, nennen wir ihn mal den *Unerreichbarkeitspol der Erde*. Einen realen Punkt auf der Erdoberfläche, der am weitesten entfernt ist vom nächsten Flughafen, Bahnhof, von der nächsten Bushaltestelle. Wo kein Sendemast ein Handysignal weiterleitet, wo keine E-Mail zu empfangen ist, wo dichter Wald, steiler Grat, tiefes Gestein die Wellen der Verbindung mit der Welt unterbrechen, zurückdrängen, abprallen lassen. Eine faszinierende Idee. Man könnte den Punkt vielleicht in Google Earth überfliegen, in Google Ocean dorthin tauchen [→ Google 15]. Doch eine reelle Reise würde *Zeit* brauchen, wäre sie überhaupt zu schaffen. Sie wäre beschwerlich, lange, und man wüsste nicht, ob man wirklich ankommt. Und wenn man es doch schaffen würde, wäre man wohl sehr allein [→ Flucht ins Eis 16].

Wo er genau existiert, dieser *Unerreichbarkeitspol der Erde*? Ich weiß es nicht. Vielleicht in der Antarktis oder im Himalaja, im

Marianengraben oder in Zentralsibirien? Ist es Point Nemo, der Pazifische Pol der Unzugänglichkeit irgendwo zwischen Chile und Neuseeland, der Punkt der Ozeane, der am weitesten entfernt ist von allen Landmassen dieser Erde? Ist es sein Gegenteil: Der Punkt der Eurasischen Wüste Dzoosotoyn Elisen, am weitesten entfernt von jedem mildernden Einfluss der Ozeane? Oder jener Punkt auf dem Tibetplateau in der Nähe von Lhasa, zu dem, wie Wissenschaftler im Joint Research Center der Europäischen Kommission bequem aus ihrem Sessel errechneten, ein normaler Reisender eine Reisezeit von knapp drei Wochen einkalkulieren muss? Zuerst per Flugzeug, dann im Auto und schließlich 20 Tage mit einem Fußmarsch bis auf 5200 Meter über dem Meeresspiegel?

Vielleicht ist der *Unerreichbarkeitspol der Erde* nur ein Gedankenexperiment der Flucht, ein konträrer Entwurf zum Verbindungswahn unserer Zeit, ein Ort der Sehnsucht nach Langsamkeit und Reflexion. Vielleicht definiert gerade dieser Ort, dieses Gedankenexperiment, das eine Extrem einer Skala, deren tägliche Messwerte mehr und mehr in die andere Richtung ausschlagen. Er definiert den Gegenentwurf zu einer in sogenannter Echtzeit komplett vernetzten Daseinsform. Er symbolisiert den Traum nach Einfachheit, nach dem Gefühl, alles in der eigenen Hand zu halten, sein Leben im Griff zu haben, »einhalten« zu können.

Viele sehnen sich nach einer Rückkehr zum Ursprung. Mehr oder weniger repräsentativen Umfragen zufolge würde ein deutscher Mann, wenn er denn könnte, am liebsten mit seinem besten Freund um die Erde segeln. Nicht ganz so lang und weit ist das Dasein als »Eremit auf Zeit«, buchbar zum Beispiel im Sinai, inklusive 14 Tage mit beduinischer Vollpension. Oder man wandert auf dem Jakobsweg, wo man allerdings mehr andere als sich selbst trifft. Dann schon lieber als Klostergast in eine »Oase der Ruhe« eintauchen. Angebote, die sich an genau diesen Wunsch in uns richten, in Abgeschiedenheit und Ruhe etwas mehr zu uns selbst zu finden.

Es muss also nicht gleich der *Unerreichbarkeitspol der Erde* sein. Ihn müssen wir nicht reell besuchen, aber dieser Ort ist vielen und mir ein Anker, ein letzter Halt unserer Bezugsskala auf dem Weg in die andere Richtung. Ein unbesuchtes, aber oft bedachtes Mekka der Unmoderne. Dieser Punkt ist wichtig. Ich muss gar nicht genau wissen, wo er ist, nur, dass es ihn gibt, irgendwo, ganz weit weg.

■

Peter Becker
Prof. Dr., Institut für Neuere Geschichte und Zeitgeschichte, Johannes Kepler Universität, Linz

Lars Blunck
Prof. Dr., Institut für Geschichte und Kunstgeschichte, Technische Universität Berlin

Stefan Bornholdt
Prof. Dr., Institut für Theoretische Physik, Universität Bremen

Friedrich von Borries
Prof. Dr., Hochschule für Bildende Kunst Hamburg

Maik Brandenburg
Autor und Kolumnist, Garz

Justus Cobet
Prof. emeritus, Dr., Alte Geschichte und Didaktik der Geschichte, Universität Duisburg-Essen

Holger Dambeck
Spiegel Online, Hamburg

Monika Dommann
Prof. Dr., Historisches Seminar, Universität Basel

Irenäus Eibl-Eibesfeldt
Prof. emeritus, Dr. Dr. h.c. mult., Humanethologisches Filmarchiv der Max-Planck-Gesellschaft und Humanwissenschaftliches Zentrum der LMU

Fiona Ehlers
Der Spiegel, Rom

Philipp Elsner
Autor, Berlin

Eva-Maria Engelen
Prof. apl. Dr., Fachbereich Philosophie, Universität Konstanz; Berlin-Brandenburgische Akademie der Wissenschaften

Ernst Peter Fischer
Prof. Dr., Wissenschaftshistoriker und Wissenschaftspublizist

Julia Fischer
Prof. Dr., Deutsches Primatenzentrum, Kognitive Ethologie, Universität Göttingen

Christian Fleischhack
Prof. Dr., Fachbereich Mathematik, Universität Paderborn

Kurt W. Forster
Prof. Dr., Yale School of Architecture, Yale University, New Haven, USA

Gundolf S. Freyermuth
Prof. Dr., ifs internationale filmschule köln

Peter Glaser
Autor, Berlin

Felix Grigat
Chefredakteur der hochschul- und wissenschaftlichen Zeitschrift Forschung & Lehre, Bonn

Michael Hagner
Prof. Dr., Eidgenössische Technische Hochschule, Zürich

Arne Karsten
Jun.-Prof. Dr., Historisches Seminar, Universität Wuppertal

Jürgen Kaube
Frankfurter Allgemeine Zeitung, Frankfurt am Main

Rainer Maria Kiesow
PD Dr., Max-Planck-Institut für europäische Rechtsgeschichte, Frankfurt am Main

Mathias Kläui
Prof. Dr., Eidgenössische Technische Hochschule Schweiz; Ecole Polytechnique Fédérale de Lausanne; Paul Scherrer Institut, Villigen

Matthias Klatt
Prof. Dr., Seminar für Öffentliches Recht und Staatslehre, Universität Hamburg

Martina Kölbl-Ebert
Dr., Leiterin der Naturwissenschaftlichen Sammlungen Eichstätt (Jura Museum), Willibaldsburg

Sabine Koller
Dr., Institut für Slavistik, Universität Regensburg

Guido Komatsu
Dr., Hesse Newman Zweitmarkt AG, Hamburg

Charlotte Kroll
Exzellenzcluster »Asia and Europe in a Global Context«, Universität Heidelberg

Dirk van Laak
Prof. Dr., Fachbereich Geschichts- und Kulturwissenschaften, Justus-Liebig-Universität Gießen

Ulrich Ladurner
Die Zeit, Hamburg

Harald Lesch
Prof. Dr., Fachbereich für Physik, Ludwig-Maximilians-Universität München, Moderator (Abenteuer Forschung, ZDF)

Dirk H. Lorenzen
Diplomphysiker, Fachredakteur Astronomie

Lydia Marinelli
Dr., Historikerin und Ausstellungskuratorin (*1965 in Matrei, Osttirol – †2008 in Wien)

Stephan Maus
Der Stern, Hamburg

Kenichi Moriya
Prof. Dr., Faculty of Law, Osaka City University

Simone Müller
M.A., John-F.-Kennedy-Institut für Nordamerikastudien, FU Berlin

Bernd Musa
Diplom-Bibliothekar, Der Spiegel, Berlin

Kärin Nickelsen
Prof. Dr., Institut für Philosophie, Universität Bern

Alexander Nützel
PD Dr., Bayerische Staatssammlung für Paläontologie und Geologie, München

Peter Pannke
Autor, Berlin

Oliver Rauhut
PD Dr., Bayerische Staatssammlung für Paläontologie und Geologie, München

Andreas Rosenfelder
Autor und Journalist, Berlin

Michael Rutschky
Dr., Autor, Berlin

Peter Sandmeyer
Dr., Autor und Journalist, Hamburg

Wilfried F. Schoeller
Prof. Dr., Autor und Journalist, Berlin

Ulrich Schollwöck
Prof. Dr., Fakultät für Physik, LMU München

Hilmar Schmundt
Der Spiegel, Berlin

Jürgen Schönstein
Focus, New York

Christopher Schrader
Süddeutsche Zeitung, München

Erhard Schütz
Prof. Dr., Institut für deutsche Literatur, Humboldt-Universität zu Berlin

Meinhard Stalder
Dr., Physiker, Köln

Angela Steinmüller
Autorin, Berlin

Karlheinz Steinmüller
Dr., Autor und Philosoph, Berlin

Jakob Strobel y Serra
Frankfurter Allgemeine Zeitung, Frankfurt am Main

Jürgen Tautz
Prof. Dr., Biozentrum Universität Würzburg

Gerald Traufetter
Der Spiegel, Stavanger

Ilija Trojanow
Autor, Wien

Miloš Vec
PD Dr., Max-Planck-Institut für europäische Rechtsgeschichte, Frankfurt am Main

David Wagner
Autor, Berlin

Uwe Wesel
Prof. Emeritus, Autor und Jurist, Berlin

Hildegard Westphal
PD Dr., Fachbereich Geowissenschaften, Universität Bremen

Anna Wienhard
Dr., Assistant Professor am Department of Mathematics der Princeton University, USA

Martin Wilmking
Dr., Geoökologe, Institut für Botanik und Landschaftsökologie, Ernst Moritz Arndt Universität Greifswald

Steve Wozniak
Entwickler des Apple I, Mitbegründer der Apple Computer Company, Santa Cruz

Erstdrucknachweise
(nach Kapitelnummern)

6 Nobelpreiskomitee, Stockholm: überarbeitete Fassung aus Der Stern (Heft 40/2007). **15** Google: Der Schlitz, aus taz (5.9.2008). **22** United Nations University: stark überarbeitete Fassung (Der Spiegel, Heft 2/2008). **27** Bangalore: überarbeitete Fassung mit freundlicher Genehmigung des Autors aus »Der Sadhu an der Teufelswand", Frederking & Thaler, 2001. **31** Baikonur: stark überarbeitete Fassung (Der Spiegel, Heft 9/2009). **34** Hawaii: überarbeitete Fassung aus Süddeutsche Zeitung (31.3.2008). **66** Summerhill: überarbeitete Fassung (Der Spiegel, Heft 19/2007). **70** Moskau 1929: überarbeitete Fassung aus Gehirn & Geist 3 (2007).

Folgende Texte wurden von den Herausgebern im Rahmen des Projekts bereits auf einestages.de publiziert und wurden nun teilweise für den Druck aktualisiert: **5** Galápagos. **9** Freuds Couch. **10** Bologna. **12** British Museum. **21** Rift Valley. **46** Stevns Klint. **47** Troia. **62** Bureau International des Poids et Mesures.

Bildquellen
(nach Seitenzahlen)

S. 15: JPL/Nasa. S. 29, 30: Jonathan O'Neil, McGill University. S. 37, 38, 174, 319, 403, 405: Miloš Vec. S. 43: Svenska Akademien. S. 47: Ulrich Ladurner. S. 52, 55, 212, 213, 263: Hildegard Westphal. S. 59: Gerald Zugmann. S. 67: Atlas Experiment, CERN. S. 77: Robert Buelteman © 2006 courtesy Santa Fe Institute. S. 80, 85: Amin Akhtar. S. 93, 95, 96: Gerald Traufetter. S. 100, 101, 104: Maik Brandenburg. S. 123: Julia Fischer. S. 127: UNU. S. 133: Wikipedia, gemeinfreies Bild. S. 139: Deutsches Albert Schweitzer Zentrum DASZ. S. 140: Albert Schweitzer-Haus. S. 143: Google Maps. S. 147: Elmar Lixenfeld. S. 151: International Techpark Bangalore, screenshot der Website www.itbbangalore.com. S. 155, 156: Michael Rutschky. S. 164, 165: Charlotte Kroll. S. 181: Sabine Koller. S. 197: European Court of Human Rights. S. 205, 207: Carl Schmitt-Förderverein Plettenberg. S. 217: Mathematisches Forschungsinstitut Oberwolfach. S. 223: Cold Spring Harbor Laboratory. S. 229, 230: Stazione zoologica di Napoli, historische Aufnahme. S. 235: Nature Magazine. S. 240, 242, 243: Oliver Rauhut. S. 247: Permission is granted to copy, distribute and/or modify this document under the terms of the GNU Free Documentation License, Version 1.2 or any later version published by the Free Software Foundation. S. 255: Erik Pontoppidan. S. 262: Yasufumi Iryu. S. 267: David Kennedy, Shelby White and Leon Levy Archives Center, Institute for Advanced Study, Princeton, NJ, USA. S. 271, 273: Matthias Klatt. S. 281, 282: Georg Thomas. S. 285: Jürgen Tautz. S. 291: Sir John Soane's Museum. S. 297: Ulrich Schöllwock. S. 310, 315: Fürstlich und Gräflich Fuggersche Stiftungen, Foto: Context Medien. S. 323: Porthcurno Telegraph Museum. S. 325: Simone Müller. S. 329: Schweizerisches Wirtschaftsarchiv Basel Verkehr A 83: Frigosuisse AG (Bahnhofkühlhaus-Lagerhausgesellschaft) – Basel. Dokumentensammlung. Broschüre: Bahnhof-Kühlhaus AG in Basel, 1933. S. 330: Schweizerisches Wirtschaftsarchiv Basel Verkehr A 83: Frigosuisse AG (Bahnhofkühlhaus-Lagerhausgesellschaft) – Basel. Dokumentensammlung. Broschüre: 50 Jahre Bahnhof-Kühlhaus AG, in: Frost-Post der Bahnhof-Kühlhaus AG in Basel, 25,1 (1981). S. 340: Bureau international des poids et mesures. S. 344, 345: Arne Karsten. S. 351: Hans Gross Kriminalmuseum der Universität Graz. S. 379, 380: Internationaler Suchdienst (ITS). Foto: Richard Ehrlich. S. 384, 387: Alexander Nützel. S. 385: Michaela Bernecker. S. 391: privat. S. 395: Alcor. S. 399, 400: Holger Dambeck. S. 409, 411: JPL/NASA. S. 415: Second Life, Linden Lab.

Alle anderen Fotos: Bildarchiv Hilmar Schmundt

Bibliografische Information der Deutschen Nationalbibliothek:
Die Deutsche Nationalbibliothek verzeichnet diese Publikation in der Deutschen Nationalbibliografie; detaillierte bibliografische Daten sind im Internet über http://dnb.d-nb.de abrufbar.

Köln Weimar Wien
Ursulaplatz 1, D-50668 Köln
www.boehlau.de

Die Junge Akademie
an der Berlin-Brandenburgischen
Akademie der Wissenschaften
und der Deutschen Akademie
der Naturforscher Leopoldina

Redaktion: Rainer Rutz

Gestaltung, Umschlag,
Schrifttypen Barudio und Alibi:
Elmar Lixenfeld

Druck und Bindung:
Bercker Graphischer Betrieb
GmbH & Co. KG, Kevelaer

Gedruckt auf chlor- und säurefreiem Papier
Printed in Germany

ISBN 978-3-412-20529-4

Symbole auf dem Einband:
Formel der Relativitätstheorie
Johann Wolfgang von Goethe
Triceratops
Oriental Pearl Tower, Schanghai

CLASSIC-ROUTE *Zentrale Orte*
2 Weimar 67 Panthéon, Paris 12 British Museum 14 Alexandria 20 Brasília
52 Südsternwarte 5 Galápagos 4 Hawaii 30 Miraikan 18 Schanghai 9 Wien

SCHLEICHWEGE

FRÜHSTART *Protomoderne Aufbrüche*
28 Wittenberg 57 Augsburg 10 Bologna 45 San Millán 32 Mali
14 Alexandria 35 Dubai

FORTSETZUNGS-GESCHICHTE *Postkoloniale Aufbrüche*
20 Brasília 14 Alexandria 35 Dubai 27 Bangalore 69 Meishan
18 Schanghai

SPUR DER STEINE *Kristalline Erkenntnisse*
69 Meishan 46 Stevns Klint 43 Eichstätt 48 Bremen 38 Lyme Regis
3 Grünsteingürtel

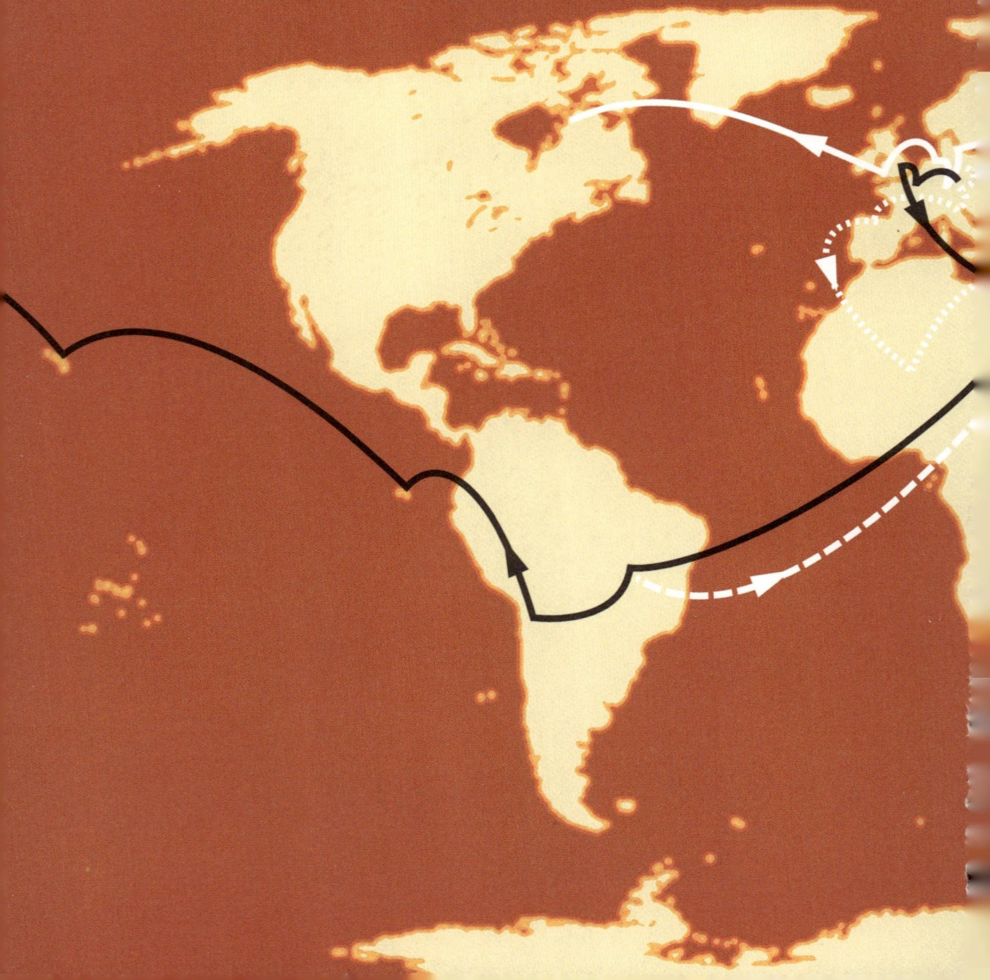